通信工程系列教材

现代交换原理与实践

柏 静 翟临博 郭 刚 向 伦 编著

電子工業出版社
Publishing House of Electronics Industry
北京 · BEIJING

内容简介

本书共 8 章，按照电话通信网中交换技术的演进和发展，由浅入深地介绍各种交换技术的原理及实践项目。第 1～4 章主要介绍传统的电路交换技术、电信网及信令系统，包括什么是程控数字交换机、电信网中的多种交换单元及交换网络、电信网规程、中国 1 号信令和国际 No.7 信令系统等；第 5 章介绍宽带综合业务数字网与 ATM 交换；第 6 章介绍软交换技术；第 7 章介绍 IP 多媒体子系统技术；第 8 章介绍移动交换技术。根据内容安排，第 2、3、4、6 章后的附录部分为与教学内容密切相关的现代交换技术实验项目。

本书内容翔实、通俗易懂，可作为高等院校通信工程和电子信息专业高年级本科生的教材或参考用书，也可作为通信工程技术人员的培训教材，还可供通信行业的研发人员或通信工程师阅读。

图书在版编目（CIP）数据

现代交换原理与实践 / 柏静等编著. —北京：电子工业出版社，2022.5
ISBN 978-7-121-43392-4

Ⅰ. ①现…　Ⅱ. ①柏…　Ⅲ. ①通信交换－高等学校－教材　Ⅳ. ①TN91

中国版本图书馆 CIP 数据核字（2022）第 074979 号

责任编辑：杜　军　　特约编辑：田学清
印　　刷：北京虎彩文化传播有限公司
装　　订：北京虎彩文化传播有限公司
出版发行：电子工业出版社
　　　　　北京市海淀区万寿路 173 信箱　　邮编：100036
开　　本：787×1092　1/16　印张：18.5　　字数：474 千字
版　　次：2022 年 5 月第 1 版
印　　次：2023 年 4 月第 2 次印刷
定　　价：59.00 元

凡所购买电子工业出版社图书有缺损问题，请向购买书店调换。若书店售缺，请与本社发行部联系，联系及邮购电话：（010）88254888，88258888。

质量投诉请发邮件至 zlts@phei.com.cn，盗版侵权举报请发邮件至 dbqq@phei.com.cn。

本书咨询联系方式：dujun@phei.com.cn。

前　言

近年来，科学技术的发展出现了新的飞跃，特别是信息科学技术突飞猛进地发展，使信息的交流和传递在时间上与空间上都有了空前的突破。通信是信息交流的主要方式，如果说传输系统是通信网络的神经系统，那么交换系统就是各个神经系统的中枢，是通信网络各终端之间进行信息传递的桥梁。

本书第 1 章主要介绍交换的概念、交换方式、下一代网络和软交换等；第 2 章主要介绍程控数字电话交换系统结构，程控交换数字化原理与接线器，程控数字交换机的控制系统、接口与外设等；第 3 章从网络中的基本技术出发，主要介绍电信网中的多种交换单元及交换网络，并对电信网中的常用规程进行介绍；第 4 章主要介绍在电信网中有着极其重要作用的信令系统，包括中国 1 号信令和国际 No.7 信令的分类、编码、传输方式；第 5 章主要介绍 B-ISDN 的产生背景、基本概念、特点和协议等，重点对其核心 ATM 技术进行介绍；第 6 章主要介绍软交换技术，包括软交换的体系结构和主要协议，重点对 SIP 进行介绍；第 7 章重点介绍 IP 多媒体子系统的产生背景、主要功能实体、接口和通信流程；第 8 章主要介绍移动交换的相关知识，以及新的 VoLTE 技术。根据内容安排，本书第 2、3、4、6 章后的附录部分为与教学内容密切相关的现代交换技术实验项目，将知识与实验有机结合，有助于保持课程教学与最新技术发展的紧密结合，培养学生的实践能力。

本书第 1、5、6、7 章由柏静完成，第 2～4 章由翟临博完成，第 8 章由郭刚完成，附录部分由向伦完成。

本书提供电子课件，读者可登录华信教育资源网（http://www.hxedu.com.cn）免费下载。

由于编著者水平有限，书中难免有疏漏之处，敬请读者批评指正。

目　　录

第1章　概　　论

1.1　交换的概念

1.1.1　交换的引入

一般而言，通信是指按约定规则进行的信息传送。在此过程中，所用的设备及设施称为通信系统，最基本的通信系统是点到点通信系统，由终端（如电话、计算机、传真机等）和传输设备（如光纤、电缆等）组成。

当终端数很少时，可以采用两两相连的方法实现通信；但当终端数很多时，假如采用点到点的连接，如图 1.1 所示，若用户终端数为 N，则复杂度为 $O(N^2)$，显然，这种方法是不现实的。于是引入了交换机，将每个终端都连到交换机上，由交换机完成任意终端间的通信连接，如图 1.2 所示，每个终端不再两两相连，而分别经由一条专用通信线路连接到交换机上。交换机的作用相当于一个开关节点，英文为 Switch，平时是打开的，当任意两个用户要交换信息时，交换机就把连接这两个用户的有关开关节点闭合，即利用通信线路连通这两个用户；通信完毕，把对应的开关节点断开，从而使两个用户的通信线路断开。

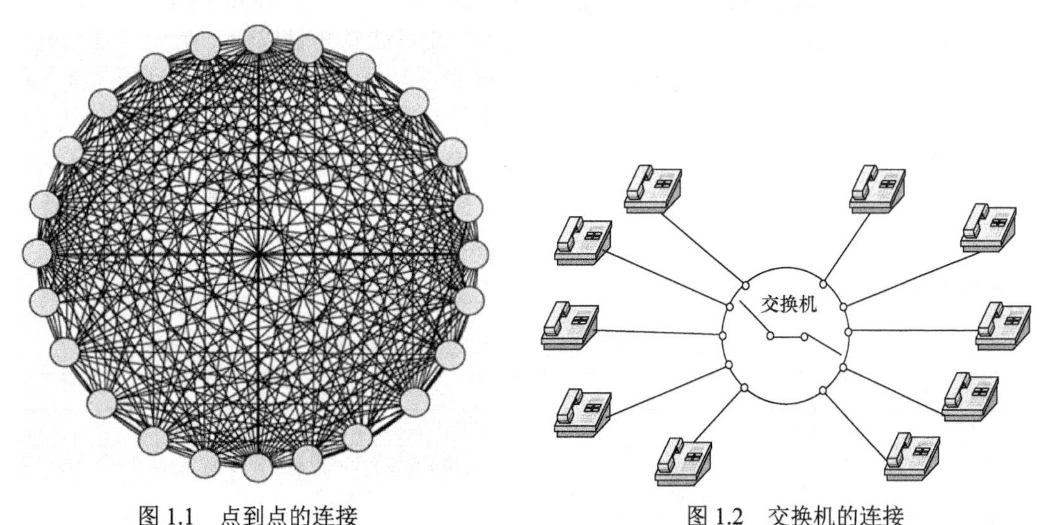

图 1.1　点到点的连接　　　　图 1.2　交换机的连接

当终端分布的区域较广时，就要在终端相对密集的子区域设置交换机，多台交换机之间通过中继线连接。为了进一步节省网络传输资源，交换机之间也不是点到点的连接，而是引入汇接交换机，形成多级交换网络，如图 1.3 所示。

在图 1.3 中，与电话相连的交换机称为市话交换机，又称为端局；而只与交换机相连，进行话务汇接的交换机称为汇接交换机，仅负责交换机之间的通信。在交换网中，终端用户只需接到一台交换机上，就能与世界上的任意终端用户进行通信。根据电气与电子工程师协会（Institute of Electrical and Electronics Engineers，IEEE）的定义，交换机的作用是监测各个用户的状态，以及在任意两个用户之间建立或释放通信线路。因此，交换机必须具备的基本功能包括：正确接收和分析从用户线或中继线发来的呼叫信号与地址信号；按目的地址正确地进行选路，并在中继线上转发信号；控制连接的建立与释放。

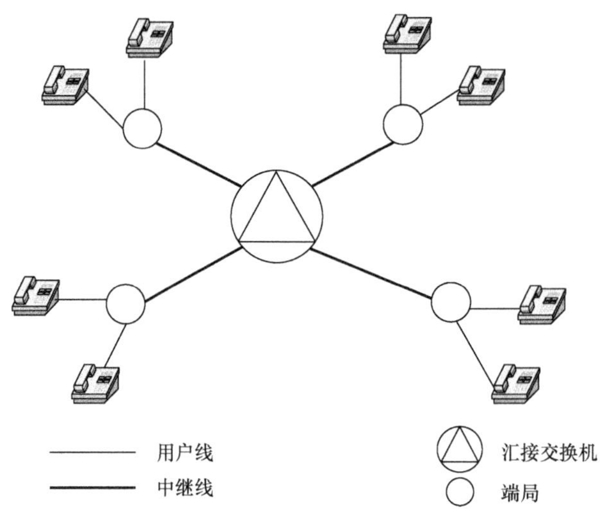

图 1.3 多级交换网络

1.1.2 交换与通信网

交换技术源于电话通信，是现代通信网络的核心技术之一。1876 年，贝尔发明了电话，人类的声音第一次被转化为电信号。通过电话实现远距离传输以后，第一台自动电话交换机于 1892 年 11 月 3 日投入使用，实现了任意两个用户之间的自动电话接续。这些年以来，自动电话交换机经历了步进制交换机、纵横制交换机、空分式模拟程控交换机和时分式数字程控交换机几个发展阶段，采用的电路交换技术已经非常成熟和完善，是目前公共电话交换网（Public Switched Telephone Network，PSTN）中使用的一种主要交换技术。各种电话交换机出现的时间和特点如表 1.1 所示，其具有里程碑意义的发展和变化构成了现代通信网络的基础。

表 1.1 各种电话交换机出现的时间和特点

名　称	时　间	特　点
人工交换机	1878 年	由话务员进行电话接续，效率低，容量受限
步进制交换机（模拟交换）	1892 年	交换机进入自动接续时代，系统设备全部由电磁器件构成，靠机械动作完成“直接控制”接续，接线器的机械磨损严重、可靠性差、寿命短
纵横制交换机（模拟交换）	1938 年	系统设备仍然全部由电磁器件构成，靠机械动作完成“间接控制”接续，接线器的制造工艺有了很大改进，部分解决了步进制交换机的问题
空分式模拟程控交换机	1965 年	交换机进入电子计算化时代，靠软件程序控制完成电话接续，所交换的信号是模拟信号，交换网络采用空分技术
时分式数字程控交换机	1970 年	交换技术从传统的模拟信号交换变为数字信号交换，交换网络采用时分技术

虽然电话通信使人们之间的信息交流变得非常方便，但是语音交流毕竟只是信息交流的一种方式。从 20 世纪 60 年代开始，计算机的使用日益普及，计算机联网成为迫切的现实需要。1969 年，针对数据通信和计算机通信的分组交换网 ARPANET 投入使用，标志着以分

组交换为特色的计算机网络进入了一个新的纪元。在此基础上，它逐渐发展为以 X.25 协议作为统一的通信标准的早期公用分组交换网。20 世纪 80 年代，随着宽带业务的发展，迫切需要采用一种新的技术，兼具电路交换和分组交换的优点，以适应宽带业务快速发展的需求。1983 年，出现了快速分组交换和异步时分交换的结合，从而诞生了 ATM 交换技术。20 世纪 90 年代初，随着宽带业务的发展和 ATM 交换技术的逐渐成熟，其应用从专用网扩大到公用网，并在 90 年代中期达到发展的顶峰。但是，ATM 交换技术缺乏业务、价格昂贵、技术复杂，同时由于互联网的发展，其应用受到很大的影响，所以数据交换更多采用宽带 IP 技术。ATM 交换技术逐渐受限于骨干网领域，已有的 ATM 网络也主要为承载 IP 技术发挥作用。因此，为了将 ATM 与 IP 技术相结合，就出现了 IP 交换。

1996 年，美国 Ipsilon 公司（1997 年被诺基亚公司收购）提出了 IP 交换的概念，将 IP 路由器捆绑在 ATM 交换机上，并去除 ATM 信令，使用 IP 路由协议进行路由选择，相当于一个带有第 3 层路由功能的第 2 层交换机。IP 交换的实质是将 IP 选路的灵活性和健壮性与 ATM 交换技术的大容量和高速率结合起来。对于单个的数据分组，IP 交换采用传统 IP 逐跳转发的方式进行转发；而对于持续长时间的实时业务流，IP 交换会自动建立一个虚通路，使用 ATM 交换技术进行转发。在 IP 交换的发展过程中，互联网工程任务组（Internet Engineering Task Force，IETF）起到了积极的推动作用，IETF 在 1997 年初成立了多协议标签交换（Multiple Protocol Label Switch，MPLS）工作组，综合了 Cisco 和 Ipsilon 公司等的 IP 交换方案，制定了一个统一完善的 IP 交换技术标准，即 MPLS，并成为主流的宽带交换技术。MPLS 由于具有面向连接、高速交换、支持 QoS、扩展性好等特点而在具体组网中得到了广泛应用。

20 世纪 90 年代末，互联网发展迅猛，它以其廉价、开放的特点强烈地冲击着以商业运营为目的的电信网。与此同时，对各种新业务的需求如雨后春笋般层出不穷，数据业务快速发展，数据业务量迅速膨胀。在 21 世纪的前几年里，世界主要运营网络的数据业务量就已经超过了话音业务量，而传统的电路交换将信息传送、交换、呼叫控制、业务和应用功能综合在单一的交换设备中，使新业务生成代价高、周期长、技术演进困难，从而无法适应快速变化的市场环境和多样化的用户需求。因此，电信界被迫正视 IP 技术，在电信网中引入基于互联网理念设计的 IP 网，希望以此实现由电路交换网向分组网的过渡。然而，互联网用户数量的增长和网络规模的扩充使得包括 IP 电话在内的数据流量快速增长，却并没有给运营商带来可观的收益，运营商的收益仍然主要来自话音业务。电信界也认识到，面向数据应用的互联网有其固有的缺陷，特别是缺乏传统通信网固有的高服务质量、高可靠性、完备的网络管理和网络智能等优异性能。通信网和互联网应该是互补关系，而不是替代关系，只有充分借鉴和综合两者的技术优势，才可能构建下一代通信网，即下一代网络（Next Generation Network，NGN）。

1997 年，朗讯公司的贝尔实验室首次提出了软交换的概念，并逐渐形成了基于软交换的 NGN 解决方案。软交换是 NGN 的核心技术，与以往交换技术的发展不同，软交换并不是单纯的交换机技术的更新，而是交换技术理念的更新。从广义上看，软交换是一种新的体系结构，利用这种体系结构，可以构建 NGN 框架，其功能涵盖 NGN 的各个功能层面，主要由软交换设备、综合接入设备、媒体网关、信令网关和应用服务器等组成；从狭义上看，软交换是指软交换设备，它有多个名称，如呼叫服务器、呼叫代理、媒体网关控制器等。

以软交换为核心并采用 IP 网传输的 NGN 具有网络结构开放、运行成本低等特点，能够满足未来业务发展的需求。对于 NGN 的架构、功能和业务体系，世界主要的国际标准化组织都进行了深入的研究，分别提出了相应的模型。根据业务与呼叫控制相分离、呼叫控制与承载相分离的思想，一般认为 NGN 的功能分层结构可以取 3 层（传送层、会话控制层和应用层）或 4 层（接入层、传送层、会话控制层和应用层）。后来，以 ETSI（欧洲电信标准化协会）为代表的 TISPAN 计划提出了基于 IP 多媒体子系统（IP Multimedia Subsystem，IMS）的体系架构，认为 IMS 代表了 NGN 发展的方向，基于 IMS 的体系架构才是 NGN 的主体。IMS 基于软交换原理，采用 SIP 信令进行端到端的呼叫控制，这就为 IMS 同时支持固定和移动接入提供了技术基础，也使得网络融合成为可能。当然，IMS 现在还存在许多问题，如标准还不够成熟，而且基于 IMS 的网络演进策略和运营模式还有待研究，需要在实践中不断探索。另外，IP 网本身存在的问题也会影响 IMS 提供电信级的服务质量。因此，IMS 的大规模商用还有很多问题需要解决，还有很长的一段路要走。在此之前，电路交换网、软交换和 IMS 将采取互通的方式长期共存。

目前，光纤已成为通信网的主要传输媒介。在网络中大量传送的是光信号，而在交换节点上，信息还是以电信号的形式进行交换的，因此，当光信号进入交换机时，必须将光信号转换为电信号，只有这样才能在交换机中交换；而经过交换的电信号从交换机中出来后，需要转换为光信号，只有这样才能在光纤传输网上传输。这样的转换过程不但效率低下，而且由于涉及电信号的处理，所以会受到电子器件速率的制约。因此，人们提出了基于光信号的光交换。在整个光交换过程中，信号始终以光的形式存在，在进出交换机时，不需要进行任何转换，从而极大地提高了网络信息传送和处理的能力。

综上所述，随着通信网技术的发展，出现了各种交换技术。不同的通信网络由于支持的业务特性不一样，交换设备采用的交换技术也各不相同。交换技术之间的关系和演进如图 1.4 所示。

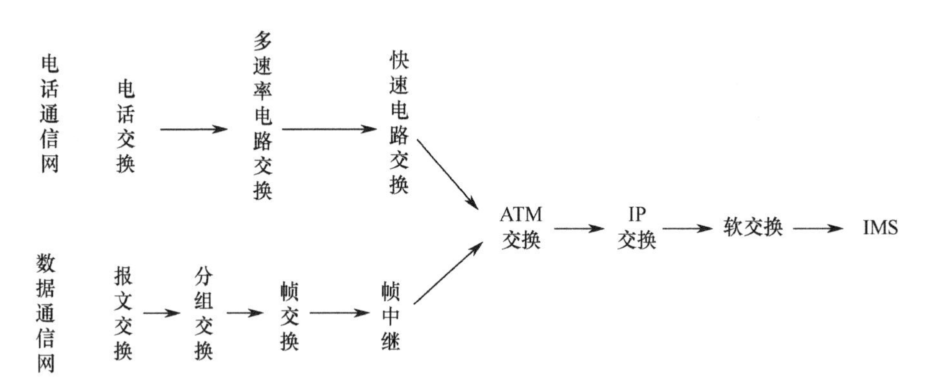

图 1.4 交换技术之间的关系和演进

1.2 交换方式

常用的交换方式主要有 4 种：源于电话通信的电路交换、源于数据通信的分组交换、源于宽带业务的 ATM 交换、ATM 与 IP 技术相结合的 IP 交换。

1.2.1 电路交换

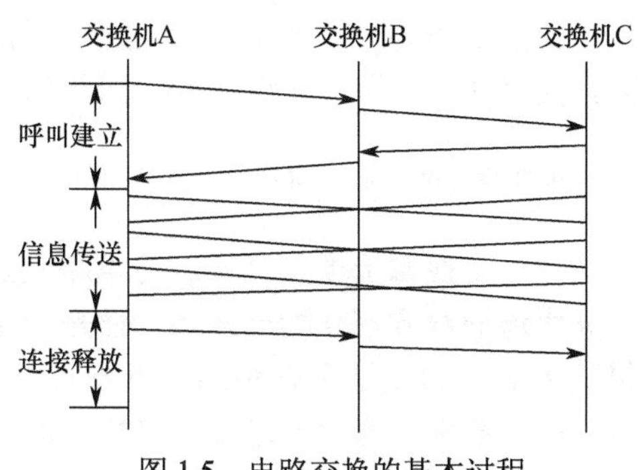

图 1.5 电路交换的基本过程

电路交换是最早出现的一种交换方式，主要应用在电话通信网中，用来完成电话交换。电路交换是一种面向连接的交换方式，其基本过程包括 3 个阶段：呼叫建立阶段、信息传送阶段和连接释放阶段，如图 1.5 所示。

呼叫建立是指在双方开始通信之前，发起通信的一方（主叫方）通过一定的方式将被叫方的地址通知给交换网络，交换网络根据地址在主叫方和被叫方之间建立一条电路。信息传送就是根据建立的电路，主叫方和被叫方进行通话，在通话过程中，只要用户不发出释放信号，即使通信暂时停顿，无信息可发，电路仍然保持连接。直到通话完毕，主叫方或被叫方通知网络释放通信电路，使其为其他用户所用，这个话终释放过程就称为连接释放。

电路交换的主要特点如下。

1. 实时通信

对于电路交换，在两个用户通话之前，要建立专用的物理连接链路（电路），因此时延低、数据传送可靠。但如果申请不到空闲电路，那么呼叫会因不能建立而造成损失，因此，交换机要配备足够的连接电路，使呼损率不超过规定值。

2. 同步时分复用

电路交换的原理是：基于 PCM 系统，给每个用户分配一个固定的时间片（又称为时隙），采用时分复用的方式，在不同的时隙里，把多个用户需要传输的信息在一条共享的数字信道中高速传输。可以将这些分配给用户的时隙看作子信道，在传输过程中，每个用户始终占有同一个子信道，保持顺序不变，且固定分配带宽，虽然数据传输速率高，但线路利用率低。

3. 无差错控制措施

在电路交换中，为了降低时延，对传送的语音信息不做任何处理，没有采取校验、重发等差错控制措施，而是原封不动地进行透明传输，可靠性低。

因此，电路交换适用于电话交换、文件传送、高速仿真，不适合突发业务和对差错敏感的数据业务。

为了适应多种业务的需要，如较高带宽的业务（如可视电话业务），可以采用将多条电路交换连接捆绑起来供用户使用的方式，即多速率电路交换。该交换可以根据业务需要选择更高的传输速率进行交换，但控制较为复杂，速率类型不能太多。由于这也是一种固定分配带宽的交换，所以并没有得到实际应用。

快速电路交换是为了克服电路交换固定分配带宽、不能适应突发业务的缺点而提出来的，其基本思想是只在传输信息时才分配带宽和有关资源。快速电路交换在呼叫建立时，要求链路上的交换节点分配并标记所需的带宽和去向，但并不占用资源，称为逻辑连接。只有当用户发送信息时，交换机才通过呼叫标记确定并激活该逻辑连接，形成物理连接；而在没有信息传送时，则释放该物理连接。

虽然快速电路交换提高了电路利用率，但控制复杂，时延和呼损率比通常的电路交换高，灵活性又比不上分组交换，因此也未得到广泛应用。

1.2.2 分组交换

分组交换源于报文交换。与电路交换的原理不同，报文交换采用存储转发机制，不需要事先为通信双方建立物理连接，而是利用交换节点将所接收的报文暂时存储起来，然后根据报文中的目的地址选择路由，并在该路由上排队，等到有空闲电路时转发到下一个交换节点，因此被称为面向无连接的交换技术。

报文交换按照统计时分复用的方式共享交换节点之间的通信线路，具有差错控制措施，可以发送多目的地址的报文，但信息传送时经过多个交换节点，会使时延升高。因此，报文交换适用于非实时性的、对差错敏感的数据业务，不适用于对实时性要求高的话音业务。公用电报网的自动交换是报文交换的典型应用，但公用数据网采用的都是分组交换技术。

分组交换也采用存储转发机制，将报文分割为若干较小的数据包，称为分组，每个分组中都有一个分组头，含有可供选路的地址信息和其他控制信息。交换节点将接收的分组暂时存储下来，在目的方向的路由上排队发送；接收端将这些分组去掉分组头后，组装成原来的报文。分组交换与报文交换的比较如图 1.6 所示，由于分组交换以较小的分组为单位进行传输和交换，所以时延低、速率高。

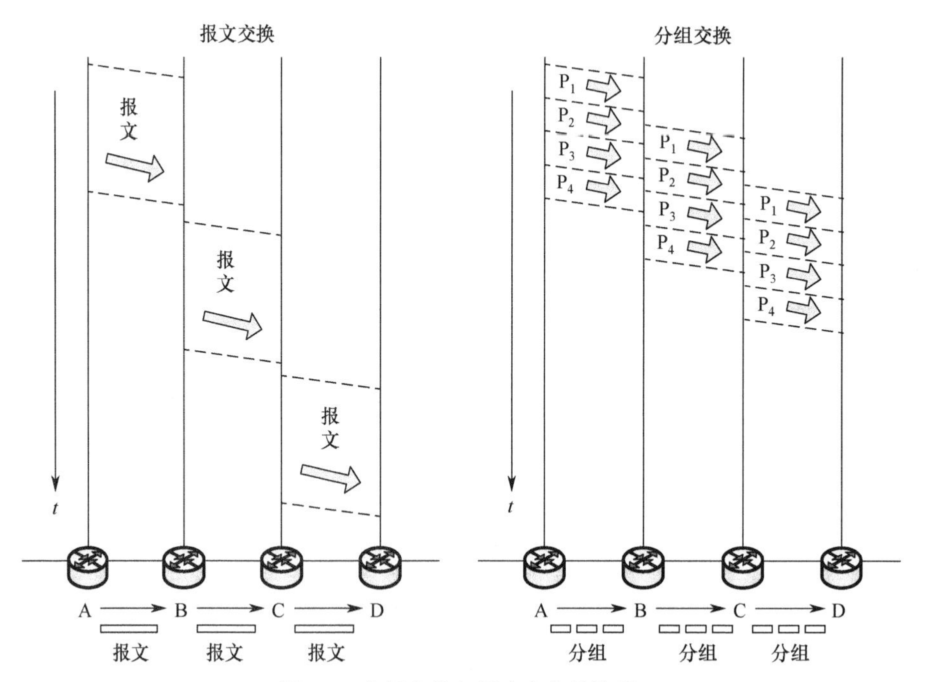

图 1.6 分组交换与报文交换的比较

分组交换可以分为两种工作方式：虚电路方式与数据报方式。

虚电路方式的通信过程与电路交换的通信过程相似，也是面向连接的工作方式。在传送用户数据前，先要通过发送呼叫请求分组来建立端到端的链路，称为虚电路。虚电路一旦连接，属于同一呼叫的数据分组均沿这条虚电路传送，最后通过呼叫清除分组来拆除该虚电路。虚电路不同于电路交换的是，它并非实际的物理连接，而是逻辑连接，通过通信连接上的所有交换节点保存选路关系，不独占线路资源，而是按照统计时分复用的方式占用，更好地满足了数据通信的突发性要求。

虚电路又包括交换虚电路（SVC）和永久虚电路（PVC）两类，上面所述的属于交换虚电路。通过用户预约，由网络运营商预先建立的固定的虚电路称为永久虚电路，呼叫中没有虚电路的建立过程，而是直接进入信息传送阶段。

数据报方式采用面向无连接的工作方式，类似于报文交换，在呼叫前不需要事先建立连接，而是边传送信息边选路。各个分组依据分组头中的目的地址独立进行选路。因此，一份报文包含的多个不同分组可能会沿着不同的路径到达目的地，只有在目的地重新排序后才能恢复原来的信息。图 1.6 中的分组交换可以理解为数据报方式的分组交换，如果是虚电路方式，则还应增加呼叫建立阶段和清除阶段。

早期的分组交换均采用逐段链路的差错控制和流量控制，当数据分组传送出现差错时，可以重发，传送质量有保证、可靠性高；但由于协议和控制复杂，信息传送时延高，所以只能用于非实时的数据业务。随着通信线路可靠性的提高，为了支持更高速的数据通信，提出了快速分组交换，其基本思想是尽量简化协议，使其只包含最基本的核心网络功能。快速分组交换包括帧交换和帧中继。

通常的分组交换基于 X.25 协议，X.25 协议栈有物理层、数据链路层和分组层 3 层，对应 OSI 的下面 3 层。除物理层外，其每层都有差错控制和流量控制功能，因此时延高，无法实现高速数据通信。而帧交换简化了协议，只有物理层和数据链路层，从而提升了通信速率。由于数据链路层上传输的数据单元为帧，所以称为帧交换。

帧中继在帧交换的基础上进一步简化协议，只保留数据链路层的核心功能，如帧的定界、同步、传输差错检测等，没有了流量控制、重发等功能，就好像是为数据帧的传送提供了一条透明的中继链路，因此称为帧中继。帧中继之所以能简化协议，是因为自 20 世纪 80 年代开始大量地部署光纤传输系统，而高度可靠的光纤传输系统不再需要数据链路层复杂的差错控制和流量控制功能，同时由于终端系统的智能化，具备了在终端进行复杂的差错控制的能力。

帧中继是传统分组交换的一种快速改进方案，采用的是可变长度帧，适用于突发信息的传送，但是由于它实际采用的是永久虚电路的方式，而且在网络节点上仍然对数据进行检查，并没有准备适配不同速率的业务及计算机之间的通信，因此，帧中继一般只适用于局域网之间的互联，目前其传输速率已达到 34Mbit/s。

1.2.3　ATM 交换

为了适应各种不同业务的新一代多媒体通信的交换和复用技术需求，国际电信联盟电信标准分局（ITU-T）在 20 世纪 80 年代末提出了 ATM（异步传输模式）。它作为宽带综合业务数字网（B-ISDN）的核心技术，在相当长的一段时间内被认为是未来宽带通信网最佳的复用、传输和交换模式。

电路交换、分组交换、ATM 交换的比较如表 1.2 所示。

表 1.2 电路交换、分组交换、ATM 交换的比较

交换技术	特点	优点	缺点
电路交换	（1）呼叫建立时进行网络资源分配； （2）通信过程中执行端到端协议，数据透明传输； （3）采用同步时分复用技术，带宽固定分配	（1）信息交换的时延低； （2）对话音信息控制简单，在电路接通后，交换机的控制电路不再干预消息的传输	（1）链路的建立时间长； （2）带宽利用率低； （3）不同类型和特性的用户终端不能互通
分组交换	（1）呼叫建立时不进行网络资源分配，电路资源为多个用户所共享； （2）带宽可变，用可变比特率传送信息； （3）采用面向无连接的传输方式； （4）网络交换节点之间需要进行流量、差错控制	（1）可向不同速率的数据终端提供通信环境； （2）带宽统计复用，信道利用率高； （3）采用逐段链路的差错控制和流量控制，出现差错可以重发，可靠性高； （4）线路动态分配，当网络中的线路或设备发生故障时，“分组”可以自动地避开故障点	（1）对实时性业务的支持不好； （2）附加的控制信息较多，传输效率较低； （3）协议和控制复杂
ATM 交换	（1）采用时隙划分的方法进行统计时分复用（异步时分复用）； （2）采用面向连接并预约传输资源的工作方式，在传输用户数据之前，先建立端到端的虚连接	（1）带宽可变，支持综合业务的接入； （2）以固定长度的信元为传输单位，响应时间短，网速快； （3）信元中不含数据校验位，简化了交换机的功能	（1）实现比较复杂； （2）应用价格高

ATM 交换应能实现高速、高吞吐量和高服务质量的信息交换，以及灵活的带宽分配。另外，还需要满足从很低速率到很高速率的综合业务交换的要求。因此，ATM 交换具有以下特点。

1．采用固定长度的信元

ATM 交换的数据单元长度是固定的（53 字节），称为信元（Cell）。ATM 信元结构如图 1.7 所示，信元开头的 5 字节称为信元头部（Header），放置信元本身的控制信息，其余的 48 字节称为有效载荷（Payload），即用户需要传送的所有媒体信息的统一载体，包括话音、视频、数据、文本等任意形式。

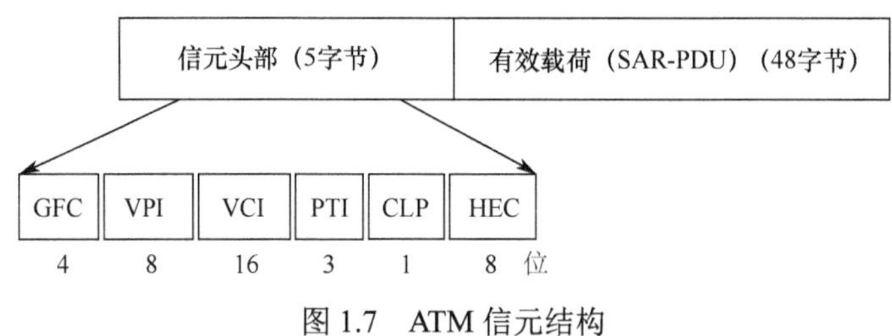

图 1.7 ATM 信元结构

与采用可变长度分组的帧中继相比，ATM 定长的信元结构有利于简化节点的交换控制和缓冲器管理，降低排队时延、减少时延抖动、提高传送性能。

- GFC：通用流控制，用于 UNI 中的流量控制，共 4 位。在 NNI 中，此字段与后面的 8 位构成 12 位的 VPI。
- VPI /VCI：虚路径/虚信道标识符，共 24 位，共同决定了信元的路由。
- PTI：载荷类型标识符，共 3 位，用于指明信元中有效载荷的类型。
- CLP：信元丢弃优先级，占 1 位，用于指明本信元的优先级。在遇到拥塞时，CLP=1

的信元将首先被丢弃。

- HEC：信元头部错误校验码，共 8 位，用于对信元头部进行检错和纠错，也用于信元定界。

2. 面向连接

ATM 采用面向连接的工作方式，在用户传送信息之前，先要有连接过程；在信息传送结束之后，要拆除连接。与分组交换的虚电路相似，这里也是逻辑连接，称为虚信道（Virtual Channel，VC）。当网络规模较大时，由于要支持多个用户的多种通信，所以网络中必定会出现大量速率不同、特征各异的虚信道。为了便于管理和应用，ATM 采用分级的方法，将多个虚信道归并，组成虚通道（Virtual Path，VP）。这样，每个传输通道可以包含若干虚通道，每个虚通道又可以包含若干虚信道。ATM 中传输通道、虚通道（VP）和虚信道（VC）的关系如图 1.8 所示。

图 1.8 ATM 中传输通道、虚通路（VP）和虚信道（VC）的关系

3. 异步时分复用

在前面的电路交换中，交换机为每个连接分配了一个固定的时隙，称为同步时分方式。而在 ATM 交换中，一个信元占用一个时隙，但是不同复用帧的同一时隙位置中的信元不一定属于同一连接。这是一种根据用户实际需要动态分配线路资源的时分复用方法，又称为统计时分复用，只有当用户有数据要传输时，才分配时隙；当用户暂停发送数据时，就不分配，这时线路的传输能力可以被其他用户使用。因此，当采用异步时分复用（Asynchronous Time Division Multiplexing，ATDM）时，每个用户的数据传输速率可以高于平均传输速率，最高可达到线路总的传输速率。

分组交换和帧中继的时分复用也属于异步时分复用，不同的是，ATM 交换中给用户分配的信元和时隙的长短是固定的；而分组交换和帧中继要根据具体的网络确定分组的长度与时隙的大小，因此是不固定的。

综上所述，ATM 交换综合了电路交换和分组交换的优点，既具有电路交换中数据传输透明（网络内部不进行逐段链路的差错控制和流量控制）、支持实时业务的优点，又具有分组交换的支持动态分配带宽、可变比特率业务的优点，并能对业务信息进行统计时分复用。因此，ATM 交换很快被通信界采用，并成为早期 B-ISDN 的首选技术。

1.2.4 IP 交换

20 世纪 90 年代，随着互联网的发展，用户数量急剧增长，导致网上流量持续增加，互联网带宽变得十分紧张，从而经常发生拥塞，传输时延高，用户业务质量得不到保证。为了解决互联网面临的这些问题，人们将当时较先进的 ATM 交换技术和较普及的 IP 技术融合起来，产生了一种新的交换技术，统称为IP交换技术。

IP交换可提供两种信息传送方式：一种是ATM交换式传输，另一种是基于逐跳转发方式的IP传输。IP交换的核心思想就是对用户业务流进行分类：对于连续的、业务量大的、实时性要求较高的用户业务数据流，直接进行交换传输，用ATM虚电路传输；对于持续时间短的、业务量小的、突发性强的用户业务数据流，采用IP分组存储转发方式进行传输。因此，IP交换是基于数据流驱动的。

实现IP交换的模型主要有重叠模型和集成模型两大类。

所谓重叠模型，就是指IP层运行在ATM层之上，IP选路和ATM选路相互独立，系统需要IP和ATM两种选路协议，使用IP和ATM两套地址，并需要地址解析功能。重叠模型采用标准信令，与ATM网络及业务兼容，但需要维护两个独立的网络拓扑结构，地址重复，路由功能重复，因此，网络扩展性不强、不便于管理，IP分组的传输效率较低。IETF推荐的传统式IP规范（IPOA）和ATM论坛推荐的ATM多协议规范（MPOA）等都属于重叠模型。

所谓集成模型，就是指只需一套地址（IP地址）和一种选路协议（IP选路协议），不需要地址解析功能，不涉及ATM信令。它采用面向连接的方式，将IP分组封装在ATM信元中，使用短的标记代替长的IP地址，基于标记进行数据分组的转发，速率高。爱普生公司的IP交换、Cisco公司的标记交换、IETF的MPLS都属于集成模型。

1.3 交换和路由

如前所述，交换是电信网的基础技术，交换机是电信网的核心设备，网络只有通过交换机的协同控制和处理，才能完成用户信息端到端的传递。而在计算机网中，路由是网络的基础技术，路由器是网络的核心设备，网络是通过路由器的协同控制和处理完成用户信息端到端的传递的。交换和路由在很长时间内一直分属于这两类网络，被视为两个平行的技术，但是在互联网的冲击下，电信网和计算机网逐渐趋于融合，IP交换逐渐成为通信网的核心技术。因此，人们正在越来越多地关注原本互相平行的交换和路由技术之间的关系。

每个计算机用户终端在发起一个呼叫前，都要先把进行交互的数据信息按照互联网协议的要求加入自己的地址和目的地址中，并与其他控制信息打成一个信息包交给路由器，由路由器完成下一步转移路线的选择工作，并转发数据包到下一站，以达到信息转移的目的。因此，路由器也是用于进行信息转移的，从广义上来说，同属于交换范畴。只不过，路由器采用面向无连接的信息交互方式，属于面向数据应用的分组交换。因此，交换和路由技术本身就是相互影响、相互渗透的。交换的含义十分广泛，从控制方式来看，有面向连接和面向无连接两种方式。其中，面向连接的方式还有虚连接（逻辑连接）和物理连接之分；从网络应用来看，有电话交换、数据交换和综合交换之分；从设计的OSI层次来看，有与网络层相关联的交换（如分组交换X.25），也有仅与数据链路层相关联的交换（如帧交换、帧中继、ATM交换等）。

归纳起来，交换和路由的主要区别如下。

（1）虽然交换技术可以是面向无连接的，但是电信网中应用的交换技术基本上都是面向连接的，这是电信网基于服务质量保证和运营管理需要确定的基本原则。而路由技术是面向无连接的，通过路由协议可以自动发现网络故障，自动选择一条新的路由，确保数据在故障发生时仍然能够正确地传递给接收方。这是交换和路由最重要的理念差别，由此导致了许多相关的差异。

（2）正因为电信交换是面向连接的，所以它需要有完善的信令机制。信令的基本任务就是在交换机之间，以及用户和交换机之间建立交互呼叫，传递相关信息，借此建立起所需的端到端连接。信令是电信网的一项特有的、极其重要的技术。信令的存在使电信网存在一个独立的呼叫控制层，其功能是负责呼叫和连接的控制、维护与管理。而路由技术只有路由协议、算法与分组转发，没有信令的概念，也没有位于网络层之上的独立的呼叫控制层。

（3）为了保持所建立的连接，在呼叫进行过程中，交换机必须保存信令控制过程中确定的连接信息，如出入链路和端口、呼叫标识、带宽等信息，因此交换机是有状态的。路由器虽然也保存并不断更新当前有效的路由表，但是路由表的信息只和分组的目的地址有关，而和具体的呼叫没有关系，因此路由器是无状态的。

（4）由于交换连接是固定的，即使在虚连接的情况下，同一呼叫数据包的传送路径也是完全相同的，所以其数据传送有序性有保证，端到端时延、时延抖动、丢包率等性能指标也易于控制，因此交换具有 QoS 保证。而在路由技术中，同一呼叫的数据分组可能经由不同的路径到达目的地，只能保证可达性，难以保证传送有序性和性能指标。

由于通信业一致认定以 IP 为核心的分组技术来发展未来的网络，因此，一度有一种错误的观点，即认为 IP 技术将是唯一的网络技术，互联网将完全取代电信网。经过多年的探索和实践，人们认识到，交换才是电信网的核心技术，在未来的通信网中仍然如此。ATM 交换和 IP 路由技术各有其优势和不足，它们必须相互结合，由此发展而来的 MPLS 技术充分体现了面向连接和面向无连接的特点，被认为是未来通信网的核心支撑技术。

1.4 下一代网络和软交换

下一代网络（NGN）集话音、数据、图像、视频等多媒体业务于一体，是传统电信技术发展和演进的重要里程碑，标志着新一代网络时代的到来。而软交换是下一代网络的核心技术，要解决的关键问题是如何在 IP 通信网中引入控制功能，包括呼叫控制和业务控制，以及建立增值业务平台。对互联网来说，数据通信采用的是客户-服务器方式，除了网络层的路由协议，并不存在其他控制技术，也不存在网络智能和增值业务的概念，所有的服务都是通过服务器和终端的直接交互实现的。因此，下一代网络在很大程度上借鉴了传统通信网的技术和结构理念，根据 IP 网络开放性的特点，提出相应的解决方案。准确地说，下一代网络并不是一场技术革命，而是一场网络体系的革命。它继承了现有的电信技术的优势，是以软交换为控制核心、以 IP 分组交换网络为传输平台、结合多种接入方式（包括固定网、移动网等）的网络体系。

下一代网络的含义还可以从多个层面来理解。从业务层面上看，它应支持话音、数据、视频等多媒体业务；从网络层面上看，垂直方向包括业务层和传送层等不同层面，水平方向覆盖核心网和边缘网。可见，下一代网络是一个内涵十分广泛的术语，不同的层面都可以应用。如果特指业务层面，则下一代网络是指下一代业务网；如果特指传送层面，则下一代网络是指下一代传送网；如果特指数据网层面，则下一代网络是指下一代互联网。泛指的下一代网络实际上包容了所有新一代网络技术，也往往特指下一代业务网，特别是以软交换为呼叫控制层且兼容所有三网技术的开放式体系架构。

从总体趋势上看，下一代网络的核心层功能结构将趋向扁平化的两层结构，即业务层上承载统一的 IP 通信协议，传送层上承载巨大的传输容量。核心网的发展趋势将更加倾向于传送层和业务层独立发展，并分别优化。而在网络边缘则倾向于多业务、多体系的融合，允许多协议业务接入，以最经济的成本和高度的灵活性，可靠且持续地支持一切已有的和将有的业务与信号。

下一代网络应具有以下特点。

（1）呼叫控制层和业务层独立于承载层，强调开放性。

下一代网络的呼叫控制功能与承载能力分离，业务功能与呼叫控制功能分离，网络结构层次化，各层次之间的协议接口逐渐标准化，并对外开放，从而使网络从传统的封闭结构转向开放结构。从网络功能层次来看，下一代网络在垂直方向从上往下依次包括业务层、会话控制层、传输层和接入层，在水平方向覆盖核心网、接入网甚至用户驻地网。这样，传统交换机的功能模块分离成为独立的网络部件，各部件可以按相应的功能划分，独立发展。下一代网络的分层组网特点使得网络运营商几乎不用考虑过多的网络规划，只需根据业务的发展情况考虑各接入节点的部署即可。无论是容量和维护的方便程度，还是组网效率，下一代网络与传统交换机组成的 PSTN 相比，都有明显的优越性。

下一代网络强调网络的开放性，包括网络架构、网络设备、网络信令和协议的开放性。开放式的网络架构能让众多运营商、制造商和服务提供商进入市场参与竞争，易于生成和运行各种服务。而网络信令和协议的标准化可以实现各种异构网络的互通。

（2）业务驱动的网络。

由于下一代网络的呼叫控制功能与承载能力分离，业务功能与呼叫控制功能分离，所以真正实现了业务发展独立于网络。业务提供商可以快速、灵活地提供新业务，而不必关心承载网络的具体形式和终端类型，从而满足用户多样的、不断发展的业务需求，并且使用户能自定义和配置自己的业务特征。

（3）基于分组交换技术的融合异构网络。

下一代网络采用高速分组交换技术，支持在统一的传送网上承载综合业务，实现电信网、计算机网和有线网的三网融合，使得模拟用户、数字用户、移动用户、IP 窄带网络用户、IP 宽带网络用户，甚至通过卫星接入的用户都能作为下一代网络的成员，实现互通。这种融合既包括传输网络的融合，又包括业务能力的融合。下一代网络不是现有电信网和分组网的简单延伸与叠加，也不仅仅是某些技术的进步，而是整个网络框架的优化，是电信网体系的一次飞跃。

（4）具有高速的物理层、网络层和数据链路层。

下一代网络具有高速的物理层、数据链路层和网络层。其中，网络层趋向于采用统一的 IP 协议实现业务融合。数据链路层趋向于采用电信级的分组节点，即高性能核心路由器加边缘路由器及 ATM 交换机。此外，下一代网络中的传送层趋向于实现光联网，可提供巨大而廉价的网络带宽和网络成本，可持续发展网络结构，可透明支持任何业务和信号。接入层趋向于采用多元化的宽带无缝接入技术。

简而言之，下一代网络将是一个以软交换为核心、以光网络和分组型传送技术为基础的开放式融合网。

软交换通过与传输层的网关交互来接收正在处理的呼叫的相关信息，指示网关完成呼叫。软交换的主要任务是在各点之间建立关系，这些关系可以是一个简单的呼叫，也可以是一个较复杂的处理。软交换主要用于处理实时业务，如话音业务、视频业务、多媒体业务等。在软交换中，通常也提供一些基本的补充业务，与传统交换呼叫控制和基本业务非常类似。

实际上，软交换是一种功能实体，为下一代网络提供具有实时性要求的业务的呼叫控制和连接控制功能，是下一代网络呼叫与控制的核心。简单地看，软交换是实现传统程控交换机的呼叫控制功能的实体，但传统的呼叫控制功能是和业务结合在一起的，不同的业务所需的呼叫控制功能不同，而软交换则是与业务无关的，这就要求软交换提供的呼叫控制功能是各种业务的基本呼叫控制功能。

软交换是基于分组网，利用程控软件提供呼叫控制功能和媒体处理相分离的设备与系统。因此，软交换的基本含义就是将呼叫控制功能从传输层（媒体网关）中分离出来，通过软件实现基本呼叫控制功能，从而实现呼叫传输与呼叫控制的分离，为控制、交换和软件可编程功能建立分离的平面。软交换主要提供连接控制、翻译和选路、网关管理、呼叫控制、带宽管理、信令、安全性和呼叫详细记录等功能。与此同时，软交换还将网络资源、网络能力封装起来，通过标准开放的业务接口和业务应用层相连，可方便地在网络上快速提供新的业务。

软交换的特点与优势如下。

（1）与电路交换机相比，软交换成本低。

软交换采用开放式平台，易于接受创新应用。软交换利用的是通用计算机器件，其性价比每年提高 60%～80%，而电路交换机的性价比每年提高大约 20%，因此，软交换在成本方面有更大的优势。而且，在传统交换网络中，一个设备厂商往往供应软件、硬件和应用等所有产品，用户被锁定在厂商那里，没有选择的空间，实现和维护的费用也很昂贵。而在基于软交换的网络中，用户可以向多个厂商购买各种层次的产品，前提是这些厂商的产品是基于开放标准的。这样，用户可以在每一类产品中选择性价比最高的产品来构建自己的网络。

（2）实现网络融合，降低运营成本。

软交换体系可将 PSTN、数据网和移动网有机地融合在一个分组网络上。它采用统一的业务提供、控制及管理平台，使用标准的协议，通过不同功能的网关设备接入各种类型的用户，使原来分离的各网有机地统一在一起，各用户可以共同享有网络提供的服务。另外，软交换体系还采用以下技术来降低网络运营成本。

① 采用统计时分复用技术，根据业务使用情况分配带宽，不同于电路交换网络（即使用户不通话也占用带宽），更能节省网络带宽资源，提高网络利用率。

② 网络设备标准化程度提高，基于公共的传送平台，且采用开放的接口和协议进行互通，使得维护人员数量减少、技术培训费用降低。

③ 原来分离的几个网络将使用公共、可管理的宽带分组网作为传送平台，不用分别建立自己的传送网络，多种业务基于统一的承载平台，对不同类型的业务进行区分服务，保证各种业务的服务质量。

（3）采用开放式标准接口，实现各种业务及用户的综合接入。

软交换体系采用分层的结构、标准的接口，将传统交换机的功能模块分离成独立的网络构件，易于和不同网关、交换机、网络节点进行通信，具有很好的兼容性、互操作性和互通性。构件间采用标准的接口协议，相对独立，不仅在地理位置上可以相互分离，运营商还可根据业务需要自由组合各部分的功能产品来组建网络，实现各种异构网的互通；通过标准的接口，根据业务需求增加业务服务器及网关设备，适时扩大网络规模。

软交换体系实现了各种业务及用户的综合接入。例如，通过接入网关（AG）及集成接入设备（IAD）实现传统电话用户、xDSL 用户的各种接入；通过无线网关（WAG）实现无线用户的接入；通过 H.323 网关与 IP 电话网用户进行互通；装载了应用软件的各种 PC 软终端可通过以太网接口享受多媒体业务；使用各种协议（H.248/H.323/SIP/MGCP）的智能终端通过软交换可实现多媒体业务互通。软交换体系允许网络内的所有用户远程接入，不受地理位置限制，享受一站式服务及三重播放的优势。

（4）能快速、灵活地提供各项业务，实现网络的平稳过渡和持续发展。

以前的 PSTN 的各种业务的流程及控制均集中于交换机中，要增加一种业务，需要全网交换机分别修改软件进行升级，工作量非常大，智能网是其用来提供各种话音增值业务的最佳手段。但是智能网在本质上也是一个封闭的系统，业务生成及修改仍需要依靠厂商，开发周期较长，运营商和用户难以根据需要增加自己的业务特征。

软交换通过业务控制功能与呼叫控制功能分离、呼叫控制功能与承载能力分离，实现相对独立的业务体系，使业务真正独立于网络，灵活、有效地实现业务的提供。用户可以自行配置和定义自己的业务特征，不必关心承载业务的网络形式及终端类型，使得业务和应用有较高的灵活性，从而满足用户不断发展更新的业务需求，也使得网络具有可持续发展的能力和竞争力。

在软交换体系中，所有的业务逻辑及控制都集中在应用服务器上，呼叫的接续和控制由软交换设备进行，使得业务提供基于可控、可管理的平台；软交换系统的处理能力强，所控用户多，业务覆盖面大，业务优势强，便于业务的推广；软交换通过标准的 API 连接业务提供平台，运营商及用户可根据市场所需及时地生成或修改业务，使得业务开展更加快速、业务特征更加贴近需求；软交换采用集中用户数据库管理的办法，使得一些广域联网的业务更具吸引力，如广域虚拟交换机 Centrex、广域虚拟专网（VPN）、移机不改号、广域通用个人通信（UPT）等；软交换系统还可以通过 INAP 信令直接调用原 PSTN 智能网业务，使资源不会浪费，网络得以平稳过渡。

原有的电路交换机可继续使用到寿命自然终结，对于 PSTN 中新增的用户需求，可通过使用接入网关、IAD 等设备解决用户接入问题，通过使用中继网关设备满足网络中对汇接局及长途局的新设需求，并逐步采用软交换设备替代 PSTN 中已到寿命的设备，最终实现向软交换体系的平稳过渡。

软交换作为下一代网络交换的核心，可以灵活选择配置模式，功能块可以分布在整个网络中，也可以集中起来，以满足不同的网络需求。它结合了传统的电话网络的可靠性与 IP 技术的灵活性、有效性，是传统的电路交换网向分组化网络过渡的重要网络概念。

习　题

1-1　通信网中引入交换的目的是什么？

1-2　多用户互联组网有何特点？为什么通信网不直接采用这种方式？

1-3　自动电话交换机的发展经历了几个阶段？以此为基础的交换技术是怎样演进的？
1-4　通信网中存在的交换方式主要有哪几种？
1-5　比较电路交换、分组交换和 ATM 交换的异同。
1-6　为什么说 ATM 交换技术融合了电路交换技术和分组交换技术的特点？
1-7　简要说明交换技术和路由技术的区别。
1-8　软交换、NGN 和 IMS 的含义是什么？它们之间有何关系？
1-9　软交换有哪些特点与优势？
1-10　IP 交换的含义是什么？它有哪两种信息传送方式？

第2章　程控数字电话交换

2.1　程控数字电话交换系统结构

程控数字交换机必须具备正确接收与分析从用户线和中继线发来的呼叫信号及地址信号，按目的地址正确地进行选路，控制交换网络连接的建立，按照收到的释放信号释放连接等功能；通过本局接续、出局接续、入局接续、转接接续，可建立各种呼叫。

本局接续——本局用户线之间的接续。

出局接续——用户线与出中继线之间的接续。

入局接续——入中继线与用户线之间的接续。

转接接续——入中继线与出中继线之间的接续。

程控数字交换机应提供的功能如下。

（1）控制功能。控制设备应能检测是否存在空闲链路及被叫方的忙闲情况，以控制各种电路的建立。

（2）交换功能。交换网络应能实现网中任何用户之间的话音信号的交换。

（3）接口功能。交换机应有连接不同种类和性质终端的接口。

（4）信令功能。信令设备应能监视并随时发现呼叫的到来和呼叫的结束，应能向主、被叫方发送各种用于控制接续的可闻信号，还应能接收并保存主叫方发送的被叫方号码。

（5）公共信息服务功能。交换机应能向用户提供诸如银行业务、股市业务、交通业务等公共信息服务。

（6）运行管理功能。交换机应具有对交换网络、处理机及各种接口等设备的管理功能。

（7）维护、诊断功能。交换机应具有定期测试、故障报警、故障分析等功能。

（8）计费功能。交换机应具有计费数据收集、话费结算和话单输出等计费功能。

为了实现上述功能，程控数字交换机的硬件系统应包括话路系统和控制系统，软件系统应包括操作系统和应用系统等。

2.1.1　硬件功能结构

程控数字交换机的总体结构如图 2.1 所示，主要由话路系统和控制系统两部分组成。

1．话路系统

话路系统一般由用户级、远端用户级、选组级（数字交换网络）、模拟中继器、数字中继器和信号部件等组成。

（1）用户级。

用户级由用户电路和用户集线器组成。用户电路是用户线与交换机的接口电路。若用户线的终端是模拟话机，则称为模拟用户线，其用户电路就是模拟用户电路，应有 A/D 和 D/A 变换功能；若用户线的终端是数字话机，则称为数字用户线，其用户电路就是数字用户电路，不需要经过 A/D、D/A 变换，但需要有码型变换、速率转换等功能。

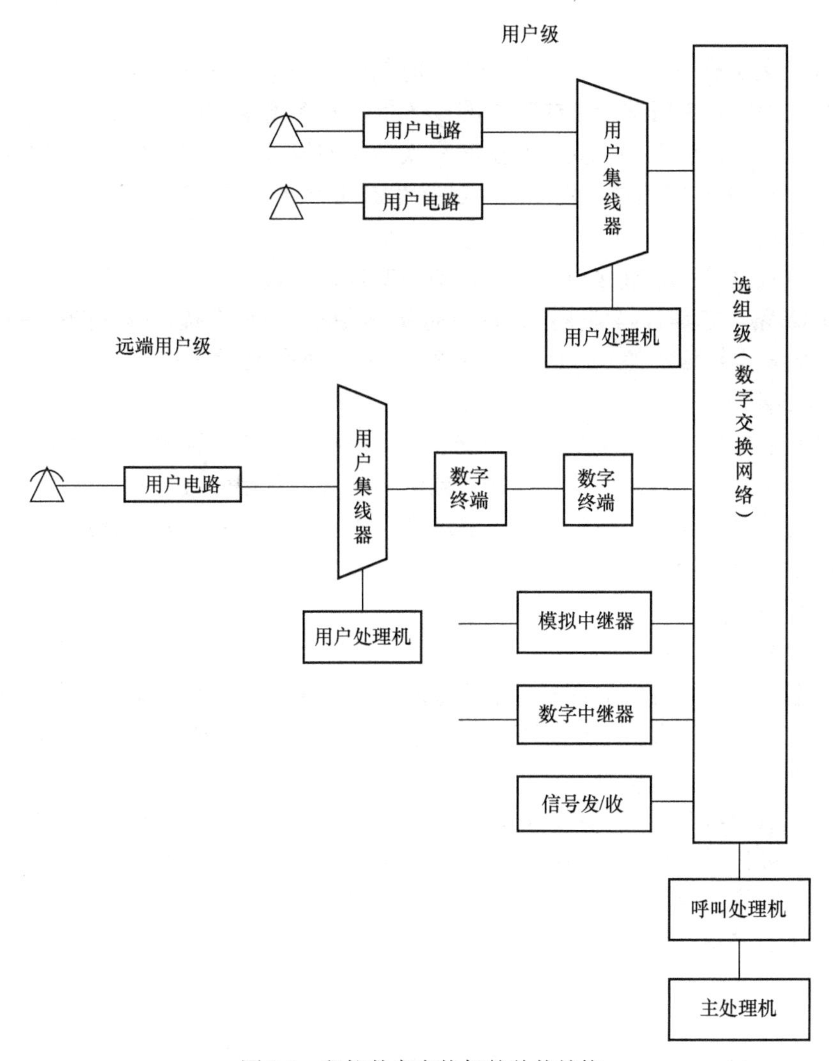

图 2.1　程控数字交换机的总体结构

用户集线器具有话务集中的功能。由于每个用户的忙时双向话务量为 0.12～0.20 爱尔兰（Erl），相当于忙时有 12%～20%的时间占用。如果每个用户电路都直接与数字交换网络相连，则将使数字交换网络的每条链路的利用率降低，交换网络上的接线端子数增加。采用用户集线器后，就可将用户线集中后接出较少的链路并送往数字交换网络，这样不仅可提高链路的利用率，还可使接线端子数减少。

用户集线器多采用时分接线器，但其出端信道数少于入端信道数。入端信道数和出端信道数之比称为集线比，我国采用的集线比大多为 4:1，即 480 个用户公用 120 个信道。

（2）远端用户级。

远端用户级是指装在距离交换机较远的用户分布点上的话路设备。它的基本功能与用户级的基本功能相似，只是供电电压增大了一些。它将若干用户线集中后，以数字中继线连接至母局。远端用户级也可称为远端模块。

（3）选组级。

选组级一般称为数字交换网络，是话路系统的核心设备，交换机的交换功能主要是通过它来实现的。

在程控数字交换机中交换的数字信号通过时隙交换的形式进行，因此，数字交换网络必须具有时隙交换功能。完成这一主要功能的设备是时间接线器（T 接线器）。但由于 T 接线器的容量不可能很大，所以还需要具有空间交换功能的设备，即空间型时分接线器（S 接线器）。因此，一个大中型网络往往使用这两种接线器的组合，如 T-S-T、S-T-S 等。

（4）数字终端。

数字终端也就是数字中继接口，是程控数字交换机与数字中继线之间的接口电路。它能适应 PCM30/32 路。它具有码型变换、时钟提取、帧同步、信令提取等功能；基群接口通常使用双绞线或同轴电缆传输信号，而高次群接口则采用光缆传输方式。

（5）模拟终端。

模拟终端是程控数字交换机与模拟中继线之间的接口电路，因此也称为模拟中继接口。模拟中继线是传送音频信号的实线中继线，或者传送频分复用载波信号的模拟中继线。对于传送音频信号的模拟中继线，在模拟终端要进行 A/D、D/A 变换；对于传送频分复用载波信号的模拟中继线，要进行 FDM-TDM 转换，将信号直接转换成 PCM 数字编码。

（6）信号部件。

① 信号音发生器。因为模拟的信号音是不能通过程控数字交换机的，所以就要求有一个信号音发生器，将拨号音、忙音等音频信号进行 A/D 变换后生成的数字信号存放在只读存储器中。当需要时，在计数器的控制下，经数字交换网络发送到所需的话路上，再经过 D/A 变换，还原成模拟信号送往用户。

② 多频接收器和发送器。信号音发生器专门用来接收和发送多频（MF）信号，包括按钮话机的双音多频信号和局间多频信号。这些多频信号在相应的话路中传送，都是以数字化的形式通过交换网络接收和发送的。因此，程控数字交换机中的多频接收器和发送器应能接收或发送数字化的多频信号。

2. 控制系统

程控数字交换机控制系统的硬件设备是处理机。处理机的核心是中央处理器（CPU），它按照存放在存储器中的程序来控制交换接续并实现维护与管理功能。

控制系统一般可分为 3 级。

第 1 级：电话外设控制级。这一级对靠近交换网络及其他电话外设部分进行控制，与话路设备硬件的关系比较密切。这一级主要完成扫描和驱动，特点是操作简单，但任务数量多、工作量大。

第 2 级：呼叫处理控制级。它是整个交换机的核心，第 1 级送来的信息在这里经过分析、处理，又通过第 1 级发布命令来控制交换机的路由接续或复原。这一级的控制功能具有较高的智能性，因此，这一级为存储程序控制。

第 3 级：维护测试级。这一级主要用于维护和测试，包括人机通信。这一级要求有更高的智能性，因此需要的软件数量最多，但对实时性要求不高。

这 3 级的划分可能是“虚拟”的，仅仅反映控制系统程序的内部分工；也可能是“实际”的，即分别设置专用的或通用的处理机来实现不同的功能，如第 1 级采用专用的处理机——用户处理机，第二级采用呼叫处理机，第三级采用通用的处理机——主处理机。这 3 级逻辑的复杂性和判断标志能力是按照从 1 级至 3 级的顺序递增的，而实时运行的重要性、硬件的数量和专用性则是递减的。

2.1.2　软件功能结构

程控数字交换机中的硬件动作由软件控制。软件由指令和数据组成。程控数字交换机的软件系统庞大而复杂，一台大型交换机的软件大约由几十万条指令组成。因此，编制和调试这些软件要花费几百年的时间。

程控数字交换机的特点是业务量大、对实时性和可靠性要求高，因此，其软件系统必须具有实时效率，有多道程序同时运行的功能，有保证电话业务不间断的有效措施。

1. 实时效率

所谓实时效率，就是指用户呼叫能够得到及时的处理。这就要求交换机的处理机软件能够按服务等级进行配置和设计。

交换机控制系统处理机的话务处理能力是以每秒钟或每小时处理一定的呼叫次数来表示的。而这种能力还意味着全部的相应呼叫处理程序都必须在规定时间内执行。

在这些程序中，有的对实时性要求较为严格，如与信号传递、信号处理有关的程序，要求在几毫秒到几十毫秒内执行完毕。保持拨号音的接续就是一个比较好的例子，在用户从摘机到听到拨号的一段时间里，要进行以下几项工作：检测出摘机事件；分析主叫用户数据；寻找一个空闲收号器及由主叫用户话机至空闲收号器的路由；接通该路由，将主叫用户话机与收号器连接起来；接通向主叫用户话机传送拨号音的链路，向主叫用户话机传送拨号音。这些工和都要在 400ms 内完成。

有些程序对实时性要求不太严格，如分析处理程序。对实时性要求最不严格的是交换机的维护管理程序，这些程序的响应时间可达几秒钟，甚至几十分钟。

为了满足不同的实时性要求，处理机中的程序是分成若干优先级进行处理的。

2. 多道程序同时运行

多道程序同时运行是指若干任务可以同时执行。在交换机中，之所以能采用多道程序同时运行的方式工作，主要原因是，用户的一次呼叫从发生到结束要经过若干处理过程，每个处理过程都要持续几秒钟到几十秒钟，而实际要求处理机的处理时间是很短的，大部分时间都耗费在等待外部事件的处理上，这些等待时间可能持续 20s 之久。在这期间，处理机可以暂时停下来而去处理其他的呼叫任务。一旦系统监测到所等待的事件要求处理，就重新启动前一个任务，该呼叫的处理又重新开始。这样就充分发挥了处理机高速工作的优势，这种对处理机进行时间分割的使用就好像一台处理机同时处理若干任务一样。

为了使处理机实现多道程序同时运行，在交换机中需要一个执行管理程序或监控程序。

3. 电话业务的不间断性

电话业务是不能间断的，一年 365 天，一天 24 小时，随时都要提供服务。一台交换机在其整个寿命期间，业务中断时间累计不应超过几小时。一般要求在 40 年内不超过 2 小时。这就要求系统在出现硬件或软件故障时，必须采取一种或多种措施来使呼叫处理不间断。

2.2 程控交换数字化原理与接线器

2.2.1 话音信号数字化与时分复用

要使模拟信号在数字传输系统中进行传递，就必须用信源编码器对话音信号进行模数变换。对话音信号进行模数变换的方法很多，如脉冲编码调制（PCM）、增量调制（ΔM）和参数编码等，其中应用较为广泛的是 PCM。

话音信号（模拟信号）数字化的过程是取样→量化→编码。PCM 过程如图 2.2 所示。

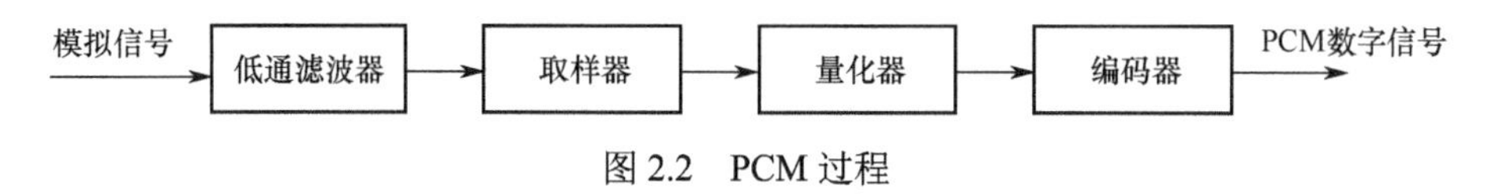

图 2.2 PCM 过程

1．取样——信号在时间上的离散化

话音信号在幅度取值上是连续的，在时间上也是连续的。取样就是每隔一定的时间间隔（T），对在时间上连续的话音信号抽取瞬时幅值的过程，简称取样或抽样。取样后得到的在时间上离散的一串序列信号称为样值序列信号或取样信号。话音信号的取样如图 2.3 所示。

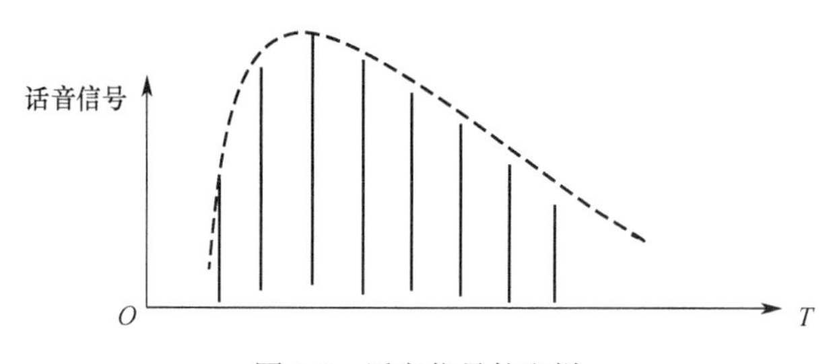

图 2.3 话音信号的取样

对话音信号取样后，所得取样信号在信道上占用的时间缩短了，从而为时分复用奠定了基础，同时为数字化提供了条件。但取样信号中必须含有原始话音信号的信息，并要求在接收端能将取样信号恢复成原始话音信号。为了达到上述要求，取样的时间间隔 T（取样周期）不能太长，或者说取样频率不能太低。

由取样定理——Nyquist 可知：取样频率（f_s）应大于或等于传输信号中最高频率（f_m）的 2 倍，即 $f_s \geqslant 2f_m$。

在电话通信系统中，用 3400Hz 作为最高频率已能很好地满足用户的要求。考虑到有一定的冗余，目前 PCM 通信规定话音信号的取样频率为 8000Hz，即

$$T=1/f_s=1/8000\text{Hz}=125\mu\text{s}$$

为了在取样前把话音信号中大于 f_m（f_m=3400Hz）的频率成分去掉，要在取样器中设置一个上限频率为 3400Hz 的低通滤波器，将最高频率限制在 3400Hz。

【例 2-1】 对于 PCM，如果要对频率为 600Hz 的某种话音信号进行取样，那么取样频率 f 取什么值时，取样信号可以包含足够重构原始话音信号的所有信息？

解： 根据取样定理，只要取样频率大于或等于传输信号最高频率或其带宽的 2 倍，取样信号便可包含原始话音信号的所有信息。利用低通滤波器，可以从取样信号中重构出原始话

音信号，即

$$f_s \geqslant 2f_m = 2\times600\text{Hz} = 1200\text{Hz}$$

2. 量化——信号在幅值上的离散化

取样信号虽然在时间上是离散的，但在幅度取值上仍是连续的，即可以是输入模拟信号幅值中的任意幅值，或者说可以有无限种取值，不能用有限个数字表示，仍属于模拟信号。要想使它成为数字信号，还需要对它的取样值进行离散化处理，将幅值由无限多的连续信号变换成幅值为有限数目的离散信号，这一幅值离散化处理的过程称为量化。量化就是“分级”的意思，采用类似四舍五入的方法，将每个取样值用一个相近的幅值来近似表示。量化方法可分为线性量化和非线性量化两种。

（1）线性量化。

线性量化也称为均匀量化。它把输入的取样值的范围划分为若干等距离的小间隔，每个小间隔叫作一个量化级。当某一输入的取样值落在某一间隔内时，就用这个间隔内的中间值来近似表示这个取样值的大小，并以此值输出。这样，大信号和小信号的绝对误差相同，而对小信号来说，相对误差（噪声）很大，即信噪比小，因此不能满足话音信号的传输要求。（注：信噪比为输出信号功率与噪声功率之比，信噪比越大，说明通信质量越好。）

（2）非线性量化。

非线性量化（又称为非均匀量化）使用不等的量化级差（间隔）。小信号分级密，量化级差小；大信号分级疏，量化级差大。或者说，量化间隔随着信号幅值的减小而缩小，使信号幅值在较宽的动态范围内的信噪比都能达到指标规定的要求。

非线性量化实际上是利用压缩和扩展的方法来实现的。不同幅值的信号经过具有压缩特性的放大器后，对小信号的幅度有较大的放大作用，而对大信号的幅度则有压缩作用。这样，在对经过放大的取样小信号进行量化时，就使小信号的量化误差相对减小，信噪比得到改善，如果放大作用大，则改善的程度也大；大信号经压缩、量化后，信噪比将减小，使话音信号在整个动态范围内的信噪比基本上相差不多，且都能满足指标规定的要求。

国际上允许采用两种折线形压扩特性：13 折线 A 律压扩特性和 15 折线 μ 律压扩特性，日本和美国采用 μ 律，我国与欧洲采用 A 律。

3. 编码

模拟信号经过取样和量化以后，在时间和幅度取值上都变成了离散的数字信号。如果量化级数为 N，则信号幅度上有 N 个取值，形成有 N 个电平值的多电平码。这种具有 N 个电平值的多电平码信号在传输过程中会受到各种干扰，并会产生畸变和衰减，接收端难以正确识别和接收。如果信号是二进制码，则只要接收端能识别出是“1”码还是“0”码即可。二进制码具有抗干扰能力强的优点，且容易产生和识别，因此，在数字通信中，一般都采用二进制码。

当量化级数为 N 时，量化离散值共有 N 个。将每个离散值用一组二进制码表示，若这一组二进制码的位数为 L，则有 $2^L=N$。将多电平码变成二进制码的过程称为编码。

经过量化后，形成±128 个数量级，用 8 位码表示，其中，第 1 位码为极性码，第 2、3、4 位码为段落码，最后 4 位码为段内码，如图 2.4 所示。

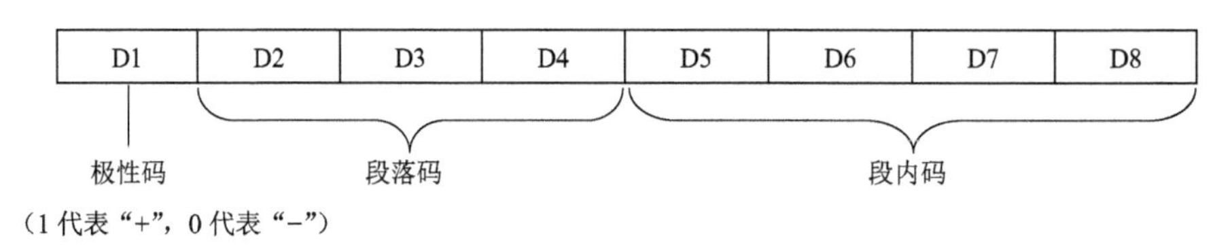

图 2.4　PCM 码字的分配

4．时分复用

信号经过模数转换后，在线路上进行传输，为了增加传输路径，可以把一个传输信道按时间分量进行分割，即时分复用信道划分，如图 2.5（a）所示，图中每个话路占用一个小的时间段，称为时隙。把多台设备接到一条公共的通道上，按一定的次序轮流地给各台设备分配一段使用通道的时间。当轮到某时分复用设备时，将其与通道接通，执行操作。

图 2.5（b）是频分复用信道划分，是指把传输信道的总带宽划分成若干子频段，即信道 1、信道 2，直到信道 N。每个子频段都可作为一个独立的传输信道使用，每对用户占用的仅仅是其中的一个子频段。

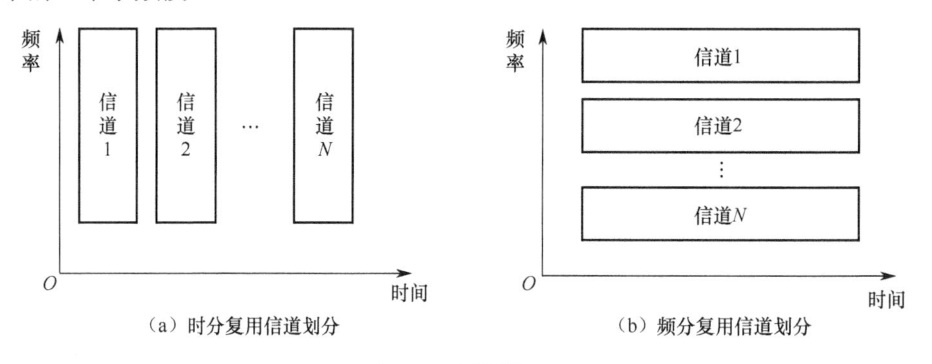

图 2.5　复用原理

时分复用（TDM）就是将信道的传输时间划分成若干时隙，每个被传输的信号独立占用其中的一个时隙，各路信号轮流在自己的时隙内完成传输。

因此，频分制是按频率划分信道的，而时分制是按时间划分信道的；频分制同一时间传送多路信息，而时分制同一时间只传送 1 路信息；频分制的多路信息是并行传输的，而时分制的多路信息是串行传输的；在实际应用中，频分制多用于模拟通信，而时分制多用于数字通信。目前，程控数字交换机采用的多路复用技术为时分复用。

PCM 信号的时分复用原理如下。

如图 2.6 所示，将各路话音信号都加到由电子开关组成的分配器 K1 上，K1 不断地做匀速旋转（实际是电子开关依次闭合和断开，K2 也是如此），每旋转一周的周期等于一个取样周期 T，这样就达到了每路信号每隔时间 T 取样一次的目的。从图 2.6 可知，各路取样信号在同一个信道上传输，因此，发送端的分配器 K1 不仅起到取样的作用，还起到复用合路的作用，也被称为合路门。各路取样信号按时间错开，沿一条传输线传至接收端。接收端分配器 K2 的旋转开关依次接通各路信号，起到分开话路的作用，也被称为分路门。应该注意：K1 与 K2 的旋转速度必须相同（同频），而且要求 K1 与 K2 同时接通同一个话路（同相），即收发双方在时间上要保持严格的同步。

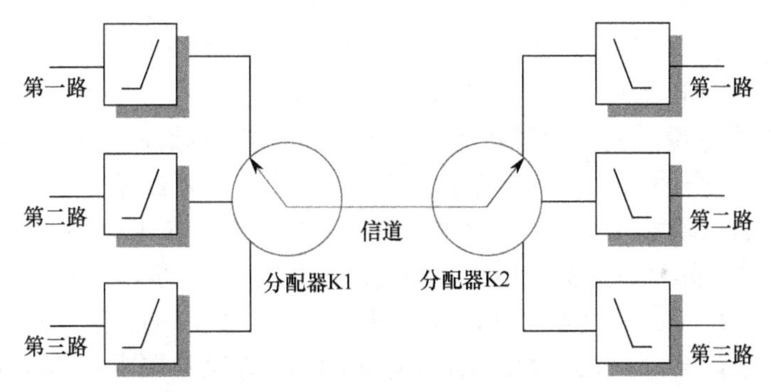

图 2.6　时分复用的原理示意图

因此，对 PCM 信号而言，时分复用就是把取样周期 125μs 分割成多个时间小段，以供各个话路占用。若有 n 个话路，则每路占用的时间小段为 125μs/n。显然，路数越多，时间小段越小。由于 PCM 信号为 8 位编码，因此信号的码元速率为

$$R = n \times 64\ (\text{kbit/s})$$

在一次群 PCM 系统中，n 为 32，相当于提供了 32 个独立的 64kbit/s 信道，故 30/32 路一次群的码元速率为

$$R_1 = 32 \times 64\text{kbit/s} = 2048\text{kbit/s}$$

2.2.2　T 接线器

同步时分复用信号交换实现的关键是时隙交换，用来实现在一条复用线上时隙交换基本功能的接线器称为时间接线器，简称 T（Time）接线器。

T 接线器由话音存储器和控制存储器组成。话音存储器和控制存储器都是随机存储器 RAM。

1．话音存储器

话音存储器（Speech Memory，SM）用于寄存经过 PCM 处理的话音信息，每个单元存放一个时隙的内容，即存放一个 8 位的编码信号，故 SM 的单元数等于 PCM 的复用度（PCM 复用线上的时隙总数）。

2．控制存储器

控制存储器（Control Memory，CM）又称为地址存储器，作用是寄存话音信息在 SM 中的单元号，如果某话音信息存放于 SM 的 2 号单元中，那么在 CM 的单元中就应写入“2”。通过在 CM 中存放地址来控制话音信号的写入或读出。一个 SM 的单元号占用 CM 的一个单元，故 CM 的单元数等于 SM 的单元数。CM 每单元的字长由 SM 总单元数的二进制编码字长决定。

T 接线器的工作原理：就 CM 对 SM 的控制而言，可以有以下两种工作方式。

（1）顺序写入（输入）、控制读出（输出），简称输出控制。

（2）控制写入（输入）、顺序读出（输出），简称输入控制。

如果 SM 的写入信号受定时脉冲的控制，而读出信号受 CM 的控制，则称其为输出控制方式，即 SM 为顺序写入、控制读出；反之，如果 SM 的写入信号受 CM 的控制，而读出信号受定时脉冲的控制，则称其为输入控制方式，即 SM 为控制写入、顺序读出。

需要强调的是，上述两种控制方式只针对 SM，而对 CM 来说，其工作方式都是控制写入、顺序读出，即 CPU 控制写入、定时脉冲控制读出。

对输出控制方式来说，其交换过程为：第一步，在定时脉冲（CP）的控制下，将 HW（High Way）线上的每个输入时隙携带的话音信息依次写入 SM 的相应单元中（SM 的单元号对应主叫用户占用的时隙号）；第二步，CPU 根据交换要求，在 CM 的相应单元中填写 SM 的读出地址（CM 的单元号对应被叫用户占用的时隙号）；第三步，在 CP 的控制下，按顺序在输出时隙（被叫用户所占的时隙）到来时，根据 SM 的读出地址读出 SM 中的话音信息。对输入控制方式来说，其交换过程为：第一步，CPU 根据交换要求，在 CM 单元内写入话音信息在 SM 中的地址（CM 的单元号对应主叫用户占用的时隙号）；第二步，在 CM 的控制下，将话音信息写入 SM 的相应单元（SM 的单元号对应被叫用户占用的时隙号）中；第三步，在 CP 的控制下，按顺序读出 SM 中的话音信息。

例如，某主叫用户的话音信号（a）占用 TS_i 发送，通过 T 接线器交换至被叫用户的 TS_j 接收，图 2.7 给出了两种工作方式的示意图。

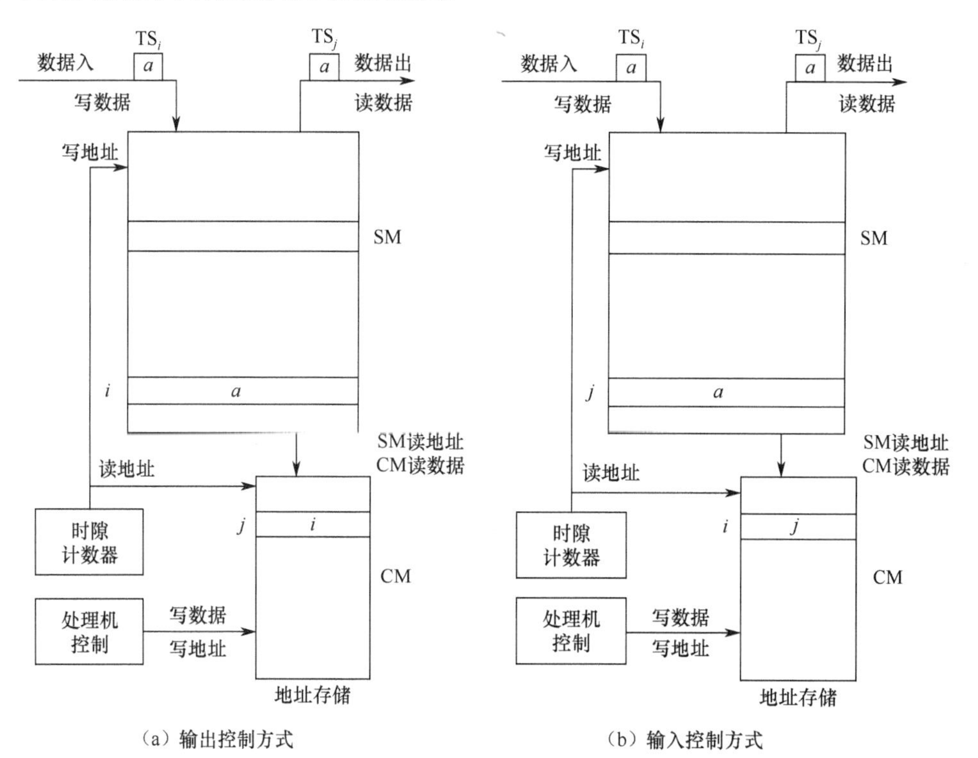

（a）输出控制方式　　（b）输入控制方式

图 2.7　两种工作方式的示意图

图 2.7（a）所示为输出控制方式，即 SM 的写入是由 CP 控制并按顺序进行的，而其读出要受 CM 的控制，由 CM 提供读出地址。CM 只有一种工作方式，它提供的读出地址是由处理机控制写入、按顺序读出的。例如，当有时隙内容 a 需要从时隙 i 交换到时隙 j 时，在 SM 的第 i 个单元中顺序写入内容 a；由处理机控制，在 CM 的第 j 个单元中写入地址 i，作为 SM 的输出地址；当第 j 个时隙到达时，从 CM 中取出输出地址 i，从 SM 的第 i 个单元中取出内容 a 进行输出，完成交换。

图 2.7（b）所示为输入控制方式，即 SM 是控制写入、顺序读出的，其工作原理与输出

控制方式的工作原理相似，不同之处在于 CM 用于控制 SM 的写入。当第 i 个输入时隙到达时，由于 CM 的第 i 个单元写入的内容是 j，作为 SM 的写入地址，使得第 i 个输入时隙中的话音信息被写入 SM 的第 j 个单元中；当第 j 个时隙到达时，SM 按顺序读出内容 a，完成交换。实际上，在一个时钟脉冲周期内，由 RAM 构成的 SM 和 CM 都要完成写入与读出两个动作，这是由 RAM 本身提供的读、写控制线控制的，在时钟脉冲的正、负半周期分别完成。

特别的是，T 接线器的容量等于 SM 的容量及 CM 的容量，而 SM 的单元数等于输入复用线上的时隙总数，一个输入 N 路复用信号的 T 接线器就相当于一个 $N×N$ 的交换单元。因此，增大 N 就可以增加交换单元的容量。当然，在输入复用信号帧长确定时，N 越大，存储器读、写数据的速度就要越快，因此，N 的增大是有限制的。

若单路信号的速率为 v，采用的存储器为双向数据总线形式，数据总线的宽度（每次存储数据的比特数）为 B，需要的时间为 t，则有

$$2 \times N \times v = B \div t$$

由上式可知，增加 T 接线器的容量的方法如下。

（1）使用快速存储器，相当于减小上式中的 t。

（2）增大存储器数据总线的宽度，即增大上式中的 B。

（3）使用单向数据总线的存储器，相当于去掉上式中的因子 2。

因为经过 T 接线器进行的是时隙交换，所以每个时隙的信号都会在存储器中产生大小不等的时延。同步时分复用信号经过一个 T 接线器的时延包括以下两项。

（1）信号进行串并交换时的时延。这项时延与存储器的数据总线宽度成正比。因此，在通过增大存储器数据总线的宽度来增加 T 接线器的容量时，同时增加了信号经过 T 接线器的时延。

（2）存储器中的时延。由于时隙互换的关系，每个时隙的信号在经过存储器后都会产生大小不等的时延。时延最小的情况发生在一个时隙的信号在写入存储器后立即被读出时，时延最大的情况发生在一个时隙的信号在写入存储器后要等待一帧后才可读出时。

【例 2-2】 有 N 路一次群信号经串/并变换及多路复用后进入 SM，问：

（1）SM 的读/写速率为多少？

（2）SM 的容量为多少？

（3）CM 的容量为多少？

解：（1）SM 的读/写速率为 $N×256$kbit/s。

（2）SM 的容量为 $N×32×8$bit。

（3）CM 的容量为 $N×32×(N+5)$bit（其中，N 为 2 的整次幂）。

2.2.3　S 接线器

S 接线器即空间型时分接线器，用来实现对传送同步时分复用信号的不同复用线之间的交换功能，但不改变其时隙位置。

S 接线器的工作方式也分为输出控制方式和输入控制方式两类，如图 2.8 所示。

（1）输入线配置的称为输入控制方式［见图 2.8（a)］，每个 CM 控制同号输出端的所有交叉连接点。

（2）输出线配置的称为输出控制方式［见图 2.8（b)］，每个 CM 控制同号输入端的所有

交叉连接点。

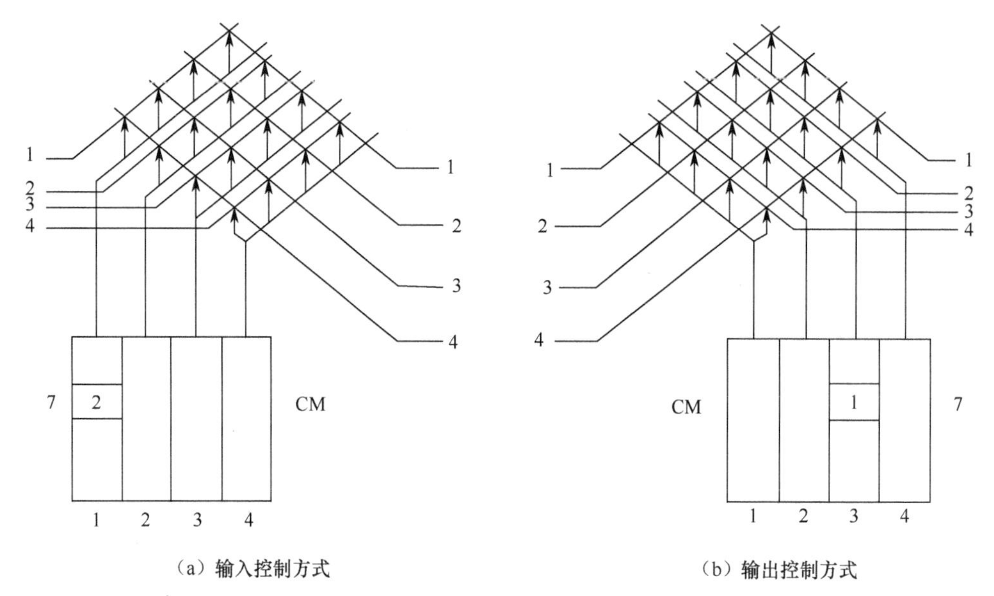

（a）输入控制方式　　（b）输出控制方式

图 2.8　S 接线器的工作方式

两种控制方式的比较如表 2.1 所示。

表 2.1　两种控制方式的比较

输出控制方式	输入控制方式
CM 的编号对应出线的线号	CM 的编号对应入线的线号
CM 的单元号对应入线上的时隙号	CM 的单元号对应出线上的时隙号
CM 单元中的内容填写要交换的入线的线号	CM 单元中的内容填写要交换的出线的线号

在图 2.8（a）中，第 1 个 CM 的第 7 单元由处理机控制写入了 2。第 7 单元对应于第 7 时隙，当每帧的第 7 时隙到达时，读出第 7 单元中的 2，表示在第 7 时隙到达时，应将第 1 条入线与第 2 条出线接通，即第 1 条入线与第 2 条出线的交叉连接点在第 7 时隙中应该接通。

在图 2.8（b）中，如果要使第 1 条入线与第 3 条出线在第 7 时隙中接通，则应由处理机的第 3 个 CM 的第 7 单元写入入线的线号 1，然后在第 7 时隙到达时，读出第 7 单元中的 1，控制第 3 条出线与第 1 条入线的交叉连接点在第 7 时隙中接通。

因此，S 接线器的交换过程分两步进行：第一步，CPU 根据路由选择结果，在 CM 的相应单元内写入入（出）线的线号；第二步，在 CP 的控制下，按时隙顺序读出 CM 相应单元的内容，控制入线与出线的交叉连接点的闭合。

【例 2-3】某 S 接线器的 HW 线的时隙复用度为 512，交叉矩阵为 32 × 32，问：

（1）有多少个交叉连接点信道？

（2）需要多少个 CM？

（3）每个 CM 有多少个单元？

（4）每个单元内的字长是几位？

解：（1）有 1024 个交叉连接点信道。

（2）需要 32 个 CM。

（3）每个 CM 有 512 个单元。

（4）每个单元内的字长是 5 位。

2.2.4 总线型时间/空间接线器

共享总线型交换单元的一般结构如图 2.9 所示，包括以下几部分。

- 入线控制：接收入线信号，进行格式变换、缓存，并在分配给该部件的时隙上把收到的信息送到总线上。
- 出线控制：检测总线上的信号，取出属于本出线的信息，进行格式变换，送出线。
- 总线：包括多条数据线和控制线。其中，数据线用于在入线控制和出线控制下传送信号；控制线用于控制各入线控制获得时隙和发送信息，以及从出线控制读取属于自己的信息。总线按时隙轮流分配给各入线控制和出线控制使用，其时隙的分配有一定的规则，如固定时隙分配、按需时隙分配等。

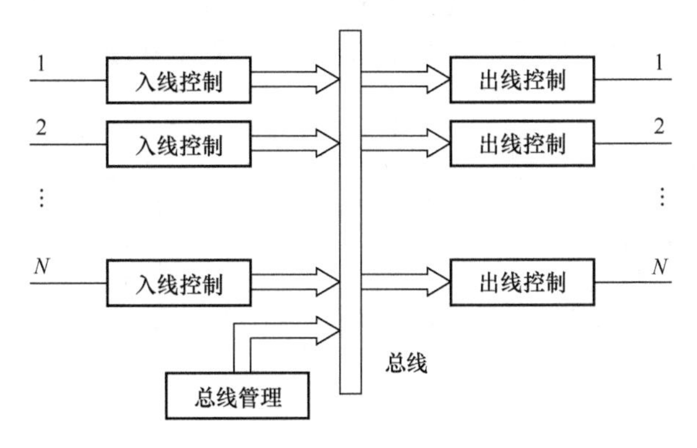

图 2.9 共享总线型交换单元的一般结构

2.3 程控数字交换机的控制系统

一般来说，程控数字交换机对控制设备有以下要求。

（1）呼叫处理能力：这是在保证规定的服务质量标准前提下，处理机能够处理的呼叫要求。这项指标通常用专有名词“最大忙时试呼次数”来表示，其英文原名为 Maximum Number of Busy Hour Call Attempts，简称 BHCA，这个参数和控制设备的结构有关，也和处理机本身的能力有关，与话务量（爱尔兰数）共同影响系统的能力。因此，在衡量一台交换机的负荷能力时，不仅要考虑话务量，还要考虑其呼叫处理能力。

（2）可靠性：控制设备的故障有可能使系统中断，因此，要求交换机控制设备的故障率尽可能低，一旦出现故障，要求处理故障的时间（维修时间）尽可能短。

（3）灵活性和适用性：要求控制系统在整个工作寿命期间能跟上技术发展的步伐，能满足新的服务要求。

（4）经济性：随着通用微处理器和单片机的大量问世，这个问题已变得不太重要了。控制设备在交换机成本中也只占较小的比重，但对于小容量、采用集中控制方式的交换机，可能还要考虑。

以上这些基本要求会对控制设备的结构、处理机软件和硬件设计产生影响。

2.3.1 控制系统的组成

随着工程技术的发展，越来越多地用到“系统”这个概念。关于系统，有许多定义，广义地说，系统就是完成特定功能的集合。按照这个定义，小到一个部件，大到一个通信网，都可以定义为一个系统。这里讨论的系统指的是一台由若干处理机控制的程控数字交换机及其控制部分。

现代的程控数字交换机的控制系统日趋复杂，但归结起来可以分为两种：集中控制和分散控制。

1. 集中控制

假设某台交换机的控制部分由 n 台处理机组成，能实现 f 项功能，每项功能都由一个程序来提供，系统有 r 个资源。如果在这个系统中，每台处理机均能获取全部资源，也能提供所有功能，则这个控制系统就叫作集中控制系统，如图 2.10 所示。

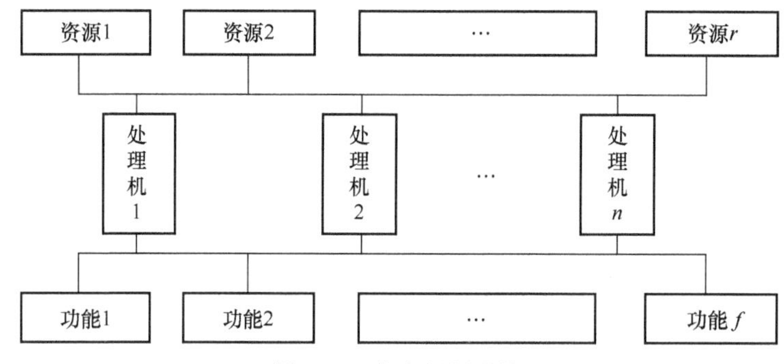

图 2.10 集中控制系统

集中控制的主要优点是处理机对整个交换系统状态有全面了解，而且处理机能获取所有资源。由于各功能间的接口主要是软件间的接口，所以改变功能也主要是改变软件，因此比较简单。

集中控制的主要缺点是其软件包括所有功能，庞大而复杂，因此，系统管理相当困难，系统也相当脆弱。

2. 分散控制

在上述系统中，如果每台处理机都只能获取资源的一部分，只能提供一部分功能，就称为分散控制。

处理机之间的功能分配可能是静态的，也可能是动态的。所谓静态分配，就是指资源和功能分配一次完成。各处理机根据不同分工配备一些专门的硬件。这样做提高了稳定性，但降低了灵活性。静态分配不仅可能是上述的“功能分担”，还可能是“话务分担”，即每台处理机处理一部分话务量。这样，一方面，软件没有集中控制复杂；另一方面，可以做成模块化系统，从而在经济性和可扩展性两方面显示出优越性。

所谓动态分配，就是指每台处理机都可以提供所有功能，也可以获取所有资源，但根据系统的不同状态，要对资源和功能进行最佳分配。这种方式的优点在于，当有一台处理机发生故障时，可由其余处理机完成全部功能；缺点是动态分配非常复杂，降低了系统的可靠性。

2.3.2　控制系统的工作方式

1．工作方式分类

多处理机结构的含义是广泛的。它指的是在一个系统中有多台处理机配合完成控制交换机的功能。现在只有容量较小、较为简单的用户交换机还采用单处理机结构，即控制部分只采用一台处理机；绝大多数交换机采用多处理机结构。

在多处理机系统中，各处理机的工作方式也可能是各种各样的，大体上可以有以下几种工作方式。

（1）按功能分组。

在这种工作方式下，不同的处理机完成不同的功能。例如：

① 控制用户模块（用户级）工作的用户处理机和控制数字交换网络（选组级）的中央处理机。

② 直接控制硬件工作的前台区域处理机和后台区域处理机。

③ 专门负责管理、调度或维护的处理机。

④ 各个具体部件，如各种中继器、信号设备，甚至用户都可能由处理机控制工作。

（2）按话务分组。

在这种方式下，每台处理机完成一部分话务处理功能。例如，上述各种处理机可能每一种不止一台，它们之中的每一台完成一部分话务处理功能。

（3）备用工作。

为提高控制部件的可靠性，有时对每台处理机配有备用处理机（有时也采用$(n+1)$冗余），这样能形成主/备用工作方式。上述各类处理机都可能双机工作，即其中一台处理机处于主用状态，而另一台则处于备用状态。平时主用机工作，一旦主用机发生故障，立即进行主、备用机倒换，让备用机接替主用机的工作。

一般来说，备用方式有两种：冷备用和热备用。这里所说的冷、热备用和可靠性设计中所说的不一样。从可靠性角度来看，备用机平时是否加电是一个重要问题，因为加电就意味着进入使用状态，要考虑其使用寿命和设备的失效率问题。备用机平时加电的备用方式叫作热备用方式。对于冷备用方式，平时备用机不加电，只有在主用机发生故障，备用机倒为主用机时才加电，因此，在备用期间，其失效率等于零。

在程控数字交换机中，平时控制部件的主、备用机都加电，即采用热备用方式。从呼叫处理的数据角度来看，也可分为热备用和冷备用。这里的冷、热备用的特点如下。

① 冷备用：平时备用机不保留呼叫处理数据，一旦主用机故障而倒为备用机，数据全部丢失，新的主用机需要重新初始化、重新启动，一切正在进行的通话全部中断。

② 热备用：平时主、备用机都保留呼叫处理数据，一旦主用机故障而倒为备用机，呼叫处理的暂时数据基本不丢失，原来处于通话或振铃状态的用户不中断，损失的只是正在处理过程中的用户。

从服务质量来看，当然热备用方式较好，但是冷备用方式的硬/软件简单。

根据不同的处理方法，热备用还可有不同的方式。

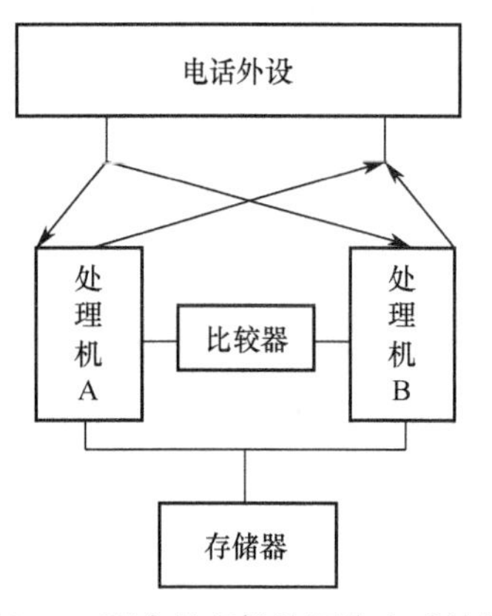

图 2.11 两台处理机的同步方式结构

a．同步方式。

两台处理机的同步方式结构如图 2.11 所示。在这种方式下，两台处理机同时接收信息，同时执行同一条指令，并比较其执行结果。如果结果相同，则转入下一条指令，就好像是一台处理机在工作；如果结果不同，则立即在几微秒内退出服务。

从图 2.11 中可见，处理机 A 和处理机 B 合用一台存储器，两台处理机之间有一台比较器，以便进行比较。两台处理机也可以自备存储器，但是要求两台存储器的内容保持一致，并且能自动校对、修改数据。

对电话外设的联系是这样的：从电话外设输入的数据由两台处理机同时接收，但只有一台处理机对电话外设发布命令和输出数据，相当于主用机（图 2.11 中的处理机 A），若主用机发生故障，则可倒为另一台，由新的主用机发布命令和输出数据。

b．互助方式。

互助方式是指两台或若干台处理机平时按话务量分担工作，即每台处理机各自承担一部分话务量，一旦有一台处理机发生故障，它的工作就由其他处理机承担。

c．主/备用机方式。

在主/备用机方式下，只有主用机参加运行处理，备用机只通电、不运行。一旦主用机发生故障而倒为备用机时，新的主用机仍可利用公用存储器中的数据。当然也可采用各自都有存储器的办法，但要求两台存储器内的数据保持一致，即主用机要同时写入两台存储器。

2．故障的处理方式和表现

在发生故障时，不同备用方式的处理和表现不尽相同。

（1）同步方式。

在同步方式下，备用机可能处于不同状态。

同步状态：这是备用机的正常工作状态。此时，它接收外来数据，与主用机并行工作，比较处理结果，并准备在主用机发生故障时接替工作。

脱机状态：备用机和主用机脱离，不接收外来数据，不运行，也不比较结果。这时备用机可能在修改软件或对外设进行测试。

校验状态：当备用机要从脱机状态转向同步状态时，必须先进入校验状态。这时要对主用机存储器内容和备用机存储器内容进行仔细校验。只有当确认全部内容无误时，才允许备用机进入同步状态。

在同步状态下，两台处理机不断比较数据，当发现比较结果不一致时，说明其中至少有一台处理机发生了故障，这时要做如下紧急处理。

首先要终止现在执行的程序，两台处理机立即脱离；然后各自启动自己的检查程序进行检查。为了将故障处理对呼叫处理的影响降到最小，停止正常处理的时间必须很短，如不超过 200s。在这么短的时间内不可能对处理机做彻底检查，而只能做一般测试。测试可能有以下几种不同的结果。

如果确认有一台处理机有故障，就令它退出服务，进一步做故障诊断。

如果测试结果表明两台处理机都良好，则推测可能是偶然性故障或干扰。这时可令原来的主用机继续工作，备用机退出服务，但必须标志出处理机是在没有弄清故障的情况下进行工作或退出服务的。以后如果主用机再发生短暂故障，就必须立即换成备用机；但是这时进入主用的备用机是没有进行校验的。如果在前一次故障中已经将程序或数据弄乱了，那么这次会出现更坏的后果，导致处理机不能正常工作。于是，维护人员需要将全部呼叫复原，重新进行初始化，这就有可能使服务中断几分钟。

如果在主用机工作 10～20s 以后没有发现异常，则可以证明主用机是正常的，同时可以在这段时间内对备用机进行彻底的检查。如果还是没有发现问题，则说明前面的故障是偶然性故障或干扰，并且未影响程序或数据。这时就要用主用机对备用机进行校验，然后进入正常同步状态。

（2）互助方式。

为便于比较，这里也讨论两台处理机工作的情况。在两台处理机工作的情况下，实际上形成各承担一半话务量的状况。如果有一台处理机发生故障，就立即退出服务，这时全部呼叫由另一台好的处理机单独处理。在发生故障时，正在处理的呼叫就丢失了，在振铃、通话阶段的呼叫却不会丢失，由完好的处理机继续处理。

（3）主/备用机方式。

在主/备用机方式下，平时备用机不参加呼叫处理，只有在主用机发生故障时，才将备用机换上。这样，新的主用机是没有经过事先校验的，如果出现问题，就可能使全部呼叫复原，需要重新进行初始化。

（4）冷备用。

前面已经说过，在冷备用方式下，备用机是不保存呼叫处理数据的。也就是说，当它成为新的主用机时，没有数据，这时只好将全部呼叫中断。为防止或减少由于主/备用机倒换引起的呼叫中断，应尽可能多地保留原来的呼叫数据，有的交换机会定期向外存复制现有的呼叫数据以备倒换后使用。

3. 优/缺点比较

同步方式的优点是对故障反应快，而且不易丢失呼叫，软件种类也少（两台处理机有同样的软件）；缺点是增加了校对时间，使得处理机的处理能力降低，并且对偶然性故障，特别是对软件故障的处理不十分理想，有时甚至会导致整个服务中断。

互助方式对偶然性故障和软件故障的处理效果就好一些，尤其对软件故障的处理能力较强。由于两台处理机不同时执行同一条指令，因此，也不可能在两台处理机中同时发生软件故障。而且，由于平时它们处于话务分担工作状态，因此，总的处理能力比同步方式的处理能力强，对话务过载的适应能力也强。互助方式的主要缺点是软件复杂。

主/备用机方式由于采用了公用存储器，所以对软件复杂性的要求降低了。但是由于存储器是公用的，因此，在可靠性及双机倒换以后的正常工作效率上都相应要降低一些。

冷备用工作方式的软/硬件都十分简单，但在发生故障时，呼叫丢失较多。它适用于容量较小的交换设备。

4. 处理机间的通信方式

在多处理机系统中，处理机间的通信形成一个“通信网”。因此，人们很自然地将其和计算机通信网联系起来。处理机间的通信方式采用的也是类似计算机通信网的方法。当然，也利用了程控数字交换机的特殊条件，由于程控数字交换机采用用户模块（或远端用户模块）的结构方式，因此，对于处理机间的通信，有时也要考虑较远距离的通信。

处理机间的通信方式和交换机控制系统的结构有紧密联系。目前采用的通信方式很多，在这里仅介绍几种常见方式。

1）通过 PCM 信道进行通信

通过 PCM 信道进行通信的方式利用 PCM 信道的条件，具体有两种不同的方法。

（1）利用 TS_{16} 进行通信。

在数字交换网络中，TS_{16} 用来传输数字交换局间的数字线路信号，在信号到达交换局以后，TS_{16} 的工作就宣告结束。因此有人就将它用于其他用途。其中，用于处理机间的通信就是一个例子。

这种通信方式的优点是外加硬/软件的费用低，也可以用于和远端 CPU（远端用户模块）之间的通信；但信息量小、速度慢。

（2）通过数字交换网络的 PCM 信道直接传送。

在有的交换机中，对处理机间的通信信息和话音数据信息是同等对待的，可以通过 PCM 话音信道传送（任意一个时隙），并且通过数字交换网络进行交换，只不过用不同的标志加以识别。这种通信方式也能进行远距离通信，缺点是占用通信信道、费用高，并且在数字交换网络相对固定的情况下，限制了通信信息量的增加，从而影响通信业务的进一步发展。

2）采用计算机通信网常用的通信结构方式

计算机通信网有不同的结构方式，这里只介绍程控数字交换机中常见的部分方式，如多总线结构和环形结构。

（1）多总线结构。

多总线结构是多处理机系统的一种总线结构。这个总线作为多台处理机之间共享资源和通信的 种手段。在这种结构中，处理机组成一个总线网络，有以下两种基本方式。

紧耦合系统：在这个系统中，多台处理机是通过共享存储空间传送信息的方式互相通信的。

紧耦合系统通常提供直接的对象到对象的通信，并且客户端上的对象对远程对象有详细了解。这种紧耦合性可以防止对客户端或服务器进行单独更新。因为紧耦合系统涉及直接的对象到对象的通信，所以对象通常比在松耦合系统中更为频繁地交互。这样，如果两个对象位于不同的计算机上且由网络连接分隔，则可能导致性能变差和延迟问题。

松耦合系统：在这个系统中，多台处理机是通过输入/输出结构传送信息的方式互相通信的。在这种方式下，一台处理机把对方处理机看作一般的输入/输出端口，这些端口可以是并行口，也可以是串行口。它适用于通信信息量不大和速率不太高的场合。处理机间的物理距离可以比串行口远一些。

不管采用哪种方式，系统都共享一组总线，因此，必须有多总线协议，以及一个决定总线控制权的判优电路，处理机在占用总线前必须判别总线是否可用。因此，使用这种系统必须十分小心，要注意通信的效率问题，否则处理机的处理能力就会受到制约。

一般若干处理机与若干存储器采用多总线互连，包括下列几种基本互连方法。

① 分时总线互连方法。

分时总线互连方法是最简单的方法，如图 2.12 所示。在这种结构中，所有处理机和存储器都连在一条公共总线上，处理机采用信息写入存储器的方法与另一台处理机进行通信。在接收端，处理机可以直接从存储器中读取信息。这里可以采用集中式总线判别器，根据以下 3 种方法来分配总线的控制权。

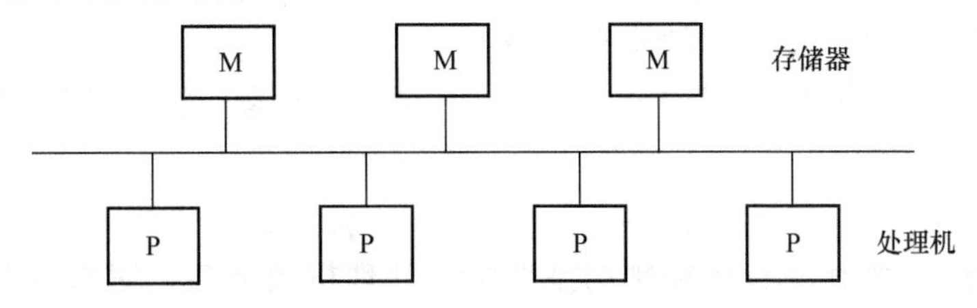

图 2.12 分时总线互连方法

总线判别的第一种方法是每台处理机都有一条专用请求线和一条专用允许线接至判别器。这样，判别器可以根据优先级别对处理机的请求进行选择，因此灵活性较高；但每台处理机需要有两条联络线，这会提高成本，并且在增加处理机台数时，灵活性降低。

总线判别的第二种方法是所有处理机合接一条请求线和一条允许线，判别器在收到请求时，会查询地址（空分）或时隙（时分）来判别请求的处理机。

总线判别的第三种方法是请求线对所有处理机复接，而允许线则与所有处理机串联，一旦判别器发现请求，立即通过允许线发出允许信号，没有请求的处理机只将允许信号往下传，第一台发出请求的处理机就被赋予总线控制权。

除上述 3 种方法之外，集中判别还可以不用集中式总线判别器，而是让总线时分复用，第一台处理机被分给一个周期（时隙）。这种方式适用于所有处理机同样忙碌（占用总线时间较为均匀）的场合，否则总线的容量利用率就会降低。

前面已经说过，在有些系统中，处理机台数较多，尤其在大型系统中，总线的通信可能会制约处理机的效率，形成一个“瓶颈”，因此需要想办法提高总线的效率，人们很自然就会想到使用多组总线。例如，每一台处理机和每一台存储器都接一组独立总线。这样就产生了分时总线互连结构。

② 交换矩阵互连方法。

交换矩阵互连方法如图 2.13 所示。在图 2.13 中，处理机和存储器分别接在一个交换矩阵的纵、横端，交换矩阵用一台处理机控制，当处理机和存储器的数量增多时，矩阵容量就会以平方指数增长。

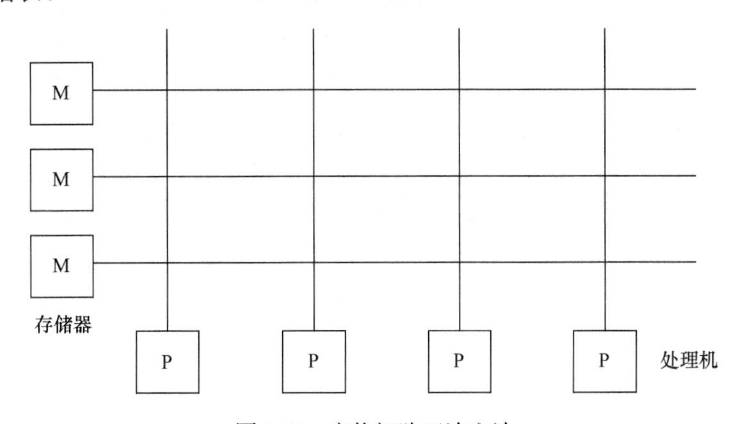

图 2.13 交换矩阵互连方法

③ 多通道互连方法。

多通道互连方法是存储器有多个通道，分别接不同的处理机，最常见的是双向存储器或存储器双向端口控制器，供两台处理机从不同总线输入或输出信息。当然，这里也有一个判优问题，但总线分开以后，问题就会简单一些。

共享存储器的方法能提供较高的速率和较大的通信信息量，但处理机间的物理距离不能很远。

（2）环形结构。

在大型系统中，尤其在分散控制的系统中，处理机数量多，而它们之间往往是平级关系，这时采用环形结构就有优越性了。环形结构和计算机的环形网相似，如图 2.14 所示。它使各处理机连成一个环状，每台处理机都相当于环内一个节点，节点和环通过环接口连接。

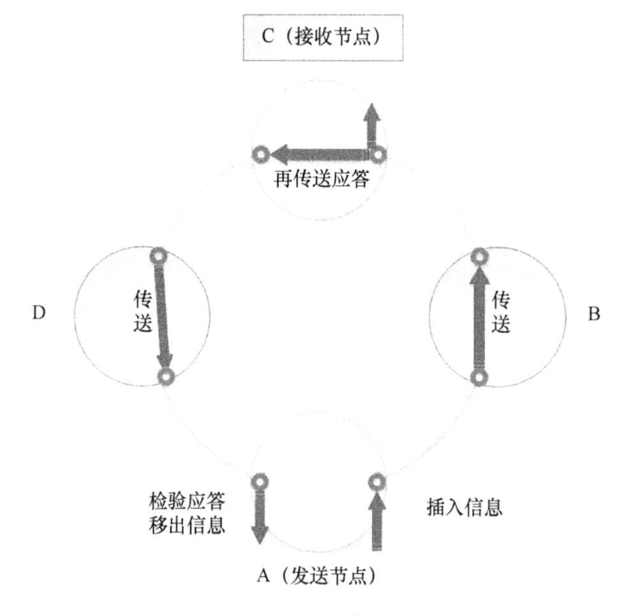

图 2.14　环形结构

令牌环是用得较多的一种环形结构，网中有一种叫作“令牌”的码组绕环前进（如码组为 01111100）。平时各处理机检测通过本节点的信息，当一台处理机（在图 2.14 中，为 A 处理机）需要发送信息时，将信息准备好，等待令牌到来。检测到令牌以后，就将令牌码组改变成标志码组（如 01111101），并将信息送上环路，信息沿环传送；当信息传到 B 处理机时，由于 B 不是接收节点，所以只将信息稍做延迟就继续向前发送；当信息传到处理机 C 后，处理机 C 检测出信息的目标地址是它自己，就将信息接收下来，检查无误后，在源信息上打上确认（ACK）记号，若检查有错，则打上否定（NAK）记号，让其继续向前传送；信息经 D 处理机又回到 A 处理机，A 处理机测得该信息是它本身发送的，且已绕行环路一圈，则把信息从环路中取出，检查 ACK 或 NAK 记号，若是 ACK，则这次通信结束，若是 NAK，则要在下次令牌到来时再传送一次。

2.4 程控数字交换机的接口与外设

2.4.1 用户接口

1. 模拟用户接口

模拟用户接口是程控数字交换机通过模拟用户线连接普通电话机的接口电路，常称为用户电路（LC）。普通电话机通常是一个无源的声电转换设备，采用直流环路和音频信令方式，通过二线模拟方式在终端和交换机之间传输音频信号。而在程控数字交换机内部，由于数字交换网络采用数字化时隙交换模式，故流入、流出数字交换网络的消息信号均采用 PCM 数字时分复用方式。程控数字交换机中的模拟用户电路必须使得内外两者相互匹配，因此，模拟用户电路应具有 7 项（BORSCHT）功能，如图 2.15 所示。

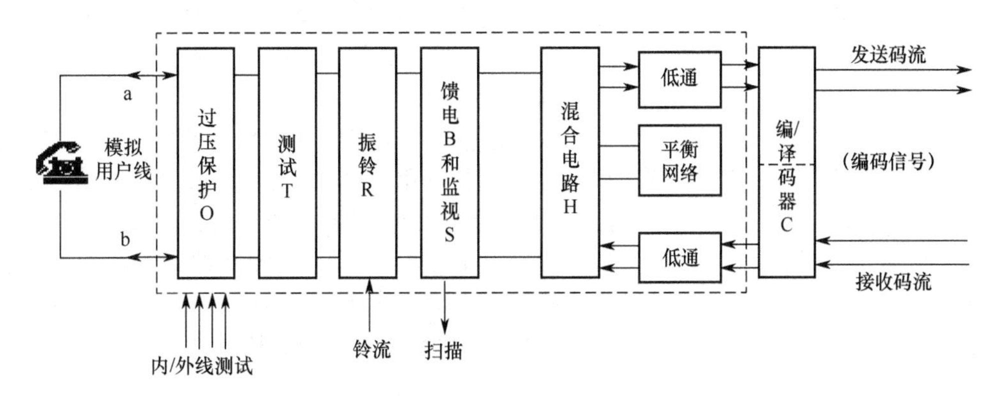

图 2.15　模拟用户电路的 7 项（BORSCHT）功能

为了便于读者理解这 7 项功能，下面分别进行说明。

（1）馈电 B。

对于所有连在交换机上的普通电话机，都由交换机向其馈电。程控数字交换机的馈电电压一般为−48V，通话时的馈电电流为 20～50mA，馈电方式有恒压源馈电和恒流源馈电两种。图 2.16 所示为用户接口的馈电电路，为恒压源馈电电路，交换机向电话机馈电和传输话音信号共用一对传输线路，要求电感线圈的感抗大于 1.4H，电话机所需的电流由限流电阻 R_1 和 R_2 提供。在恒流源馈电电路中，要求器件尽量对称平衡。

（2）过压保护 O。

在交换机用户接口中，连接电话机的用户线经常会暴露在外部空间，雷电或高压线路都可能损坏用户线而影响交换机的运行安全，而交换机内部电路均为低压器件，因此，必须在交换机的出线口设置过压保护电路。用户接口通常采用三级过压保护：在用户配线架上采用气体放电管（保安器/防雷管）对地泄放雷电等超高压；在接口线路板入口处串接热敏电阻，利用热敏电阻随电流超过额定值后阻值突增的特性将残余高压隔于板外；在铃流供给继电器之后，利用限幅管将二线对地电压钳位在 48V 以内，以保证内部电路不受影响。用户接口的过压保护电路如图 2.17 所示。

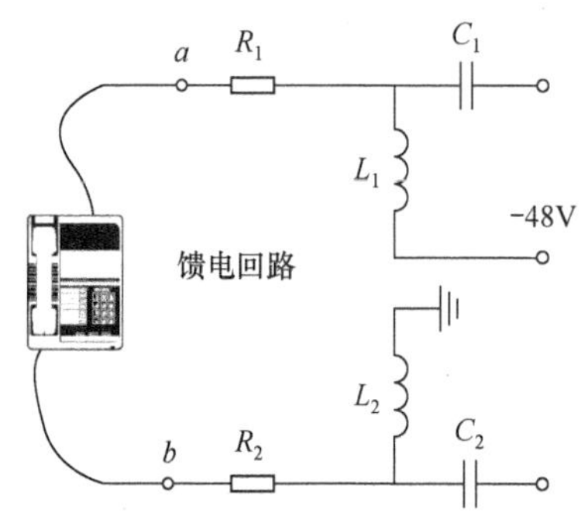

图 2.16 用户接口的馈电电路

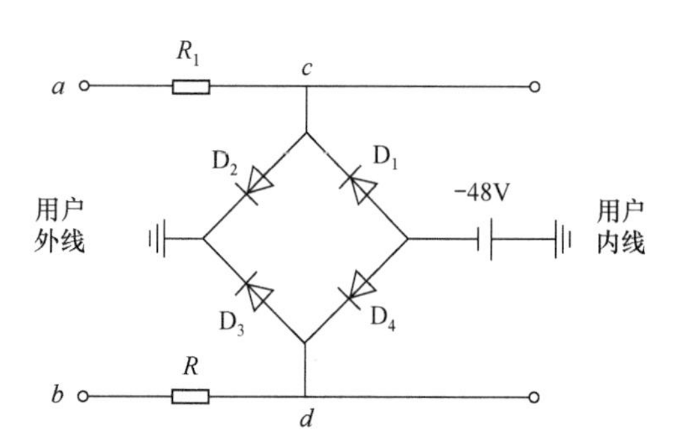

图 2.17 用户接口的过压保护电路

（3）振铃 R。

振铃信号被送往用户话机，用来通知被叫用户有来话呼叫。向用户馈送的铃流电压一般较高，我国交换机规范规定铃流电压为有效值是(75±15)V、25Hz 的交流电压，采用 1s 通、4s 断周期方式向用户话机馈送。高电压不允许进入接口的内部电路，因此，铃流馈送常采用继电器或高压开关电路并通过微处理器控制其通断的方式将铃流送往外线。

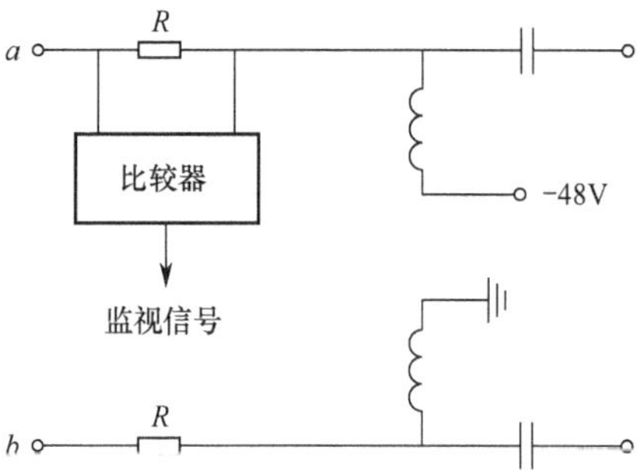

（4）监视 S。

监视功能主要是监视用户线环路的通断状态，用来识别用户话机的摘机/挂机状态和检测拨号脉冲数字。监视功能通过检测用户线上直流环路有无直流流过来实现。在用户挂机状态下，直流环路断开，没有直流流过；用户摘机后，接通直流环路，馈电电流将保持在 20mA 以上。监视电路如图 2.18 所示。

图 2.18 监视电路

脉冲拨号话机（DP）利用机内触点接通或断开直流环路的方式发送用户拨叫的号码。例如，当拨“5”时，直流环路便会按照 8～20Hz（标准为 10Hz）的速度通断 5 次。呼叫处理计算机通过接收监视电路检测的用户直流环路上的状态变化，并通过一定的算法可识别出用户所拨的号码。这种收号方式主要通过软件程序实现，称为软收号。

当话机采用 DTMF 方式发送号码时，用户所拨号码是用话音频带内两个连续的模拟频率信号联合表示一位号码的，必须采用专用的收号器件或部件进行接收，即这种接收号码的方式主要是通过硬件实现的，因此常称为硬收号。

（5）编/译码器 C。

程控数字交换机只能对数字信号进行交换处理，而通过模拟用户环路传输的用户话音信号是模拟信号，必须利用 PCM 编/译码器实现相互转换。CODEC 是编码器和译码器的合写，利用编码器将用户话机到数字交换网络方向的模拟信号转换成 PCM 数字信号，利用译码器将数字交换网络输出的数字信号转换成模拟信号并送往用户话机。

（6）混合电路 H。

为了节约通信成本，用户环路通常采用一对线路（二线）的方式传输来去两个方向的用户话音信号，被称为混合电路，如图 2.19 所示。数字编/译码器只能对单向信号进行处理，并且数字交换网络采用四线方式完成数字信号的交换和传送复用，因此，必须设置混合电路，以完成二/四线的转换。

（7）测试 T。

交换机在日常运行过程中，用户线路、用户终端和接口电路可能发生短路、断路、碰地、搭接电力线或元件损坏等各种故障，为了确保通信设备的正常可靠运行，交换机管理系统需要通过接口电路对外线和接口内部电路自动进行例行测试或指定测试。外线测试通过继电器触点断开外线与接口电路的连接，将外线接至测试设备，由软件程序控制测试线路及用户终端的状态和相关参数。内线测试通过继电器触点将接口电路接至一台模仿用户终端的测试设备上，通过测试软件控制执行一个完整的通话应答过程，检测接口电路的相关动作和参数。

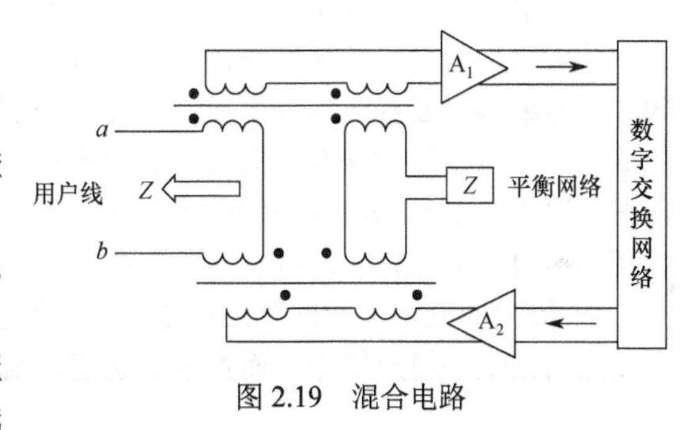

图 2.19　混合电路

为了能够连接用户交换机和公用电话亭等或向被叫方显示主叫号码，模拟用户接口除要实现上述 7 种基本功能外，还设置有换极功能和主叫号码传送功能。换极功能是通过继电器将用户环路 a、b 线（见图 2.15）上的馈电极性进行倒换来实现的，作用是当被叫用户摘机后，通过换极信号通知主叫设备开始计费或进行其他管理操作。主叫号码传送功能是指在向被叫振铃间歇期间，利用 FSK 调制技术将主叫号码传送给被叫话机，以显示谁在呼叫。

2. 数字用户接口

数字用户接口是程控数字交换机在用户环线上采用数字传输方式连接数字用户终端的接口电路。已标准化的数字用户接口有基本速率接口（Basic Rate Interface，BRI）和基群速率接口（Primary Rate Interface，PRI），通称 V 系列接口。基本速率接口称作 V1 接口，其传输帧结构为 2B+D，线路传输速率为 144kbit/s。基群速率接口称为 V5 接口，包括 V5.1 和 V5.2 接口，其中，V5.1 接口的传输帧结构为 30B+D，线路传输速率为 2.048Mbit/s；V5.2 接口为 1～16 个 V5.1 接口的复合。其中，B 是 64kbit/s 的业务信道，可用来传送话音或数据，D 是信令信道，用来传送信令和低速数据。对于基本速率接口，D 信道为 16kbit/s；对于基群速率接口，D 信道为 64kbit/s。

数字用户接口的功能模块结构如图 2.20 所示。其中，过压保护、馈电和测试功能的作用及实现与模拟用户接口类似。当用户终端本身具有工作电源时，接口中可以免去馈电功能。

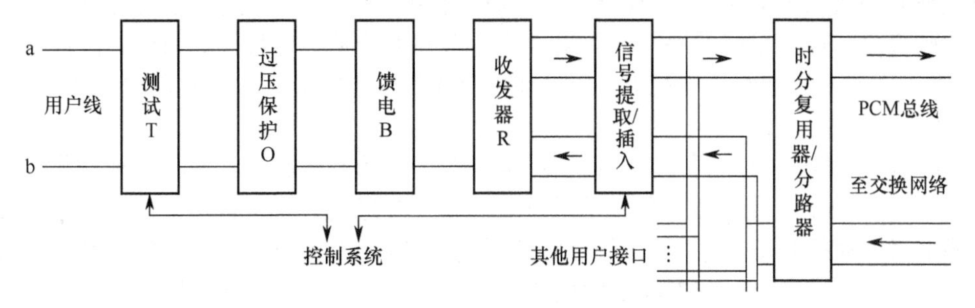

图 2.20　数字用户接口的功能模块结构

数字用户接口采用专用的数字用户信令协议（DSSI 信令）在 D 信道中传送信令消息。发送方将信令消息插入专用逻辑信道中，经时分复用后，与信息数据一起进行编码和传送；接收方从专用逻辑信道中提取信令消息。

收发器的主要作用是实现数字信号的编码处理和双向传输。数字用户接口在通过用户环路传输数字信号时，不采用调制解调技术，而是对基带数字信号进行编码后直接传输。基带数字信号编码主要有双相码乒乓传输技术和 2B1Q 码回波抵消技术两种。双相码乒乓传输技术简单，但需要四线传输，且传输距离较短。2B1Q 码回波抵消技术较为复杂，但通常只需两根传输线，在 0.5mm 线径上的最远传输距离超过 5.5km。我国交换设备技术规范规定，数字用户接口采用 2B1Q 码回波抵消技术。

V5 接口的电路功能模块结构与数字中继接口电路基本相同，差别是 V5 接口在信令信道上传送的是数字用户信令，而数字中继接口则传送局间信令。

2.4.2 中继接口

1. 数字中继接口

数字中继接口是数字交换系统与数字中继线之间的接口电路，常用于长途交换机之间、市话交换机之间和其他数字传输系统之间的数字信号传输连接。

数字中继接口电路由码型变换、时钟提取、帧同步和复帧同步、弹性缓存器和帧定位、告警检测、内部时钟、信令插入和提取等功能模块组成，如图 2.21 所示。

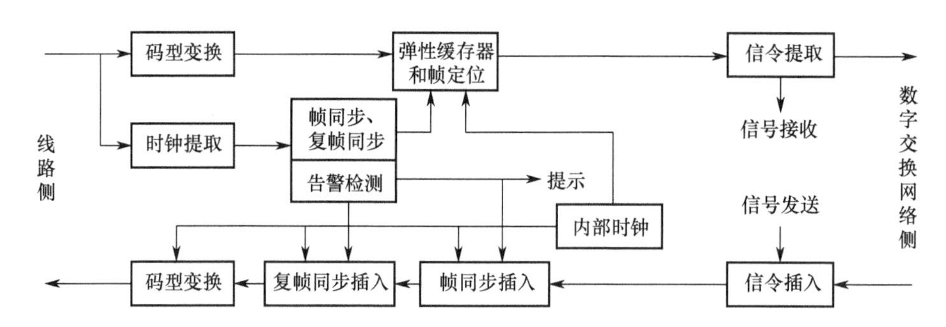

图 2.21 数字中继接口电路功能模块结构

（1）码型变换。

标准规定，无论数字中继采用光缆传输系统还是电缆传输系统，接口均参照电缆传输特性设计。由于交换机内部 PCM 群路信号采用单极性不归零（NRZ）码传输，而这种码型不满足电缆传输特性要求，存在直流分量和不易定位等缺点。码型变换是指在交换机输出方向，把交换机内部传输采用的 NRZ 码变换成适合外部传输线路特性要求的三阶高密度双极性（HDB3）码或双极性归零（AMI）码；而在交换机输入方向则进行相反的变换。

（2）时钟提取。

数字中继接收端从输入的 PCM 码流中提取发送端的时钟频率，用作本地接收的基准时钟。在 PCM 传输系统中，数字信号是以指定位置和波形的方式进行传输的，为了使接收端电路能够准确地对接收信号进行数据判别，必须从传输线上提取发送信号的时钟。另外，在主从同步通信网体系中，时钟提取还为较低一级的数字交换机提供同步时钟。

（3）帧同步和复帧同步。

在 PCM 时分复用方式中，通常将传输系统按 125μs（8kHz）的时间间隔划分为一帧，将每帧等分为若干时隙，每个时隙传送 8bit 数据，用户数据按照固定的时隙位置被复用和传送。因此，数字中继接口电路必须在接收的数据流中找出每帧的开始位置。为了实现收发两端帧同步，规定发送端在每帧的时隙 TS_0 中传送帧定位信号和勤务信号，奇数帧的 TS_0 传送勤务信号；偶数帧的 TS_0 发送帧同步码“x0011011”，其中，x 位作为帧定位信号的 CRC-4 校验位。接收端在已恢复的比特流中检测帧定位信号，当正确检测到帧定位信号并在后续一帧的比特流中没有发现帧定位信号，且在下一帧的 TS_0 中再次检测到帧定位信号时，便认为获得帧同步。当连续收到 3 个错误的帧定位信号时，判为帧定位丢失，进入帧定位搜索状态。

当数字中继接口采用随路信令方式时，规定 16 个基本帧构成一个复帧，并且在第 0 帧的 TS_{16} 中传送复帧定位信号，其余 15 帧的 TS_{16} 分别传送 30 个话路的线路信令。这样，在接收的比特流中，除了要确定每帧的开始，还需要找出第 0 帧。复帧同步就是利用复帧同步信号“00001A11”与每帧的 TS_{16} 数据进行匹配比较而确定出第 0 帧的。其中，A 位为复帧失步告警位，“0”表示正常，“1”表示丢失了复帧同步信号。

【例 2-4】对 10 路带宽均为 300～3400Hz 的模拟信号进行 PCM 时分复用传输。取样频率为 8000Hz，取样后进行 8 级量化，并编为自然二进制码元，波形是宽度为 T 的矩形脉冲，且占空比为 1。试求传输此时分复用 PCM 信号所需的带宽。

解：10 路信号每秒钟取样(8000×10)次，每路信号量化成 8 个电平，即用 $\log_2 8=3$ 位二进制码表示。

根据 PCM 基带信号的谱密度，取信号的第一个零点作为带宽频谱，有

$$B=8000\text{Hz}\times10\times3=240\text{kHz}$$

（4）告警检测。

当发生时钟或帧同步失步故障时，由告警检测部件控制同步部件强迫进入搜索和再同步状态，并向控制系统报告故障信息。

（5）内部时钟。

内部时钟是采用交换机系统的本地时钟，作用是当数字中继接口未与外部相连时，提供接口电路的工作时钟，并且使接口电路在数字交换网络侧流入和流出的 PCM 数据与数字交换网同步。当两交换机通过数字中继互连时，可能存在时钟不同步和时隙不同步的问题，这将由 256 位的弹性缓存器解决。弹性缓存器写入由外部线路提取的时钟控制，通过内部时钟控制读出。

（6）信令插入和提取。

当数字中继接口采用随路信令方式时，规定用复帧中的第 1～15 帧的 TS_{16} 时隙传送 30 个话路的线路信令，各个话路传送 MFC 记发器信令（多频互控，即用 6 个频率中的 2 个组合成一组编码，共 15 种前向信令；用 4 个频率中的 2 个组合成一组编码，共 6 种后向信令，前向是指主叫向被叫传送，后向是指被叫向主叫传送）。信令提取就是将来话路上通过第 1～15 帧的 TS_{16} 传送的 30 个话路的线路状态信令接收和分离，并转送给交换机的控制系统。信令插入就是将交换机控制系统对各个话路状态的控制命令转换成信令数据，并按照话路序号进行组合和插入对应帧的 TS_{16} 中。

在共路信令方式下，数字中继接口中所有话路的状态和用户号码等信令都以数据分组方式进行传送，信令可以占用除 TS_0 外的任何时隙。这时，信令提取就是指按字节从指定时隙中接收信令分组消息并转发给 No.7 信令处理系统，而信令插入则执行相反的过程。

2. 模拟中继接口

模拟中继接口是程控数字交换机为了适应与模拟交换机互连而设置的中继接口电路，采用模拟中继线连接。模拟中继接口电路的组成与模拟用户接口电路的组成相似，由于在交换

机之间不需要馈电和振铃，因此其功能模块组成只包括测试、过压保护、线路信令监视与发送、混合电路、编/译码器等，如图 2.22 所示。

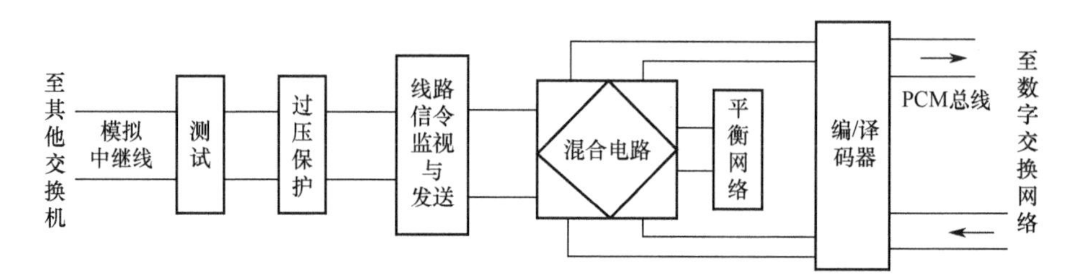

图 2.22　模拟中继接口电路的功能模块组成

《交换机技术》国家标准规定，模拟中继接口类型和信令配合多达 18 种，有二线、四线、六线及八线等连接方式。二线方式和用户环路类似，需要用混合电路将来去两个方向的话音信号分离，线路信令采用直流环路启动方式，记发器信令采用 MFC 或 DTMF。而在四线方式下，话音占用两根线，来去直流线路信令占用两根线，每个方向利用一根线传送负电压直流，当主叫方交换机需要占用该线路时，便将该线路接地，借助大地构成信令环路，故称为地气启动方式。六线和八线方式是模仿数字中继接口方式，话音来去分开占用四根线，线路信令每个方向占用一根或两根线，模仿比特格式表示信令状态。

2.4.3　程控数字交换机的外设

1. 外置存储器

外置存储器指磁盘或磁带机，主要用于加载和转存数据。

为节省内存空间，程控数字交换机的一些不常使用的程序（如脱机维护诊断程序、语言翻译程序、连接装配程序、系统生成程序及交换局管理程序）可存储在外置存储器中，仅在需要时读入内存。

2. 维护与操作终端

维护与操作终端简称维护台或维护终端。它与交换机是“后台”与“前台”的关系。“后台”指与维护操作系统相关的软件或设备，而“前台”则指与交换机相关的软件或设备。

维护终端一般采用计算机，通过 RS-232 接口与程控数字交换机的维护 I/O 接口连接。程控数字交换机的维护 I/O 接口提供了维护人员访问系统软件的入口。

维护终端具有 OAM（运行、管理、维护）和话务服务等功能。

OAM 功能的主要目的是为维护人员提供一个有效地运行、管理和维护交换机系统的平台。维护人员通过这个平台可对相关软件进行增删或修改等日常维护。

1）运行（O）

运行（O）是程控数字交换机控制系统提供给维护人员访问交换机软件和进行人机对话的命令。

人机对话分两步进行：登录和命令操作。

（1）登录。

登录由维护人员启动终端（开机）和键入换行符实现，交换系统给出相应提示作为响应。另外，交换系统还应给出“输入通行字”的提示符。

（2）命令操作。

维护人员在与维护终端进行人机对话（信息交换）时，输入的命令由命令解释程序分析执行。命令解释程序的原理如图2.23所示。

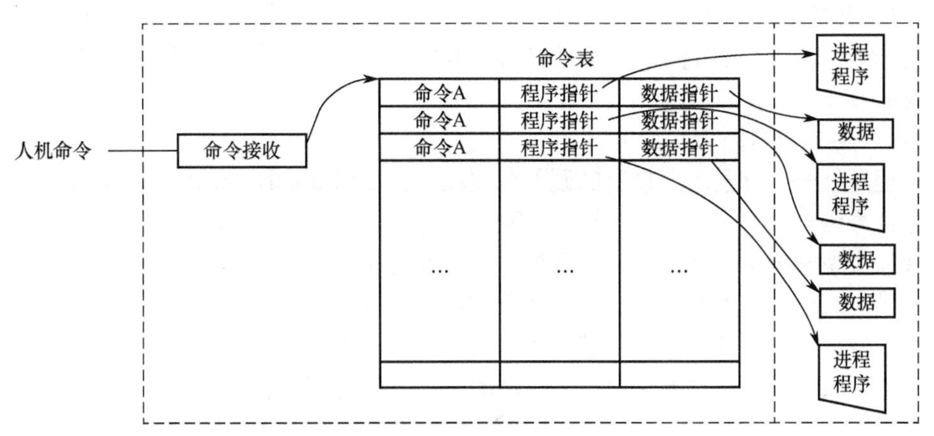

图2.23　命令解释程序的原理

命令解释程序收到用户输入的人机命令后，首先与命令表进行比较，当发现输入命令与表中的某条命令一致时，便可得到相应命令的进程程序和数据。如果输入命令超出命令表定义的范围，则命令解释程序会给出错误提示。

2）管理（A）

（1）系统配置和地址管理。

程控数字交换机的硬件是根据用户容量配置的，可随配置做相应变动。另外，用户接口和中继接口等硬件的物理地址（如电路板位置）与逻辑地址（如电话号码）通常是相互独立的，系统维护人员可以通过软件实现硬件配置和地址修改。

（2）用户业务等级管理。

由于资源受限，因此维护人员可将用户权限划分为若干等级，然后为每级用户规定一组业务权限，对享有某种业务权限的用户总数加以限制。

（3）用户中继权限管理。

系统维护人员可定义和改变中继权限等级，定义每个等级允许使用的中继群或路由。

（4）中继接口管理。

维护人员同样可开启或关闭某个中继接口，设置或改变中继接口的方向（出中继、入中继或双向中继），设置信令方式，设置中继传输系统的信号类型（模拟或数字）等。

（5）中继路由管理。

每个路由方向可包括一个或多个中继群，维护人员通过维护终端，可以规定并更改各路由包括的中继群的数量和所用的线号，规定传输的信号方式和选线方式。

（6）话务量管理。

话务量管理是指对中继线或中继群的占用情况进行自动监测和记录，并输出详尽的话务量统计数据。

（7）计费管理。

计费管理是对计费方式、费率计算、话单打印的管理。输出每次呼叫的详细数据，包括主、被叫话机的号码，呼叫开始的时间，通话时长，所用中继线号和群号，业务种类等，以供外部计费系统计费。

（8）用户接口管理。

系统维护人员可方便地增减用户线，关闭或开启某个用户接口，规定或改变接口对应的电话号码和拨号方式（脉冲或双音多频拨号）等。

在程控数字交换机的数据库中，对应每个用户接口，都有一个说明其属性的数据区，如图 2.24 所示。

数据区中各项数据的含义如下。

- 物理地址——设置用户接口的硬件电路在交换机机架中所处的物理位置。
- 电话号码——给接口所接的话机分配电话号码。
- 接口类型——用于区分话音、数据或其他业务接口。
- 拨号方式——设置接口所连话机使用的拨号方式，如脉冲或双音多频拨号。
- 业务等级——设置该用户可被服务的业务等级，如重要用户的等级最高。
- 中继权限等级——设置该用户可占用的中继权限等级。

对于中继接口，同样有一个说明其属性的数据区，如图 2.25 所示。

物理地址
电话号码
接口类型
拨号方式
业务等级
中继权限等级

图 2.24 说明用户接口属性的数据区

物理地址
中继线序号
接口类型
中继线类型
所属中继群号
信令类型
呼叫方向
呼叫方式

图 2.25 说明中继接口属性的数据区

数据区中各项数据的含义如下。

- 物理地址——设置中继接口的硬件电路在交换机机架中所处的物理位置。
- 中继线序号——设置每一中继线编排的序号。
- 接口类型——设置接口是二线接口还是四线接口等。
- 中继线类型——设置中继传输系统的类型，如模拟或数字。
- 所属中继群号——设置中继线属于哪一个中继群。
- 信令类型——设置中继线采用的信令方式或信令系统，如中国 1 号信令系统或 No.7 信令系统。
- 呼叫方向——设置该中继线是出中继线、入中继线，还是双向中继线。
- 呼叫方式——设置该中继线来话是全自动接续（直接接至被叫话机），还是半自动接续（接至话务台，由话务员转接）。

3）维护（M）

（1）系统测试。

系统测试包括系统硬件测试和系统软件测试。

① 系统硬件测试。一般的系统硬件测试有中继环路测试、大话务量呼叫测试、告警

测试等。

② 系统软件测试。一般的系统软件测试有：检查用户数据的完整性，并根据用户要求对用户数据进行更新；模拟用户进行全网呼叫，检查入局数据是否准确、全面；根据厂商提供的技术手册，逐项进行其他项目的测试。

（2）故障处理。

故障处理包括故障监视、故障定位和故障排除 3 步。

2.5 程控数字交换机的软件系统

2.5.1 软件的结构

程控数字交换机的软件由运行软件和支援软件两大类组成。

（1）运行软件。

运行软件是交换机在运行中直接使用的软件，可分成系统程序和应用程序两部分。

系统程序是交换机硬件同应用程序之间的接口。它有内部调度、输入/输出处理、资源调度和分配、处理机间的通信管理、系统监视和故障处理、人机通信等程序。

应用程序包括呼叫处理、用户线及中继线测试、业务变更处理、故障检测、诊断定位等程序。

（2）支援软件。

支援软件是用来开发、生成和修改交换机的软件，以及开通时的测试程序。支援软件包括编译、连接装配、调试、局数据生成、用户数据生成等程序。

在软件结构上也向机块化方向发展，在许多交换机中，已实现了软件模块化。

为了保证交换机的业务不间断，要求软件应具有安全可靠性、可维护性、可扩充性，不仅要完成呼叫处理，还应具有完善的维护和管理功能。

在编制软件时，CCITT（国际电报电路咨询委员会）推荐采用 CHILL 语言、SDL 语言和 MML 语言。这 3 种语言是针对交换机生存周期的不同阶段提出的。在系统功能说明、系统设计及软件设计阶段，多采用 SDL 语言；在软件设计、程序编制、软件检验阶段，采用 CHILL 语言；在软件检验、运行和维护阶段，采用 MML 语言。

2.5.2 呼叫接续与程序控制

电话交换机的基本功能是在任意两个用户之间建立一条双向话音通道。

百余年来，科学家和工程技术人员围绕着如何更好地、迅速地、准确地、可靠地完成这一基本功能做出了不懈的努力，在组成方式、控制机构上进行了许多改进和革新。在了解程控数字交换机的组成前，先来看一看对用户的一次呼叫，交换机应该做些什么。一次呼叫的接续过程如下。

（1）用户摘机。

主叫用户摘机是一次呼叫的开始。交换机为了能及时地发现用户摘机事件，就必须周期性地对用户进行扫描，检测出用户的呼叫请求。

（2）送拨号音。

用户摘机后，希望立即听到拨号音，因此，交换机必须在很短的时间内安排一个通道以向主叫用户发送拨号音，并准备好与用户话机类型相适应的收号器及收号通道，以便接收拨号信息。

（3）收号。

主叫用户听到拨号音后，就可进行拨号了。用户拨号发出的号码信息形式有两种：一种是号盘话机发出的直流脉冲，脉冲的个数表示号码，这要用脉冲收号器来收号；另一种是按钮话机发出的双音多频信号，它以两个不同频率的信号组合来表示号码数字，这要用双频收号器来收号。

交换机除了为主叫用户准备好收号器，还要为其安排好一条接收其拨号信息的通道。

与此同时，要由限时计时器来限制用户听到拨号音后在规定的时间内（一般在 10s 左右）拨出第一个号码；否则，交换机将拆除收号器，并向主叫用户发送忙音。

（4）号码分析

交换机收到主叫用户拨出的第一位号码后就停送拨号音，并进行号码分析。号码分析的第一项内容就是查询主叫用户的话务等级，不同的话务等级表示不同的通话范围（国内长话或国际长话）。如果该用户不能打国内长话，但其拨的第一位号码是“0”，那么交换机要向该用户发送特殊信号音，以提示用户拨号有误。接收 1～3 位号码后，就可进行局向分析，并决定该收几位号。

（5）接至被叫用户。

如果局向分析确定是本局呼叫，那么交换机会逐位接收并存储主叫用户所拨的被叫号码，找出一条通向被叫用户的空闲链路。

（6）振铃。

另外，交换机还要查询被叫用户的忙闲状态。若被叫用户空闲，则向被叫用户传送振铃，向主叫用户送回铃音；若被叫用户忙，则向主叫用户送忙音。

（7）被叫应答、通话。

交换机检测到被叫用户摘机应答后，应停止传送振铃和回铃音，接通话路通话，并监视主、被叫用户的状态。

（8）话终，用户挂机。

交换机检测到主叫用户先挂机后，路由复原，向被叫用户送忙音；交换机检测到被叫用户先挂机后，路由复原，向主叫用户送忙音。

2.5.3 操作系统

从一次呼叫的接续过程中可看出，一个数字交换系统具有的基本功能应包含信令与终端接口功能、交换接续功能、控制功能。其中，信令与终端接口功能包括检测终端状态、收集终端信息和向终端传送信息。

（1）信令与终端接口功能。

交换机的终端有用户话机、计算机、话务台，以及与其他交换机相连接的模拟中继线和数字中继线。这些终端设备在与交换机相连接时，必须具有相应的接口电路及信号方式。

对于数字交换系统，进入交换网络的必须是数字信号，这就要求接口电路应具有模/数（A/D）转换功能和数/模（D/A）转换功能。

对于各种不同的外围环境，要有不同的接口。例如，终端是模拟用户话机，就应有模拟用户接口。在模拟用户接口电路中，应具有二/四线转换功能，以及 A/D 和 D/A 转换功能。

若外围环境连接的是模拟中继线，就应有模拟中继接口。若终端是数字用户，就应有数字用户接口。若外围环境连接的是数字中继线，就应有数字中继接口。在数字中继接口电路中，不需要进行 A/D 和 D/A 转换，但要对信息的传输速率进行适配。

为了建立用户间的信息交换通道，要传递各自的状态信息，这些状态信息有呼叫请求与释放信息、地址信息、忙闲信息。它们都要以信令的方式通过终端接口进行传递，因此，不同的接口电路配以不同的信令方式。

（2）交换接续功能。

对于电路交换，交换机的功能就是为两个通话用户建立一条话音链路，这就是交换机的交换接续功能。

交换接续功能是由交换网络实现的。空分交换机使用空分的交换网络，完成模拟信号的空间交换任务；数字交换机使用数字交换网络，通过 SM 完成时隙交换任务。

（3）控制功能。

上述信令与终端接口功能、交换接续功能都是在控制功能的指令下工作的。程控数字交换机的控制设备是计算机，是由软件控制的，因此，控制设备具有很多的优越性，能提供许多新的服务功能。

从一次呼叫处理的过程可以看出，有些控制功能与硬件设备直接相关。例如，对用户线路状态进行周期扫描，以便及时发现用户摘机事件，然后驱动控制设备连接相关的链路。对诸如此类的电话事件的控制属于低层控制。这种控制功能概括起来有两种，即扫描功能与驱动功能：扫描功能主要发现外部事件的发生或信令的到来，驱动功能用来控制硬件设备的动作、链路的接续、信令的发送及终端接口的状态变化。有些控制功能是通过分析判断后，按分析结果下达控制命令进行控制的。例如，对用户所拨数字进行分析，分析后，要在交换网络中选择一条空闲的链路，这种链路接续的控制是与硬件设备隔离的高一层次的呼叫控制，属于高层控制。

由此可见，控制功能可分为低层控制与高层控制。低层控制与硬件有关，而高层控制则与软件有关。

附录 2A　武汉凌特 LTE-CK-02E 程控实验箱介绍

一、LTE-CK-02E 程控实验系统框图

LTE-CK-02E 程控实验系统框图如图 2A.1 所示。

二、系统结构说明

如图 2A.1 所示，硬件主要分为以下几部分。

（1）用户接口：该设计中采用的是 4 路模拟用户接口。

（2）外线接口：用来连接用户交换机和局用交换机。

（3）电源输入模块：产生整个实验箱所需的各种电压的工作电源。

（4）中央处理器：由 MSC-51 系列单片机实现，主要实现人机界面的管理。

（5）记发器：由 MSC-51 系列单片机实现，实现信令的管理。

（6）话路交换控制器：由 MSC-51 系列单片机实现，完成对时分交换单元和空分交换单元的控制。

（7）空分交换单元：实现模拟话路的交换。

（8）时分交换单元：实现数字话路的交换。

（9）信令信号产生单元：产生信令音和程控实验系统的工作时钟。

（10）数字中继处理单元：完成数字中继协议处理、帧同步码的插入和提取、位时钟的提取。

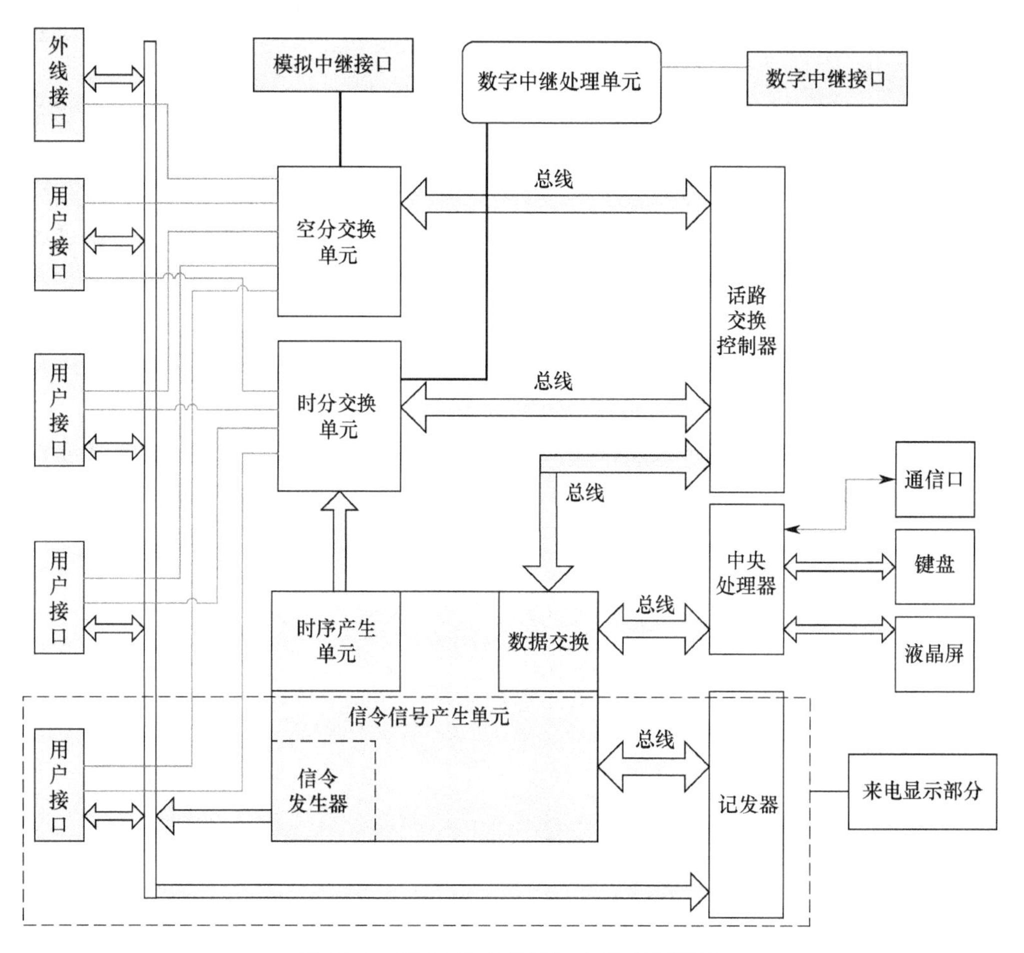

图 2A.1　LTE-CK-02E 程控实验系统框图

三、用户接口

接口是交换机中唯一与外界发生物理连接的部分，为了保证交换机内部信号的传递与处理的一致性，任何外界系统原则上都必须通过接口与交换机内部发生关系。下面讲述的是模拟用户接口，由它完成 BORSCHT 功能。

模拟用户接口使用用户线接口芯片 AM79R70、放大电路和 PCM 编/译码芯片 W681512。甲方一路和甲方二路合用一个 DTMF 译码芯片 MT8870，乙方一路和乙方二路合用另外一个 MT8870，作为拨号识别芯片。模拟用户接口的硬件框图如图 2A.2 所示。

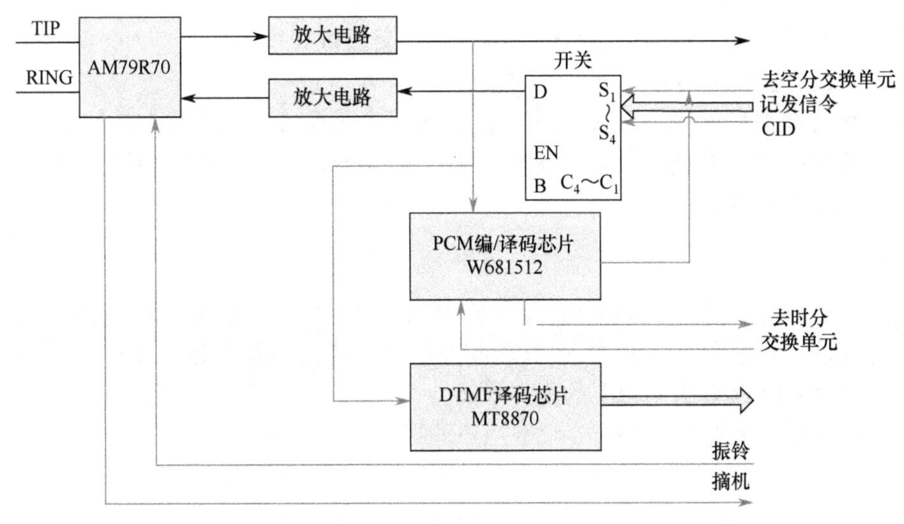

图 2A.2　模拟用户接口的硬件框图

四、外线接口

外线接口的硬件框图如图 2A.3 所示，外线铃流经过桥电路后产生振铃信号，提供给记发器，记发器通过检测该信号判断是否有外线打入。外线话音信号经过桥电路后，由二/四转换电路转换为模拟话音输入信号，经过放大以后接入交换网络。

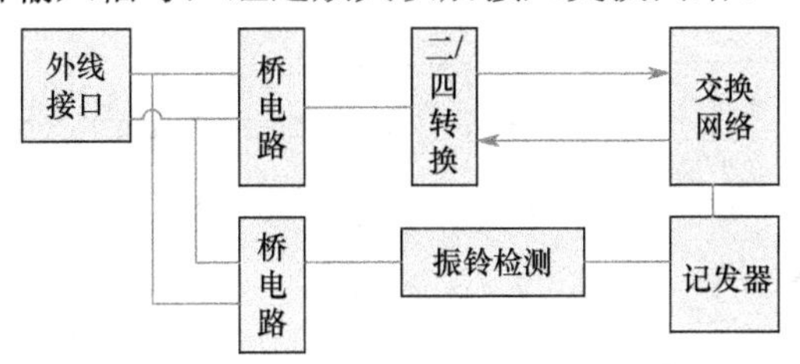

图 2A.3　外线接口的硬件框图

由于外线话音为模拟信号，所以只能进入空分交换网络进行话路交换。在拨打外线时，交换方式自动调变到空分交换状态。

五、中央处理器

中央处理器由 MSC-51 系列单片机实现，其硬件框图如图 2A.4 所示，主要实现的功能如下。

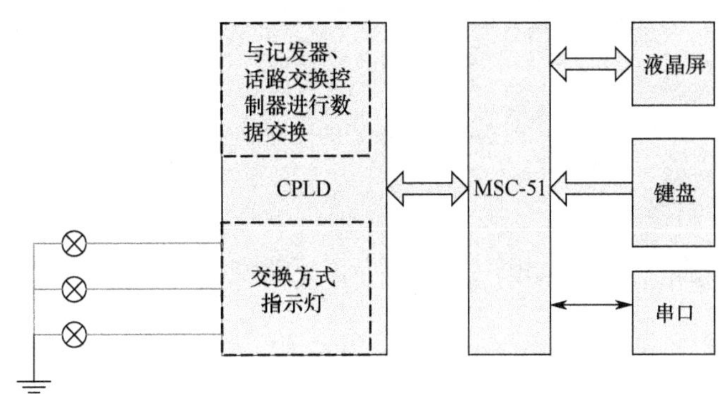

图 2A.4　中央处理器的硬件框图

- 管理人机界面：主要是键盘和液晶屏，以及交换方式指示灯。
- 串口通信：实现后台管理软件的数据交换。
- 参数设置和系统管理：可以修改参数，从而改变系统的运行状态，同时管理记发器和话路交换控制器的工作。中央处理器、记发器、话路交换控制器之间的数据交换通过 CPLD 实现。

六、记发器

记发器的硬件框图如图 2A.5 所示。记发器由 MSC-51 系列单片机实现，实现以下功能。

- 信令管理：记发器从 CPLD 中读入监控信令，经过判断和处理后产生相应的记发信令，再由 CPLD 输出到相应的用户单元。
- 收号：记发器通过读 MT8870 收取用户的拨号。
- CID（Calling Identity Delivery，主叫号码信息识别及传送）功能：记发器通过读/写 MT8888 实现 DTMF 信号的收与发。MT8870 和 MT8888 的片选都由 CPLD 产生。
- DTMF 拨号话路选择：由于两路用户接口共用一个 MT8870 译码，所以记发器必须选择将哪一路 DTMF 信号送入 MT8870 中。
- 串口通信：实现空分中继通话的信令传输。
- 用户/外线接口指示。

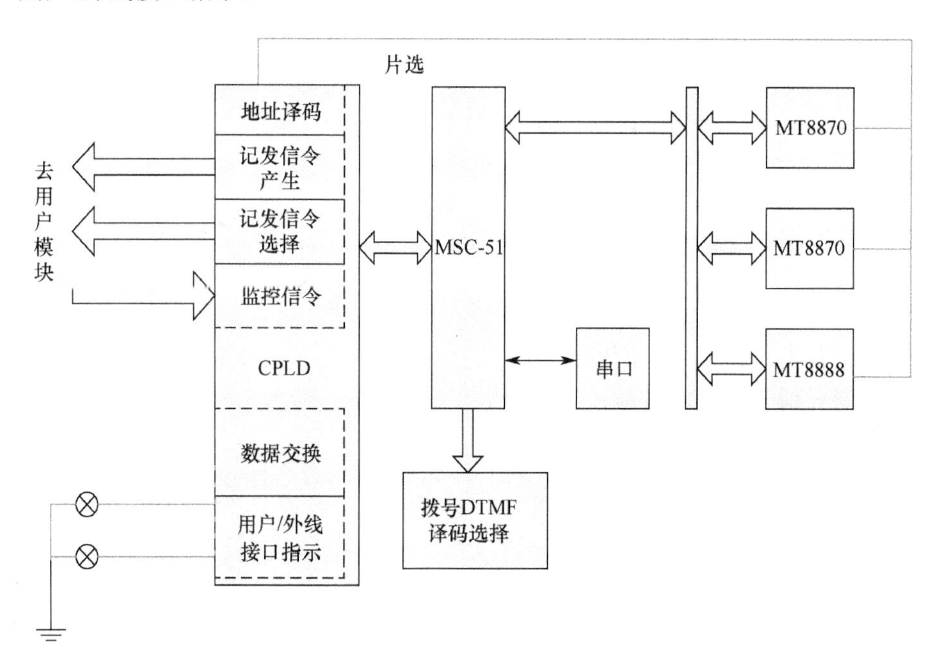

图 2A.5 记发器的硬件框图

七、话路交换控制器

话路交换控制器的硬件框图如图 2A.6 所示。话路交换控制器由 MSC-51 系列单片机实现，实现以下功能。

- 完成对时分交换单元和空分交换单元的控制。
- 接收来自中央处理器的二次开发程序下载指令，并实现二次开发程序的片外运行。

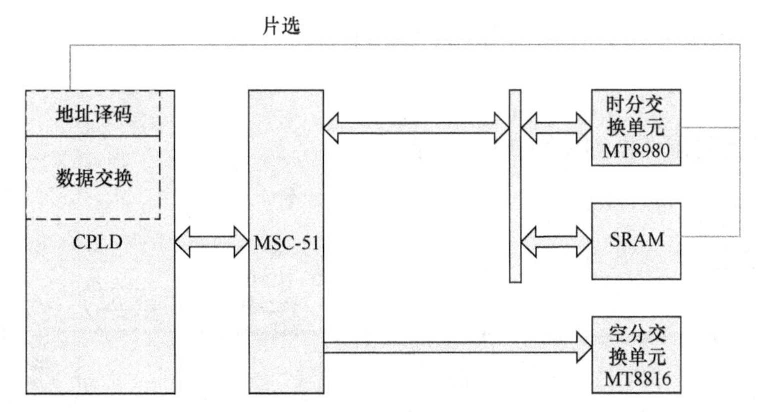

图 2A.6　话路交换控制器的硬件框图

八、空分交换单元

空分交换由 MT8816 实现。MT8816 是一款模拟开关矩阵芯片。各用户接口的话音输入信号（VR）和输出信号（VT）接入 MT8816 的相应输入与输出端口。MT8816 在话路交换控制器的控制下，选择将哪两个模拟话路相连接，实现话路交换。拨打外线必须使用空分交换方式。

九、时分交换单元

时分交换单元的硬件框图如图 2A.7 所示。

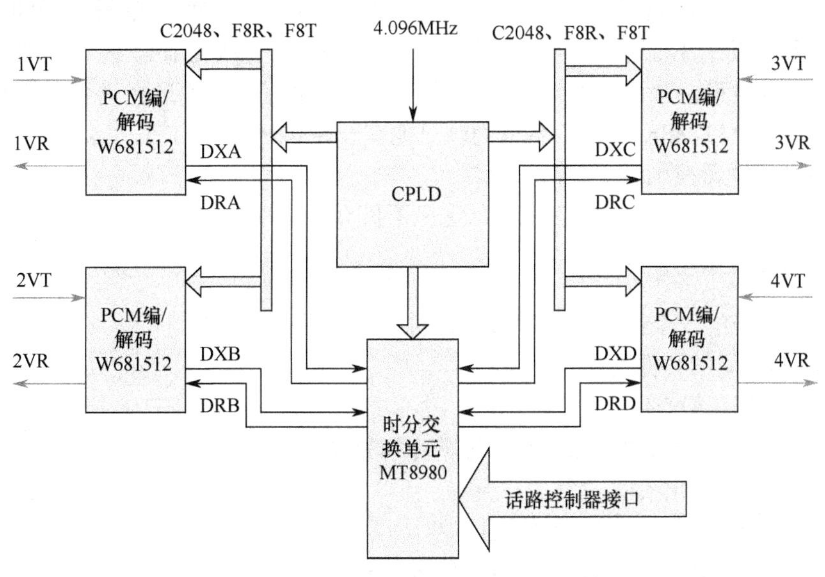

图 2A.7　时分交换单元的硬件框图

时分交换单元实际上就是一个 T 接线器，核心器件是 MT8980。

W681512 是一款 A-law 的 PCM 编/译码芯片。编码时，将输入的话音信号 VT 转换为 PCM 信号（DX）输出；译码时，将输入的 PCM 信号（DR）转换为话音信号 VR 输出。在进行 PCM 编/译码时，需要的时钟同步信号和帧同步信号由 CPLD 产生。

所有的 PCM 信号都接入 MT8980，MT8980 执行话路交换控制器发出的指令，完成时隙的交换。MT8980 所需的时钟信号也由 CPLD 产生。

十、来电显示单元

来电显示单元的硬件框图如图 2A.8 所示。

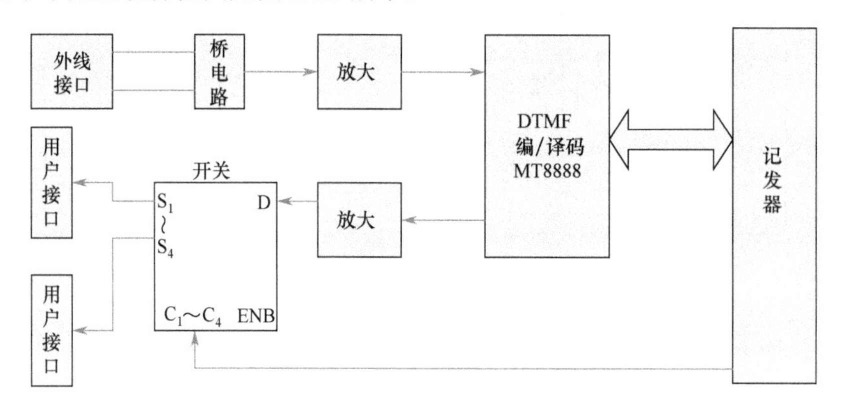

图 2A.8 来电显示单元的硬件框图

这部分电路的功能是实现 DTMF 信号的 CID 功能，包括 CTMF 信号的发送和接收。DTMF 的编码和译码是用一块芯片（MT8888）实现的。

接收的 CID 信号来自外线，通过桥电路整流以后的馈线信号经过滤波、放大以后送到 MT8888 的译码单元；MT8888 收到正确的 DTMF 信号以后，给记发器发一个中断信号；记发器收到中断信号以后，通过读取 MT8888 的相关寄存器得到 DTMF 信号表示的信息。

当记发器需要发送 DTMF 信号时，它通过写 MT8888 相关寄存器命令 MT8888 发出对应的 DTMF 信号波形，该波形经过放大以后，通过多路模拟开关选择送到各用户接口。由于本系统采用单片 MT8888 设计，所以同时只能有一路传送 DTMF 信号。DTMF 信号波形的输出选择通过记发器控制开关实现。

关于 DTMF 信号的 CID 的通信协议，这里不做介绍，这部分内容可以参阅相关文档。

十一、信令信号产生单元

CPLD 作为系统的一个控制和传输核心部件，承担着以下工作。

- 各处理器之间的数据交换。
- 地址译码和片选产生。
- 各种信令音（拨号音、忙音、应答音和铃流等）的产生和输出控制。
- 时分交换所需各种同步信号的产生。

CPLD 和其他各部分的接口在上面各部分的框图中已经得到体现，这里就不再给出电路部分的框图了。下面给出 CPLD 的内部结构框图，即信令信号产生单元的硬件框图，如图 2A.9 所示。

- CPU 接口：这部分实现与各个 CPU 的异步读/写接口、地址译码及相关控制接口的输出，在图 2A.9 中，以 U101～U103 接口表示。

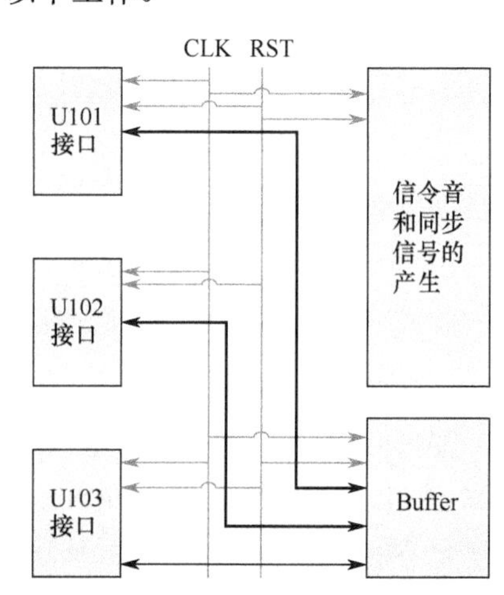

图 2A.9 信令信号产生单元的硬件框图

- Buffer 模块：实现各 CPU 之间的数据交换。
- 信令音和同步信号的产生模块：产生信令音和时分交换所需的各种同步信号。

十二、系统测试点说明

1．人工交换单元

TP305、TP405、TP505、TP605：甲方一路、甲方二路、乙方一路、乙方二路模拟话音接收端。

TP304、TP404、TP504、TP604：甲方一路、甲方二路、乙方一路、乙方二路四线接口发送端。

2．来电显示电路

TP901：外线 DTMF 来电显示信号输入端。

TP902：当 MT8888 检测到有效的 DTMF 信号输入时，MT8888 产生的中断信号输出端。

TP903：甲方一路 DTMF 来电显示信号发送端。

TP904：甲方二路 DTMF 来电显示信号发送端。

TP905：乙方一路 DTMF 来电显示信号发送端。

TP906：乙方二路 DTMF 来电显示信号发送端。

GND：地线测试引脚。

3．外线电路

TP701、TP702：外线二线模拟话音测试点。

TP703：模拟摘/挂机电平指示，当此测试点为高电平时，处于模拟摘机状态；当此测试点为低电平时，处于模拟挂机状态。

TP704：模拟话音发送端。

TP705：模拟话音接收端。

4．信令信号产生单元

TP02：时分交换芯片帧同步时钟。

TP03：W681512 帧同步时钟。

TP04：回铃音信号。

TP05：铃流控制信号。

TP06：拨号音信号。

TP07：忙音信号。

TP08：PCM 编/译码位时钟。

GND：接地信号。

5．模拟电话接口模块

TP301、TP302、TP401、TP402、TP501、TP502、TP601、TP602：四路电话模拟二线接口。

TP303、TP403、TP503、TP603：四路电话摘/挂机状态测试点。

TP306、TP406、TP506、TP606：四路电话四线接口接收端测试点。

TP307、TP407、TP507、TP607：四路电话 PCM 编码输出测试点。

TP308、TP408、TP508、TP608：四路电话 PCM 译码输出测试点。

TP309、TP509：DTMF 译码有效状态测试点。

话机号码设置分别为甲方一路 8700、甲方二路 8701、乙方一路 8600、乙方二路 8601。

6. 数字中继接口

TP801：本地位时钟测试点。

TP802：本地帧同步测试点。

TP803：位时钟提取测试点。

TP804：帧同步提取测试点。

TP805：中继接收 HDB3 正极性信号。

TP806：中继接收 HDB3 负极性信号。

TP807：中继发送 HDB3 正极性信号。

TP808：中继发送 HDB3 负极性信号。

TP809：数字中继处理器 ST 总线发送端。

TP810：数字中继处理器 ST 总线接收端。

TP811：插入帧同步和信令的 ST 总线接收测试点。

TP812：HDB3 三极性码输出测试点。

TP813：HDB3 三极性码输入测试点。

附录 2B 程控交换实验项目

2B.1 话路 PCM 编/译码实验

一、实验目的

1．掌握 PCM 编译码器在程控数字交换机中的作用。

2．熟悉单片 PCM 编译码集成电路 W681512 的电路组成和使用方法。

3．观测 W681512 各测试点的工作波形。

二、实验内容

1．测量、观察并分析 PCM 编译码电路各测试点的波形。

2．熟悉并掌握 PCM 编译码电路的工作原理。

三、实验仪器

1．LTE-CK-02E 程控实验箱一台。

2．电话机两部。

3．数字示波器一台。

四、实验原理

由于四路数字电话编译码电路的原理图都是一样的，因此只对其中一路进行说明。

图 2B.1 就是甲方一路 PCM 编译码电路的原理框图，图 2B.2 就是甲方一路 PCM 编译码数字信号波形。

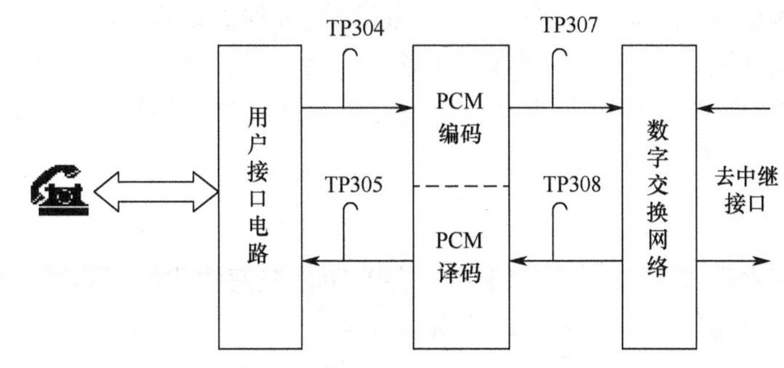

图 2B.1　甲方一路 PCM 编译码电路的原理框图

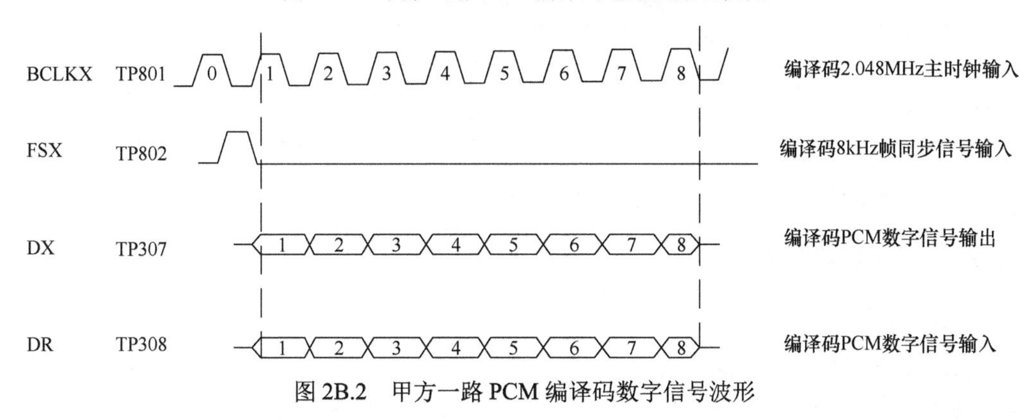

图 2B.2　甲方一路 PCM 编译码数字信号波形

五、实验步骤

1．接好实验箱电源线，打开实验箱电源开关，在甲方一路和乙方一路处分别接上电话机。

2．在键盘上按“开始”键，进入主菜单，然后通过上、下方向键选择交换方式子菜单，再按“确认”键进入交换方式菜单，选择时分交换，此时时分交换工作指示灯亮起。

3．将甲方一路与乙方一路按正常呼叫接通，建立正常通话后，通过电话机输入话音信号或双音多频信号。在时分交换方式下，对甲方一路、乙方一路各收发测试点（TP304、TP305、TP504、TP505）进行观察和测量。

4．测量并分析 PCM 编译码电路各测试点的波形。各测试点波形说明如下。

TP304：甲方一路 PCM 模拟话音信号输入。

TP305：甲方一路 PCM 模拟话音信号输出。

TP307：甲方一路 PCM 数字信号输出。

TP308：甲方一路 PCM 数字信号输入。

TP307、TP308 测试推荐设置：交流耦合，探头衰减设为×10；将 TP02 作为触发源，观测 TP307、TP308。

5．实验结束，关闭电源开关，整理实验数据并完成实验报告。

六、实验注意事项

1．在进行 PCM 实验时，对 W681512 芯片进行操作要特别小心，+5V、−5V 电源必须同时加入，以保证该芯片有接地回路，否则，该芯片特别容易损坏。本实验系统已解决了+5V与−5V同时供电的问题。

2．在观测各测试点波形时，示波器探头不能碰到其他测试点。

3．有一点需要注意，在PCM编译码电路中，当没有外加信号输入时，PCM编码电路还是有输出的，此时该芯片对输入随机噪声进行编/译码，一旦有信号输入，会立即对输入信号进行编码。

七、实验报告

1．画出各测试点的波形填在表2B.1中，并注明是在何种状态下测试得到的波形。

2．写出对实验电路的改进措施，谈谈有何体会。

表2B.1　各测试点的波形

测试点	TP307	TP308
波形		

2B.2　T接线器与S接线器基本原理实验

2B.2.1　T接线器基本原理实验

一、实验目的

1．掌握程控交换的基本原理与实现方法。

2．通过熟悉数字时分交换芯片MT8980来了解时分交换网络的工作过程。

二、实验内容

1．以MT8980为例，介绍时分交换芯片的工作原理及应用电路。

2．观测MT8980的时分交换功能，用甲方一路呼叫乙方二路，比较接续成功前后的TP307和TP308的波形。推荐设置：交流耦合，电压因子设为2V，时基设为2.5μs，探头衰减设为×10。

3．掌握数字时分交换芯片MT8980的特性及对其编程的要求。

三、实验仪器

1．LTE-CK-02E程控实验箱一台。

2．电话机两部。

3．数字示波器一台。

四、实验原理

交换网络组成框图如图2B.3所示。它是由两大部分组成的，即话路部分和控制部分。话路部分包括交换网络、用户电路、出中继电路、入中继电路、收号器、信号音发生器；而控制部分则是一台计算机，包括CPU、存储器和输入/输出设备。

1．MT8980的基本特性

MT8980的输入和输出均连接8条PCM基群数据线，在控制信号的作用下，可实现

240、256 路数字话音或数据的无阻塞数字交换。它是目前集成度较高的新型数字交换电路，可用于中、小型程控用户数字交换机中。

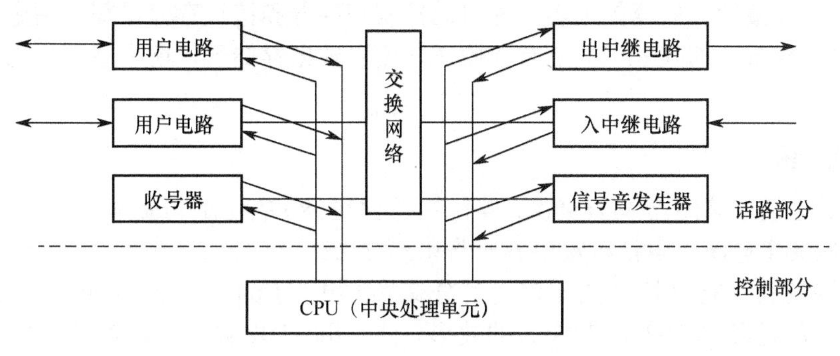

图 2B.3　交换网络组成框图

2. MT8980 的工作原理

MT8980 的功能框图如图 2B.4 所示，该芯片由串/并变换器、数据存储器、帧计数器、控制寄存器、控制接口单元、接续存储器、输出复用单元与并/串变换器构成。

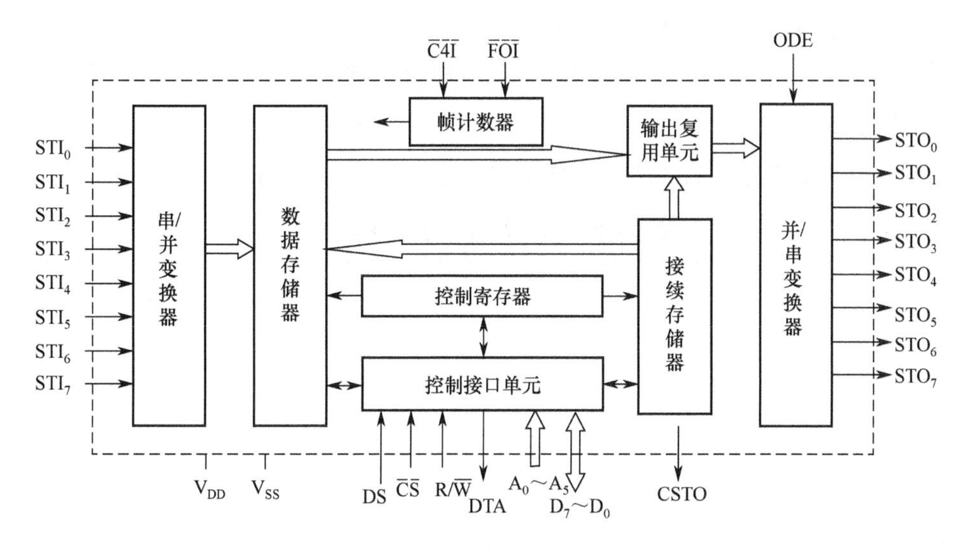

图 2B.4　MT8980 的功能框图

串行 PCM 数据流以 2.048Mbit/s 的速率分 8 路由 STI_0～STI_7 输入，经串/并变换器，根据码流号和信道号依次存入(256×8)位数据存储器的相应单元内。控制寄存器通过接口接收来自 CPU 的指令，并将此指令写入接续存储器中。这样，数据存储器中各信道的数据按照接续存储器的内容以某种顺序从接续存储器中读出到数据线上，再经复用、缓存，接着经并/串变换器，变为时隙交换后的 8 路 2.048Mbit/s 串行码流 STO_0～STO_7，从而达到数字交换的目的。

如果不再对控制寄存器发出指令，则电路内部维持现有状态，刚才交换过的两个时隙将一直处于交换过程，直到接收新指令。接续存储器的容量为(256×11)位，分为高 3 位和低 8 位两部分，前者决定本输出时隙的状态，后者决定本输出时隙对应的输入时隙。另外，由于输出多路开关的作用，电路还可以工作于消息或报文模式，以使接续存储器的低 8 位的内容作为数据直接输出到相应的时隙中。

MT8980 的全部动作均由 CPU 通过控制接口单元控制。外部 CPU 可以读取数据存储器、控制寄存器和接续存储器的内容，并可向控制寄存器和接续存储器写入指令。此外，还可置电路于分离模式，即 CPU 的所有读操作均读自数据存储器，所有写操作均写至接续存储器的低 8 位中。

五、实验步骤

1．做实验之前，请阅读 MT8980 文档，熟悉 MT8980 的使用和编程。

2．打开实验箱电源，电话机接甲方一路和乙方二路。

3．在薄膜键盘上把交换方式设置为时分交换方式，用甲方一路呼叫乙方二路。

4．用示波器观察 TP307 和 TP308 的波形（注：用 TP02 做触发，观察 TP307 和 TP308 的波形）。

TP307：甲方一路的 PCM 编码输出测试点。此时对应的示波器设置：交流耦合，探头衰减为×10。

TP308：甲方一路的 PCM 译码输出测试点。此时对应的示波器设置：交流耦合，探头衰减为×10。

5．比较接续成功前后 TP307 和 TP308 的波形有什么不同，并加以分析。

6．实验结束，关闭电源，整理实验数据并完成实验报告。

六、实验报告

简单画出接续成功前后 TP307 和 TP308 的波形，并填在表 2B.2 中。

表 2B.2 接续成功前后的波形对比

测试点	TP307	TP308
接续前波形		
接续后波形		

2B.2.2 S 接线器基本原理实验

一、实验目的

1．掌握程控交换中空分交换网络交换的基本原理与实现方法。

2．熟悉空分交换网络的工作过程。

二、实验内容

利用自动交换网络进行两部电话的单机通话，对工作过程做记录。

三、实验仪器

1．LTE-CK-02E 程控实验箱一台。

2．电话机两部。

3．数字示波器一台。

四、实验原理

由图 2B.5 可知，该实验系统是由话路单元和控制单元两大部分组成的。其中，话路单元由用户电路、自动交换网络、信号音发生器、供电系统电路、中继接口组成。图 2B.6 是空分交换 MT8816 芯片的功能及引脚排列图。

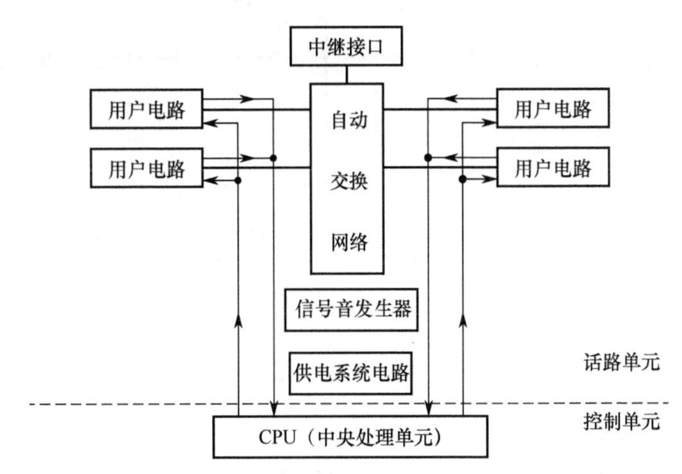

图 2B.5　空分交换 MT8816 芯片功能及引脚排列图

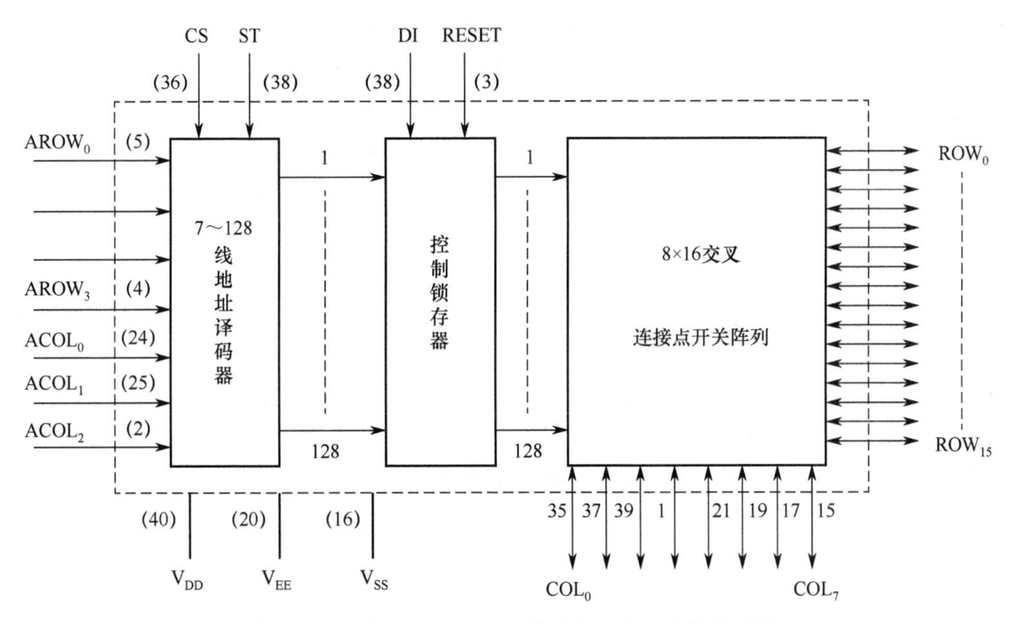

图 2B.6　空分交换 MT8816 芯片的功能及引脚排列图

1．MT8816 的基本特性

MT8816 交换矩阵示意图如图 2B.7 所示。该芯片是 8×16 模拟开关阵列，内含 7～128 线地址译码器、控制锁存器和 8×16 交叉连接点开关阵列，其电路的基本特性如下：

导通电阻（V_{DD}=12V）　　45Ω

导通电阻偏差（V_{DD}=12V）	5Ω
模拟信号最大幅度	12V_{PP}
开关带宽	45MHz
非线性失真	0.01%
电源	4.5～13.2V
工艺	CMOS

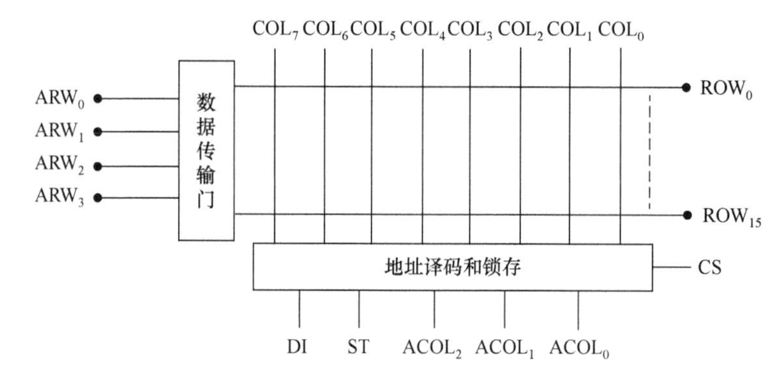

图 2B.7　MT8816 交换矩阵示意图

2. MT8816 引脚说明

MT8816 地址译码真值表如表 2B.3 所示，其引脚功能简要说明如下：

COL_0～COL_7	列输入/输出，开关阵列 8 路列输入或输出
ROW_0～ROW_{15}	列输入/输出，开关阵列 16 路列输入或输出
$ACOL_0$～$ACOL_2$	列地址码输入，对开关阵列进行列寻址
$AROW_0$～$AROW_3$	行地址码输入，对开关阵列进行行寻址
ST	选通脉冲输入，高电平有效，使地址码与数据得以控制相应开关的通断。在 ST 上升沿前，地址必须进入稳定态；在 ST 下降沿处，数据也应该是稳定的
DI	数据输入，若其为高电平，则不管 CS 处于什么电平，均将全部开关置于截止状态
RESET	复位信号输入，若其为高电平，则不管 CS 处于什么电平，均将全部开关置于截止状态
CS	片选信号输入，高电平有效
V_{DD}	正电源，电压为 4.5～13.2V
V_{EE}	负电源，通常接地
V_{SS}	数字地

表 2B.3　MT8816 地址译码真值表

$ACOL_2$	$ACOL_1$	$ACOL_0$	$AROW_3$	$AROW_2$	$AROW_1$	$AROW_0$	选择开关电路
L	L	L	L	L	L	L	ROW_0-COL_0
L	L	L	L	L	L	H	ROW_1-COL_0
L	L	L	L	L	H	L	ROW_2-COL_0

（续表）

$ACOL_2$	$ACOL_1$	$ACOL_0$	$AROW_3$	$AROW_2$	$AROW_1$	$AROW_0$	选择开关电路
L	L	L	L	L	H	H	ROW_3-COL_0
L	L	L	L	H	L	L	ROW_4-COL_0
L	L	L	L	H	L	H	ROW_5-COL_0
L	L	L	L	H	H	L	ROW_6-COL_0
L	L	L	L	H	H	H	ROW_7-COL_0
L	L	L	H	L	L	L	ROW_8-COL_0
L	L	L	H	L	L	H	ROW_9-COL_0
L	L	L	H	L	H	L	ROW_{10}-COL_0
L	L	L	H	L	H	H	ROW_{11}-COL_0
L	L	L	H	H	L	L	ROW_{12}-COL_0
L	L	L	H	H	L	H	ROW_{13}-COL_0
L	L	L	H	H	H	H	ROW_{14}-COL_0
L	L	L	H	H	H	H	ROW_{15}-COL_0
L	L	H	H	H	H	H	ROW_{15}-COL_1
L	H	L	H	H	H	H	ROW_{15}-COL_2
L	H	H	H	H	H	H	ROW_{15}-COL_3
H	L	L	H	H	H	H	ROW_{15}-COL_4
H	L	H	H	H	H	H	ROW_{15}-COL_5
H	H	L	H	H	H	H	ROW_{15}-COL_6
H	H	H	H	H	H	H	ROW_{15}-COL_7

3. MT8816 的工作原理

下面对 MT8816 型电子接线器进行介绍，使读者了解电子接线器的结构原理。其他型号的电子接线器也大同小异。

MT8816 是 CMOS 大规模集成电路芯片，是一个 8×16 模拟交换矩阵。在图 2B.7 中，有 8 条 COL 线（COL_0～COL_7）和 16 条 ROW 线（ROW_0～ROW_{15}），形成一个模拟交换矩阵，它们可以通过任意一个交叉连接点接通。芯片有保持电路，因此可以保持任一交叉连接点处于接通状态。CPU 可以通过地址线 $ACOL_0$～$ACOL_2$ 和数据线 $AROW_0$～$AROW_3$ 进行控制与选择需要接通的交叉连接点号。$ACOL_0$～$ACOL_3$ 分别管 COL_0～COL_7 中的一条线。将 $ACOL_0$～$ACOL_2$ 编成二进制码，经过译码后就可以接通交叉连接点相应的 COL_i；数据线 $AROW_0$～$AROW_3$ 分别管 ROW_0～ROW_{15} 中的一条线。$AROW_0$～$AROW_3$ 是不编码的，某一条 $AROW_i$ 线为“1”，控制相应的 ROW_i 以接通有关的交叉连接点。例如，要接通 COL_1 和 ROW_0 之间的交叉连接点，这时一方面向 $ACOL_0$～$ACOL_2$ 送“001”，另一方面向 $AROW_3$ 送“1”。当送出选通脉冲 ST 时，就可以将相应交叉连接点接通了。另外，在图 B2.7 中，还有一个名叫 CS 的片选端，高电平有效，即当 CS 为“1”时，MT8816 就选中开始工作了。

综上所述，该电路由 7～128 线地址译码器、128 位控制数据锁存器与 8×16 交叉连接点开关阵列组成，在电路处于正常开/关工作状态时，CS 应为高电平，RESET 为低电平，这样，数据 DI 在 ST 下降沿处被异步写入锁存单元，并控制所选交叉连接点开关的通断，若 DI 为低电平，则开关截止，其地址译码真值表如表 2B.3 所示。

五、实验步骤

1．打开实验箱电源开关，通过薄膜键盘，使实验系统进入空分交换方式，按“确认”键确认。

2．根据前面进行的实验，以甲方一路与乙方一路、甲方二路与乙方二路通信为例，仔细观察并记录主叫用户和被叫用户的通信流程。下面列出本实验各信号测试点。

① 空分交换网络输入信号测试点。

TP304：甲方一路电话信号发送波形。

TP404：甲方二路电话信号发送波形。

TP504：乙方一路电话信号发送波形。

TP604：乙方二路电话信号发送波形。

话音信号在传输时，有发送话音信号波形；不通话时无波形。

② 空分交换网络输出信号测试点。

TP305：甲方一路电话信号接收波形。

TP405：甲方二路电话信号接收波形。

TP505：乙方一路电话信号接收波形。

TP605：乙方二路电话信号接收波形。

同样，当有话音信号传输时，有接收话音信号波形；否则无波形。

3．实验结束，关闭电源，整理实验数据并完成实验报告。

六、实验报告

1．画出本实验系统自动交换网络的电路框图，并分析其工作过程。

2．参见图 2B.6，写出完成甲方一路和乙方二路交换的控制字及交换控制程序。

2B.3 用户线接口电路实验

一、实验目的

1．了解用户线接口电路功能（BORSCHT 功能）的作用及实现方法。

2．进一步加深对 BORSCHT 功能的理解。

二、实验内容

1．熟悉用 AM79R70 组成的用户线接口电路的主要性能和特点。

2．用示波器分别观测 TP301、TP302、TP303 在摘/挂机时的工作电平。

三、实验仪器

1．LTE-CK-02E 程控实验箱一台。

2．电话机两部。

3．数字示波器一台。

4．万用表一台。

四、实验原理

1. 用户线接口电路的工作原理

用户线接口电路（Subscriber Line Interface Circuit，SLIC）有时也可以简称为用户电路，本书中两者为同一概念。任何交换机都具有用户线接口电路。根据用户电话机的类型，用户线接口电路分为模拟用户线接口电路和数字用户线接口电路两种。

模拟用户线接口电路应能承受馈电、铃流和外界干扰等高压大电流的冲击，以前一般由晶体管、变压器（或混合线圈）、继电器等分立元件构成。在实际中，基于实现和应用上的考虑，通常将 BORSHCT 功能中的过压保护功能由外接元器件实现；编/译码器部分另成一体，集成为编译码器（CODEC）；其余功能由集成模拟用户线接口电路实现。

在布控交换机中，向用户馈电、振铃等功能都是在线路中实现的，馈电电压一般是−60V，用户的馈电电流一般为 20～30mA，铃流为 25Hz/90V 左右；而在程控交换机中，由于交换网络处理的是数字信息，无法向用户馈电、振铃等，所以向用户馈电、振铃等任务就由用户线接口电路完成，再加上其他一些要求，程控交换机中的用户线接口电路一般要具有 B（馈电）、R（振铃）、S（监视）、C（编/译码）、H（混合）、T（测试）、O（过压保护）7 项功能。图 2B.8 为模拟用户线接口电路功能框图。

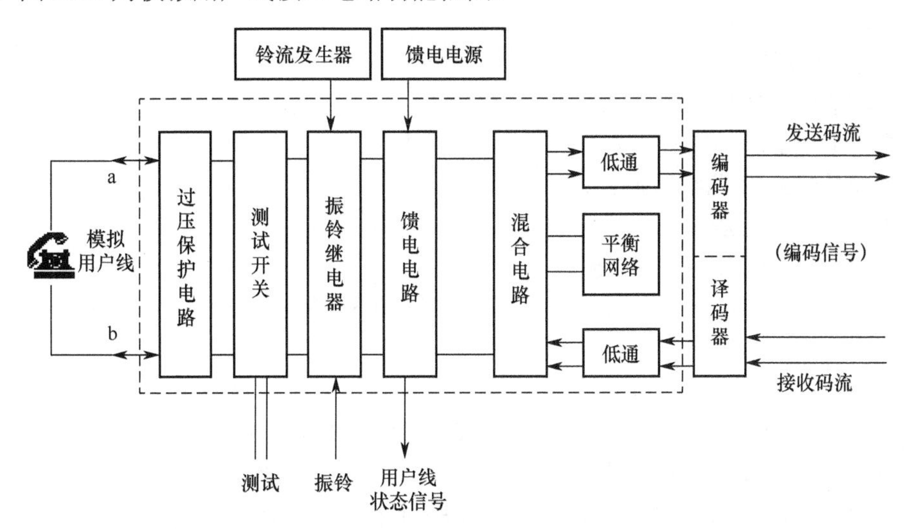

图 2B.8 模拟用户线接口电路功能框图

模拟用户线接口电路的功能可以归纳为 7 项，即 BORSCHT 功能，具体含义如下。

（1）馈电：向用户话机送直流电。通常要求馈电电压为−48V 或−24V，环路电流不小于 18mA。

（2）过压保护：防止过压过流冲击和损坏电路、设备。

（3）振铃控制：向用户话机馈送铃流。

（4）监视：监视用户线的状态，检测话机摘机、挂机与拨号脉冲等信号，以送往控制网络和交换网络。

（5）编/译码：在数字交换中完成模拟话音与数字编码的转换，通常采用 PCM 编码器（Coder）与译码器（Decoder）来实现，统称为 CODEC。相应的防混叠与平滑低通滤波器占有话路带宽（300～3400Hz），编码速率为 64kbit/s。

（6）混合：完成二线与四线的转换，即实现模拟二线双向信号与 PCM 发送/接收数字四线单向信号之间的连接。以前，这种功能由混合线圈实现，现在改为由集成电路实现，因此称为混合电路。

（7）测试：对用户电路进行测试。

2．用户线接口电路的基本特性和功能

在本实验系统中，用户线接口电路选用的是 AM79R70 集成芯片。它的功能包含向用户话机恒流馈电、向被叫用户话机馈送铃流、用户摘机后自行截除铃流、摘/挂机的检测及音频或脉冲信号的识别、话音信号的二/四线混合转换、外接振铃继电器驱动输出。AM79R70 用户线接口电路的双向传输衰耗均为−1dB，供电电源为+5 V 和−5 V。另外，AM79R70 还将输入的铃流信号进行放大，以达到电话振铃工作的要求，其各项性能指标要符合电信部门制定的有关标准。

1）用户线接口电路的基本特性

（1）向用户馈送铃流。

（2）向用户进行恒流馈电。

（3）过压过流保护。

（4）被叫用户摘机自截铃。

（5）摘/挂机检测。

（6）音频或脉冲拨号检测。

（7）振铃继电器驱动输出。

（8）话音信号的二/四线转换。

（9）无须耦合变压器。

2）用户线接口电路的主要功能

（1）向用户话机供电。AM79R70 可为用户话机恒流馈电，馈电电流由 VBAT 以 VDD 供给。

① 供电电源 VBAT 采用−48V。

② 在静态情况下（不振铃、不呼叫），−48V 电源通过继电器闭合接点至话机。

③ 在振铃时，−48V 电源通过振铃支路经继电器动合接点至话机。

④ 用户在挂机时，话机叉簧下压，馈电回路断开，回路无电流流过。

⑤ 用户摘机后，话机叉簧上升，接通馈电回路（在振铃时，接通振铃支路）。

（2）AM79R70 内部具有过压保护功能，可以抵抗 TIP 和 RING 端口间的瞬时高压，如果结合外部的压敏电阻保护电路，则可抵抗 250V 左右的高压。

（3）振铃电路可由外部的振铃继电器和用户线接口电路内部的继电器驱动电路及铃流电源向用户馈送铃流：当继电器控制端 （RC 端）输入高电平时，继电器驱动输出端（RD 端）输出高电平，继电器接通，铃流源通过与振铃继电器连接的 15 端（RV 端），经 TIP-RING 端口向被叫用户馈送铃流。当继电路控制端（RC 端）输入低电平或被叫用户摘机时，都可截除铃流。用户线接口电路内部提供一个振铃继电器感应电压，用来抑制钳位二极管。

（4）监视用户线的状态变化，即检测摘/挂机信号，具体如下。

① 用户挂机时，用户状态检测输出端输出低电平，以向 CPU 表示用户“闲”。

② 用户摘机时，用户状态检测输出端输出高电平，以向 CPU 表示用户“忙”。

③ 若用户拨号为脉冲拨号方式，则该用户状态输出端应能送出拨号数字脉冲。当回路断开时，送出低电平；当回路接通时，送出高电平（注：本实验系统不选用脉冲拨号方式，只采用 DTMF 双音多频拨号方式）。

（5）在 TIP-RING 端口间传输的话音信号为对地平衡的双向话音信号，在四线 VR 端与 VX 端间传输的信号为收发分开的不平衡话音信号。AM79R70 可以进行 TIP-RING 端口与四线 VTX 端和 RSN 端间话音信号的双向传输、二/四线混合转换。

（6）AM79R70 可以提供用户线短路保护，因此，TIP 线与 RING 线间、TIP 线与地间、RING 线与地间的长时间短路都不会损坏器件。

（7）AM79R70 提供的双向话音信号的传输衰耗均为−40dB。该传输衰耗可以通过 AM79R70 用户线接口电路的内部来调整，也可以通过外部电路来调整。

（8）AM79R70 的四线端口可供话音信号编/译码器或交换矩阵使用。

五、实验步骤

1．阅读 AM79R70 资料和这部分电路，理解这部分电路的工作原理。

2．接好实验箱的电源线，打开实验箱电源开关，准备好电话机，开始做实验。

3．在甲方一路处接上电话机，进行摘机和挂机操作，在摘机和挂机时，用万用表测量 TP301、TP302、TP303 的电压值。

4．在甲方一路处进行摘机和挂机操作，利用示波器观察 TP303 的波形。注意：此时示波器设为直流耦合，探针衰减设为×10。

5．按键盘区的“开始”键，在液晶菜单上选择“交换方式”选项，按“确定”键，然后选择“时分交换”选项，用甲方一路的电话机呼叫甲方二路（所拨号码默认为 8701），利用示波器观察 TP301、TP302 的波形。示波器设置：直流耦合，探头衰减为×10。

6．实验结束，关闭实验箱电源开关，整理实验数据并制作实验报告。

六、实验报告要求

1．画出本次实验的电路方框图，叙述其工作过程。

2．将 TP301、TP302、TP303 在摘/挂机时的电平和波形填在表 2B.4 中，并简述这 3 个测试点的意义。

表 2B.4　摘/挂机时的电平和波形

<table>
<tr><td rowspan="2"></td><td colspan="2">TP301</td><td colspan="2">TP302</td><td colspan="2">TP303</td></tr>
<tr><td>摘机前</td><td>摘机后</td><td>摘机前</td><td>摘机后</td><td>摘机前</td><td>摘机后</td></tr>
<tr><td>电平/V</td><td></td><td></td><td></td><td></td><td></td><td></td></tr>
<tr><td>摘机时的
波　形</td><td colspan="2"></td><td colspan="2"></td><td colspan="2"></td></tr>
</table>

3．理解 AM79R70 通过 C1、C2 两根控制线完成有铃流信号的摘/挂机检测和没有铃流信号的摘/挂机检测的原理。分别画出主、被叫摘/挂机检测的程序流程框图。

2B.4 中继接口实验

一、实验目的

1. 了解数字中继接口的工作原理。
2. 了解数字中继接口的结构组成。
3. 了解帧同步的插入和提取的原理。

二、实验内容

1. 帧同步的插入。
2. 帧同步的提取。
3. 码型观察。

三、实验仪器

1. LTE-CK-02E 程控实验箱两台。
2. 数字示波器一台。

四、实验工作原理

数字中继接口单元是程控数字交换机局间或与数字传输设备、数字终端之间连接的接口单元。它提供标准的 E1 接口。数字中继接口电路应具有“GAZPACHO”功能。在输入和输出两侧实现线路码型的转换、同步时钟的提取等功能。GAZPACHO 功能简述如下。

G：帧同步码。

在发送端的 PCM 码流中，G 功能要求在偶数帧 TS0 的第 2 位至第 8 位码插入同步码 0011011，并在奇数帧 TS0 的第 2 位插入固定的 1；而在接收端则要求识别发送端的偶数帧 TS0 的帧同步码和奇数帧 TS0 的第 2 位。

A：帧调整。

由于从各条数字中继线进入交换网的数字复用码流帧定位信号 TS_0 常常与本机的帧定位信号不同步，因此，要求数字中继接口电路能对输入码流进行帧调整，使其与本机的帧定位信号同步。一般采用弹缓的方法，使码流延时最长不超过 125μs，如果超过 125μs，则指示丢帧；如果小于 0，则指示滑帧（重帧）。

Z：连 0 抑制。

PCM 码流中不允许出现多个连“0”，以防止传输出错，因此，交换机内部的 NRZ（非归零）码在送到中继传输时，必须进行传输码型变换（由 NRZ 码变为 HDB3 码）；接收时，必须将 HDB3 码还原成 NRZ 码。

P：极性变换。

PCM 码在数字中继线路中要求传输波型不含直流成分，因此，在线路上传递的波形必须是正负交替的双极性码，占空比为 1:1。

A：告警处理。

PCM 码在传输过程中，告警除通知本端外，还必须告知对端在 PCM 偶数帧 TS_0 的第 3 位置为“1”，告警恢复后重置为“0”。因此，数字中继接口电路对告警处理具有误码检测、帧同步检测、复帧同步检测、滑帧检测、统计、对端告警检测、告警插入/恢复等功能。

C：时钟恢复。

数字中继接口电路应能从 PCM 输入码流中提取外时钟，以获得同步信号。

H：帧同步建立搜索。

当电路连续多次收到帧失步信号时，必须重新搜寻同步码，即奇数帧 TS_0 的第 2～8 位（0011011）和偶数帧 TS_0 的第 2 位“1”码，如果发现连续两次同步，则进入同步状态。

O：局间信号插入/提取。

数字中继不论是用作随路还是共路，在传输码流中均应具有局间信号的插入/提取功能。

以上的 GAZPACHO 功能在目前大规模数字中继集成电路中实现，在本实验系统中，所有的功能均由数字中继处理器完成。

在本实验系统中，为了能在示波器上稳定地观察到帧同步码和信令码的插入与提取，数字中继中的所有帧的第 0 时隙（TS_0）全部插入帧同步码、第 16 时隙（TS_{16}）全部插入信令码。

数字中继接口单元主要包括 3 部分。

- E1 接口部分，主要接入 PCM 码流和内部码流输出。
- 码速变换部分。
- 控制部分，主要包括 CPU、存储器、时钟、驱动电路等。

另外，数字中继接口还需要实现以下功能。

线路信号码型收发及变换：将输入的码或 AMI 码型变成内部的 NRZ 码（非归零码），进入交换网络。同时，在发送时，将内部的 NRZ 码变换成 HDB3 码或 AMI 码送到传输线路上。

帧同步的提取，即从输入 PCM 码流中识别和提取外基准时钟并送到同步定时电路中，作为本端的帧同步参数时钟，确保与来话局同步。

信令的收发通过 TS_{16} 识别与信令插入/提取来实现。

检测告警：检测传输质量，如误码率、滑码计次、帧失步、复帧失步、中继信号丢失等；并能将检测到的故障信号及随路断开告警信号通知维护设备，进行人工干预处理。

图 2B.9 给出了数字中继处理器的内部结构框图。

五、实验步骤

1. 接通实验箱电源。
2. 将实验箱用数字中继线（同轴电缆）连接起来，如图 2B.10 所示。
3. 将实验箱 1 上的 SW801 拨码开关设置帧同步码为“1110010”。注意：帧同步码为 7 位（拨码开关 SW801 上的数位 1 为无效位，数位 2 为高位，数位 8 为低位）。
4. 同步骤 3，将实验箱 2 的帧同步码也设置为“1110010”。注意操作过程中指示灯 LED801、LED802 的变化。
5. 观察实验箱 1 和实验箱 2 的 LED801 指示的提取的帧同步码的值是否与插入的帧同步码的值一样。
6. 用数字示波器观测实验箱 1 的 TP810、TP811 的波形，观察帧同步码插入前后的波形区别（用 TP802 做触发）。

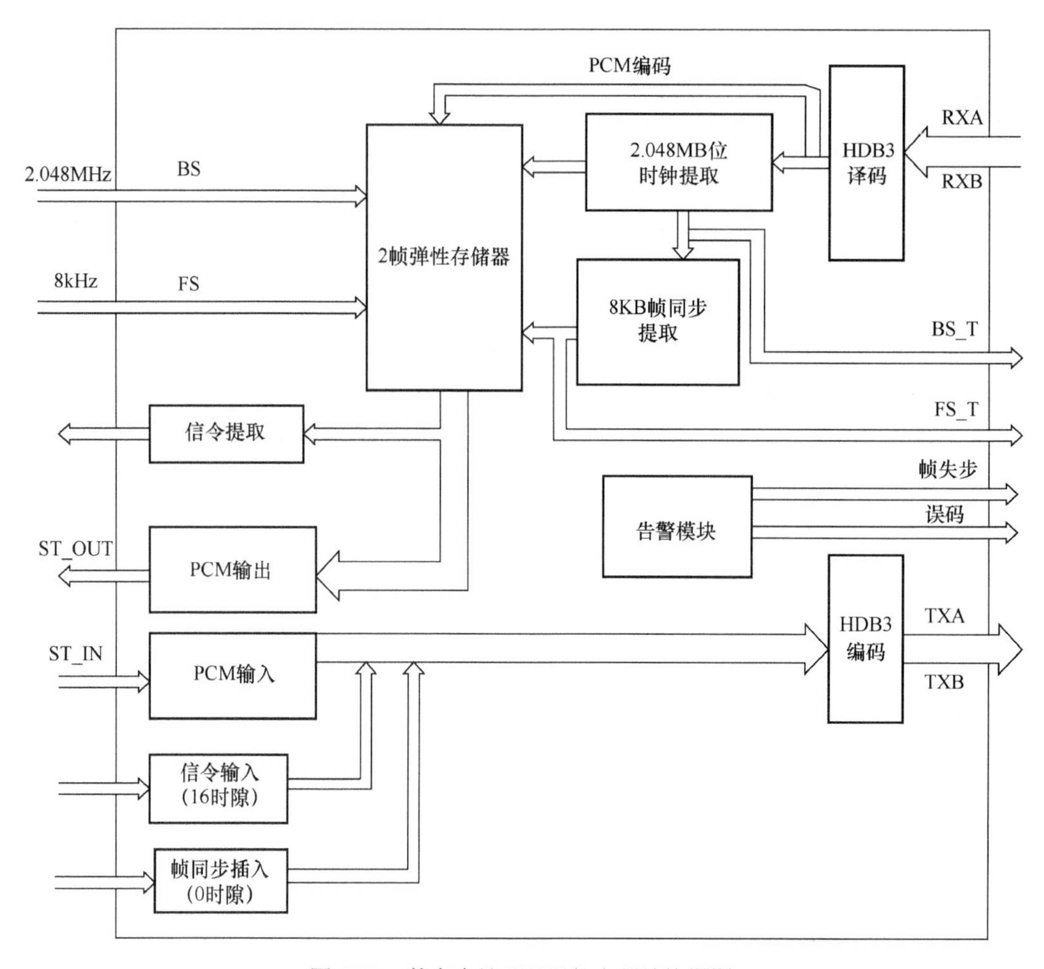

图 2B.9 数字中继处理器的内部结构框图

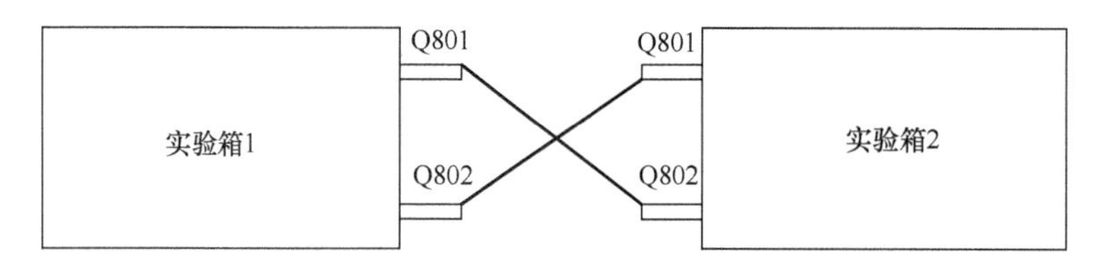

图 2B.10 连接数字中继线

7．用数字示波器观测实验箱 2 的 TP809 提取的帧同步码的波形与实验箱 1 的 TP811 的波形是否相同。

8．实验结束，关闭电源。

六、思考题

1．断开中继线，如果把帧同步码设置成“0000000”，那么会出现什么现象呢？

2．如果把实验箱 1 的帧同步码设置成“1111101”，把实验箱 2 的帧同步码设置成“1111011”或“1110111”，那么会产生什么样的结果呢？

2B.5　呼叫处理与线路信号的传输过程

一、实验目的

1．熟悉一次正常呼叫的传送信号流程。

2．了解信号在交换过程中的传输特性。

二、实验内容

1．以甲方一路为主叫、甲方二路为被叫为例，根据一次正常呼叫的传送信号流程，测量线路各点的波形。

2．了解信号在交换过程中的传输特性。

三、实验仪器

1．LTE-CK-02E 程控实验箱一台。

2．电话机两部。

3．数字示波器一台。

四、实验原理

一次正常呼叫的传送信号流程如图 2B.11 所示，其中，振铃信号、应答信号、忙音信号均由信令信号产生单元的 CPLD 提供。

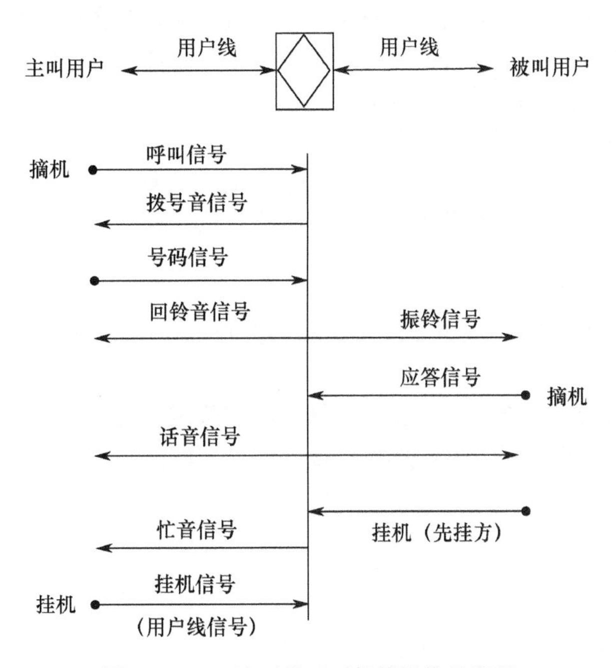

图 2B.11　一次正常呼叫的传送信号流程

一次正常呼叫的状态分析如图 2B.12 所示，分输入信号、振铃、通话 3 个阶段分析了呼叫的各种状态。

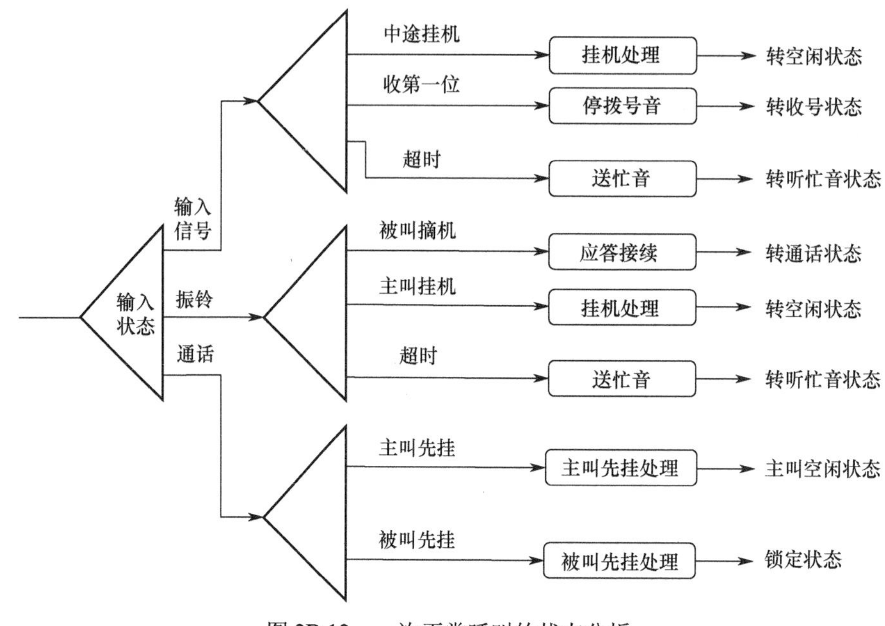

图 2B.12 一次正常呼叫的状态分析

五、实验步骤

1．接好实验箱电源线，打开电源，通过薄膜键盘选择交换方式，设置为空分交换方式，此时空分交换工作指示灯 LED202 亮。

2．为甲方一路和甲方二路分别接上电话机，甲方一路作为主叫，呼叫甲方二路。

3．用示波器测量 TP304、TP306 两处在接续过程中各阶段的波形。

TP304：甲方一路模拟话音信号输出。

TP306：甲方一路电话信号及控制信号音的输入。

4．将交换方式设置为时分交换，此时时分交换工作指示灯 LED203 亮，重复步骤 3。

5．实验结束，关闭电源，整理实验数据并制作完成实验报告。

六、实验报告

1．根据测试的实验数据、现象与波形，写出分析的结果，并与实际测量值进行比较，看是否一致。

2．写出本次实验的心得体会，以及对本次实验的改进意见。

3．画出一个完整的电话接续的程序流程图。

习 题

2-1 简述程控交换系统的硬件组成及其功能。

2-2 简述模拟用户接口电路的 7 项基本功能。

2-3 标准化的数字用户接口有哪几种？

2-4 数字中继接口电路完成哪些功能？在数字中继接口电路中，如何实施信令的插入和提取？

2-5　简述维护终端的功能。

2-6　简述模拟用户接口的功能。

2-7　设 PCM 时分复用线上的主叫用户占用 TS_{11} 时隙，被叫用户占用 TS_9 时隙，请分别通过输入控制方式和输出控制方式完成彼此的信号交换。

2-8　请写出局呼叫流程。

2-9　画出程控数字交换机硬件的基本结构图。

2-10　画出输入控制方式下的 S 接线器的结构。矩阵容量为 $N \times N$，以完成如下交换：将输入复用线 2 上的 TS_5（传送话音信息 A）交换到输出复用线 N 上。

2-11　什么叫远端用户模块？远端用户模块有什么作用？

2-12　维护终端与交换机有什么关系？

2-13　用户接口数据区和中继接口数据区分别包含哪些属性？

2-14　T 接线器和 S 接线器各有什么功能？

2-15　对程控数字交换机的控制系统有什么要求？

2-16　处理机的控制方式有哪几种？它们的特点是什么？

2-17　处理机为什么要采用主/备用机工作方式？什么叫冷备用？什么叫热备用？两种备用方式哪一种好？为什么？

2-18　在多处理机程控数字交换机中，处理机之间是怎么完成通信的？各有什么特点？

第3章　电信交换网络

3.1　电信交换网络的基本技术

基本的电信交换网络由终端、传输和交换3类设备组成。

终端设备的主要功能是把待传送的信息和在信道上传送的信号进行相互转换。对应不同的电信业务有不同的终端设备，如固话业务的终端设备就是固定电话机，数据通信的终端设备就是手机、计算机等。

传输设备是传输媒介的总称，是电信交换网络中的连接设备，是信息和信号的传输链路。传输链路的实现方式很多，如市内电话网的用户端电缆，局间中继设备和长途传输网的数字微波系统、卫星系统及光纤系统等。

如果说传输设备是电信交换网络的神经系统，那么交换系统就是各个神经系统的中枢，为信源和信宿之间架设通信的桥梁，基本功能是根据地址信息进行网内链路的连接，以使电信交换网络中的所有终端都能建立信号链路，实现任意通信双方的信号交换。对于不同的电信业务，交换系统的性能要求不同。例如，对于电话业务网，对交换系统的要求是话音信号的传输时延应尽量小，因此，目前电话业务网的交换系统主要采用直接接续通话电路的电路交换设备——程控数字交换机。交换系统除电路交换设备外，还有适于其他业务网使用的ATM交换机和分组交换设备等。

电信交换网络仅有上述设备还不能形成一个完善的通信网，还必须包括信令、协议和标准。从某种意义上说，信令是实现网内设备相互联络的依据，协议和标准是构成网络的规则。它们可使用户和网络资源之间，以及各交换设备之间有共同的“语言”，通过这些语言可使网络正常运转并得到有效控制，从而达到全网互通的目的。

电信交换网络的基本技术包括互连技术、接口技术、信令技术和控制技术，如图3.1所示。图3.1实际上也反映了交换节点高度抽象的系统结构。

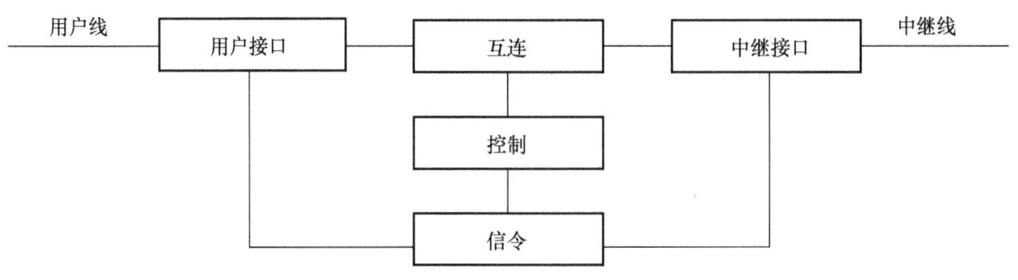

图3.1　电信交换网络的基本技术

3.1.1　互连技术

连接功能模块就是交换机中的交换机构，作用是在控制功能模块的管理下，为连接在交换机上的所有终端提供可任选的相互连接链路。在模拟交换机中，连接功能由机械触点或模拟开关电路实现；在数字时分交换机中，连接功能由采取随机存取方式的数据存储器组成的数字交换网络实现。

在此讨论的互连技术主要指交换系统内部完成任意入线和任意出线之间互连的交换网络。互连技术包括拓扑结构、选路策略、控制机理、阻塞特性和故障防卫等。

（1）拓扑结构。

交换网络由多级交换单元拓展而成，以三级交换网络为例，其拓扑结构如图 3.2 所示。在图 3.2 中，每个矩形表示构成交换网络的基本单元——接线器，其作用相当于由若干入线和若干出线构成的开关矩阵。接线器结构如图 3.3 所示。平时交叉连接点是断开的，只有当选中某条入线和出线时，对应的交叉连接点才闭合。第一级有 m 个 $n\times n$ 接线器，第二级有 n 个 $m\times m$ 接线器，第三级有 m 个 $n\times n$ 接线器，构成了一个 $mn\times mn$ 的交换网络。

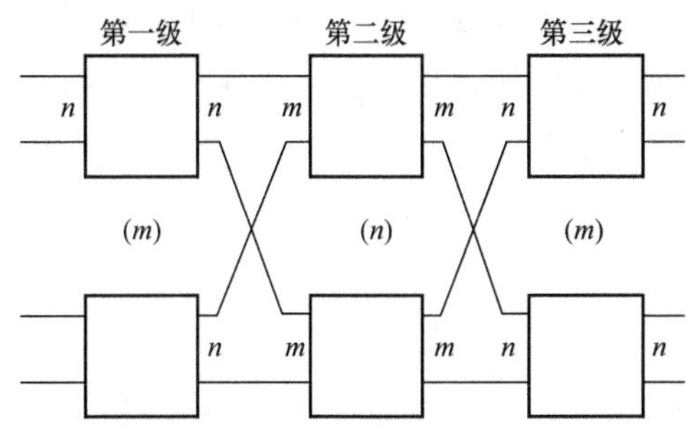

图 3.2　三级交换网络的拓扑结构

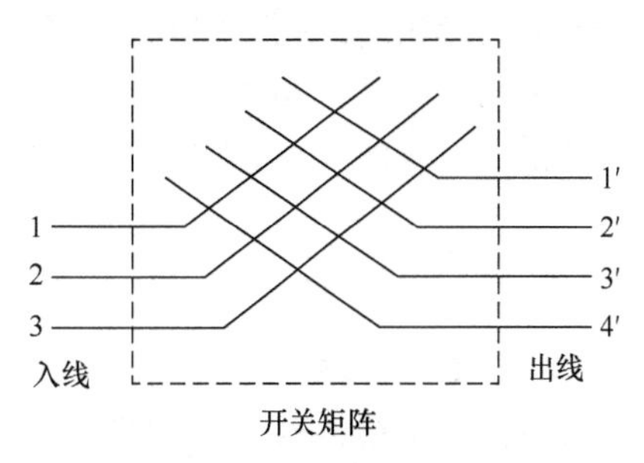

图 3.3　接线器结构

（2）选路策略。

一个交换网络的拓扑结构确定后，如何在指定的入端和出端之间选择一条可用的链路就是选路策略。链路的选择有条件选择和逐级选择、自由选择、指定选择、面向连接选择和面向无连接选择。

- 条件选择：不论交换网络有几级，在指定的入线与出线之间的所有通路中选择一条可用的。
- 逐级选择：从入线的第一级开始，先选择第一级交换单元的出线，再选择第二级交换单元的出线，依次类推，直到最后一级到达出线。
- 自由选择：某一级出线可以任意选择，不论选择哪一条出线，都可以到达所需的交换网络出线。
- 指定选择：只有选择某一级出线中指定的一条才能到达所需的交换网络出线。
- 面向连接选择：要事先建立一条通信线路，选择某一条出线传送数据，必须经历建立连接、使用连接和释放连接 3 个过程。
- 面向无连接选择：与面向连接相对应，面向无连接是指通信双方不需要事先建立通信线路，而是把每个带有目的地址的数据送到线路上，由系统自主选择出线。相对于面向连接的 3 个过程，面向无连接只有传送数据的过程。

（3）控制机理。

完成选路后，还需要完成选路信息的存储、队列管理、优先级控制等工作。

（4）阻塞特性。

阻塞特性是指由于交换网络内部链路拥塞而导致呼叫损失的现象。不同交换方式的阻塞特性的表示方法是不一样的。

- 程控数字交换机采用电路交换，通常用阻塞率表示。交换网络的入线和出线虽然尚有空闲，但因交换网络级间链路已被占用而无法建立新连接的现象称为交换网络的内部阻塞。把存在内部阻塞的交换网络称为有阻塞交换网络，而把不存在内部阻塞的交换网络称为无阻塞交换网络。
- 分组交换不考虑阻塞率，当数据流量较大时，分组排队等待处理，因此它是排队系统或延迟制系统。
- ATM 交换主要用信元丢失率表示。

（5）故障防卫。

交换网络采用冗余配置来提高可靠性。在集中控制方式中，处理机都采用双机主/备用冗余配置方式。主/备用配置方式有冷备用方式和热备用方式两种。在分级多机控制方式下，每一级功能相同的处理机均采用负荷分担方式。在正常情况下，它们均匀分担话务量，共享存储器，并由同一操作系统控制。当一台处理机发生故障后，其负荷会被分派给其余处理机，因此，仅会使其余处理机负荷增加，使总体处理速度下降，而不会使整个系统停运。

3.1.2 接口技术

各种交换系统都接有用户线、中继线，分别终接在交换系统的用户接口和中继接口处。不同类型的交换系统具有不同的接口。例如，程控数字交换机有连接模拟话机的模拟用户接口和连接数字话机或数字终端的数字用户接口，以及分别连接模拟中继线和数字中继线的模拟中继接口与数字中继接口；N-ISDN 交换有 2B+D 基本速率接口和 30B+D 基群速率接口；移动交换有通往基站的无线接口；ATM 交换有适配不同码率、不同业务的各种物理媒体接口。接口技术主要由硬件实现，有些功能也可由软件或固件实现。

接口技术是交换机与用户终端，以及与其他交换机连接的接口，主要作用是适配外部线路传输信号的特性要求，将外部信号传送格式与适合交换机内部连接功能所要求的格式进行相互转换，并协同信令功能模块收发信令信息。

3.1.3 信令技术

所谓信令，就是指在通信网上为建立一条信息传送通道，网中相关节点之间要相互交换和传送的控制信息。信令系统的主要功能就是指导终端、交换系统和传输系统协同运行，在指定的终端之间建立和拆除临时的通信连接，并维护通信网络的正常运行，包括监视功能、选择功能和管理功能。

（1）监视功能：主要完成网络设备忙闲状态和通信业务的呼叫进展情况的监视。

（2）选择功能：在通信开始时，通过在节点设备之间传递包含目的地址的连接请求消息，使得相关交换节点根据该消息进行路由选择，进行入线到出线的时隙交换接续，并占用相关的局间中继线路；通信结束时，通过传递连接释放消息以通知相关的交换节点，释放本次通信服务所占用的相关资源和中继线路，拆除交换节点的内部连接等。

（3）管理功能：主要完成网络设施的管理和维护，如检测和传送网络上的拥塞信息、提供呼叫计费信息和远端维护信令等。

在面向连接的程控交换系统中，信令技术通过终端接口电路监视外部终端的工作状态和接收呼叫信令，将接收的状态和信令消息转换成适合控制功能进行处理的消息格式，并把呼叫处理的进展情况和需要其他网络设备协调建立通信链路的信令消息通知给外部终端。

3.1.4 控制技术

控制技术的目标是模仿人的思考方式和处理方法。例如，在完成电路交换服务过程中，必须了解哪些情况、做哪些动作及动作的顺序过程等，依照用户需求，结合交换设备性能指标要求，快捷可靠地实施电路接续操作，并有效地管理交换设备正常运行。

在布控逻辑交换机中，控制功能是通过预先设置好的硬线逻辑组合对输入状态变化进行译码，通过电流驱动相关机件动作来实施通信电路的接续控制功能的。

在程控交换机中，这些技术是通过计算机软件编程实现的。计算机经信令功能模块采集终端接口上的用户状态变化和电路接续请求信号，结合交换机的资源状态选择相关电路和操作交换连接机构执行内部接续动作，并通过信令功能对外部终端转发接续过程的进展情况信号及需要外部终端协调建立通信链路的信令消息。

3.2 基本交换单元的扩展

采用数字时分复用方式的电路交换属于同步交换，因此，构成电路交换网络的基本交换单元也必须是同步交换的，即在交换单元临时缓存的用户数据必须在一个同步时钟控制下按序存入或取出。

3.2.1 共享存储器型时分交换单元

共享存储器型时分交换单元，顾名思义，就是将多个用户的数字话音信号按照一定的规律存放在一个公共的存储器中，再按照交换的需要，分时地从存储器的指定单元中读出数据，并送给接收该数据的用户。按照这种操作模式，以 125μs 的时间间隔（称为一帧）周期地对存储器进行写入和读出，便可构成数字时分的电路交换单元。

1. 共享存储器型时分交换单元的组成

共享存储器型时分交换单元的电路组织结构如图 3.4 所示，由串/并变换、并/串变换、话音存储器、控制存储器、读/写信号和时序产生电路等组成。

交换单元连接 32 条双向 PCM 链路，每个方向均采用 32 信道（时隙）、每信道 8 位数据的时分复用方式进行串行传输。话音存储器（SM）和控制存储器（CM）分别由 1024 个存储单元的双端口 RAM 组成。话音存储器作为共享存储器，暂存 32 条 PCM 输入链路上的所有时隙，即帧的话音数据；控制存储器存储呼叫处理机写入的电路接续中的时隙交换号，控制对应的话音存储器单元中的数据输出到指定的 PCM 输出链路的指定时隙上。串/并变换和并/串变换电路完成外部 PCM 链路串行数据传送方式到内部话音存储器并行数据操作方式之间的转换，读/写信号和时序产生电路为交换单元内部电路按序操作提供各种时钟信号。

图 3.4 所示的共享存储器型时分交换单元可以实现 1024 个信道之间的数据信息交换。也就是说，该交换单元既可以实现不同 PCM 链路之间相同时隙的数据交换，又可以实现不同 PCM 链路、不同时隙之间的数据交换。

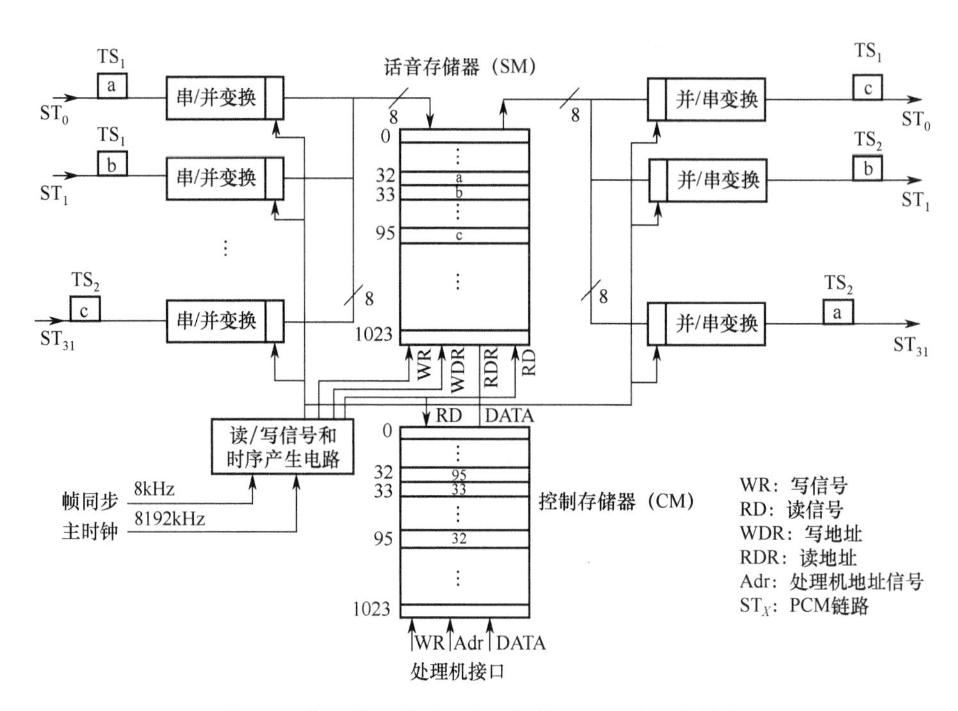

图 3.4 共享存储器型时分交换单元的电路组织结构

2．共享存储器型时分交换单元的工作原理

在共享存储器型时分交换单元的电路结构中，时隙交换工作是按照顺序写入、控制读出的方式进行的。在这种工作模式下，各条 PCM 输入链路上时分复用的数据信号首先通过串/并变换电路，在同步时钟的控制下，按时隙转成并行数据；然后按照时隙号×PCM 链路总数+ PCM 链路号的顺序写入话音存储器。这里，PCM 链路号和时隙号从 0 开始，各 PCM 链路上相同时隙的数据必须在一个时隙间隔内写入话音存储器。例如，各条 PCM 链路上 TS_1 中的数据将在一个时隙间隔内被顺序地写入话音存储器的第 32～63 单元中。显然，话音存储器的写信号必须与输入时隙同步，写信号由时序产生电路在帧同步信号和主时钟信号操作下，以循环计数方式产生。

共享存储器型时分交换单元既可以采用顺序写入、控制读出方式进行时隙交换，又可以采用控制写入、顺序读出方式完成时隙交换功能。这两种方式的电路结构基本相同，差别是在控制写入、顺序读出方式下，话音存储器的写入地址由控制存储器输出的数据提供，读出地址由时序产生电路生成，对应单元的内容变为被交换时隙承载的数据。

无论是顺序写入、控制读出方式，还是控制写入、顺序读出方式，共享存储器型时分交换单元在整个交换过程中，控制存储器始终存放时隙交换控制信息，就像一张转移数据的转发表。转发表由处理机构造，处理机按照电路接续要求，为输入时隙上的数据选定一个输出时隙并写入控制存储器。两种时隙交换方式只是数据信号在话音存储器中的位置不同，交换单元的外部特性没有本质差别，控制存储器的写入内容和方式不变。当没有新的交换信息写入控制存储器时，转发表内容不会改变。于是，时分交换单元将在帧同步信号和主时钟信号的控制下，每一帧都按序重复以上的读/写过程，周而复始地执行数据的时隙交换操作。

3.2.2　空分数字型交换单元

空分数字型交换单元简称空分型交换单元，是一种利用门开关和空间线路组成的空分阵列，是在时分复用的数字线路之间完成线间交换功能的设备。这里的空分型交换单元属于数字型交换方式，只在线路之间建立瞬时连接，不改变数据的时间位置。

空分型交换单元的基本元素是一个可选择的门开关电路，在控制数据操作下，可选择指定的输入线路上的数字信号输出，或者输入的数字信号选择指定的输出线路输出。将多个门开关电路和控制存储器（CM）组合在一起，便可构成不同容量要求和不同控制方式的空分型交换单元。图 3.5 表示一个采用输入控制方式的 $N\times N$ 交换单元，图 3.5（a）表示交换单元的电路结构，图 3.5（b）是图形表示。

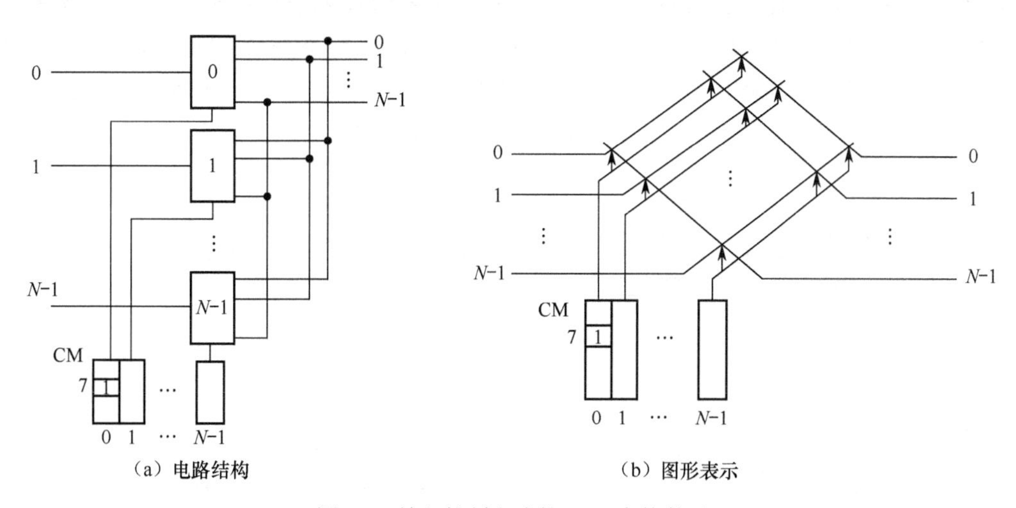

（a）电路结构　　（b）图形表示

图 3.5　输入控制方式的 $N\times N$ 交换单元

空分型交换单元实质上是一个 $N\times N$ 的电子交叉连接点连接矩阵，有 N 条输入复用线和 N 条输出复用线，每条复用线上都有若干时隙，每个时隙都对应一台控制存储器的一个存储单元，存储单元的序号对应复用线上的时隙号，存储单元中的数据表示要选择的输出线号。对于每条输入复用线上任意一个时隙传送的数据，可以选择 N 条输出复用线中任意一条的相同时隙进行输出。第 0 号控制存储器的第 7 单元中的内容为 1，表示第 0 条输入复用线的第 7 时隙要选通第 1 条输出复用线的第 7 时隙输出。

可以看出，空分型交换单元的出入线交叉连接点按照时隙方式做高速启闭操作，因此，空分型交换单元是以时分方式工作的。各个交叉连接点在哪个时隙闭合或断开是由控制存储器中对应单元的数据控制的，控制数据来源于呼叫处理机的接续操作命令。

空分型交换单元只能完成点到点通信的接续连接，一条输入复用线上某一时隙的数据不能同时选通多条输出复用线及多个时隙输出，多条输入复用线上同一时隙的数据也不可以同时选通同一输出复用线的同一时隙输出。前者是由交换单元的电路组织结构决定的，后者是由控制信息分配错误引起的输出电路同抢问题，都应予以避免。

这里所谓的输入控制方式空分型交换单元，就是指在实现交换单元的电路结构形式中，按照输入线路配置控制存储器的方式；而输出控制则是按照输出线路配置控制存储器的。

在交换系统中，空分型交换单元由于只能完成不同线路之间同时隙数据的交换，因此不能单独使用，必须与数字时分交换单元配合，才能实现大容量数字交换网络中任何线路、任何时隙之间的数据交换。

3.2.3 共享总线型时分交换单元

共享总线型时分交换单元通常是将输入/输出数据缓存在容量较小的存储单元中进行排队，各缓存单元共享时分传送总线，利用数据的选路信息在时分总线上转发和接收数据。这种交换数据的方式常用于计算机通信中，电路交换模式中采用这种方式进行时隙交换的典型系统有 S-1240 交换机。在 S-1240 交换系统中，称这种交换单元为数字交换单元（DSE）。

1. DSE 的组织结构

DSE 的组织结构如图 3.6 所示。每个 DSE 均由 8 个双交换端口构成，共有 16 个双向交换端口，分为发送侧（TX）和接收侧（RX）两部分。每个交换端口连接一条速率为 4096kbit/s 的双向 PCM 链路，125μs 为一帧，每帧分为 32 个信道，每个信道占 16 位。

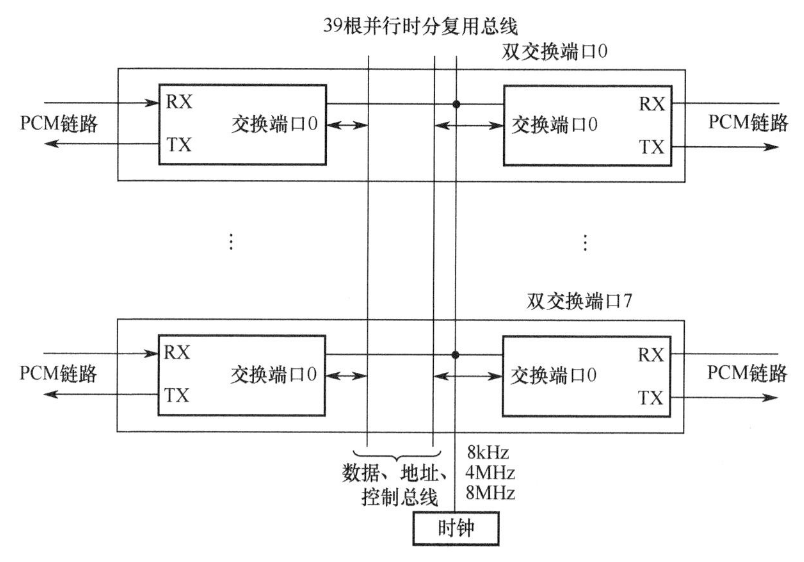

图 3.6 DES 的组织结构

在交换单元内部，每个交换端口通过 39 根信号线组成的并行时分复用总线进行互连，其中：

数据总线 D	16 根
端口地址总线 P（简称端口总线）	4 根
信道地址总线 A（简称信道总线）	5 根
控制总线 C	5 根
证实总线 ACK	1 根
返回信道总线 ABC	5 根
时钟线 CK	3 根

PCM 链路既传送话音数据信号，又传送交换控制信号。交换控制信号在时钟的配合下，可以自行选择输出端口，完成 16 个交换端口之间 512（16×32）个信道的数据信息交换，具有实现时空交换的能力。

2. DSE 的工作原理

DSE 端口的内部电路结构如图 3.7 所示，接收侧由串/并变换器、端口 RAM 和信道 RAM 组成，发送侧由并/串变换器、数据 RAM 和接收选择器组成。串/并变换器和并/串变换器负责 DSE 外部 PCM 串行传输与内部并行传输的转换，端口 RAM 负责缓存和按时序转发接收本时隙数据的端口地址，信道 RAM 负责缓存和按时序转发对应端口的信道地址。接收选择器执行本端口地址和端口总线上的数据比较操作，当两者匹配时，产生写信号，按照信道地址将数据总线上的数据打入数据 RAM 的对应单元中。数据 RAM 为具有 32 个单元的话音存储器，用来缓存接收的数据，并在读出时序操作下输出数据。

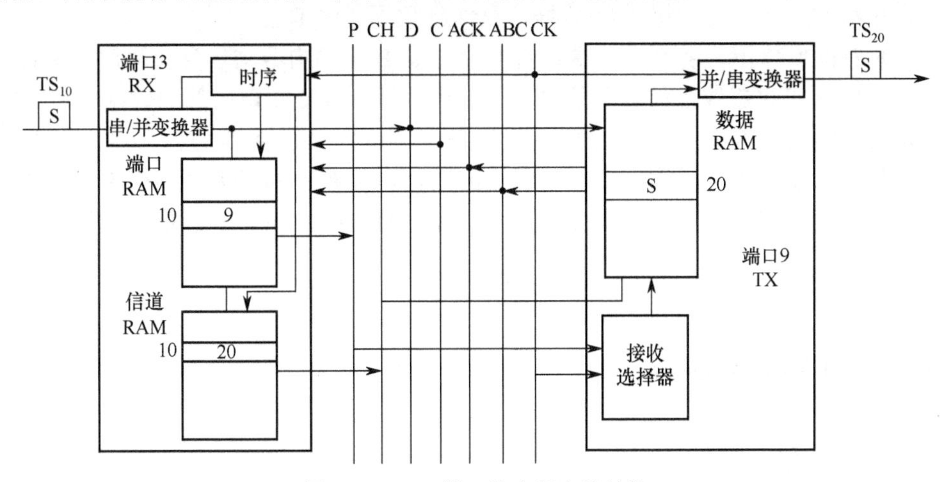

图 3.7　DES 端口的内部电路结构

DSE 进行用户信息的交换过程包括两个阶段：首先将外围模块按照呼叫接续要求产生的链路选择命令字存入端口 RAM 和信道 RAM 中，依照同步时钟在 DSE 内部建立一条时分链路；然后在已经建立的时分链路上传送用户的话音/数据。进入 DSE 的链路选择命令字和话音/数据都是通过 PCM 链路按照每信道 16 位数据的方式混合进行传送的，不设置专门传送控制命令的传输线路。在这种模式下，为了区分数据和控制命令，在 PCM 链路上，每个时隙所传送数据采用不同的格式进行区分。将 16 位数据的最高 2 位置位：“00”表示该信道置闲；“01”表示链路选择命令字；“10”表示换码操作，用于处理机间的通信；“11”表示话音/数据，有效数据位为 8 位或 14 位。

在 DSE 链路的选择和建立过程中，外围模块送来的链路选择命令字经过串/并变换后，由于其最高两位为“01”，所以 RX 中的分拣电路（图中未画出）可以检出传入的数据是命令字，并结合时序控制建立链路连接。链路选择命令字被检出后，RX 端口将其中的 TX 端口号送到端口总线 P 上，将 TX 信道号送到信道总线 CH 上。此时，连接在时分并行总线上的各个 TX 端口将自动比较自身端口号和端口总线 P 上的内容，如果相匹配，则收下信道总线 CH 上的信道地址等内容，并占用相应的 TX 信道。如果占用成功，则向证实总线 ACK 回送证实信息。

RX 端口收到 ACK 信息后登记相关信息，并将 TX 端口号写入端口 RAM 的对应当前时隙号的存储单元中，将 TX 信道号写入信道 RAM 的对应时隙号的存储单元中，同时将 RX 内的状态 RAM 的对应单元状态由空闲修改为占用。例如，在图 3.7 中，端口 RAM 和信道 RAM 的 10 号存储单元分别被写入了 9 和 20，这表示命令字由时隙 10 传入，后续通过 PCM 链路 3

的 TS_{10} 传入的数据信息将要交换到连接在端口 9 上的 PCM 链路的 20 号时隙上输出。

链路选择命令字被存放在端口 RAM 和信道 RAM 中后，如果没有新的命令字写入，则它们一直不变，并且在来自控制总线 C 的分配时序操作下读出到端口总线 P 和信道总线 CH 上，供接收数据的 TX 端口完成数据的交换转移操作。

DSE 中的链路连接建立好后，就可以在已建立的链路上传送信息了。数据信息的交换传送过程以如图 3.7 所示的情形进行说明。当接收端口 RX_5 在 TS_{10} 上收到“话音/数据”信道字时，即在该时隙收到数据的最高两位为“11”，随后以当前时隙号 10 作为地址，分别读出在端口 RAM 和信道 RAM 对应地址中的内容（TX 端口号 9 和 TX 信道号 20）并送到端口总线 P 和信道总线 CH 上，同时将话音/数据信息送到数据总线 D 上。

在控制时钟的操作下，各个 TX 端口将端口总线 P 上的内容与自身的端口号进行比较，若相同，则端口 9 接收总线上的有关信息，并将数据写入 TX 端口内部的数据 RAM 的第 20 号存储单元内。随后，端口 9 的 TX 回送 ACK 信号到证实总线 ACK 上。在帧同步信号的控制下，按照时隙顺序计数，从数据 RAM 中读出数据，经并/串变换后由 PCM 链路输出。至此，就完成了在 PCM 链路 3 的 TS_{10} 到 PCM 链路 9 的 TS_{20} 之间已建立的时隙链路上交换信息的过程。

3.3 多级交换网络结构

3.3.1 TST 交换网络

图 3.8 是一个由 16 条 PCM 复用线连接的 TST 交换网络。

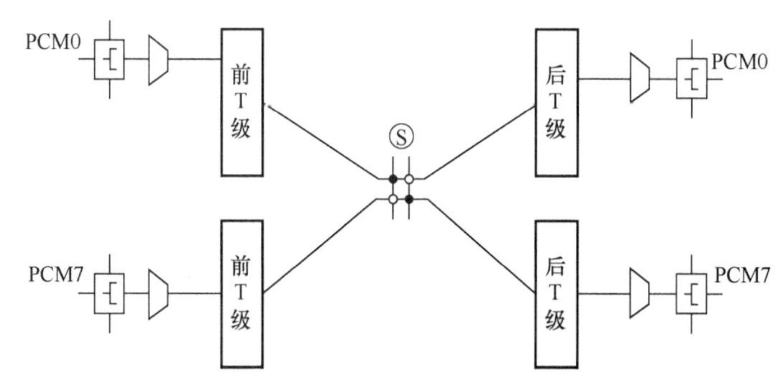

图 3.8 由 16 条 PCM 复用线连接的 TST 交换网络

大型的数字交换网络普遍采用 TST（时分-空分-时分）三级结构，它由两个 T 级和一个 S 级组成。因为采用两个 T 级，所以可充分利用 T 接线器成本低和无阻塞的特点，并利用 S 级扩大容量，具有成本低、阻塞率低和路由寻找简单等特点。在图 3.8 中，S 级之前的称为前 T 级，S 级之后的称为后 T 级，这里 S 级的容量为 8×8 个时隙，我们把连接交换网络的入、出线叫作 PCM 母线或 HW（High Way）线，即有 8 组输入母线和 8 组输出母线，分别可接 8 个前 T 级和 8 个后 T 级。

在 TST 交换网络中，前 T 级接线器与后 T 级接线器的控制方式不同，而 S 级接线器可用任意一种工作方式，因此，TST 交换网络共有 4 种控制方式：出-入-入、出-出-入、入-出-出、入-入-出。

在程控数字交换机中，PCM 信号是四线传输，即信号的发送和接收是分开的，因此，TST 交换网络也要收发分开，进行单向路由的接续。此时，中间 S 级接线器两个方向的内部时隙应该是不一样的。从原理上讲，这两个方向的内部时隙都可由 CPU 任意选定，但在实际中，为方便 CPU 的管理和控制，在设计 TST 交换网络时，将两个方向的内部时隙（$ITS_{反向}$和 $ITS_{正向}$）设计成一对相差半帧的时隙，即

$ITS_{反向} = ITS_{正向}$±半帧信号（1 帧为交换网络的内部时隙总数）

例如，在一个 TST 交换网络中，内部时隙总数为 128，已知 CPU 选定的正向内部时隙为 30，则反向内部时隙为

$$ITS_{反向} = 30 + \frac{128}{2} = 94$$

我们把这样确定内部时隙的方法叫作反相法。采用反相法的意义在于避免 CPU 的二次路由选择，从而减轻 CPU 的负担。

【例 3.1】有一个 TST 交换网络，有 16 组输入母线和 16 组输出母线，网络的内部时隙总数为 256。根据交换要求完成下列信号的双向交换。

① 前 T 级接线器采用输出控制方式，S 级接线器采用输出控制方式，后 T 级接线器采用输入控制方式。

② a 信号占第 0 组输入母线 HW_5 的 TS_{17}，b 信号占第 15 组输入母线 HW_6 的 TS_{31}，CPU 选定的内部正向时隙为 8。

③ 画出 TST 交换网络图并在相关存储器中填写数据。

解：根据反相法，反向内部时隙为

$$ITS_{反向} = 8 + \frac{256}{2} = 136$$

前 T 级接线器采用输出控制方式，S 级接线器采用输出控制方式，后 T 级接线器采用输入控制方式，画出 TST 交换网络图，如图 3.9 所示。

鉴于 TST 网络的三级结构，整个系统的电路中必须包含三级交换电路，T 级采用时分交换芯片 MT8980 来实现，S 级采用空分交换芯片 MT8816 来实现。MT8980 的容量为 8×32=256 个时隙。假设 TST 交换网络的结构及信号输送如图 3.9 所示，接入 16 组 PCM 母线。由于有 16 个前 T 级和 16 个后 T 级，因而总交换的容量为 16×256=4096 个时隙（话路），可接入 16×8=128 端 PCM 一次群。又因为每端 PCM 可占用的时隙数为 30，且数字交换网络为单向传输，每一对通话占用 2 个时隙，所以可同时接通的通话数为 128×30/2=1920，即最多可接通 3840 路用户通话。

MT8816 有两种工作模式：交换模式和消息模式。根据软件设置确定使用两种工作模式中的哪一种。在交换模式下，MT8816 实际上就是一个完整的单级 T 接线器；在消息模式下，接续存储器低 8 位的内容可作为数据直接接到该存储单元对应的输出母线的对应时隙中。MT8816 的内部结构如图 3.10 所示。

MCU 可通过控制接口寄存器读取数据存储器、控制寄存器和接续存储器的内容，并可向控制寄存器和接续存储器写入数据。所有上述操作都是由 MCU 发出的命令确定的，芯片工作于何种模式也是由 MCU 发出的命令控制的。命令传送使用的信号线及有关命令的格式介绍如下。

地址线（A0～A5）用于确定操作对象。当 A5=0 时，所有的操作均针对控制寄存器；

当 A5=1 时，由 A0～A4 确定时隙号，以便对各时隙进行控制。

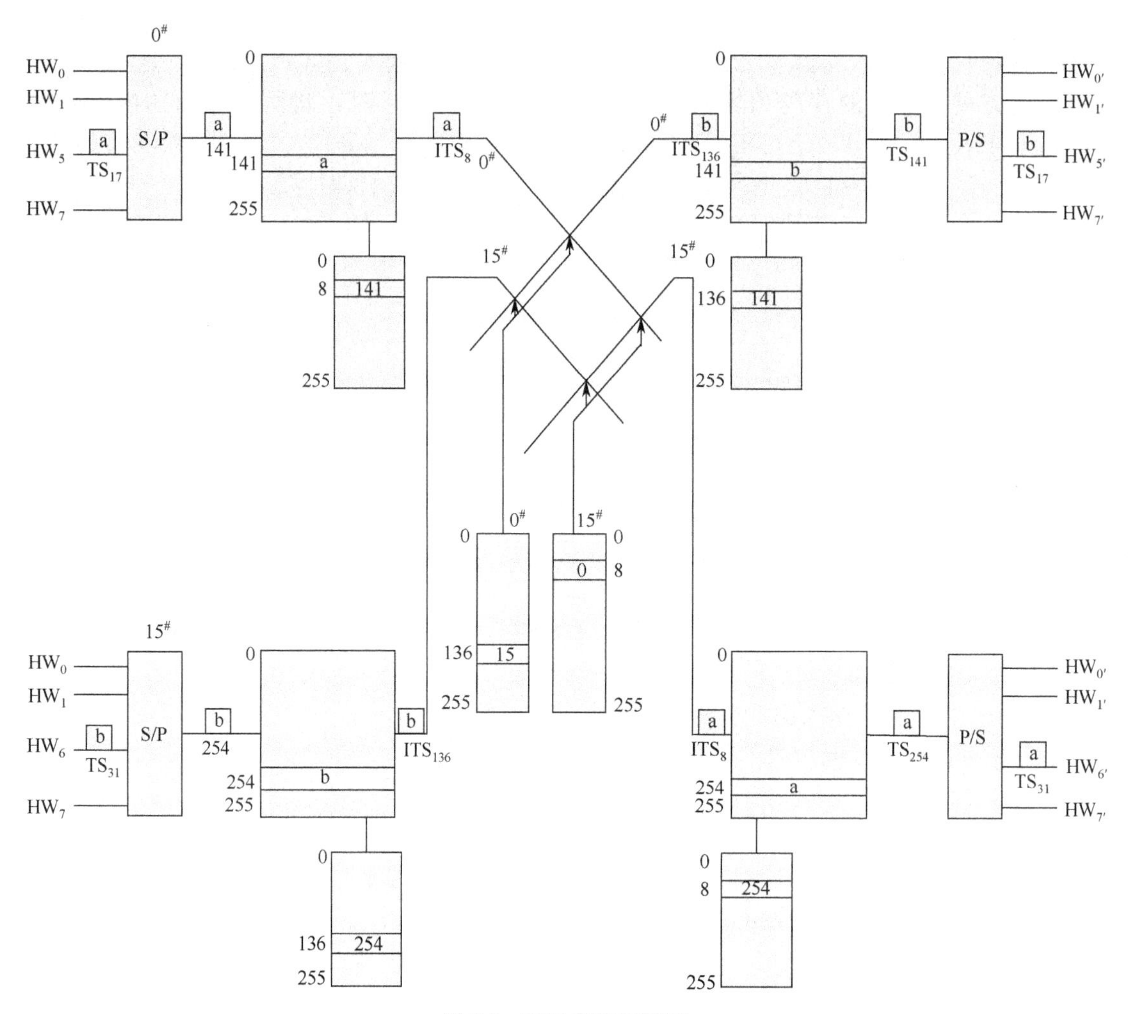

图 3.9　TST 交换网络图

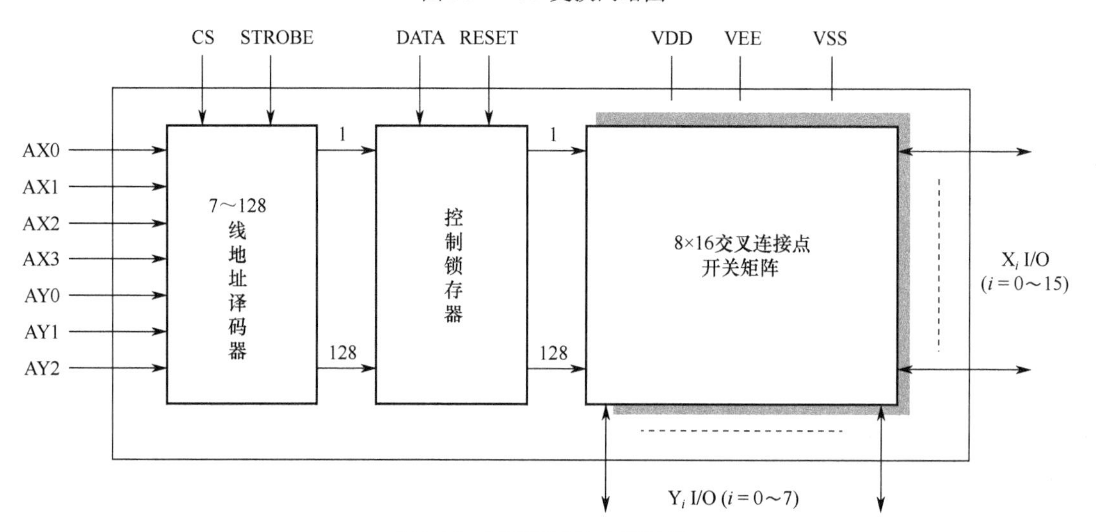

图 3.10　MT8816 的内部结构

MT8816 采用电子接线器实现，优点是体积小、价格便宜，缺点是导通电阻较机电接点大（一般为几十 Ω 到 100Ω），并且串音衰耗也较机电的接线器低。

通过对时分和空分电路的分析可知，在时分电路中，采用单片机进行控制，在单独的 T 级电路中，采用一片单片机进行控制，对输入的用户摘机信号和 DTMF 信号进行分析，选择哪一路用户被呼叫；同时通过 8 位数据总线对数据存储器进行控制，选择该路用户，将数据存储起来并通过 6 位地址线进行寻址，对控制存储器进行控制。选择对应的时隙进行数据的交换。时分电路的数据为 2MHz，在内部的 32 个时隙中，可用的时隙为 30 个，在对实验箱的原理图进行分析后，发现电路中的 4 路用户接口电路经过 PCM 编码芯片 TP3067 后的话音信号接在了同一个端口上，即分析可知，该系统采用了时分复用的交换技术，对每一路用户默认规定了一个时隙，同时加入了信号音等时隙。

对空分电路进行分析可知，在实际应用中，芯片由输入的行地址和列地址选择电导通的点，从而实现空间上的电路交换。芯片的控制可以由单片机实现，分析发现，若改为由 FPGA 实现，则在电路上可以得到简化，同时外围的一些时序电路均可以由 FPGA 实现。这样，整个交换网络的核心交换部分改为由 FPGA 实现，但处理器还是由单片机控制的。这时采用的空分交换芯片为 MT8816，该芯片交换矩阵为 8×16 的，可实现 24 线用户的空间交换。

整个系统框架如图 3.11 所示。

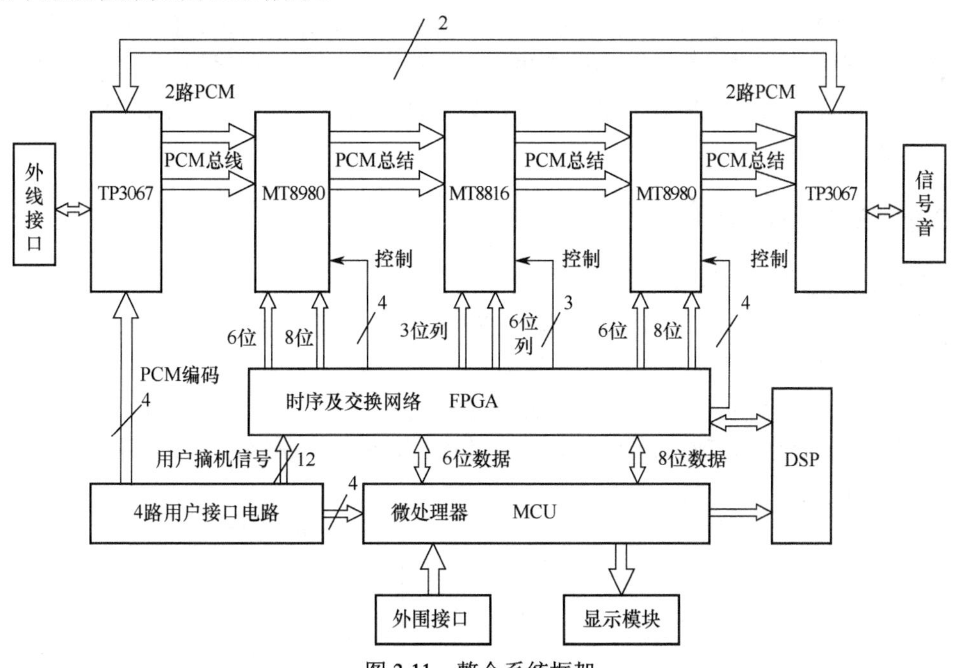

图 3.11　整个系统框架

在该 TST 网络中，充分地利用了 MCU 在控制上的优势、FPGA 在时序上的优点，以及 DSP 在数字信号处理上的高速性，将三大主控制器件结合起来，在整个交换网络中得到了很强的扩展性。在这里将四线用户分为了两组 PCM 群，每一组接在 MT8980 的一条母线上，可以将信号音（包括呼叫信号、忙音信号、摘机信号）与话音信号通过分时复用接在一根母线上。如果采用该方案，则空分交换没有体现交换的概念，故可以将两路用户分为两组，接两条母线，再经过时分交换，这样就完全符合实际工业上 TST 交换网络的概念。对 MT8980 的控制还是由单片机来实现的，整个控制还是由单片机产生的，但是由于单片机的 I/O 接口有限，所以加入

FPGA 后，可以实现时序电路的优化，同时可以由 FPGA 对 MT8816 芯片进行控制。

整个系统的大致工作流程如下。

先由单片机接收用户接口电路产生的 DTMF 和拨号、忙音、回铃音等信号，由单片机分析选择被呼叫的用户，分时产生地址寻址信号和数据存储器命令，对 MT8980 芯片进行控制，选择用户时隙进行交换。单片机的 I/O 接口通过 Intel8255 双向扩展芯片与用户接口电路相连，通过扫描的方式判断用户呼叫信号。

由单片机控制产生的时序信号和 8 位数据总线一起接到 FPGA 模块上，FPGA 根据接收的数据信号产生整个 TST 网络的时序控制信号，同时产生 MT8816 芯片空间电气接触的地址信号。这样，在同一时隙下，就实现了一条话路的导通，当有多个用户同时呼叫时，在原理上整体可以得到简化，因为这里可以用软件的方式选择，将 4 路用户分两组接在前 T 级的 MT8980 芯片的两组母线上，而实际上，前 T 级在与后 T 级进行通话时，必须建立两条链路，将所有的时隙划分成两部分，一旦一路接口的发送占用了第 i 时隙，它的接收将占用第 $j=i+ni/2$ 时隙，其中 ni 为内部时隙总数。这种方法称为反相内时隙法，即前 T 级和后 T 级可由同一个 MCU 来控制，考虑到 I/O 接口的限制，这样经过 FPGA 进行内部转换，所有的 TST 网络的控制端口可全部接在 FPGA 上，这样就不会出现话路阻塞现象了。

该 TST 网络完全实现了实际的 TST 网络交换的电路原理和结构，由 DSP 进行 No.7 信令的分析，由 MCU 进行整个交换网络的控制，由 FPGA 实现所有的电路接口和时序网络，由外围接口实现中继通信。在可扩展性上也突出了优势，可以将该系统的控制部分作为核心板，将外围接口开放出来，搭建电路，因此可直接过渡到下一代交换技术，融合分组交换等现代交换技术。

3.3.2 STS 交换网络

在 STS 交换网络中，各级的分工如下。

- 输入级 S 接线器负责输入母线之间的空间交换。
- 中间级 T 接线器负责内部时隙的交换。
- 输出级 S 接线器负责输出母线之间的空间交换。

图 3.12 是一个输入、输出都为 3 条 HW 线的 STS 交换网络。其中，输入级 S 接线器

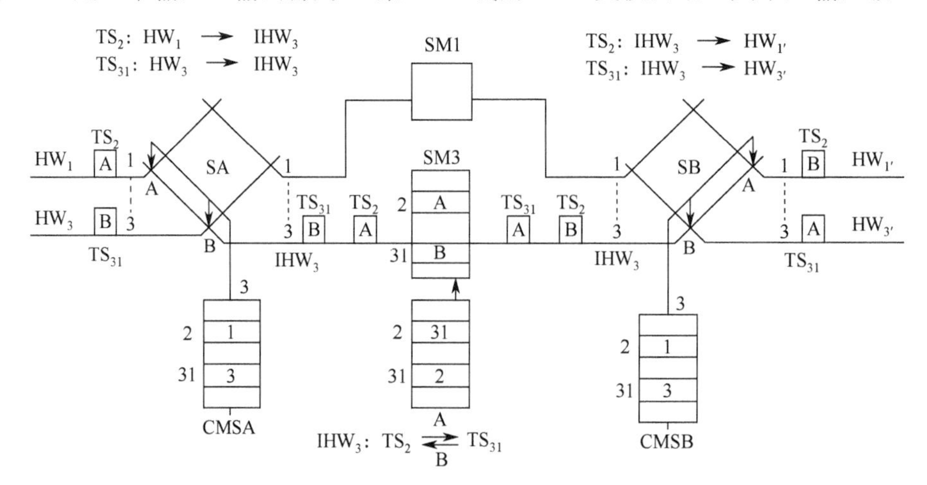

图 3.12 STS 交换网络

采用输出控制方式，中间级 T 接线器采用输出控制方式，输出级 S 接线器采用输入控制方式。A 信号占 HW_1 的 TS_2，B 信号占 HW_3 的 TS_{31}。

在图 3.12 中，SA 负责输入母线与内部链路的交换；SB 负责内部链路与输出母线的交换；T 接线器负责时隙交换，控制方式任意。

3.3.3 DSN 交换网络

数字交换单元（DSE）是共享总线型交换单元的典型代表，可以用来组成大规模的数字交换网络（DSN）。

1. DSN 的结构

DSN 是一个多级交换网络，由入口级和选组级两部分组成，其结构如图 3.13 所示。

（1）入口级。

入口级由多个成对的 DSE 组成，每个 DSE 可接 16 条 PCM 链路。其中，0～7 和 12～15 端口（外围接口）可接各种终端模块。每个 DSE 的 8～11 端口分别接到平面 0～3 的选组级（第 2 级）。

（2）选组级。

选组级最多有 4 个平面，每个平面最多有 3 级（DSN 的第 2、3、4 级）。其中，第 2、3 级都有 16 组，每组有 8 个 DSE；第 4 级只有 8 组，每组也有 8 个 DSE。第 2、3 级 DSE 的 0～7 端口与第 1 级 DSE 相连，8～15 端口与后级 DSE 相连，第 4 级 DSE 的 16 个端口都与前级 DSE 相连，构成单侧折叠式结构。

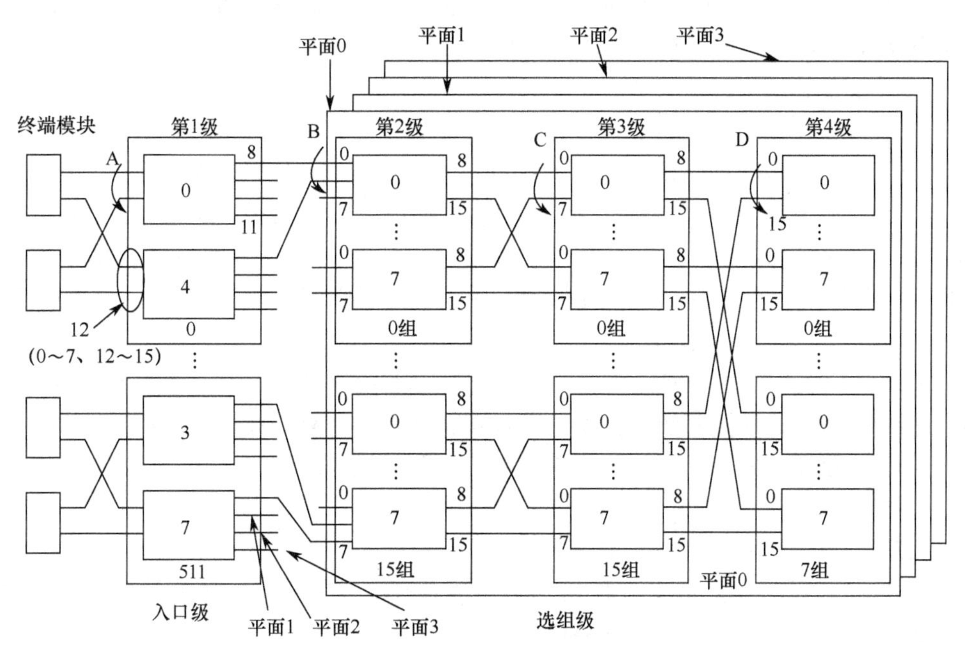

图 3.13　DSN 的结构

2. 工作原理

在 DSN 中，两个终端之间的信息交换可以只经过入口级，也可以经过选组级。

如果两个终端模块同时连接在入口级的同一个 DSE 上，那么信息可以只通过该入口级的 DSE 交换。

如果两个终端模块没有连接在入口级的同一个 DSE 上，就要经过 DSN 的选组级进行信息交换。

DSN 入口级的每个端口都具有唯一的网络地址，不同端口之间连接的建立是根据目的端口的网络地址逐级选路进行的。该网络地址有 13 比特的编码，分为 A、B、C、D 4 部分，分别对应着 DSN 的第 1～4 级。

A 部分为终端模块连接到第 1 级 DSE 的入端口号码，共有 12 种，占 4 比特。B 部分为第 1 级连接到第 2 级 DSE 的入端口号码，由于第 1 级 DSE 是成对出现的，两个成对的 DSE 连接到第 2 级 DSE 入端口的号码位置相差 4，所以第 2 级 DSE 的 8 个入端口只需确定连接到第 2 级 DSE 的 4 对端口中的哪一对，占 2 比特。C 部分为第 3 级 DSE 的入端口号码，8 个端口，占 3 比特。D 部分为第 4 级 DSE 的入端口号码，占 4 比特。

当某一终端模块要与另一终端模块通过 DSN 建立连接时，就将自己（源端口）的网络地址与目的端口的网络地址相比较。

首先比较的是 D 部分，如果不相同，则说明源和目的终端模块之间要建立的连接在不同组内（位于第 2 级和第 3 级的不同组内），连接要经过第 4 级；若 D 部分相同、C 部分不同，则说明两个终端模块之间建立的连接位于同一组内，连接的建立只涉及选组级的第 2、3 级；若 D、C 部分均相同而 B 部分不同，则说明两个终端模块之间建立的连接经过第 2 级的同一个 DSE，折回点在第 2 级；若 D、C、B 部分均相同，只有 A 部分不同，则此时连接的建立只经过网络的第 1 级。如此通过网络地址的比较确定连接的折回点，并发送选择命令进行逐级选路，从而建立起连接，完成交换功能。

DSN 具有以下特点。

（1）DSN 是一种单侧折叠式网络。DSN 与前面介绍的其他网络不同，其所有端口不像双侧型网络那样分为输入侧和输出侧，而是位于同一侧。DSN 的最后一级，即图 3.13 中的第 4 级为网络的折叠中心，DSN 的任一端口输入的信息在网络的相应级上折回到目的输出端口。当一个输入端口要与一个输出端口建立连接时，可根据目的输出端口的地址（唯一的目的网络地址）来决定接续通路需要的网络级数，即信息在 DSN 中的折回点在哪一级。

（2）DSN 可自选路由。DSE 本身具有链路选择和控制功能，因而不需要设置交换网络的集中控制处理机来控制其每步的交换，而根据分布在各个终端模块中的终端控制单元送来的链路选择命令字等控制信息，由其硬件来完成选路，进而实现交换功能，因而 DSN 具有自选路由功能。

（3）DSN 的扩展性好。DSN 采用多平面、多级的单侧折叠式网络结构，这种网络结构的所有出入线位于同一侧，并且使任何一个终端具有唯一的地址。链路选择时，通过比较出、入线端子的网络地址来决定接续路由的折回点，而且折回点可处于 DSN 的任何一级，即接续路由不一定要经过 DSN 中的所有级。这种构造方式使得 DSN 可以平滑地进行扩充，当容量增加时，可通过扩充 DSN 的级数（最多 4 级）来增加端口数；当话务负荷增加时，可通过扩充 DSN 的平面数（最多 4 个）来均匀分担话务负荷，并且在容量扩充时不必改动原有的网络结构。

3.3.4　无阻塞 CLOS 网络

为了减少交叉连接点总数而同时具有严格的无阻塞特性，美国贝尔实验室的 Charles Clos 博士很早就提出了一种多级结构，推出了严格无阻塞的条件，这就是著名的 CLOS 网络。

3 级 CLOS 网络如图 3.14 所示，假设第一级有 r 个 $n \times m$ 的交换单元，第二级有 m 个 $r \times r$ 的交换单元，第三级有 r 个 $m \times n$ 的交换单元。

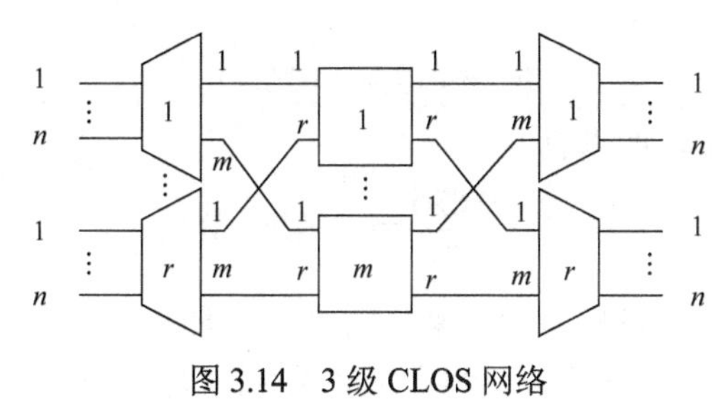

图 3.14　3 级 CLOS 网络

3.4　电信网规程

3.4.1　电信网路由规程

在对电信网制定路由规程时，要考虑用户（中继）话务量和呼叫损失等因素。

1．话务量与呼叫损失

（1）话务量。

话务量是用户或中继占用交换机资源（交换网络、处理器、信号设备等）的一个量度。用户或中继通话次数的多少和每次通话占用的时间都从数量上说明了用户或中继需要占用交换机资源的程度。我们把表明用户或中继占用交换机资源程度的量叫作话务量。

话务量可用式（3.1）表示：

$$A=c \times t \tag{3.1}$$

式中，A ——话务量；

c ——呼叫次数；

t ——每次呼叫的平均保持时间。

话务量的单位是小时，或者称为“小时呼”。

例如，在某一小时内，共发生了 c 次呼叫，每次呼叫的平均保持时间为 t，此时话务量应为 $A=c \times t$(h)。

在路由设计中，要考查话务量的密度，即话务强度。我们把单位时间 T 内形成的话务量叫作话务强度，也叫话务流量，可表示为

$$A_1=\frac{A}{T} \tag{3.2}$$

在式（3.2）中，T 可以是 1 小时，也可以是若干小时。

话务流量表现了单个用户的占用率，它永远小于或等于 1。

话务量是有量纲的，而话务流量是无量纲的。通常用爱尔兰（Erl）作为话务流量的单

位。话务流量的另一种单位叫百秒呼，简记为 ccs。

百秒呼和爱尔兰的换算关系为：1Erl=36ccs。

【例 3.2】 设一个用户在两小时内共发生了 5 次呼叫，各次呼叫的保持时间依次为 800s、300s、700s、400s 和 50s。求该用户的话务量（A）和话务流量（A_1）。

解：c=5(次)，$t=\dfrac{(800+300+700+400+50)\text{s}}{5}$=450s=0.125(h)。

因为 $A=c\times t$，所以有

$$A=5\times 0.125=0.625(\text{h})$$

又因为 $A_1=A/T$，T=2(h)，所以有

$$A_1=\frac{0.625}{2}=0.3125(\text{Erl})$$

习惯上，人们常把话务流量称为话务量，因此，后面提到的话务量也都是指话务流量。

【例 3.3】 某交换机 1 小时内共有 480 次用户呼叫，每次呼叫的平均保持时间为 5min，求交换机承受的话务量。

解：因为 c=480(次)，t=5/60(h)，T=1(h)，所以有

$$A=480\times 5/60=40(\text{Erl})$$

因此，交换机承受的话务量为 40Erl。

实际中的路由话务量往往是随时间和用户行为的变化而随机变化的。例如，路由话务量会随一年中不同的月份、一周中不同的日子、一日中不同的小时而变化，导致解析话务量变得极其困难。工程上常借助统计手段，按小时计算话务量。

（2）呼叫损失。

在呼叫接续中，由于交换网络的出线全忙或控制系统过负荷而未完成呼叫接续的现象叫作呼叫损失，简称呼损，用字母 E 表示。

呼损的计算公式为

$$A_C=A_0(1-E)=A_0-A_0E \tag{3.3}$$

式中，A_C——完成话务量，是交换网络输出端送出的话务量；

A_0——原发话务量，是加入交换网络输入线上的话务量；

E——呼损；

A_0E——损失话务量（完成话务量与原发话务量之差）。

呼损还能用爱尔兰呼损公式表示：

$$E_nA=\frac{\dfrac{A_0^n}{n!}}{\sum\limits_{i=0}^{n}\dfrac{A_0^i}{i!}} \tag{3.4}$$

式中，A_0——原发话务量；

n——交换网络的出线数；

E——呼损。

2. 路由规程

电信网路由规程是指在给定各交换机之间的话务量后，彼此应配备多少条中继线，中继

线应如何连接可以使方案最佳。

方案 1：直达路由方式。

直达路由方式是指根据每个方向的话务，独立地为每个方向提供所需的中继线数量。

方案 2：汇接路由方式。

汇接路由方式是指增加中继线和汇接交换设备，节约直达中继线。

若要求哪种方案更经济，则应根据价格来比较。设：

$$\frac{\text{直达中继线数}}{\text{因汇接所需增加的汇接中继线数}}=\text{LR} \tag{3.5}$$

则

$$\frac{\text{每条汇接中继线的成本}}{\text{每条直达中继线的成本}}=\text{TDR} \tag{3.6}$$

$$\frac{\text{TDR}}{\text{LR}}=\frac{\text{汇接成本}}{\text{直达成本}} \tag{3.7}$$

可见，当 $\text{TDR}<\text{LR}$ 时，采用汇接中继（方案 2）更经济；当 $\text{TDR}>\text{LR}$ 时，采用直达中继（方案 1）更经济。

采用方案 2 的优点在于话务量集中，因而中继线利用率高；缺点是要附加汇接交换设备，并且可能增加传输距离。

方案 3：混合路由方式。

在混合路由方式中，两台交换机之间的话务量一部分采用直达中继，另一部分采用汇接中继。这种方式既可以提高直达中继的效率，又可以减少汇接中继设备的数量，是一种经济有效的方式。

该方式的具体实现方法是，让交换机之间的话务量主要由直达中继负担，而直达中继溢出的话务量由汇接中继传输，即汇接中继作为直达中继溢出时的后备路由。因而，汇接路由也常称为迂回路由。

【例 3.4】 已知 A、B、C 3 台交换机之间的话务量分布如图 3.15 所示，比较 A 和 C 之间完全采用直达中继和完全通过 B 汇接这两种方案哪种更经济（$E=0.2$）。

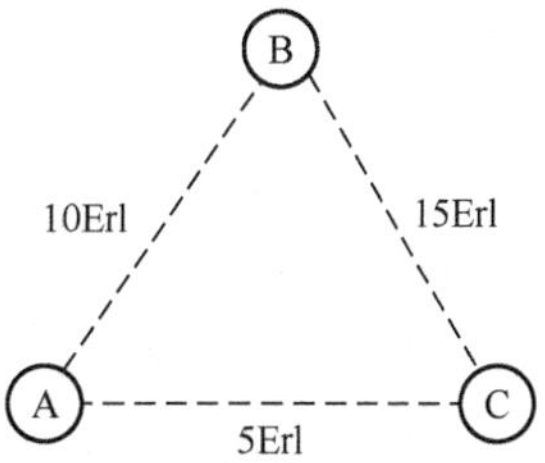

已知 A 和 B、B 和 C、A 和 C 之间的中继传输设备的费用如下。

A 和 B：1.0 万元/路。

B 和 C：1.3 万元/路。

A 和 C：1.7 万元/路。

B 汇接费：0.8 万元/路。

图 3.15　直达路由方式

解：由式（3.5）得

$$\text{TDR}=\frac{1.0+1.3+0.8}{1.7}\approx 1.8$$

当采用直达中继时，各中继群的线数可由爱尔兰呼损表（见表 3.1）查得，即

A 和 B：11，B 和 C：15，A 和 C：6

当采用汇接中继时，各中继群的线数变为

A 和 B：15，B 和 C：19

汇接话务量使A和B、B和C的中继群各增加了4条中继线，于是

$$\mathrm{LR}=\frac{6}{4}=1.5<\mathrm{TDR}$$

因此，采用直达中继更经济。

表 3.1 爱尔兰呼损表

n	*A*					
	E					
	0.01	0.02	0.05	0.1	0.2	0.25
1	0.0101	0.020	0.053	0.111	0.25	0.33
2	0.1536	0.224	0.38	0.595	1.00	1.22
3	0.456	0.602	0.899	1.271	1.930	2.27
4	0.869	1.092	1.525	2.045	2.945	3.48
5	1.369	1.657	2.219	2.881	4.010	4.58
6	1.909	2.362	2.960	3.758	5.109	5.79
7	2.500	2.950	3.378	4.666	6.230	7.02
8	3.128	3.649	4.534	5.597	7.367	8.29
9	3.783	4.454	5.370	6.546	8.522	9.52
10	4.461	5.092	6.216	7.511	9.685	10.78
11	5.160	5.825	7.076	8.487	10.85	12.05
12	5.876	6.587	7.950	9.474	12.036	13.33
13	6.607	7.401	8.835	10.470	13.222	14.62
14	7.352	8.200	9.730	11.474	14.413	15.91
15	8.108	9.0009	10.623	12.848	15.608	17.20
16	8.875	9.828	11.544	13.500	16.807	18.49
17	9.652	10.656	12.461	14.422	18.010	19.79
18	10.437	11.491	13.385	14.422	12.216	21.20
19	11.230	12.333	14.315	14.422	20.424	22.40
20	12.031	13.181	15.249	14.422	21.635	23.71

3. 路由选择

在电信网中，各交换机除同级间有直达路由外，还存在着与上下级交换机的连接。路由选择就是指当两台交换机之间的通信存在多条路由时，应按何种规则选择路由才经济合理。

（1）路由种类。

常见的路由种类有直达路由、迂回路由和基干路由3种。

直达路由是主、被叫交换局之间的直接链路。直达路由的话务量允许溢出至其他路由。

迂回路由是指通过其他局转接的路由，由部分基干路由组成。迂回路由应能负担所有直达路由溢出的话务量。迂回路由上的话务量允许溢出至基干路由。

基干路由应能负担所有直达路由和迂回路由溢出的话务量，保证系统达到所要求的服务等级。基干路由上的话务量不允许溢出至其他路由。

在迂回路由和基干路由中，所选择的路由需要通过其他交换机汇接，汇接可采用直接法和间接法。

直接法：由主叫交换机直接选择汇接交换机的出局路由。主叫交换机只需向汇接交换机发送路由号，而无须发送被叫号码。

间接法：将用户所拨的号码完整地送至汇接交换机，由汇接交换机再次分析并确认出局路由。

（2）最佳路由选择顺序。

为了尽量减少转接次数和少占用长途电路，一种经济合理的路由选择顺序是“先选直达路由，再选迂回路由，最后选基干路由”。迂回路由选择顺序按“自下而上、由远及近”的原则，即先选远离发端局的上级局，后选下级局。

（3）我国的电信网路由结构。

我国现行的电信网路由结构是按行政区域建立的等级制树形网络。

首都和大区中心局为一级交换中心（C1），省中心局为二级交换中心（C2），地市中心局为三级交换中心（C3），县区中心局为四级交换中心（C4）。C1 采用网状网结构，以下各级逐级汇接，并辅以一定数量的直达路由。

（4）无级动态网。

上述等级结构的长途电话网实行的是一种静态管理，按固定顺序选择路由，这种网络存在如下缺点。

- 可靠性较差，主叫端和被叫端之间虽有若干路径可供选择，但路径是固定的，在这些路径中，当无空闲电路时，将发生呼损。此外，网上任何一处节点出现故障都会造成一部分呼叫阻塞。
- 转接次数多，要接通一次呼叫，往往需要经过多次转接，这样既占用了大量的交换节点和线路设备，又给网络管理带来了困难。
- 缺乏路由选择的灵活性，不能根据业务量的变化对网络设备进行调整，在话务拥塞、链路中断等特殊情况下，不能有效地控制全网正常运行。

随着通信网业务量、业务种类的增多，等级结构的长途电话网固有的缺点会越来越凸显，改进通信网结构的正确方向是研究无级动态网。

未来的电信网将由 3 个平面组成，即长途无级电话网平面、本地电话网平面和宽带用户接入网平面。

所谓无级，就是指长途电话网中的各个交换局不分上下级，都处于同一等级，任意两台交换机都可以完成点对点通信。近年来，我国 No.7 信令系统的建立及网络管理系统的智能化加快了长途电话网向无级动态网过渡的速度。

所谓动态，就是指路由的选择方式不是固定的，而是随网上业务量的变化状况或其他因素变化的。

4．本地电话网

本地电话网是指在同一个长途编号区范围内，由若干端局或若干端局和汇接局组成的电话网络。

1）本地电话网的结构

本地电话网可设置市话端局、县区端局及农话端局，并可根据需要设置市话汇接局、郊区汇接局、农话汇接局，建成多局汇接制网络。本地电话网的结构一般有以下 3 种。

（1）市内电话网结构：由市区内一个或多个电话分局组成的电话网结构。

（2）农村电话网结构：由县及其农村范围组成的电话网结构。

（3）大中城市电话网结构：大中城市本地电话网可设置市话端局、县区端局和农话端局，并可根据需要设置市话汇接局、郊区汇接局和农话汇接局，建成多局汇接制网络。

2）用户交换机接入本地电话网

用户交换机是由大型酒店、医院、院校等社会集团投资建设，主要供单位内部使用的专用交换机。将用户交换机接入本地电话网相应的端局下，可实现用户交换机的分机用户与公用网上的用户电话通信。用户交换机接入本地电话网的方式有以下 3 种。

（1）全自动直拨入网方式（DOD1+DID）。

全自动直拨入网方式有以下几种特点。

用户交换机的出/入中继点接至本地电话网公用交换机的入/出中继线，即用户交换机分机必须占用本地电话网公用交换机的出/入中继线。

当用户交换机分机用户出局呼叫时，直接拨本地电话网用户号码，且只听用户交换机送的一次拨号音；当本地电话网公用交换机用户入局呼叫时，直接拨分机号码，由交换机自动接续。

在该方式中，用户交换机的分机号码占用本地电话网的号码资源。

本地电话网公用交换机对用户交换机分机用户直接计费，采用复式计费方式，即按通话时长和通话距离计费。

（2）半自动入网方式（DOD2+BID）。

半自动入网方式具有以下特点。

用户交换机的出/入中继线接至本地电话网公用交换机的用户接口电路。

用户交换机的每一条中继线对应本地电话网的一个号码（相当于一条用户线）。

用户交换机设置话务台。当分机出局呼叫时，先拨出局引示号，再拨本地电话网号码，听两次拨号音；当公用网用户入局呼叫分机时，先由话务台应答，话务员问明所要呼叫的分机，再转接至分机。

在该方式中，用户交换机的分机号码不占用本地电话网的号码资源。

由于用户交换机的分机用户计费，因此计费方式采用月租费或对中继线按复式计次方式。

（3）混合中继方式（DOD+DID+BID）。

用户交换机的一部分中继线按全自动方式接入本地电话网的中继电路，形成全自动直拨入网方式（DOD1+DID）；另一部分中继线接至本地点户外的用户接口电路，形成半自动入网方式（DOD2+BID）。这样不仅满足了用户交换机的重要用户直拨公用网用户的要求，还减少了中继线、减轻了本地电话网号码资源的负担，弥补了前两种方式的缺点。

用户交换机除具有市话交换机的一般功能外，还具有一些特殊功能，如夜服、空号截听等。夜服是指为便于夜间服务，将夜间来话接至某指定的话务台或话机。系统何时转换为夜服状态由系统工作人员设定。空号截听是指当用户拨了空号时，系统可将其接至话务台，在话务员的帮助下重新拨号；也可将其接至某一录音设备，收听自动播放的错误提示录音。

3.4.2 电信网号码规程

电话号码是电信网正确寻址的一个重要条件。编排电话号码应符合下列原则。

- 电信网中任何一台终端的号码都必须是唯一的。
- 号码的编号要有规律，这样便于交换机选择路由，也便于用户记忆。
- 号码的位数应尽可能少，因为号码的位数越多，出错的概率就越高，建立通话电路的时间也越长。但考虑到系统扩容的发展，电话号码的位数应有一定的预留。

CCITT 建议每部电话机的完整号码按以下序列组成：国家号码+国内长途区号+用户号码，号码总长不超过 12 位。

1. 国家号码

国家号码采用不等长度编号，一般规定为 1～3 位。各国的国家号码位数随该国的话机密度而定，如我国的国家号码是 86。

2. 国内长途区号

国内长途区号采用不等长度编号。我国的长途区号为 2～3 位。

北京的长途区号为 10。各地区中心局所在地及一些大城市的长途区号为 2 位，具有 $2x$ 的形式，x 为 0～9。2 位区号总计有 10 个。

各省会、地区和市的长途区号为 3 位，第一位为 3～9，第二位为奇数，第三位为 0～9，因此有 350 个。

部分县区的长途区号为 3 位，第一位为 3～9，第二位为偶数，第三位为 0～9，因而共有 350 个。

3. 用户号码

用户号码是用于区别同一本地电话网中各个话机的号码。被叫用户在本地电话网中统一采用等位编号。我国本地电话网的号码长度最多为 8 位。

在编排用户号码时应注意，0 和 1 不能作为用户号码的第一位，因此，一个 4 位号码最多可区别 8000 部话机。

对于大城市，话机总数可能达到数百万部，因此，必须使用若干市话交换机，通过汇接交换机连接起来，组成汇接式市话交换网。

在这种情况下，本地号码又分为分局号和用户号码两种组成方式。增加分局个数，分局号也应做相应的增加。

4. 特种业务号码

特种业务号码主要用于紧急业务、需要全国统一的业务接入码、网间互通接入码和社会服务号码等。

我国的特种业务号码为 3 位，第一位为 1，第二位为 1 或 2，第三位为 0～9。例如，112 是电话故障申告台，114 是查号台，117 是报时台。

5. 新服务项目编号

我国规定，200、300、400、500、600、700、800 为新业务电话卡号码。

6. 长途字冠

在拨打长途电话号码时，需要加长途字冠，CCITT 建议的长途字冠为 00，国内长途字冠为 0。

3.4.3 电信网同步规程

1. 数字信号同步的概念

电信网的数字信号同步可保证网中数字信号传输和交换的完整性、一致性。通过使各数字设备的时钟工作在同一个频率和相位，可达到整个系统数字信号同步运行的目的。

时钟频率的同步要求网内所有交换机都具有相同的发送时钟频率和接收时钟频率。

相位同步要求网内所有交换机发送信号和接收信号之间的相位应对齐，不能将在第一位发送的信号在第二位接收；否则，发送和接收的时钟频率即使一致也不能得到正确的接收信号。

当某一交换机的输入时钟频率（由对端交换机发送过来的）和本机的时钟频率不一致时，会产生如下后果：当$f_{发}>f_{收}$时，将产生码元丢失现象；当$f_{收}>f_{发}$时，将产生码元重复现象。上述两种现象都叫作滑码。滑码会使网中信息流的传输发生畸变，从而使接收端不能正确地接收来自发送端的信号。滑码可能会破坏整个数据或整个画面。

在实际工作中，滑码是不可避免的。滑码发生的频繁程度与收、发两端时钟的频差有关。因此，延缓滑码的办法是强制输入时钟和本地时钟的频率偏移为零。这种强制可以通过在交换机中设置缓冲存储器来实现。

缓冲存储器按照对端时钟写入数据，按照本地时钟读出数据。缓冲存储器的容量取值为1～256 位。

由于缓冲存储器具有收缩功能，因此也叫弹性存储器。

当交换机设置了缓冲存储器后，滑码发生的频繁程度（频度）除与收、发两端时钟的频差有关外，还与缓冲存储器的容量有关。当缓冲存储器的容量为 n 位，标称速率（传输速率）为 r，相对频差为 Δr 时，滑码发生的周期为 $T=\dfrac{n}{\Delta r\times r}$。

【例 3.5】 假设两个时钟的相对频差为 5×10^{-8}，传输速率为 2.048Mbit/s，缓冲存储器的容量为 256 位，求滑码发生的周期。

解： 因为 $\Delta r=5\times10^{-8}$，r=2.048Mbit/s，n=256bit，所以有

$$T=256/(5\times10^{-8}\times2.048\times10^{6})=2500(\text{s})$$

即滑码发生的周期为 2500s。

2. 数字网的网同步方式

数字网的网同步方式分为准同步方式和同步方式。

1）准同步方式

在准同步方式中，各交换局的时钟相互独立。由于各交换局的时钟相互独立，因而不可避免地存在一定的误差，会造成滑码。为了使滑码发生的频度足够小，要求各交换局采用标称速率相同的高稳定度时钟。

2）同步方式

同步方式分为主从同步法、相互同步法和分级的主从同步法。

（1）主从同步法。

主从同步如图 3.16 所示，网内中心局设有一个高稳定度的主时钟源，用于产生网内的标称速率并传送到各交换局，作为各局的时钟基准。各交换局都设置有从时钟，它们同步于主时钟。时钟的传送并不使用专门的传输网络，而由各交换机从接收的数字信号中提取。主从同步法的优点是简单、经济；缺点是过分依赖主时钟，可靠性不够高，一旦主时钟发生故障，受其控制的所有下级交换机都将失去时钟基准。

（2）相互同步法。

相互同步如图 3.17 所示，网内各交换局都有自己的时钟，无主从之分，它们相互控制，各交换局的时钟锁定在所有输入时钟频率的平均值上。

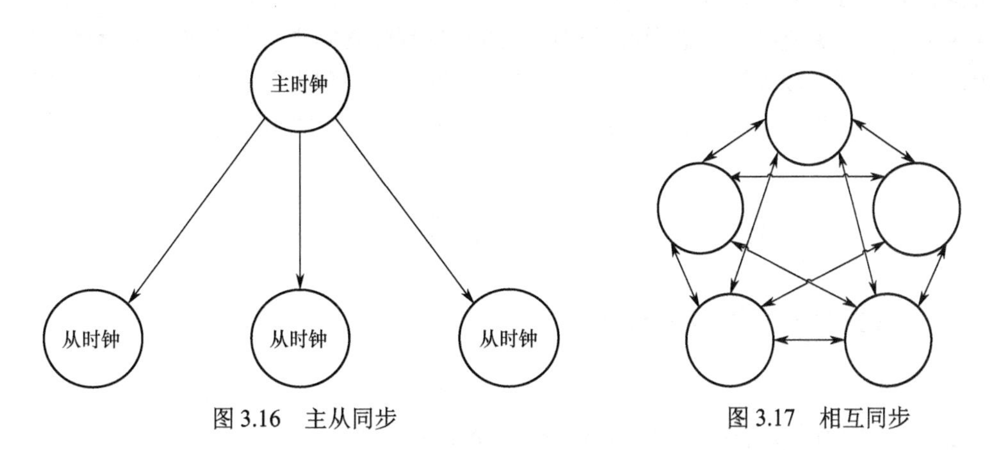

图 3.16　主从同步　　图 3.17　相互同步

相互同步法的优点是网内任何一个交换局发生故障，只停止本局工作，不影响其他局的工作，从而提高了通信网工作的可靠性；缺点是同步系统较为复杂。

（3）分级的主从同步法。

分级的主从同步如图 3.18 所示。分级的主从同步法把网内各交换局分为不同的等级，级别越高，所使用的振荡器的稳定度越高。当交换局收到附近各局送来的时钟信号以后，就选择一个等级最高、转接次数最少的时钟信号锁定本局振荡器。如果该时钟出现故障，就以次一级时钟为标准，不影响全网通信。

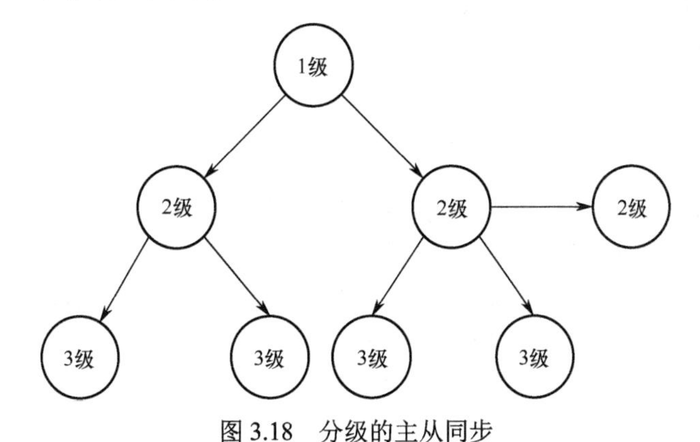

图 3.18　分级的主从同步

3. 我国数字电信网的同步方式

我国数字电信网采用分级的主从同步法，共分 4 级，同级之间采用相互同步法。

第一级为基准时钟，由铯原子钟组成全网最高质量的时钟，设置在一级交换中心（C1）所在地。

第二级为有保持功能的高稳时钟（受控铷钟和高稳晶体时钟），分为A类和B类。

A类时钟设置在一级和二级交换中心，并与基准时钟同步。

B类时钟设置在三级和四级交换中心，并受A类时钟控制，间接地与基准时钟同步。

第三级为有保持功能的高稳晶体时钟，其性能指标低于第二级时钟，与第二级时钟或同级时钟同步，设置在本地电话网的汇接局和端局中。

第四级时钟为一般晶体时钟，与第三级时钟同步，设置在本地电话网的远端模块、数字终端设备和数字用户交换设备中。

数字电信网各级交换系统必须按上述同步路由规划建立同步。各交换设备时钟应通过输入同步定时链路来直接或间接地跟踪全国数字同步网统一规划设置的一级基准时钟或区域基准时钟。严禁将从低级局来的数字链路上获取的定时信号作为本局时钟的同步定时信号。

附录3A 电信交换网络实验项目

3A.1 同步时分交换网络实验

一、实验目的

1．加深学生对时分复用、时隙搬移、时分交换的理解。

2．连贯起来进行一次较深入的综合性观测，了解同步时分交换网络的工作过程，加深对局内交换处理过程中的硬件电路和软件流程的理解与体验。

二、实验内容

比较全面地观察数字交换的全过程。

三、实验仪器

1．LTE-CK-02E程控实验箱一台。

2．电话机两部。

3．数字示波器一台。

四、实验原理

图3A.1为实验系统数字交换网络的结构简图。从图3A.1中可知，DSN为数字交换网络、ASM为模拟用户模块、SCM为服务电路模块。

下面以一次局内呼叫为例，说明接续涉及的主叫ASM、被叫ASM、SCM、DSN、管理控制模块等。局内接续涉及的模块如图3A.2所示。

完成一次本局呼叫一般需要经历以下一些步骤。

1．占用及送拨号音

当主叫用户（A）摘机时，主叫ASM立即察觉，主叫ASM从用户数据中查找A的服务级别和线路级别。若是按钮话机，则需要和SCM中的按钮双频收号器建立一条链路，如

图 3A.3 中的途径①所示。

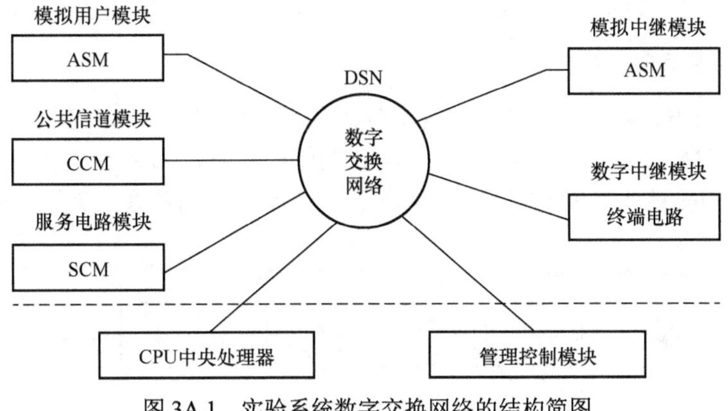

图 3A.1　实验系统数字交换网络的结构简图

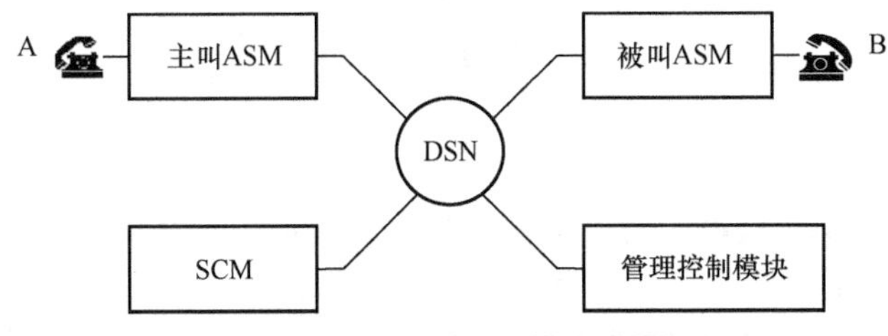

图 3A.2　局内接续涉及的模块

建立链路后，SCM 向 A 发送拨号音，如图 3A.3 中的途径②所示。

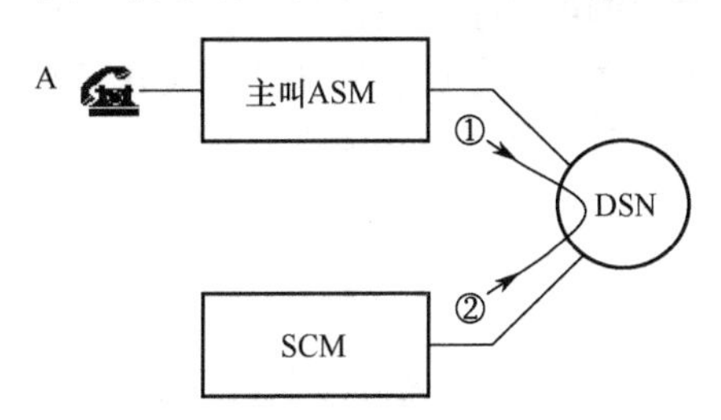

图 3A.3　主叫占用发送拨号音

2. 号码接收与分析

当 SCM 收到主叫所拨的第一位号码时，便停发拨号音，继续接收以后的号码。

SCM 把双频号码译码后报告给主叫 ASM，由主叫 ASM 报告给管理控制模块（ACE）进行号码分析，如图 3A.4 中的途径③、④所示。这时主叫 ASM 便可释放 SCM。

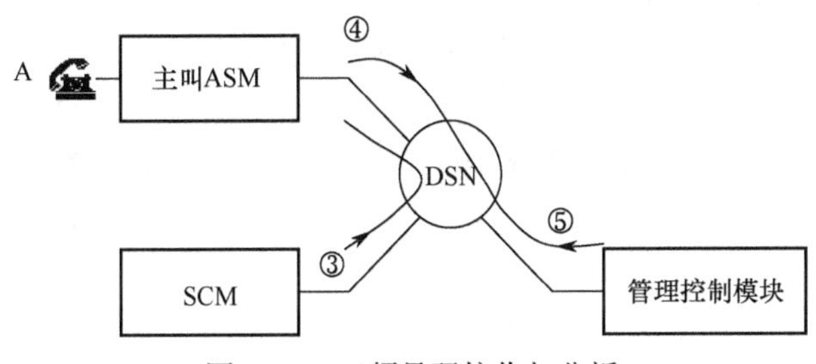

图 3A.4　双频号码接收与分析

管理控制模块对号码进行分析，发现被叫为本局用户，确定该呼叫为本局呼叫，便把被叫用户的终端标志号（设备号）回送给主叫 ASM，如图 3A.4 中的途径⑤所示。

3. 被叫用户占用和振铃

主叫 ASM 获得被叫用户（B）的终端标志号后，便可向 DSN 提出接续请求，并由 DSN 找到被叫 ASM。这时被叫 ASM 要检查 B 的忙闲状态，如果 B 空闲，则 A 和 B 间的链路允许建立，同时被叫 ASM 向 B 发出振铃，向 A 送出回铃音，如图 3A.5 中的途径⑥和⑦所示。

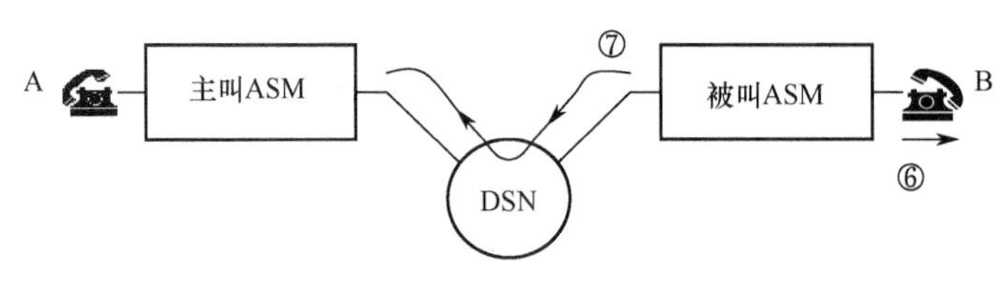

图 3A.5 振铃和回铃

4. 双方通话

当被叫 ASM 发觉 B 摘机时，便立即切断振铃和回铃，并在该 ASM 内接通 B 的话路，于是 A、B 便可进行通话。

在程控实验箱上，U103 的功能是接收 U102 送来的接续命令，完成对应接续命令的各种交换功能，即空分交换、数字时分交换、数字时分中继交换。这里主要讨论数字时分交换。

U103 接续交换功能的程序模块是对学生开放的，学生可以由简单到复杂地实现所期望的交换功能，如固定某两路电话的空分交换、固定某两路电话的时分交换、固定话路的时隙搬移、根据接续命令完成空分交换、根据接续命令完成时分交换、根据话路时隙分配和接续命令完成时分中继与话路交换等功能。

5. 程序流程

用户线扫描程序流程如图 3A.6 所示，摘机检测程序流程如图 3A.7 所示。

（1）输出扫描指令。

进入用户扫描程序后，应首先根据规定格式组合成扫描指令，输出到扫描器中。这相当于框 1。扫描器根据指定的扫描行号，将用户的回路信息放行，以准备用户扫描程序来读取。

（2）读取扫描信息。

框 2 只要执行一条输入指令，即可读取扫描信息。

（3）读取用户前一次回路状态。

框 3 也只要执行一条输入指令，即可读取扫描信息。

（4）摘机检测程序。

框 4 用来判断当前扫描行是否有摘机用户，如果有，则进行必要的简单处理，即将摘机用户设备号送入队列排队。

（5）挂机检测程序。

框 5 用来判别当前扫描行是否有挂机用户，其程序流程与摘机检测程序流程类似，这里不再赘述。

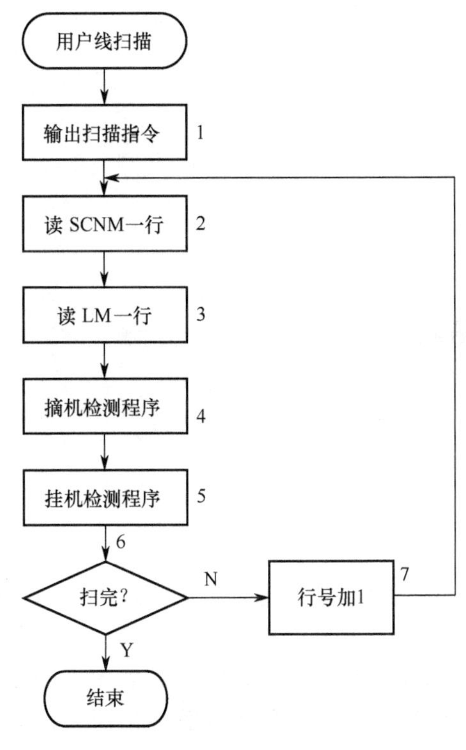

图 3A.6　用户线扫描程序流程

摘机检测程序
$\overline{\text{SCN}}\wedge$LL
结果=0?
=0
≠0
找出摘机用户
摘机用户设备号→队列
结束

图 3A.7　摘机检测程序流程

（6）扫描行数的控制。

每次进入用户扫描程序后，一般并非只扫描一行，但也不是将全部用户一次扫描完，而是只扫描全部用户中的若干行。

既然每进入一次用户扫描程序，都要扫描规定的行数，就要在扫描完一行后改变行号，再扫描下一行，直到扫描完规定的行数。

五、实验步骤

1．接通实验箱电源，电话机接甲方一路和甲方二路。

2．在薄膜键盘上把交换方式设置为时分交换方式。

3．观测在甲方一路用户呼叫甲方二路用户时，TP307、TP308、TP407、TP408 的波形，其中各测试点的含义如下。

TP307：甲方一路用户发送 PCM 编码的输出测试点。

TP407：甲方二路用户发送 PCM 编码的输出测试点。

TP308：甲方一路用户接收 PCM 译码的输入测试点。

TP408：甲方二路用户接收 PCM 译码的输入测试点。

示波器设置：交流耦合，探头衰减设为×10。

4．实验结束，关闭电源。

六、实验报告

根据本次实验要求，说明时分交换收发数字编/译码 PCM 信号的流程。

3A.2 电话会议实验

一、实验目的

1．了解程控交换中电话会议的基本原理。

2．进一步了解程控交换芯片的功能和用法。

二、实验内容

利用时分交换网络实现4部电话间的单工通信。

三、实验仪器

1．LTE-CK-02E程控实验箱1台。

2．电话机4部。

四、实验原理

电话会议其实就是实现一部主叫电话与多部电话之间的单工通信，中间通过电话交换网络，把这几部电话之间的传输线相连接。本实验箱用到的交换网络有空分交换和时分交换，电话会议实验用的是时分交换，采用的芯片是MT8980，可实现240/256路数字话音或数据的无阻塞数字交换。当甲方二路用户摘机并按“*”键时，计发器进行循环扫描，如果检测到甲方二路所拨号码为“*”，则发送信息告知网络交换控制器，网络交换控制器对时分交换芯片进行操作，接通甲方二路的发送端和其他多路的接收端开关。

五、实验步骤

1．连接好实验箱电源线，打开实验箱电源开关，准备做实验。

2．按薄膜键盘上的“开始”键，选择交换方式；按“确认”键，选择时分交换；按“确认”键，进入时分交换界面。

3．甲方二路话机作为主叫方，其他3路话机作为被叫方。（注：只能甲方二路话机作为主叫方，可任意选择其他3路作为被叫。）

4．甲方二路话机摘机（只能用甲方二路拨打），按“*”键，如果液晶屏上显示电话会议的菜单，则进入电话会议功能模式。同时，其他3部电话都会振铃。

5．振铃后，接通所有电话，当主叫方甲方二路发送话音信号时，其他3路都能听到；而当其他3路被叫方中的任意一路发送话音信号时，其他3路都听不到。

6．实验结束，关闭电源。

六、实验报告

根据本次实验要求，说明电话会议的交换过程。

3A.3 人工模拟话务台实验

一、实验目的

1．体会自动交换网络与人工交换台的不同之处。

2．增强对电话通信自动交换的感性认识，体会程控技术的优越性。

二、实验内容

1. 熟悉人工话务台的电路组成框图。

2. 在进行人工交换工作时，通过话务员进行两部电话机的单机通话实验。

3. 测量任意两路通话时的收/发测试点 TP304、TP305、TP404、TP405、TP504、TP505、TP604、TP605 的话音信号波形。

三、实验仪器

1. LTE-CK-02E 程控交换实验箱一台。

2. 电话机两部。

3. 鳄鱼夹一对。

四、实验原理

当本实验系统选择人工交换方式时，其他交换方式已关闭。

模拟人工话务台的电路组成框图如图 3A.8 所示。

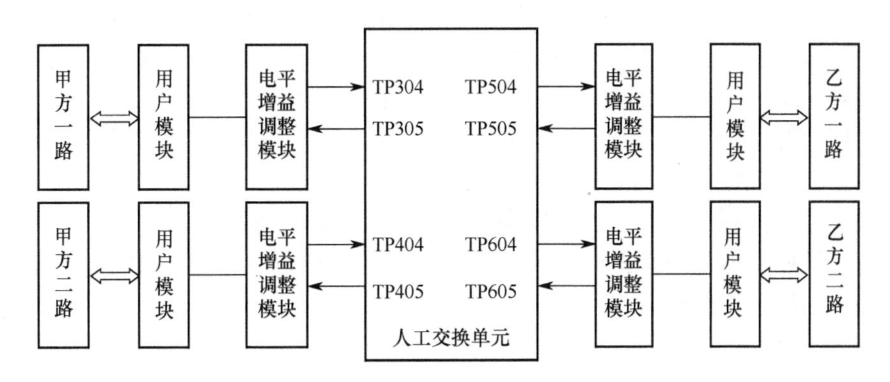

图 3A.8 模拟人工话务台的电路组成框图

该实验系统由用户模块、电平增益调整模块、人工交换单元、话音信号产生电路和供电系统电路（图中省略）等组成。因为是实验系统，所以它与实际交换机相比，少了中继电路和收号电路。在本实验系统中，由于话务量较小，因而把收号器做在 CPU 上了，不再单独列出。

五、实验步骤

1. 接好实验箱电源线，打开实验箱电源，把交换方式设置为人工交换方式。

2. 把两部电话机分别接到甲方一路和乙方一路上。

3. 甲方一路的话机摘机，拨号呼叫乙方一路的话机，乙方一路的话机振铃后，接通电话。

4. 由甲方发话，测试乙方能否听到（应该是听不到的）。

5. 甲方一路的话机摘机，拨号呼叫乙方一路的话机，乙方一路的话机振铃后，用一对鳄鱼夹接线，分别连接 TP304 和 TP505、TP305 和 TP504，接通电话。

6. 由甲方发话，测试乙方能否听到（应该听得到）。

7. 实验结束，关闭电源。

六、试验报告

1．写出模拟人工话务台实验的每一步操作过程，写出实验体会。

2．分析实验，指出程控技术的优越性。

习　　题

3-1　电信交换网络的基本技术有哪些？

3-2　程控数字交换机由哪些基本功能模块组成？说明各个功能模块的主要作用。

3-3　程控数字交换机有哪些接口？它们的基本功能是什么？

3-4　简要说明共享存储器型、空分型、共享总线型时分交换单元的工作原理和各自的基本特点。

3-5　有一个可实现 2048 个时隙交换的共享存储器型时分交换单元，设其按照顺序写入、控制读出的方式工作。假定甲、乙两个用户终端的来去话音数字信号分别占用 1 号 PCM 链路的时隙 TS_5 和 15 号 PCM 链路的时隙 TS_{20}。现需要完成这两个用户的电路交换连接，请按照要求画出该 DSE 的结构图，并在所画图中填写各个用户在 PCM 链路上的时隙位置、在话音存储器中的位置和控制存储器中相关单元的控制数据。

3-6　说明 DSE 的结构和工作原理。控制 DSE 完成交换控制的转发表在什么地方？

3-7　3 级 CLOS 网络无阻塞的条件是什么？

3-8　SDL 语言可在哪几个层次上用来描述一个系统的功能？

3-9　简述程控交换系统建立一个本局通话的呼叫处理过程，并用 SDL 图给出振铃状态以后的各种可能情况的描述。

3-10　简要说明程控数字交换机控制软件体系结构的特点和组成。

3-11　简述程控交换系统的局数据和用户数据的主要内容。

3-12　设一个用户在 4 小时内共发生了 6 次呼叫，各次呼叫的保持时间依次为 800s、300s、200s、700s、400s 和 50s。求该用户的话务量和话务流量。

3-13　每部电话机的完整号码按什么序列组成？请举例说明。

3-14　指出下列号码中的国家号码、国内长途区号和用户号码部分：862984275301、861063782541、8641184642912。

3-15　判断下列号码的正误：008602984275301、8602984275301、00862984275301、02984275301、025114

3-16　请区分以下号码并指出每个号码的组成情况：84236975、0-10-66546831、00-86-29-84398654、119、021-114

3-17　CCITT 建议电话号码总长不超过 12 位，我国某城市的国内长途区号是 371。

（1）该城市最多可安装多少部电话？

（2）如果该城市的各分局均使用 20000 部容量的交换机，则用户号码应为几位？

（3）该城市最多可设多少个分局？

3-18　用户交换机接入本地电话网的方式有哪几种？说明其特点。

3-19　说明数字网的网同步方式是怎样分为准同步方式和同步方式的？其中，同步方式有几种？它们有什么区别？

第4章　信令系统

信令是面向连接工作模式的通信网为使通信源点和目的点能够准确而有效地互通信息而协调网络设备，并为此建立适宜的传送通路所必需的协议命令序列。信令消息通常由通信源端和目的端地址、信令类别、设备状态和所要完成的连接控制任务等信息组成。信令系统是实现信令消息收集、转发和分配的一系列处理设备与相关协议实体，是通信网的重要组成部分。不同的网络组织结构和不同的应用场合有不同的信令模式，本章主要介绍应用于电路交换网的模拟用户线信令、交换局之间的中继线路采用的中国 1 号信令和 No.7 公共信道信令系统的组成与工作原理。

4.1　信令系统的概念

4.1.1　信令的定义和分类

在面向连接工作模式的通信网中，任何一个用户要想和其他用户进行信息交互，都必须告诉网络目的用户的地址、业务类型及所要求的服务质量等，由网络设备验证其服务请求的合法性，并为其建立相关的信息传送通路。为了保证在一次通信服务中的相关终端设备、交换设备、传输设备等能够协调一致地完成必需的连接动作和信息传送，通信网必须提供一套控制相关设备的标准控制信息格式和流程，以协调各设备完成相应的控制动作。将这些控制信息的语法、语义、信息传递的时序，以及产生、发送和接收这些控制信息的软/硬件构成的综合体称为信令系统。

信令的概念在 3.1.3 节中详细介绍过，这里以最简单的局间电话通信为例，说明信令在一次电话通信过程中所起的作用。电话业务的基本信令流程如图 4.1 所示，从图中可以看出，在一次电话通信过程中，信令在通话链路的连接建立、通信和连接释放阶段均起着重要的指导作用。如果没有这些信令的协调操作，那么人和机器都将不知所措；若没有摘机信令，那么交换机将不知道要为哪个用户提供服务；若没有拨号音，则用户将不知道交换机是否能为其提供服务，更不知道是否可以开始拨叫被叫号码。交换机之间的连接过程也是如此，可以通过信令告诉对端设备自己的状态、接续进程和服务要求等。即使在用户通信阶段，信令系统也在持续地对用户终端的通信状态进行监视，一旦发现某方要结束本次通信，就会马上通知另一方及相关设备释放连接和相关资源。由于在通信网中，信令系统对实现一个通信业务的操作过程起着极为重要的指导作用，所以人们也常将其比喻成通信网的神经系统。

按工作区域划分，信令可分为用户线信令和局间信令。

- 用户线信令：在用户终端和交换机之间的用户线上传送的信令。其中，在模拟用户线上传送的信令称为模拟用户线信令，包括：终端向交换机发送的状态信令和地址信令，如摘/挂机状态信令和被叫电话号码等；交换机向用户终端发送的通知信令，主要有用于提示来话的铃流和表征交换机服务进展情况的音信号。

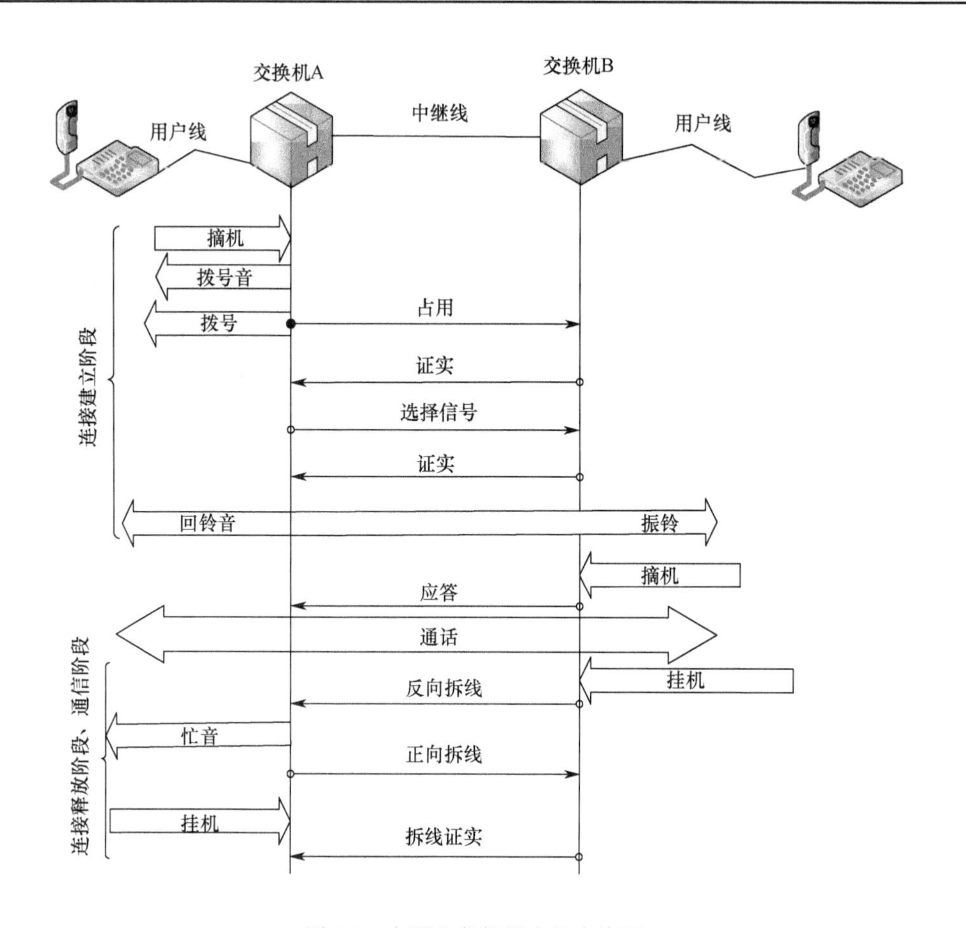

图 4.1 电话业务的基本信令流程

- 局间信令：在交换机之间，以及交换机与业务控制点、网管中心、数据库等之间传送的信令。局间信令主要完成网络的节点设备之间连接的建立、监视和释放控制，以及网络服务性能的监控、测试等。局间信令比用户线信令复杂得多。

信令按其所完成的功能可分为监视信令、地址信令和维护管理信令。

- 监视信令：监视用户线和中继线的应用状态变化。
- 地址信令：主叫终端发出的被叫号码和交换机之间传送的路由选择信息。
- 维护管理信令：包括网络拥塞、资源调配、故障告警及计费信息等。

按传送方向划分，信令可分为前向信令和后向信令。其中，前向信令是指沿着从主叫到被叫的方向在相关网络设备之间传送的信令，相反方向回传的信令称为后向信令。

4.1.2 用户线信令

模拟用户线信令是用户话机和交换机之间交互使用状态的信令，由用户话机到交换机信令和交换机到用户话机信令两部分组成。

1. 用户话机到交换机信令

（1）监视信令。

监视信令利用用户话机到交换机之间的二线直流环路上的直流通/断来反映用户话机的

摘/挂机状态，有直流流过表示摘机状态，没有直流流过表示挂机状态。

（2）选择信令。

选择信令是用户话机向交换机送出的被叫号码。选择信令有直流脉冲（DP）信号和双音多频（DTMF）信号两种传送方式。DP 信号方式利用二线直流环路上的直流通断次数来代表 1 位拨号数字，DTMF 信号方式利用高、低两个不同的正弦频率信号联合代表 1 位拨号数字。

2. 交换机到用户话机信令

（1）铃流。

铃流信号是交换机发送给用户话机的信号，用来提醒用户有呼叫到达。

铃流信号为(25±3)Hz 的正弦波，输出电压的有效值为(75±15)V，振铃采用 5s 断续，即 1s 送、4s 断。

（2）信号音。

信号音是交换机发送给用户话机的信号，用来说明有关的接续状态，如拨号音、忙音、回铃音等。信号音常采用(450±25)Hz 和(950±50)Hz 的单频或双频信号。通过控制信号音的断续时间来获得不同的通知类型，也可以采用相关语言或音乐等通知信号。

4.1.3 局间信令

局间信令也称为网络节点接口（NNI）信令，包括为满足局间话路接续要求的基本局间信令，以及进行业务控制、网络管理和维护所需的信令。局间信令可采用随路信令方式发送，也可采用公共信道信令方式发送。

4.2 随路信令和公共信道信令

按信令传送信道与用户信息传送信道之间的关系，可分为随路信令和公共信道信令。

在随路信令系统中，信令通常是和用户信息在同一条信道上传送的，或者传送信令的信道与对应的用户信息传送信道在时间上或物理上存在着一一对应的固定关系。以传统电话网为例，当有一个呼叫到来时，交换机先为该呼叫选择一条到下一台交换机的空闲话路，然后在这条空闲话路上传送信令。端到端的连接建立成功后，在该话路上传送用户话音信号。

公共信道信令又称为共路信号，主要特点是该信令在一条与用户信息传送信道互相分离的信令信道上传送，并且该信令信道不是为某一个用户所专用的，而是为一群用户信息传送信道所共享的公共信令信道。在这种方式下，两端交换节点的信令设备之间直接用一条数据链路相连，信令的传送与话音话路相互隔离，在物理上和逻辑上都彼此无关。仍以电话呼叫为例，当一个呼叫到来时，交换节点在专门的信令信道上传送信令，端到端的连接建立成功后，在选好的话路上传送话音信号。

与随路信令相比，公共信道信令具有以下优点。

（1）信令系统独立于业务网，具有改变和增加信令而不影响现有业务网服务的灵活性。

（2）信令信道与用户信息传送信道分离，使得在通信的任意阶段均可传输和处理指令，可以方便地实现各类信息交互、智能新业务等。

（3）便于实现信令系统的集中维护管理，降低信令系统的成本和维护开销。

由于公共信道信令具有这些优越性，因此，在目前的数字电话通信网、智能网、移动通信网、帧中继网、ATM 网上均被采用。目前，用在面向连接网络上的标准化公共信道信令系统称为七号信令系统或 No.7 信令系统。

我国国标规定的随路信令方式称为中国 1 号信令，由线路信令和记发器信令两部分组成。

线路信令是用来表示对线路的占用请求和线路忙/闲状态的监视信令。数字型线路信令是在两交换局之间采用 PCM 时分复用方式传输时使用的信令。

30/32 路 PCM 时分复用系统的帧结构及数字型线路信令分配如图 4.2 所示。一个复帧由 16 个 125μs 的帧组成，每帧分为 32 个时隙，分别记为 TS_0～TS_{31}，每个时隙包含 8 位数字。时隙 TS_0 用于传送帧同步信号，TS_1～TS_{15} 和 TS_{17}～TS_{31} 用来传送 30 个话路信号，TS_{16} 用来传送复帧同步信号及 30 条话路的数字型线路信令。

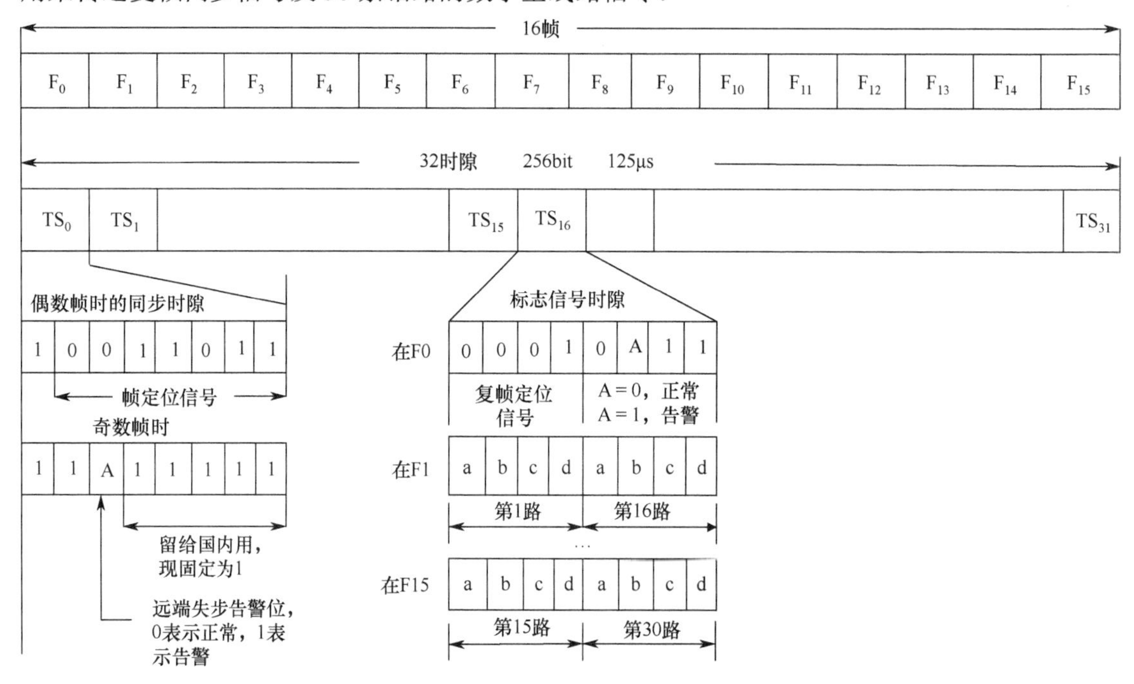

图 4.2 30/32 路 PCM 时分复用系统的帧结构及数字型线路信令分配

第 0 帧（F_0）的 TS_{16} 用来传送复帧同步和复帧失步告警信号，其他帧的 TS_{16} 分成前 4 位和后 4 位，分别传送相关话路的线路信令，F_1～F_{15} 帧的 TS_{16} 的前 4 位对应话路 1～15，后 4 位对应话路 16～30。

记发器信令属于选择信令，在电话自动交换系统中，用来选择路由或用户。在 1 号信令方式中，记发器信令采用多频互控（MFC）信号传送方式。

1. 信号编码

记发器信令分为前向和后向两种。其中，前向信令采用 1380～1980Hz 高频群，含有 6 个等差为 120Hz 的频率信号，按照“6 中取 2”的方式组合编码成 15 种信号；后向信令采用 780～1140Hz 低频群，按“4 中取 2”的方式组合编码成 6 种信号。

2. 互控传送方式

我国国标规定，记发器信令采用连续互控、端到端的传送方式，但为了提高传送的可靠性，必要时也可采用由转接局全部转发的方式。记发器信令的互控过程如下。

（1）去话局发送前向信令。

（2）来话局识别前向信令后发送后向信令。

（3）去话局识别后向信令后停发前向信令。

（4）来话局识别前向信令停发后，停发后向信令。

（5）去话局识别后向信令停发后，根据收到的后向信令确定发送相应的前向信令，开始下一互控过程。

随路信令在交换技术发展过程中曾发挥了重要作用，但由于其存在一些不足，使其在现代通信网中的地位逐步下降，目前只有较小容量的交换系统还在沿用该信令方式。随路信令的不足体现在以下几方面。

- 记发器信令采用模拟多频互控信号传送方式，由于模拟频率信号的最短识别时间是40ms，发送一位号码的一个完整周期至少要 100ms，因此，信令传送速率较低，不符合数字交换设备高速处理的需要。
- 有限的信令编码组合，容量较小，限制了信令系统的功能。
- 无法传送与呼叫无关的信令信息，如维护管理信令等。
- 在用户通话期间，不能传送信令信息，不能满足扩展新业务的需要。
- 有多达 13 种信令标志方式，使得网络设备之间的信令配合复杂。
- 每 30 条话路占用一个时隙传送线路信令，占用大量话路设备，成本较高。

4.3 No.7 公共信道信令

20 世纪 70 年代后期，数字交换和数字传输在电话通信网中被广泛使用，网络的交换和传输速率大大提高，交换设备的控制技术也由布线逻辑方式转向计算机存储程序控制方式，这导致了大量新业务的出现。No.7 信令系统是 ITU-T 在 20 世纪 80 年代初为数字电话网设计的一种局间公共信道信令方式。No.7 信令系统为数字电话网、基于电路交换方式的数据网、智能网、移动通信网的呼叫连接控制、网络维护管理、处理机之间事务处理信息的传送与管理提供了可靠的方法。

4.3.1 No.7 信令系统基本概念

No.7 信令系统是以 PCM 传送和电路交换技术为基础发展起来的信令系统，信令消息采用分组打包方式，在 64kbit/s 的信道中传送，最适合在数字交换网络中应用。与传统的随路信令系统相比，No.7 信令系统采用分组方式传送信令消息，与信息交换网在逻辑上相互独立，自己组成专用的信令传送网，通常可以在两个信令终端之间采用一条与业务传送信道分离的双向 64kbit/s 数据链路传送信令消息，可被多达 4096 条话路共享。No.7 信令系统的主要特点如下。

- 信令系统更加灵活。在 No.7 信令中，一群话路以时分方式共享一条公共信道信令链路，两个交换局之间的信令均通过一条与话音通道分开的信令链路传送。信令系统的发展和改变不受业务系统的约束，可随时改变或增删信令内容。
- 信令在信令链路上以信号单元方式传送，传送速度快，缩短了呼叫建立的时间，提高了网络设备的使用效率和服务质量。

- 采用不等长信令单元编码方式，信令编码容量大，便于增加新的网络管理和维护信号，可满足新业务发展的需要。
- 信令以统一格式的信号单元传送，简化了多个厂商不同交换系统的信令接口之间和信令方式的配合。
- 信令消息的传送和交换与话路完全分离，因此，在通话期间可以随意处理信令，便于支持复杂度较高的交互式业务。
- 数千条话路公用一条 64kbit/s 数据链路传送信令消息，降低了信令设备的总投资。

No.7 信令网由信令点（SP）、信令转接点（STP）和信令链路组成。

- 信令点是信令消息的起源点和目的点。信令点可以是具有 No.7 信令功能的各种交换局、运营管理和维护中心、移动交换局、智能网的业务控制点（SCP）和业务交换点（SSP）等。在物理上，信令点可以附属于交换机，但在逻辑功能上是独立的，也可以独立设置。通常把产生信令消息的信令点称为源信令点，把信令消息最终到达的信令点称为目的信令点。
- 信令转接点是具有信令转发功能的节点，可将信令消息从一条信令链路转发到另一条信令链路。在信令网中，信令转接点分为两种：一种是专用信令转接点，只具有信令消息的转接功能，也称为独立式信令转接点；另一种是综合式信令转接点，与交换局合并在一起，是具有用户部分功能的信令转接点。
- 信令链路是信令网中连接信令点的基本部件，由 No.7 信令功能中的第一、第二功能级组成。目前常用的信令链路主要是 64kbit/s 的数字信令链路，当业务量较大时，可采用 2Mbit/s 的信令链路。

按照其与话音链路之间的关系，可将 No.7 信令网的工作方式分为 3 类：直连工作方式、准直连工作方式和全分离的工作方式。

- 直连工作方式也称为对应工作方式，是指两相邻交换局间的信令消息通过直接连接的公共信令链路传送，而且该信令链路是专为这两个交换局的话路群服务的。
- 准直连工作方式也称为准对应工作方式，是指两相邻交换局间的信令消息通过两段或两段以上串联信令链路传送，并且只允许通过事先预定的路由和信令转接点转接。
- 全分离的工作方式又称为非对应工作方式，与准直连工作方式基本一致，不同的是它可以按照自由选路的方式选择信令链路，非常灵活，但信令网的寻址和管理比较复杂。

信令网采用哪种工作方式要依据其话路网的实际情况确定。当局间的话路群足够大且从经济上考虑合理时，可以采用直连工作方式，并设置直达信令链路。当两个交换局之间的话路群较小且设置直达信令链路不经济时，可采用准直连工作方式。由于全分离的工作方式的路由选择和寻址比较复杂，因此较少采用。

我国的 No.7 信令网由高级信令转接点（HSTP）、低级信令转接点（LSTP）和信令点（SP）3 级组成，其组织结构如图 4.3 所示。其中，第一级 HSTP 采用 *A*、*B* 两个平面，两个平面内的各个 HSTP 之间采用网状互连，*A* 平面和 *B* 平面间的 HSTP 成对相连；第二级 LSTP 至少要连接 *A*、*B* 平面内成对的 HSTP；第三级的每个 SP 至少要连接两个 LSTP。

LSTP 和 HSTP 都称为信令转接点（STP）。HSTP 负责转接它所汇接的 LSTP 和 SP 的信令消息。HSTP 应采用独立式信令转接设备，且必须具有 No.7 信令系统中消息传递部分

（MTP）的功能，以完成电话网和 ISDN 中与电路接续有关的信令消息的传送。同时，如果在电话网、ISDN 中开放智能网业务、移动通信业务，并传送各种信令网管理消息，则 HSTP 还应具有信令连接控制部分（SCCP）的功能，以传送各种与电路无关的信令信息；若该 HSTP 要执行信令网运行、维护和管理程序，则还应具有事务处理能力应用部分（TCAP）和运行管理应用部分（OMAP）的功能。

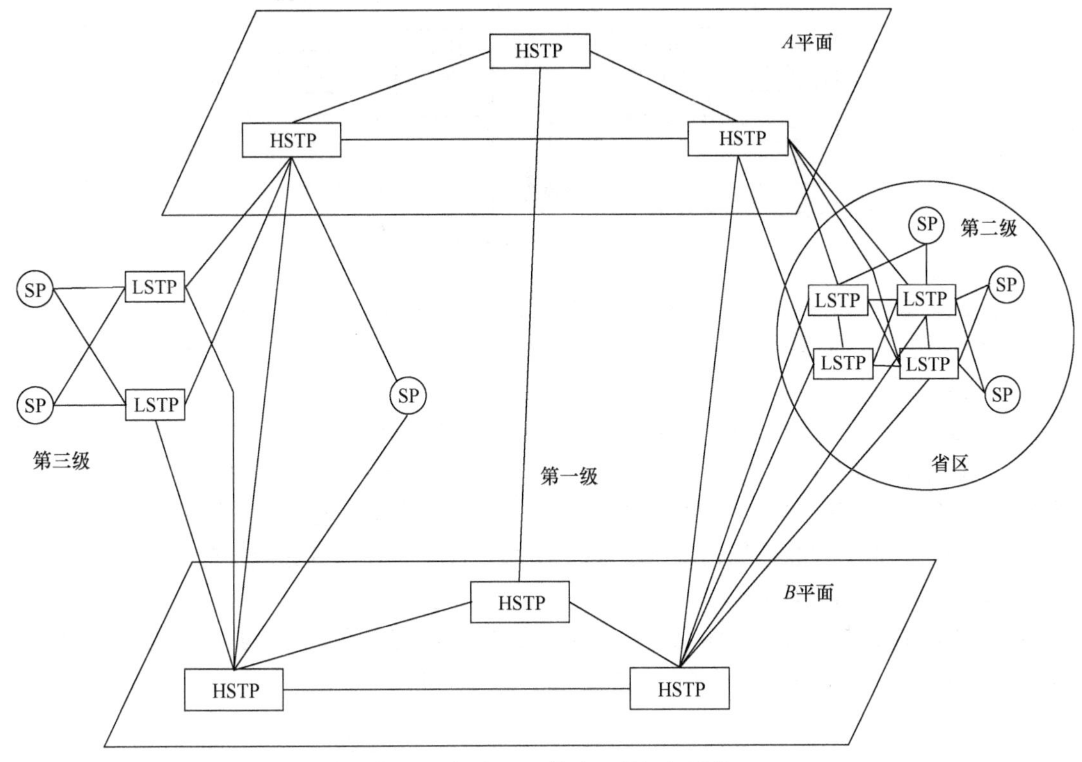

图 4.3　我国 No.7 信令网的组织结构

LSTP 负责转接它所汇接的 SP 的信令消息。LSTP 可以采用独立式信令转接设备，也可采用与交换局合并在一起的综合式信令转接设备。LSTP 采用独立式信令转接设备时的要求与 HSTP 相同；当采用综合式信令转接设备时，除必须满足独立式信令转接设备的功能要求外，还应满足用户部分的相关功能。

SP 是信令消息的源点和目的点，应满足消息传递部分功能及相应的用户部分功能。

对于分级信令网，为了保证信令网的可靠性和可用性，通常在 HSTP 之间采用网状连接和 *AB* 平面连接两种方式。网状连接方式的特点是：各 HSTP 间均设置直达信令链路，在正常情况下，HSTP 间的信令传送不再经过转接，而且信令路由都包括一个正常路由和两个迂回路由。*A*、*B* 两平面的连接方式是网状连接的一种简化形式，适用于规模较大的信令网。在这种方式中，将 HSTP 分为 *A*、*B* 两个平面，分别组成网状网，两个平面间属于同一信令区的 HSTP 成对相连。在正常情况下，同一平面的 HSTP 间的信令消息传递不经过 HSTP 转接，只在故障情形下需要经由不同平面间的 HSTP 连接时才经过 HSTP 转接。

4.3.2　消息传递部分

No.7 信令系统由公共的消息传递部分（Message Transfer Part，MTP）和独立的用户部分（User Part，UP）组成，如图 4.4 所示。

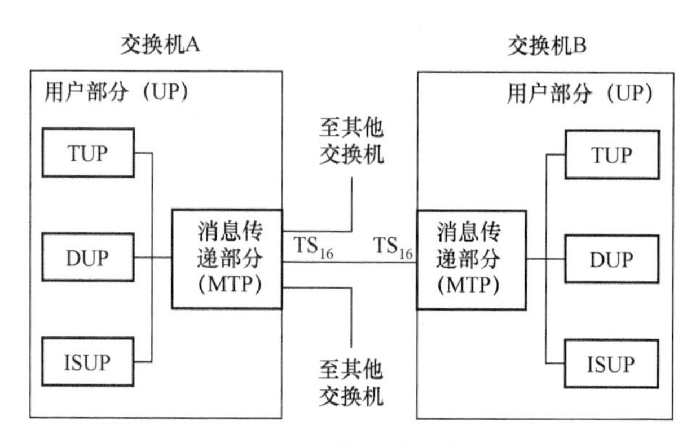

图 4.4　No.7 信令系统的组成

MTP 的主要功能是在信令网中提供可靠的信令消息传递，将源 SP 用户发出的信令单元准确无误地传递到目的 SP 的指定用户，并在信令网发生故障时采取必要的措施，以恢复信令消息的正确传递。

MTP 是整个信令网的交换与控制中心，被各类 UP 共享。各 UP 产生的信令均被送入 MTP 中，由 MTP 在每条信令上添加适当的控制信息后，经过数字中继的 T_{16} 时隙打包送往指定的交换机。在相反方向，MTP 对接收的数据包进行地址分析，并根据其中的信令传送给指定的 UP。当本局并非数据包的终端局时，MTP 便选择适当的路由及链路，将数据包转发到信令的终端局或其他转接局中。

MTP 的内部由信令数据链路功能级、信令链路功能级和信令网功能级组成，它们与用户消息处理构成 No.7 信令系统的 4 层功能结构，如图 4.5 所示。

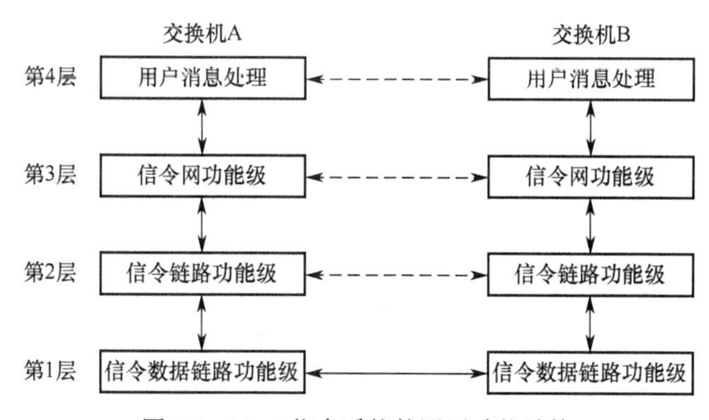

图 4.5　No.7 信令系统的四层功能结构

1. 信令数据链路功能级（MTP-1）

信令数据链路提供传送信令消息的物理通道，由一对传送速率相同、工作方向相反的数据链路组成，完成二进制比特流的透明传输。信令数据链路有数字和模拟两种信令数据链路通道。其中，数字信令数据链路是指传输通道的传输速率为 64kbit/s 和 2048kbit/s 的高速信令数据链路，模拟信令数据链路是指传输速率为 4.8kbit/s 的低速信令数据链路。

来自 UP（第 4 层）的信令经信令路由选择（第 3 层）进入指定的信令链路（第 2 层）后，必须经过适当的传输差错控制处理，才能送入信令数据链路（第 1 层）。进入信令数据链路的信令称为一个信令单元。

No.7 信令是通过信令单元的形式在信令数据链路上传送的。信令单元由可变长度信号信息字段和固定长度的其他各种控制字段组成。No.7 信令系统有 3 种形式的信号单元：消息信号单元（MSU）、链路状态信号单元（LSSU）和插入信号单元（FISU），如图 4.6 所示。

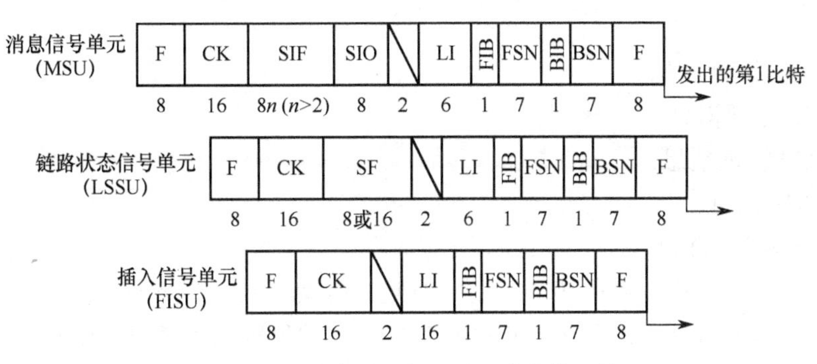

图 4.6　No.7 信令系统的 3 种形式的信号单元

1）消息信号单元（Message Signal Unit，MSU）

MSU 用于传递来自用户级的信令消息和提供用户所需的信令消息，其中每个字段的含义如下。

（1）帧标码（F）。

F 来自第 2 层，标志一帧的开始或结束，起信号单元定界和定位的作用。F 的码型为 01111110。为避免信号单元中的其他字段出现这个码型，在 F 之前，必须做插零处理。例如，当遇到连续 5 个“1”时，就要在第 5 个“1”后插入一个“0”（无论第 6 个是“0”还是“1”）。于是，命令信道中传输的信号除 F 外，不可能出现连续的 6 个“1”。而在接收端则必须做删零处理。

（2）业务信息字段（SIO）。

SIO 来自第 3 层，只出现在 MSU 中，用于指定不同的 UP，说明信令的来源。SIO 共占 8 位，分为 4 位业务表示语和 4 位子业务字段。SIO 的格式和编码如图 4.7 所示。

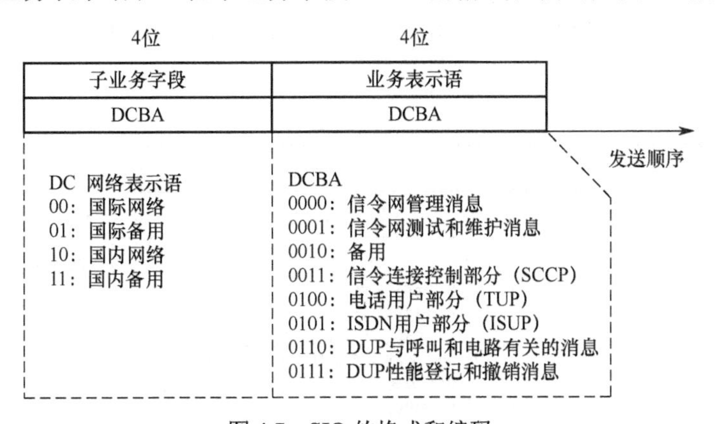

图 4.7　SIO 的格式和编码

① 业务表示语。业务表示语用来说明信令消息与某 UP 的关系。SCCP（信令连接控制部分）用于加强 MTP 功能。MTP 只能提供无连接的消息传递功能，而 SCCP 则能提供定向连接和无连接网络业务。

② 子业务字段。子业务字段用来说明 UP 的类型，包括网络表示语位（C 和 D）和备用位（A 和 B）。

（3）信令信息字段（SIF）。

SIF 来自第 4 层，由 UP 规定，最长可有 272 个字节。根据用途的不同，SIP 可以分为以下 4 类。

A 类：MTP 管理消息。

B 类：TUP 管理消息。

C 类：ISUP 管理消息。

D 类：SCCP 消息。

（4）长度表示语（LI）。

LI 用来指示 SIF 或状态字段（SF）的字节数。LI 为 6 位，因此最长可指示 64 个数。

在 MSU 中，LI 的位数大于 2；在 LSSU 中，LI 的位数为 1 或 2；在 FISU 中，LI 的位数为 0。

信令单元中的其余内容是差错控制信息，它们的作用如下。

- FSN：前向序号，信令帧按发送次序依次编号为 0, 1, …, 127。
- BSN：后向序号，为被证实信号单元的序号 0, 1, …, 127。
- FIB：前向指示位，当发送端重传一个信令帧时，便将该位反转一次。
- BIB：后向请求重传指示位，当接收端检测出信令帧差错而需要发送端重传时，便将该位反转一次。
- CK：检验位，用于检验接收的信号帧是否存在差错。若一个信号单元有 16 位校验位，则校验对象为 BSN、BIB、FSN、FIB、LI、SIO、SIF（或 SF）的内容。

2）链路状态信号单元（Line Status Signal Unit，LSSU）

LSSU 传递来自第 2 层的信息。No.7 信令链路首次启用或故障恢复后，都需要有一个初始化的调整过程，这一过程称为调整。在调整期间，链路两端不断地相互发送 LSSU，用于表示各自的调整情况。

SF 是 LSSU 中的链路状态字段，由 1～2 个字节组成。LSSU 中 SF 的格式和编码如图 4.8 所示。

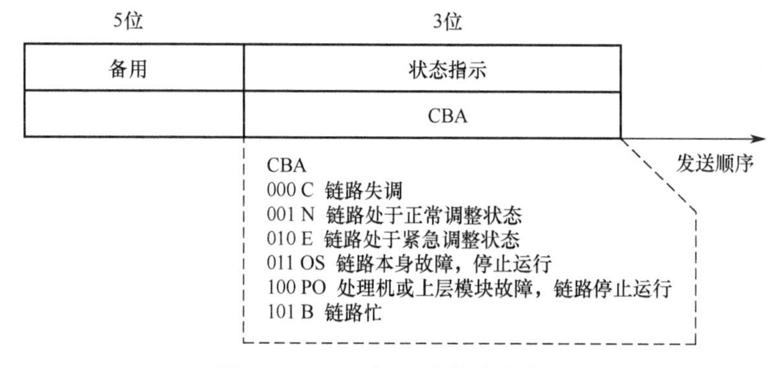

图 4.8 LSSU 中 SF 的格式和编码

3）插入信号单元（Fill-In Signal Unit，FISU）

FISU 传递来自第 2 层的插入信息，其中仅含差错控制信息。当第 2 层无信令单元传送时，链路终端便发送 FISU，意义是填补链路空闲时的位置，保持信令链路的同步，因而 FISU 又称为同步信号单元。

2. 信令链路功能级（MTP-2）

信令链路功能级处于 No.7 信令系统功能结构的第二级，与信令数据链路功能级相配合，在 SP 之间提供一条可靠的传送通道。信令链路功能级包括信令单元定界和定位、差错检测、差错校正、初始定位、信令链路差错率监视、流量控制、处理机故障控制等。

（1）信令单元定界和定位。

信令单元定界的主要功能是将在信令数据链路功能级上连续传送的比特流划分为信令单元，信令单元的开始和结束都是用帧标码（F）标识的。也就是说，信令单元定界功能就是依靠帧标码将在信令数据链路功能级上连续传送的比特流划分为信令单元的。

信令单元定位功能主要检测失步及失步后如何处理。当检测到以下异常情况时，就认为失步了：①收到了不允许出现的码型（6 个以上连续的“1”）；②信令单元的内容少于 5 字节；③信令单元的内容长于 278 字节：④两个帧标码之间的比特数不是 8 的整倍数。

在失去定位的情况下进入字节计数状态，每收到 16 字节就报告一次出错，直至收到一个正确的信令单元，才结束字节计数状态。

（2）差错检测。

No.7 信令系统利用循环冗余校验（CRC）序列进行差错检测，其算法如下：

$$\frac{X^{16}M(X)+X^{k}(X^{15}+X^{14}+\cdots+X+1)}{G(X)}=Q(X)+\frac{R(X)}{G(X)} \tag{4-1}$$

式中，$M(X)$是发送端发送的数据；k 是 $M(X)$的长度（比特数）；$G(X)=X^{16}+X^{12}+X^{5}+1$，是生成的多项式；$R(X)$是等号左边的分子被 $G(X)$除的余数。

发送端按上述算法对发送内容进行计算，得到的余数 $R(X)$的长度为 16 位，将其逐位取反后作为校验码 CK 与数据一起送到接收端。接收端对接收的数据和 CK 值按同样的方法进行计算，如果计算结果（余数）为 0，则说明没有传输错误；如果计算结果为其他值，则说明存在传输错误，接收端丢弃接收的信令单元，并在适当时刻请求对端重发。

【例 4.1】 设 $K(x)=x^6+x^4+1$，即信息位为 1010001；$G(x)=x^4+x^2+x+1$，即代码 10111，求该信息位的 CRC 码字。

解： $x^4\cdot K(x)=x^{10}+x^8+x^4$，即代码 10100010000；$R(x)=(x^4\cdot K(x))\text{MODG}(x)=1101$，即 x^3+x^2+1；实际发送的码字为 $T(x)$，$T(x)=x^n\cdot K(x)+R(x)=10100011101$。

设接收方收到的码字为 $T(x)'$，且 $T(x)'=10100011101$，因为 $T(x)'\text{MODG}(x)=0$，所以认为传输正确。

（3）差错校正。

No.7 信令系统提供两种差错校正方法：基本差错校正方法和预防循环重发校正方法。基本差错校正方法用于传输时延低于 15ms 的陆上信令链路，预防循环重发校正方法用于传输时延较高的信令链路。

基本差错校正方法是一种非互控的、正/负证实的重发纠错方法。正证实指示信令单元已正确接收，负证实指示接收的信令单元发生错误并要求重发。信令单元的正、负证实及重发请求消息是通过 FSN/FIB 及 BSN/BIB 字段的相互配合完成的。

预防循环重发校正方法是一种非互控的前向纠错方法，只采用正证实，不采用负证实，FIB 和 BIB 不再适用。在这种校正方法中，每个信令终端都配置有重发缓冲器，因此，已经发出的未得到正证实的信令单元都暂存在重发缓冲器中，直至收到正证实后，才清除相应的存储单元。预防循环重发纠错过程由发端自动控制，当无新的 MSU 等待发送时，将自动取出重发缓冲器中未得到证实的 MSU 并依次重发；重发过程中若有新的 MSU 请求发送，则中断重发过程，优先发送新的 MSU。

（4）初始定位。

初始定位是信令链路从不工作状态（包括空闲状态和故障后退出服务状态）进入工作状态时执行的信令过程，只有在信令链路初始定位成功后，才能进入工作状态并传送信令单元。初始定位的作用是在两个 SP 之间交换信令链路状态的握手信号，检测信令链路的传输质量，协调链路投入运行的动作参数，只有当链路两端按照协议规定的步骤正确发送和应答相关消息，且链路的信令单元传输差错率低于规定值时，才认为握手成功，该链路才可以投入使用。

（5）信令链路差错率监视。

为了保证信令链路的传输性能满足信令业务的要求，必须对信令链路的传输差错率进行监视。当信令链路差错率超过门限值时，应判定信令链路为故障状态。

信令链路差错率监视的过程有两种：信令单元差错率监视和定位差错率监视，分别用来监视信令链路在工作状态下的信令单元传送情况和初始化状态下的出错情况。

确定信令链路故障的主要参数有两个：连续收到错误信令单元数和信令链路长期差错率。在采用 64kbit/s 的数字信令链路时，若连续错误信令单元数等于 64 或信令链路长期差错率高于 10^{-6}，则信令链路差错率监视判定信令链路故障并向第三功能级（MTP-3）报告。

（6）流量控制。

流量控制用来处理 MTP-2 的拥塞情况。当信令链路的接收端检测到拥塞时，便启动流量控制功能。检出链路拥塞的接收端停止对流入的消息信令单元进行正/负证实，并周期性地向对端发送链路状态信号（SIB）为忙的指示。

对端 SP 收到 SIB 后，立即停止发送新的消息信令单元，并启动远端拥塞定时器（T_6），如果定时器超时，则判定信令链路故障，并向 MTP-3 报告。当拥塞撤销时，恢复对流入的消息信令单元的证实操作，发端收到对端的消息信令单元证实后，撤销远端拥塞定时器，恢复发送新的消息信令单元。

（7）处理机故障控制。

当由于 MTP-2 以上的原因而使信令链路不能使用时，便认为是处理机故障。处理机故障是指消息信令单元不能传送到 MTP-3 和 UP。MTP-2 以上的故障原因有很多，可能是处理机故障，也可能是人工阻断了一条信令链路。

当 MTP-2 收到 MTP-3 发来的指示或识别到 MTP-3 故障时，便判定为本地处理机故障并开始向对端发送状态指示（SIPO）的链路状态信令单元，并将其后收到的消息信令单元丢弃。如果对端的 MTP-2 工作状态正常，则收到 SIPO 后便通知 MTP-3 停发消息信令单元，并连续发送 FISU。当处理机故障恢复后，将停发 SIPO，改发 FISU 或 MSU，信令链路就进入正常工作状态了。

3. 信令网功能级（MTP-3）

信令网功能级是 No.7 信令系统的第三功能级，定义了信令单元在信令网中传送时的信令消息处理功能和信令网管理功能。

（1）信令消息处理功能。

信令消息处理功能用来保证源信令点（SP）发出的消息信令单元能够准确地传送到指定的目的信令点的相关用户，由消息识别、消息分配和消息选路 3 个子功能组成。

① 消息识别功能：通过对收到的 MSU 中的目的信令点编码（DPC）与本节点编码进行比较来确定该消息信令单元的下一步去向。如果该消息的 DPC 与本节点编码相同，说明该消息的目的信令点是本节点，则将该消息信令单元送给消息分配功能部分；如果不同，则送给消息选路功能部分。

② 消息分配功能：检查信令消息的业务类型指示码（SIO）中的业务表示语（SI），按其类型对应关系将该消息递交给相关的 UP。

③ 消息选路功能：为需要发送到其他节点的消息信令单元选择发送路由，这些消息可能是从消息识别功能部分递交来的，也可能是从本节点的第四功能级的某 UP 或 MTP-3 的信令网管理功能部分送来的。

消息选路功能根据 MSU 路由标记中的目的信令点编码（DPC）、信令链路选择码（SLS）和业务类型指示码（SIO）联合检索路由表，选择合适的信令链路传递信令消息。对于到达同一目的信令点，且链路选择码相同的多条信令消息，消息选路功能总是将其安排在同一条信令链路上发送，以确保这些消息能按照源信令点的信令消息发送顺序到达目的信令点。

（2）信令网管理功能。

信令网管理功能的主要任务是在信令链路或信令点发生故障时采取适当的措施和操作以维持与恢复正常的信令业务。信令网管理功能监视每一条信令链路及每一个信令路由的状态。当某一条信令链路或信令路由发生故障时，由该功能确定替换的信令链路或信令路由，并将故障信令链路或信令路由承载的信令业务转移到替换信令链路或信令路由上传送，从而恢复正常的信令消息传递，并通知受到影响的其他节点。

【例 4.2】 No.7 信令系统的测试有哪几种类型？每种类型的测试的目的是什么？

解： No.7 信令系统的测试包括有效性测试、兼容性测试、工程验收测试 3 种类型。

有效性测试用来检验已开发的 No.7 信令设备是否符合我国有关的信令规范；兼容性测试用来检验不同制式的 No.7 信令设备之间能否正确配合工作；工程验收测试是采用 No.7 信令方式的每个交换局在正式投入通信网使用前进行的验收和测试。

4.3.3 电话用户部分

No.7 信令系统的用户部分包括电话用户部分（TUP）、数据用户部分（DUP）、综合业务用户部分（ISUP）、智能网应用部分（INAP）、移动通信应用部分（MAP）和运行维护管理应用部分（OMAP）等。这里只介绍电话用户部分的消息格式和信令过程，如果读者想了解其他部分，则可参考相关标准或书籍。

电话用户部分是 No.7 信令系统的第四功能级，是当前应用较广泛的用户部分之一。它定义了在数字电话通信网中用于建立、监视和释放一个电话呼叫所需的各种局间信令消息与协议。它不仅可以支持基本的电话业务，还可以支持部分用户补充业务。

1．电话用户部分的消息格式

No.7 信令电话用户部分的消息格式如图 4.9 所示。与其他用户部分的消息一样，电话用户部分的信令消息内容在 MSU 的信令信息字段（SIF）中传送，由标记、标题码和信令信息 3 部分组成。

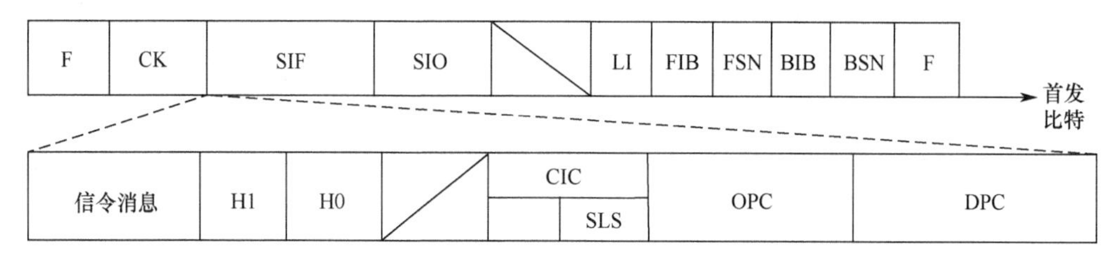

图 4.9 No.7 信令电话用户部分的消息格式

（1）标记。

标记是一个信息术语，每个信令消息都含有标记部分，MTP 根据标记选择信令路由，电话用户部分根据标记识别该信令消息与哪条中继电路有关。这里以我国 No.7 信令系统消息信令单元的电话用户部分为例，1 个标记由 3 部分组成：目的信令点编码（DPC），占用 24 位；源信令点编码（OPC），占用 24 位；电路识别码（CIC），占用 12 位。标记部分总计占用 64 位，其中 4 位为备用。

在电话用户部分的 MSU 中，CIC 用于标识该 MSU 传送的是哪一条话路的信令，即属于交换局间哪一条 PCM 中继线上的哪一个时隙。若采用 2.048Mbit/s 数字链路，则 CIC 的低 5 位表示 PCM 时隙号，高 7 位表示 OPC 和 DPC 信令点之间的 PCM 系统编码；若采用 8.448Mbit/s 数字链路，则 CIC 的低 7 位表示 PCM 时隙号，高 5 位表示 PCM 系统号；若采用 34.386Mbit/s 数字链路，则低 9 位表示 PCM 时隙号，其余 3 位表示 PCM 系统号。同时，CIC 的低 4 位也作为信令链路选择字段，实现信令消息在多条链路之间进行负荷分担的功能。12 位的 CIC 在理论上允许一条信令链路被 4096 条话路共享。

（2）标题码。

标题码用来指明消息的类型，占用 8 位，由 4 位消息组编码 H0 和 4 位消息编码 H1 组成。目前已定义了 13 个消息组。例如，负责传送前向建立电话连接的前向地址消息 FAM、前向建立成功消息 FSM；负责传送后向建立电话连接的后向建立消息 BSM、后向建立成功消息 SBM、后向建立不成功消息 UBM；负责传送表示呼叫接续状态信令的呼叫监视消息 CSM（如挂机消息）；负责传送电路和电路群闭塞、解除闭塞及复原信令的电路监视消息 CCM、电路群监视消息 GRM；负责传送电路网自动拥塞控制信息的电路网管理信令 CNM，以保证交换局在拥塞时减少去往超载局的业务量。有关消息组与消息的编制结构和详细说明可以查阅《中国国内电话网 No.7 信令方式技术规范》。

（3）信令信息。

SIF 中的信令信息部分的长度是可变的，能提供比随路信令多得多的控制信息。不同类型的电话用户部分消息的信令信息部分的内容和格式各不相同，电话用户部分需要根据 MSU 携带的标题码确定其格式和内容。这里仅以前向地址消息 FAM 中的 IAM/IAI 为例，介绍信令信息部分的内容、格式和作用。

前向地址消息 FAM 共包含以下 4 种消息。

① 初始地址消息 IAM。

② 带有附加信息的初始地址消息 IAI。

③ 带有多个地址的后续地址消息 SAM。

④ 带有一个地址的后续地址消息 SAO。

其中，IAM/IAI 是为建立一个呼叫连接而发出的第一个消息，包含下一个交换局为建立呼叫连接、确定路由所需的全部信息。IAM/IAI 中可能包含全部地址信息，也可能只包含部分地址信息，这与交换局间采用的地址传送方式有关。IAM/IAI 的基本格式如图 4.10 所示。

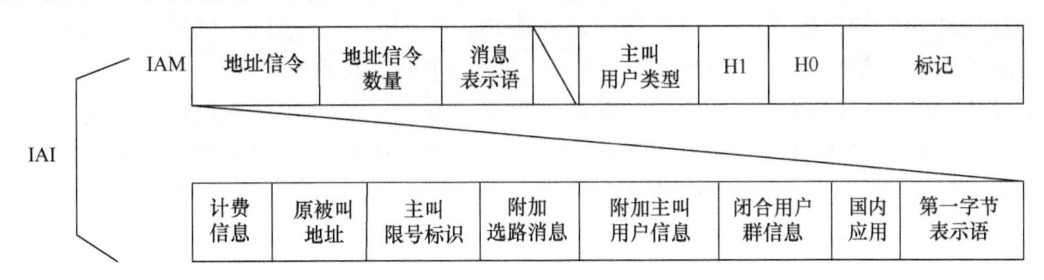

图 4.10　IAM/IAI 的基本格式

主叫用户类型用于传送国际或国内呼叫性质信息。例如，在国际半自动接续中指明话务员的工作语言，在全自动接续中指明呼叫的优先级、呼叫业务类型、计费方式等。

消息表示语反映了本次呼叫的被叫性质、所要求的电路性质和信令类型等。

地址信令数量是用二进制码表示的 IAM 包含的地址信令数量。地址信令采用 BCD 码表示，若地址信令数量为奇数，则最后要补 4 个“0”，以凑足 8 位的整数倍。

IAI 除包含字段外，还增加了一个 8 位的第一字节表示语，其中的低 7 位的每位对应指示一种附加信息情况，为“1”表示对应的域存在附加信息，为“0”表示不存在附加信息。第一字节表示语的最高位作为扩展位，为“1”表示还有第二字节表示语，为“0”表示不存在第二字节表示语。

在我国 No.7 信令网上，国标规定市话-长途、市话-国际发端局（包括所经过的汇接局）间必须使用 IAI，以便传送主叫用户号码等相关信息。对于其他应用，如追查恶意呼叫、主叫号码显示等，也可直接使用 IAI。IAI 是电话用户部分中非常常见的消息，每个呼叫都会用到；IAM 不带附加信息，可以认为是 IAI 的“减肥版”。

2. 信令过程

信令过程是指在各种类型的呼叫接续中，为完成用户之间的电路连接，各交换局间的信令传送顺序。在面向连接的电话网中，一个正常的呼叫处理信令过程通常包括 3 个阶段：呼叫建立阶段、通话阶段和释放阶段。

下面以一个在市话网中经过汇接局转接的正常呼叫处理信令过程为例，说明 No.7 信令一般的信令过程。

（1）在呼叫建立时，发端局首先发出 IAM 或 IAI。IAM 中包含被叫用户地址信号、主叫用户类型及路由控制等全部信息。

（2）在来话交换局为终端局并收全了被叫用户地址信号和其他必需的呼叫处理信息后，一旦确定被叫用户的状态为空闲，就后向发送地址已收全消息 ACM，通知本次呼叫接续成功。ACM 使各交换局释放本次呼叫暂存的地址信号和路由信息，接通话路，并由终端局向主叫用户送回铃音。

（3）被叫用户摘机后，终端局发送后向应答计费消息 ANC。发端局收到 ANC 后，启动计费程序，进入通话阶段。

（4）通话完毕，如果主叫用户先挂机，则发端局发送前向拆线消息 CLF，收到 CLF 的交换局应立即释放电路，并回送释放监护消息 RLG。如果交换局是汇接局，则它还负责向下一个交换局转发 CLF。但如果被叫用户先挂机，则终端局应发送后向挂机消息 CBK。在用户电话部分规定中，当采用主叫控制复原方式时，发送 CBK 的交换局并不立即释放电路，而是启动相应的定时设备，若在规定的时限内，主叫用户未挂机，则发端局话机自动产生和发送前向拆线信号 CLF，随后的电路释放过程与主叫先挂机时一致。

上面所述的信令过程只是一个成功呼叫的例子，在实际的呼叫处理过程中，常常要处理一些不能成功建立连接的异常情况，如被叫用户忙、中继电路忙、用户早释、非法拨号等情况，均应立即释放电路，以提高电路的利用率。关于这些情况下的信令过程，感兴趣的读者可阅读 No.7 信令系统的相关规范。

【例 4.3】 设主叫所在局与汇接局之间采用中国 1 号信令，汇接局与被叫所在局之间采用 No.7 信令，在通话过程中，当被叫用户按 R 键要求追查恶意呼叫时，在被叫所在局是否能打印出主叫号码并说明原因。

解： 若主叫所在局与汇接局之间采用中国 1 号信令，而汇接局与被叫所在局之间采用 No.7 信令，则在通话过程中，当被叫用户按 R 键要求追查恶意呼叫时，在被叫所在局不能打印出主叫号码，原因是被叫所在局收到 IAM 后，经检查被叫用户数据，发现有追查恶意呼叫的功能，向汇接局发送 GRQ 要求主叫号码，但由于主叫所在局与汇接局之间使用中国 1 号信令，此时汇接局已经向主叫所在局发出了 A3 信号，所以不可能再发送信号要求主叫号码了。

4.3.4 信令连接控制部分

No.7 信令系统 MTP 的寻址是根据目的信令点编码（DPC）将信令消息传送到指定的目的信令点，然后按照 4 位的业务表示语（SI）将消息分配给相关用户部分的。当需要在信令网上传送与呼叫连接电路无关的控制信息时，如智能网中的业务交换点（SSP）和业务控制点（SCP）之间的控制信息、数字移动通信网的移动台漫游的各种控制信息、网管中心之间的管理信息等，MTP 的寻址选路功能已不能满足要求。这时，信令连接控制部分（SCCP）就弥补了 MTP 在网络层功能的不足，SCCP 叠加在 MTP 之上，与 MTP-3 共同完成 OSI 的网络层功能，提供较强的路由和寻址能力。

1. SCCP 的消息格式

SCCP 的消息是在消息信号单元（MSU）的 SIF 字段中传送的，SCCP 作为 MTP 的一个用户，在 MSU 中的业务表示语（SI）编码为 0011。SCCP 的消息格式如图 4.11 所示，由路由标记、消息类型码、定长必备参数、变长必备参数和任选参数 5 部分组成。

（1）路由标记由目的信令点编码（DPC）、源信令点编码（OPC）和信令链路选择码（SLS）3 部分组成，国际标准规定，DPC 和 OPC 各用 14 位进行编码；我国标准规定各用 24 位进行编码，SLS 占 4 位。路由标记供 MTP-3 在选择信令路由和信令链路时使用，对于无连接服务，对发往同一目的信令点的一组消息的 SLS 而言，SCCP 按照负荷分担的原则选择链路，不保证消息的按序传送。对于有序的无连接服务，SCCP 将为发往同一目的信令点的一组消息分配相同的 SLS。对于面向连接服务中属于某一信令连接的多条消息，SCCP 也将分配相同的 SLS，以确保这些消息在同一信令路由中传送，使得接收端接收消息的顺序尽可能与发送端一致。

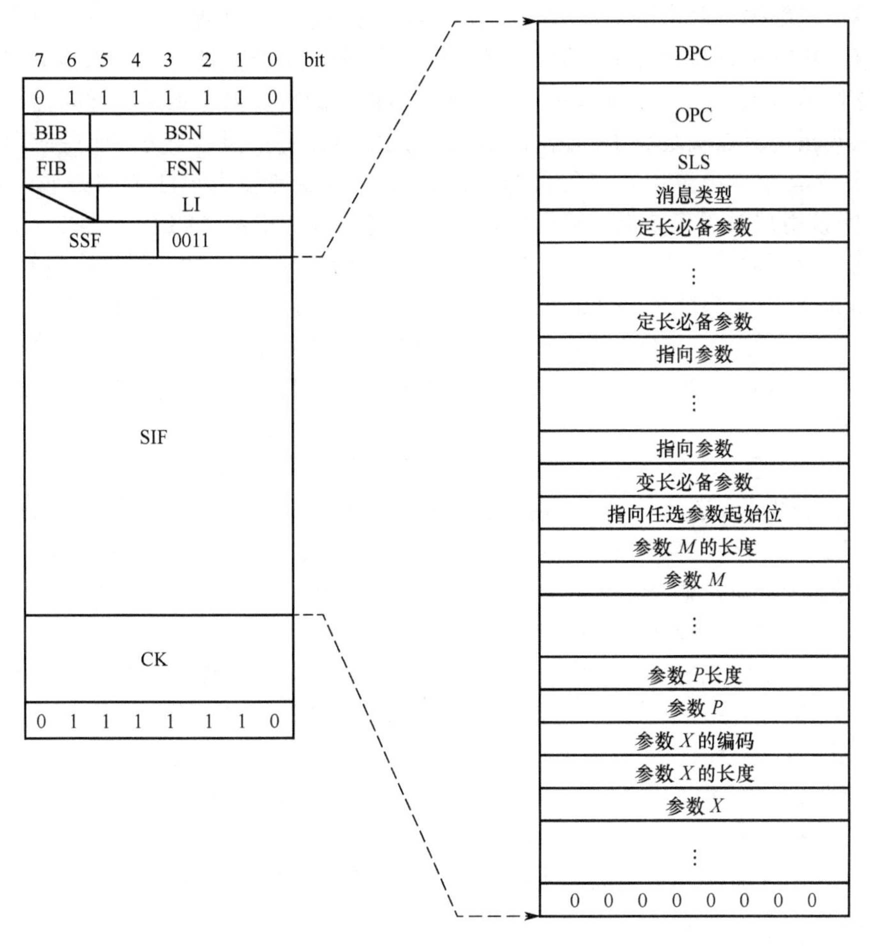

图 4.11　SCCP 的消息格式

（2）消息类型码由 8 位组成，用来表示不同的消息类型。例如，连接请求 CR 消息类型，二进制编码为 00000001，连接确认为 00000010。

（3）定长必备参数是指某个特定消息的参数的名称、长度和出现次序都是固定的，因此，这部分参数不必包含参数的名称和长度指示，只需按预定规则给出参数内容即可。

（4）变长必备参数，即参数的名称和次序可以事先确定，但参数长度可变。因此，消息中不必出现参数名称，只需由一组指针指明各参数的起始位置，并采用每个参数的第一个字节来说明该参数的长度（字节数）即可。

（5）任选参数是否出现及出现次序都与应用的情况有关，其长度可以是固定的，也可以是可变的。任选参数部分必须包含参数名称和参数内容，可变长参数还需要有参数长度。整个任选参数部分的起始位置由变长必备参数部分的最后一个指针指明。任选参数最后由一个全“0”字节的结束符表示。

2. SCCP的基本功能

SCCP 的基本功能是为基于 TCAP 的业务提供传输层服务，满足高层应用需求与解决 MTP-3 提供的服务不匹配的问题。

在 4 级结构的 No.7 信令系统中，MTP-3 只能根据目的信令点编码进行信令消息的寻址转发，但信令点编码有两个缺陷：第一，信令点编码并非全局有效，只在一个信令网内部有效，不能直接用它进行跨网寻址；第二，信令点编码是一个节点地址，标识整个节点，因而无法用它寻址节点内部的一个具体应用。对于 MTP-3 的网管消息和基本呼叫相关消息，一般将其发送到指定节点就足够了，因而使用信令点编码即可；但对于另外一些应用，如移动通信中对来自国外的漫游用户进行位置更新，此时需要向该用户注册的归属位置登记器（HLR）询问该用户的用户数据，漫游所在地的来访位置登记器（VLR）无法标识该归属位置登记器的信令点编码，不可能通过 MTP 传送端到端的信息。为了解决这类问题，SCCP 引入了附加的 8 位子系统号码（SSN），以便在一个信令点内标识更多的用户。目前已定义的子系统有 SCCP 管理、ISDN 用户部分、运行操作维护应用部分（OMAP）、移动应用部分（MAP）、归属位置登记器（HLR）、来访位置登记器（VLR）、移动交换中心（MSC）、设备识别中心（EIR）、认证中心（AUC）和智能网应用部分（INAP）等。

SCCP 的地址是一个全局码（GT），隐含了最终目的信令点编码的地址。GT 可以是 800 号码、记账卡号码，或者是一个移动用户的多业务 ISDN 号码。用户可以使用 GT 访问电信网中的任何用户，甚至越界访问。SCCP 能将 GT 翻译为 DPC+SSN、新的 GT 组合等，以便 MTP 能利用这个地址准确传递消息。这种地址翻译功能可在每个节点提供，也可分布在整个信令网中，还可在一些特设的翻译中心提供。

SCCP 的 GT 翻译功能大大增强了 No.7 信令网的寻址能力，使得一个信令点不再需要知道所有可能的目的信令点地址，仍可以照常完成消息的准确传递。当一个源信令点要发起一个呼叫，但又不知道目的信令点地址时，源信令点就将携带 GT 的信令消息发给默认的 STP（SCCP 的中继节点），STP 利用 GT 进行地址翻译，根据翻译结果将消息进行转发，该过程可以在多个 STP 间进行，直至找到最终的目的信令点。

SCCP 的另一个基本功能是提供无连接和面向连接的消息传送服务。

3. SCCP提供的服务

SCCP 提供 4 类服务：两类无连接服务和两类面向连接服务。无连接服务类似于分组交换网中的数据报业务，面向连接服务类似于分组交换网中的虚电路业务。

（1）无连接服务。

SCCP 能使业务用户在事先不建立信令连接的情况下通过信令网传送数据。在传送数据时，除利用 MTP 的功能外，SCCP 还提供地址翻译功能，能将用户用 GT 表示的被叫地址翻译成信令点编码及子系统编码的组合，以便通过 MTP 在信令网中传送用户数据。

无连接服务又可分为基本无连接类和有序的无连接类两种。

① 基本无连接类（协议类别 0）：用户不需要将消息按顺序传递，SCCP 采用负荷分担方式产生 SLS。

② 有序的无连接类（协议类别 1）：当用户要求消息按顺序传递时，可通过发送到 SCCP 的原语中的分配顺序控制参数来请求这种业务，SCCP 对使用这种业务的消息序列分配相同的 SLS，MTP 以很高的概率保证这些消息在相同的路由上被传送到目的信令点，从

而使消息按顺序到达。

（2）面向连接服务。

面向连接可分为永久信令连接和暂时信令连接。

永久信令连接是由本地或远端的 OAM 功能或节点的管理功能进行建立和控制的。

暂时信令连接是向用户提供的业务。对暂时信令连接来说，用户在传递数据之前，SCCP 必须向被叫端发送连接请求消息（CR），确定这个连接所经路由、传送业务的类别（协议类别 2 或 3）等，一旦被叫用户同意，主叫端接收被叫端发来的连接确认消息（CC）后，表明连接已经建立成功。用户在传递数据时，不必再由 SCCP 的路由功能选取路由，而通过建立的信令连接传送数据，在数据传送完毕时，释放信令连接。

面向连接包括两种协议：基本的面向连接类（协议类别 2）和流量控制面向连接类（协议类别 3）。

① 基本的面向连接类（协议类别 2）：通过信令连接保证源节点 SCCP 的用户和目的节点 SCCP 的用户之间的双向数据传递，同一信令关系可复用多个信令连接，属于某信令连接的信息包含相同的 SLS 值，保证消息按顺序传递。

② 流量控制面向连接类（协议类别 3）：除具有协议类别 2 的特性外，还可以进行流量控制和加速数据传送，并具有检测消息丢失和序号错误的能力。

4.3.5 事务处理能力应用部分

事务处理能力应用部分（Transaction Capabilities Application Part，TCAP）是指在各种应用（TC 用户）和网络层业务之间提供的一系列通信能力，为大量分散在电信网中的交换机和专用中心（业务控制点、网管中心等）的应用提供功能与规程。

TCAP 的核心思想是采用远端操作的概念，为所有应用业务提供统一的支持。TCAP 将不同节点之间的信息交互过程抽象为一个关于“操作”的过程，即始发节点的用户调用一个远端操作，远端节点执行该操作，并将操作结果回送给始发节点。操作的调用者为了完成某项业务过程，两个节点的对等实体之间可能涉及许多操作，这些相关操作的执行组合就构成一个对话（事务）。

TCAP 提供的服务就是将始发节点用户所要进行的远端操作和携带的参数传送给位于目的节点的另一个用户，并将远端用户执行的操作结果返回给始发节点的调用者。TCAP 是在 TC 用户之间建立端到端的连接并对操作和对话（事务）进行管理的协议。

TCAP 由成分子层和事务处理子层组成。TCAP 层次结构如图 4.12 所示。成分子层的基本元素是处理成分，即传送远端操作响应的协议数据单元，以及作为任选部分的对话信息单元。事务处理子层完成 TC 用户之间包含成分及任选的对话信息部分的消息交换。各层之间的通信采用原语方式（原语是由若干指令组成的用来完成一定功能的程序段，执行必须过程连续，不允许被中断）。TC 用户子层与成分子层之间的接口采用 TC-原语，成分子层与事务处理子层之间的接口采用 TR-原语，事务处理子层与 SCCP 之间的接口采用 N-原语。

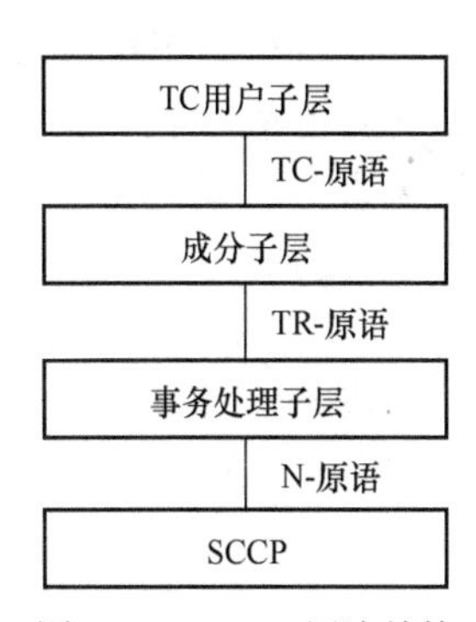

图 4.12 TCAP 层次结构

1．TCAP 的成分子层

成分是用来传送一个操作请求或应答的基本单元，一个成分从属于一个操作。成分可以是关于执行某一操作的请求，也可以是某一操作的执行结果。每个成分利用操作调用识别号进行标识，用来说明操作请求与应答的对应关系。

从操作过程来看，无论是什么应用系统，成分都可以归纳为下面 5 种类型。

（1）操作调用（Invoke，INV）成分：作用是要求远端用户执行某一动作。每个 INV 成分中都包含一个调用识别号和由 TC 用户定义的操作码及相关参数。

（2）回送非最终结果（Return Result Not-Last，RR-NL）成分：说明远端操作已被成功执行，但由于要回送的结果信息太长，超出了网络层的最大长度限制，故需要采用分段方式传送。当前 RR-NL 成分传送的不是结果的最后分段。

（3）回送最终结果（Return Result-Last，RR-L）成分：远端操作已被成功执行。RR-L 成分传送的是结果中的最后一段，或者只需一条消息传送执行结果。

（4）回送差错（Return Error，RE）成分：远端操作失败，并说明失败原因。

（5）拒绝（Reject，RJ）成分：当远端的 TC 用户或 TC 成分子层发现传来的成分信息有错或无法理解时，可拒绝执行该操作。用 RJ 成分表示拒绝执行操作，并说明拒绝的原因。

根据对操作执行结果的应答的不同要求，将操作分为 4 种类型：①无论操作成功与否，均需要向调用端报告；②仅报告失败；③仅报告成功；④成功与否都不报告。

为了执行一个应用，两个 TC 用户之间连续地进行成分交换就构成了一次对话。对话处理也允许 TC 用户传送和协商应用的上下文名称并透明地传送非成分数据。对话分为结构化和非结构化两种。结构化对话包括对话开始、保持和对话结束 3 个阶段，并由一个特定的对话 ID 进行标识。非结构化对话没有对话开始、保持或对话结束阶段，TC 用户发送一条消息后，不期待任何回答成分。

成分子层与事务处理子层有一一对应的关系，在结构化对话情形下，一个对话对应一个事务处理，而非结构化对话则隐含存在。成分子层的对话处理原语和事务处理子层的事务处理原语采用相同的名称，并且以“TC-”和“TR-”作为头，分别进行标识。例如，成分子层的对话处理开始原语为 TC-Begin，对应事务处理子层的事务处理开始原语为 TR-Begin。成分子层的成分处理原语在事务处理子层中没有对应部分。

2．TCAP 的事务处理子层

事务处理子层（TSL）提供事务处理用户（TR 用户）之间关于成分的交换能力。在结构化对话情形下，事务处理子层在它的 TR 用户之间提供端到端的连接，这个端到端的连接称为事务处理。事务处理子层也提供通过低层网络服务在同层（TR 层）实体间传送事务处理消息的能力。

（1）TR-原语及参数。

成分子层与事务处理子层之间的接口是 TR-原语。TR-原语与成分子层的对话处理原语之间有一一对应的关系。TR-原语包括 TC-UNI、TR-Begin、TR-Continue、TR-END、TR-U-Abort 和 TC-P-Abort 等，每个原语都包括相关参数。TR-原语的参数如下。

- 服务质量：TR 用户指示可接受的服务质量，用来规定无连接网络中 SCCP 的“返回选择”及“顺序控制”参数。
- 目的地址和源地址：标识目的 TR 用户和源 TR 用户，采用 SCCP 的 GT 或信令点编码与子系统码的组合来表示。

- 事务处理 ID：事务处理在每一端都有一个单独的事务处理 ID。
- 终结：标识事务处理终结的方式（预先安排的或基本的）。
- 用户数据：包括在 TR 用户间传送的信息，成分部分在事务处理子层被视为用户数据。
- P-Abort：指明由事务处理子层中止处理的原因。
- 报告原因：指明 SCCP 返回消息时的原因，仅用于 TR-NOTICE 指示原语。

（2）消息类型。

为了完成一个应用业务，两个 TC 用户需要双向交换一系列 TC 消息。消息交换的开始、继续、结束及消息内容均由 TR 用户控制和解释，事务处理子层只对事务的启动、保持和终结进行管理，并对事务处理过程中的异常情况进行检测和处理。

虽然事务处理能力消息中包含的对话内容取决于具体应用，但事务处理子层从事务处理的角度出发，要对消息进行分类，这种分类与应用完全无关。

① 非结构化对话类：用来传送不期待回答的成分，没有对话开始、保持和结束的过程。传送非结构化对话的是单向消息 UNI，在单向消息中，没有事务处理 ID，这类消息之间没有联系。

② 结构化对话类：包含开始、保持、结束 3 个阶段。传送结构化对话的消息有以下 4 种。

- 起始消息（Begin）：指示与远端节点的一个事务（对话）开始。该消息必须带有一个本地分配的源端事务标识号，用于标识这一事务。
- 继续消息（Continue）：用来双向传送对话消息，指示对话处于保持（信息交换）状态。为了使接收端能够判定该消息属于哪一个对话，每个消息都必须带有两个事务标识号：源端事务标识号和目的端事务标识号。对端收到继续消息后，根据目的端事务标识号确定该消息所属的对话。
- 结束消息（End）：用于指示对话正常结束，可由任意一端发出。在该消息中，必须带有目的端事务标识号，用于指明要结束哪个对话。
- 中止消息（Abort）：用来指示对话非正常结束。它是在检测到对话过程中出现差错时发出的消息，中止一个对话可由 TC 用户或事务处理子层发起。

结构化对话中的每个对话都对应一对事务标识号，分别由对话两端分配。每个事务标识号只在分配的节点中有意义。对于每个消息，其发送端分配的事务标识号为源端事务标识号，接收端分配的标识号为目的端事务标识号，前者供接收端在回送消息时作为目的标识号使用，后者供接收端确定消息属于哪个对话使用。

3. TCAP 的消息格式

TC（事务处理能力）消息是封装在 SCCP 消息中的用户部分。TC 消息与 MSU、SCCP 消息的关系如图 4.13 所示。

TC 消息包括事务处理部分、对话部分和成分部分。无论是哪个部分，都采用一种标准的统一信息单元结构，并且 TC 消息内容是由若干标准信息单元构成的。

每一信息单元由标签（Tag）、长度（Length）和内容（Contents）组成，如图 4.14（a）所示。在 TC 消息内容的组织结构中，总是按照标签/长度/内容为一个单元顺序出现的。标签用来区分类型和解释内容；长度说明占用的字节数；内容是信息单元的实体，包含信息单元要传送的信息。每个信息单元可以是一个值（基本式），也可以嵌套一个或多个信息单元（构成式），如图 4.14（b）所示。

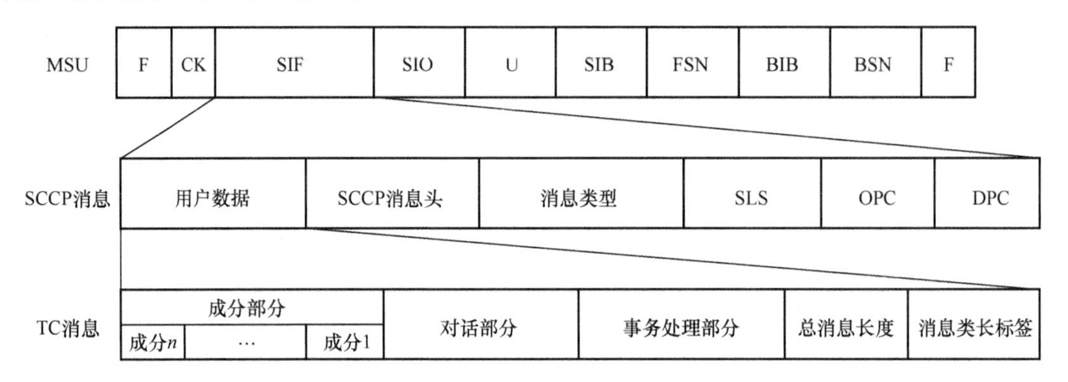

图 4.13 TC 消息与 MSU、SCCP 消息的关系

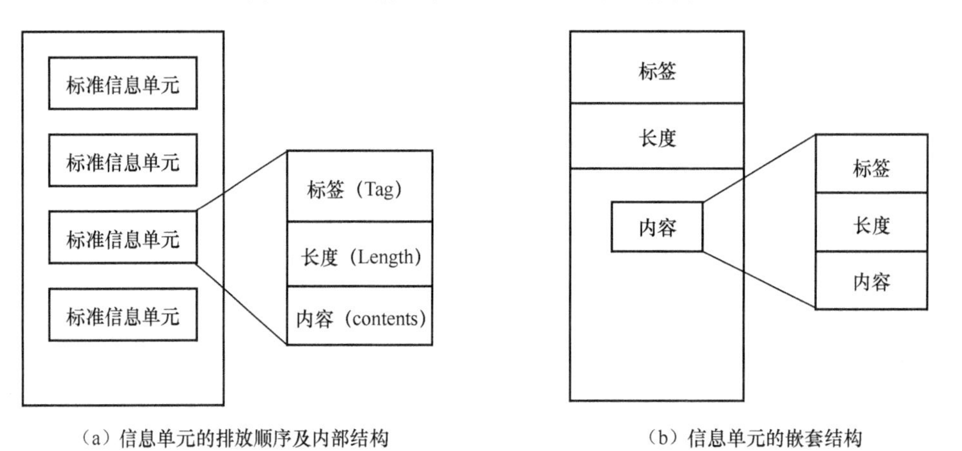

图 4.14 TC 消息内容的组织结构

在一个信息单元中，标签可以是一个 8 位的单字节格式，也可以是多字节的扩充格式。标签的最高两个有效位用来指明标签的类别，可分为通用类、全应用类、上下文专有类和专有类 4 种。

长度字段用来指明信息单元中不包括标签字段和长度字段的字节数。长度字段采用短、长或不定 3 种格式，其中，短格式结构和长格式结构分别如图 4.15（a）和（b）所示。

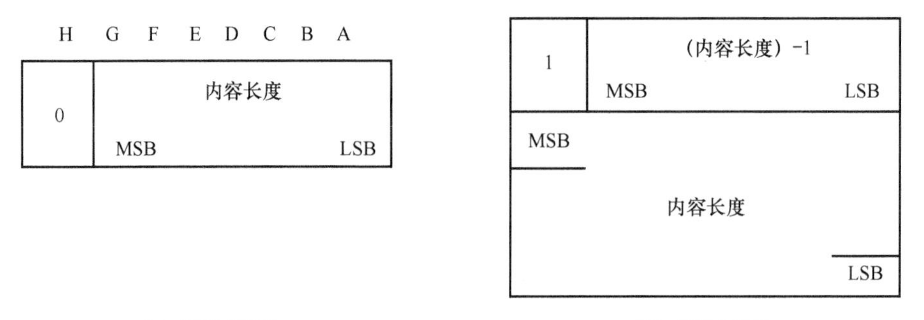

图 4.15 长度字段的格式结构

若内容长度小于或等于 127 字节，则采用短格式。短格式只占 1 字节，H 位编码为 0，G～A 位为长度的二进制编码值。

如果内容长度大于 127 字节，则采用长格式。长格式的长度为 2～127 字节。第一字节的 H 位编码为 1，G～A 位的二进制编码值等于内容长度减 1。

当信息单元是一个构成式时，可以（但不一定必须）用不定格式来代替短格式或长格式。

在不定格式中，长度字段占一个字节，其编码固定为 10000000，并不表示信息内容的长度，只是采用不定格式的表示。在应用该格式时，用一个特定的内容结束指示码（EOC）终止信息单元。内容结束指示用一个信息单元来表示，其类型是通用类，格式是基本类，标签码是 0 值，内容不用且不存在，即 EOC 单元（标签=00000000，长度=00000000）。

附录 4A　信令系统实验项目

4A.1　信令信号的产生与观测

一、实验目的

1．了解常用的几种信令信号音和铃流发生器的电路组成与工作过程。

2．熟悉这些信号音和铃流信号的技术要求。

二、实验内容

1．用万用表测量各测试点拨号音、忙音、回铃音及铃流控制信号的电压。

2．用示波器测量各测试点拨号音、忙音、回铃音及铃流控制信号的波形。

3．各测试点说明如下。

TP04：回铃音信号。

TP05：铃流控制信号。

TP06：拨号音信号。

TP07：忙音信号。

三、实验仪器

1．LTE-CK-02E 程控实验箱一台。

2．电话机两部。

3．数字示波器一台。

四、实验原理

在用户话机与交换机之间的用户线上，要沿两个方向传递话音信息。但是，为了实现一次通话，还必须沿两个方向传送所需的控制信号。例如，当用户想要通话时，必须首先向交换机提供一个信号，能让交换机识别并准备好有关设备，此外，还要把指明呼叫的目的地的信号发往交换机。当用户想要结束通话时，也必须向交换机提供一个信号，以释放通话期间使用的设备。除了用户要向交换机传送信号，还需要交换机向用户传送信号，如交换机要向用户传送关于交换机设备状况及被叫用户状态的信号。

由此可见，一个完整的电话通信系统除了交换系统和传输系统，还应有信令系统。

用户向交换机发送的信号有用户状态信号（一般为直流信号）和号码信号（地址信号)。交换机向用户发送的信号有各种可闻信号与振铃信号（铃流)。

（1）各种可闻信号：一般采用频率为 500Hz（或 450Hz）的交流信号（本实验箱采用 500Hz 交流信号)。

拨号音：（Dial tone）连续发送的 500Hz 信号。

回铃音：（Echo tone）1s 通、4s 断的重复周期为 5s 的 500Hz 信号。

忙音：（Busy tone）0.35s 通、0.35s 断的重复周期为 0.7s 的 500Hz 信号。

催挂音：连续发送响度较大的信号，与拨号音有明显区别。

（2）振铃信号（铃流）一般采用频率为 25Hz，以 1s 通、4s 断的重复周期为 5s 的方式发送。

拨号音由 U201（EPM3256）产生，频率为 500Hz，幅度在 2V 左右，测试点为 TP06。

回铃音由 U201（EPM3256）产生，为 1s 通、4s 断的重复周期为 5s 的信号，测试点为 TP04。

忙音由 U201（EPM3256）产生，为 0.35s 通、0.35s 断的重复周期为 0.7s 的 500Hz 的信号，测试点为 TP07。

铃流控制信号是由 U201（EPM3256）产生的 25Hz 方波经 RC 积分电路后形成的。铃流控制信号送入 AM79R70 后，当需要向用户振铃时，通过 AM79R70 的功率提升，向用户送出铃流，完成振铃，测试点为 TP05。

图 4A.1 为各测试点的工作波形图，依次为回铃音信号、拨号音信号、铃流控制信号、忙音信号。

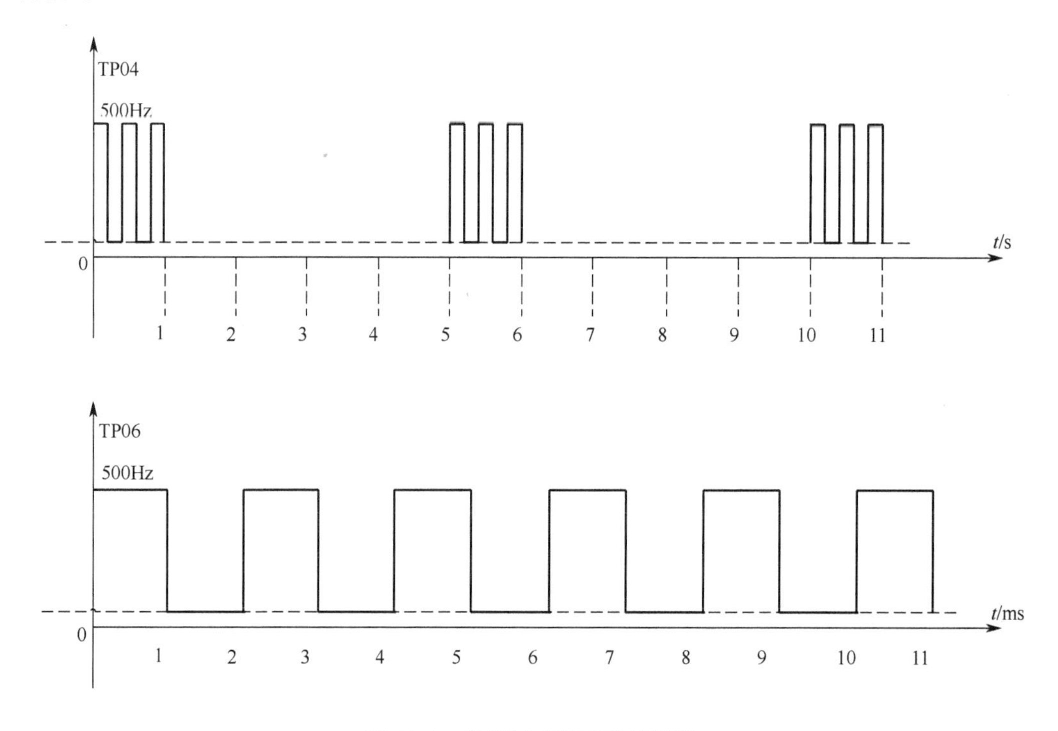

图 4A.1　各测试点的工作波形图

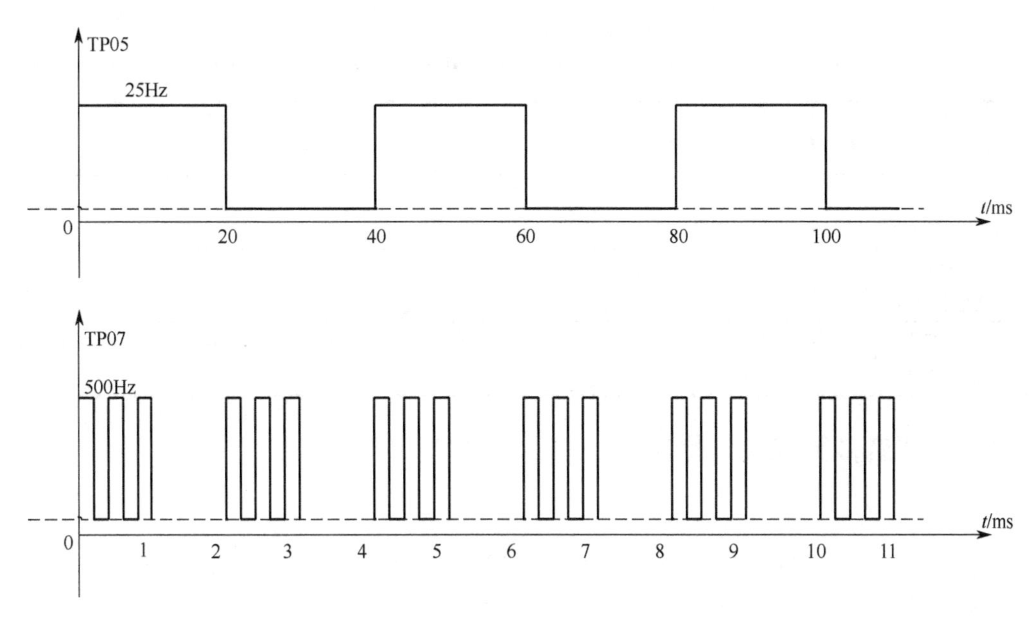

图 4A.1 各测试点的工作波形图（续）

五、实验步骤

1．接好实验箱电源线，打开实验箱电源开关，准备好电话机，开始做实验。

2．用示波器观察各种信令信号的输出波形。

TP04：回铃音信号。它对应的示波器设置：交流耦合，探头衰减设为×10。

TP05：铃流控制信号。它对应的示波器设置：交流耦合，探头衰减设为×10。

TP06：拨号音信号。它对应的示波器设置：交流耦合，探头衰减设为×10。

TP07：忙音信号。它对应的示波器设置：交流耦合，探头衰减设为×10。

3．将两部电话机分别接在 J301 甲方一路和 J501 乙方一路上，通过薄膜键盘在液晶屏上选择空分交换方式或时分交换方式。

4．甲方一路呼叫乙方一路，用示波器观察 TP306 的波形。示波器设置：交流耦合，探头衰减设为×10。

5．实验结束，关闭电源，整理实验数据，并完成实验报告。

六、实验注意事项

1．必须由两人合作完成。

2．在测量 25Hz 的铃流控制信号发生器输出的波形时，一定要注意万用表的量程和示波器的电压量程，防止损坏仪器。

七、实验报告要求

1．认真画出实验过程中各测试点的波形，填在表 4A.1 中，并进行分析。

2．画出电路组成框图。

3．对在实验过程中遇到的其他情况做记录，并进行分析。

4．画出主、被叫用户各种信号音顺序输出的程序流程框图。

表 4A.1 各测试点的波形

测量点	波形
TP04 回铃音信号	
TP05 铃流控制信号	
TP06 拨号音信号	
TP07 忙音信号	

4A.2 双音多频接收与检测

一、实验目的

1. 了解电话号码双音多频（DTMF）信号在程控交换系统中的发送和接收方法。
2. 熟悉 DTMF 接收电路的组成及工作过程。
3. 观测电话机发送的 DTMF 信号波形。
4. 观测 DTMF 信号的接收工作波形和译码显示。

二、实验内容

1. 用示波器观察并测量发送的 DTMF 信号波形，在用户线接口电路的输入端进行测量，即在甲方一路用户线接口电路的测试点 TP301 与 TP302 处进行测量。

2. 用示波器观察并测量接收的 DTMF 信号波形，其中，TP309 为 DTMF 译码有效状态测试点。

三、实验仪器

1. LTE-CK-02E 程控实验箱一台。
2. 电话机两部。
3. 数字示波器一台。

四、实验原理

DTMF 接收器包括 DTMF 分组滤波器和 DTMF 译码器。典型 DTMF 接收器原理框图如图 4A.2 所示。DTMF 接收器先经高、低频组带通滤波器进行区分，然后进行过零检测、比较，得到相应于 DTMF 的两路信号输出。这两路信号经译码、锁存、缓冲，恢复成对应于 16 种 DTMF 信号音对的 4 位二进制码（DO1～DO4）。

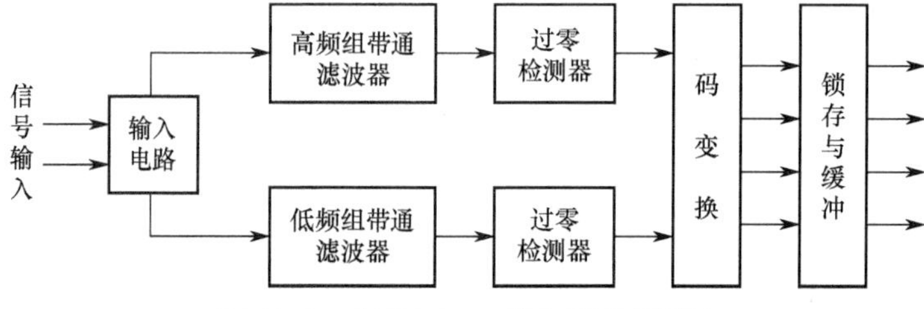

图 4A.2 典型 DTMF 接收器原理框图

在本实验系统电路中，DTMF 接收器采用的是 MT8870 芯片，其引脚排列图如图 4A.3 所示。

IN +	1	18	VDD
IN −	2	17	CI/GT
FB	3	16	EC0
VREF	4	15	CID
IC	5	14	DO4
IC	6	13	DO3
OSCI	7	12	DO2
OSCO	8	11	DO1
VSS	9	10	EN

图 4A.3　MT8870 芯片的引脚排列图

1．电路的基本特性

（1）提供 DTMF 信号分离滤波和译码功能，输出 16 种 DTMF 频率组合对应的 4 位并行二进制码。

（2）可外接频率为 3.5795MHz 的晶体，与内含振荡器产生基准频率信号。

（3）具有抑制拨号音和模拟信号输入增益可调的能力。

（4）二进制码为三态输出。

（5）提供基准电压（VREF）输出。

（6）电源：+5V。

（7）功耗：15mW。

（8）工艺：CMOS。

（9）封装：18 引线双列直插。

2．引脚简要说明

以下是对 MT8870 引出端符号的说明。

IN+、IN−：运放同、反相输入端，模拟信号或 DTMF 信号从此端输入。

FB：运放输出端，外接反馈电阻，可调节输入放大器的增益。

VREF：基准电压输出。

IC：内部连接端，应接地。

OSCI、OSCO：振荡器输入、输出端，两端外接频率为 3.5795MHz 晶体。

EN：数据输出允许端，若为高电平输入，即允许 DO1～DO4 输出；若为低电平输入，则禁止 DO1～DO4 输出。

DO1～DO4：数据输出，是相应于 16 种 DTMF 信号（高、低单音组合）的 4 位二进制并行码，为三态缓冲输出。

CI/GT：控制输入，若此输入电压高于门限值，则电路将接收 DTMF 信号，并更新输出锁存内容；若低于门限值，则电路不接收新的 DTMF 信号。

EC0：初始控制输出，若电路检测出一可识别的单音对，则此端变为高电平；若无输入信号或连续失真，则返回低电平。

CID：延迟控制输出，当一有效单音对被接收，CI 高于 V_{TSt}，且输出锁存器被更新时，CID 为高电平；若 CI 低于 V_{TSt}，则 CID 返至低电平。

VDD：接正电源，通常接+5V。

VSS：接负电源，通常接地。

3. 电路的基本工作原理

MT8870 完成典型 DTMF 接收器的主要功能：输入信号的高/低频组带通滤波、限幅、频率检测与确认、译码、锁存与缓冲输出、振荡、监测等。具体来说，就是 DTMF 信号从芯片的输入端输入，经过输入运放和拨号音抑制滤波器滤波后，分两路分别进入高、低频组滤波器以分离检测出高、低频组信号。

如果高、低频组信号同时被检测出来，则 EC0 输出高电平，作为有效检测 DTMF 信号的标志；如果 DTMF 信号消失，则 EC0 返至低电平，与此同时，EC0 通过外接电阻向电容充电，得到 CI 和 GT。

经 t_{GTP} 延时后，当 CI、GT 的电压高于门限值 V_{Tst} 时，产生内部标志，这样，该电路在出现 EC0 标志时，将证实后的两单音送往译码器，变成 4 比特码字并送到输出锁存器中，而当 CI 标志出现时，该码字被送到三态输出端 DO1～DO4。另外，CI 信号经形成和延时，从 CID 端输出，提供一个选通脉冲，表明该码字已被接收和输出已被更新，如果积分电压降到门限值 V_{Tst} 以下，则 CID 也回到低电平。

MT8870 的译码如表 4A.2 所示，图 4A.4 为 DTMF 实验系统的电路原理框图。在表 4A.2 中，数据输出允许端 EN 的测试点为 TP309。

表 4A.2 MT8870 的译码

f_L/Hz	f_H/Hz	话机按键	EN	DO4	DO3	DO2	DO1
697	1209	1	H	L	L	L	H
697	1336	2	H	L	L	H	L
697	1477	3	H	L	L	H	H
770	1209	4	H	L	H	L	L
770	1336	5	H	L	H	L	H
770	1477	6	H	L	H	H	L
852	1209	7	H	L	H	H	H
852	1336	8	H	H	L	L	L
852	1477	9	H	H	L	L	H
941	1336	0	H	H	L	H	L
941	1209	*	H	H	L	H	H
941	1477	#	H	H	H	L	L
697	1633	A	H	H	H	L	H
770	1633	B	H	H	H	H	L
852	1633	C	H	H	H	H	H
941	1633	D	H	L	L	L	L
—	—	—	L	Z	Z	Z	Z

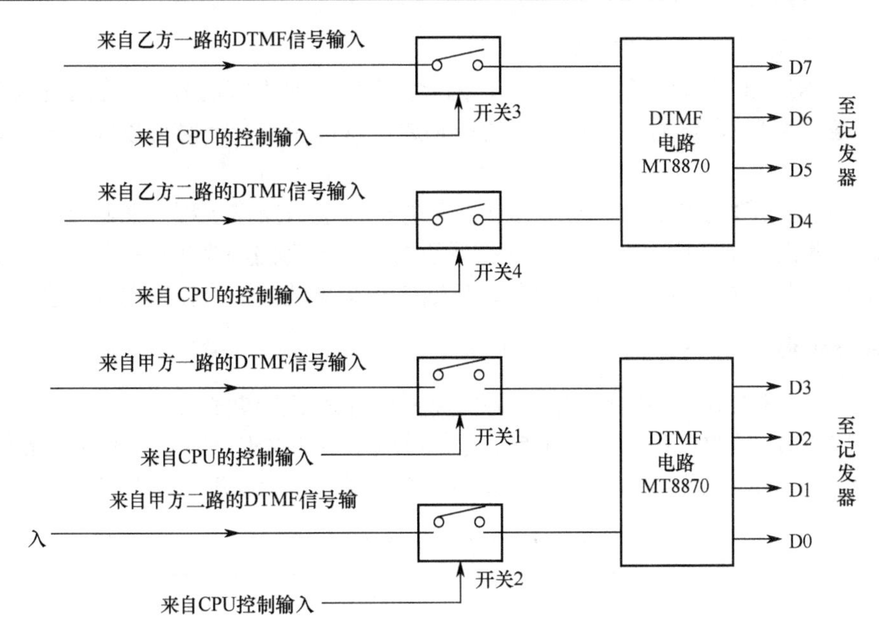

图 4A.4 DTMF 实验系统的电路原理框图

需要指出的是，一片 MT8870 芯片可以对两路用户电路进行号码检测接入，为了不影响电路的正常工作，由模拟开关接通或断开 DTMF 信号。另外，模拟开关还对话音信号进行隔离，阻止话音信号进入 MT8870 芯片，防止误动作的发生。在实际应用中，一片 MT8870 芯片可以至多接入检测 16 路用户电路的 DTMF 信号，此时，采取排队等待的方式进行工作。当然，在具体设计这方面的电路时，要全面考虑电路设计，使之能正常工作而不出现漏检测现象。

五、实验步骤

1．接好实验箱的电源，打开实验箱电源开关，准备做实验。

2．在甲方一路和乙方一路处分别接上电话机。

3．按“开始”键，进入主菜单，然后通过按上、下方向键选择交换方式子菜单，再按“确认”键进入交换方式菜单，当选择空分交换时，空分交换工作方式指示灯亮。

将甲方一路用户摘机，听到拨号音后拨打乙方一路号码，此时液晶屏上将显示所拨的号码，同时译码指示灯 D3、D2、D1、D0 组成的二进制码（8421）会显示经过 MT8870 芯片的译码值。对下列相关测试点输出的波形进行观察和记录。

TP304、TP504：输入信号观测点。

示波器设置：交流耦合，探头衰减设为×10。

TP309、TP509：DTMF 译码有效状态测试点。

示波器设置：直流耦合，探头衰减设为×10。

4．实验结束，关闭电源，整理实验数据并完成实验报告。

六、实验注意事项

1．D3、D2、D1、D0 译码指示灯指示的是 U308 的译码值，其中，D3 为高位，D0 为低位。D7、D6、D5、D4 译码指示灯指示的是 U508 的译码值，其中，D7 为高位，D4 为低位。实验时，可考虑只选做其中一路。

2．由于本实验箱的号码长度为 4 位，因此，若实验时拨打的号码不能被记发器识别，则将显示“被叫空号”，同时，MT8870 的译码通道将被切断，此时可以挂机一次，重新进行测试。

3．使主机实验箱通电处于正常工作状态，并严格遵循操作规程；在测量观察上述各测试点波形时，两人一定要配合好，即一人按照正常拨打电话的顺序进行操作，另一人要找到相应的测试点和有关电路单元，小心操作，仔细体会实验过程中的各种实验现象。

七、实验报告

1．画出 DTMF 接收电路的原理图，并能简要分析其工作过程。

2．画出 DTMF 接收过程测试点在有、无信号状态下的波形，并做简要的分析与说明。

3．将实际观测的译码结果填入表 4A.3 中（根据译码指示灯填一路即可）。

表 4A.3　实际观测的译码结果

号　码	译 码 输 出	说　明
1		
2		
3		
4		
5		
6		
7		
8		
9		
0		
*		
#		

4A.3　呼叫处理与线路信号的传输过程

一、实验目的

1．熟悉一次正常呼叫的传送信号流程。

2．了解信号在交换过程中的传输特性。

二、实验内容

1．以甲方一路为主叫与甲方二路为被叫为例，根据一次正常呼叫的传送信号流程，测量线路各点的波形。

2．了解信号在交换过程中的传输特性。

三、实验仪器

1．LTE-CK-02E 程控实验箱一台。

2．电话机两部。

3．数字示波器一台。

四、实验原理

一次正常呼叫的传送信号流程如图 4A.5 所示，其中，振铃信号、应答信号、忙音信号均由信令信号产生单元的 CPLD 提供。

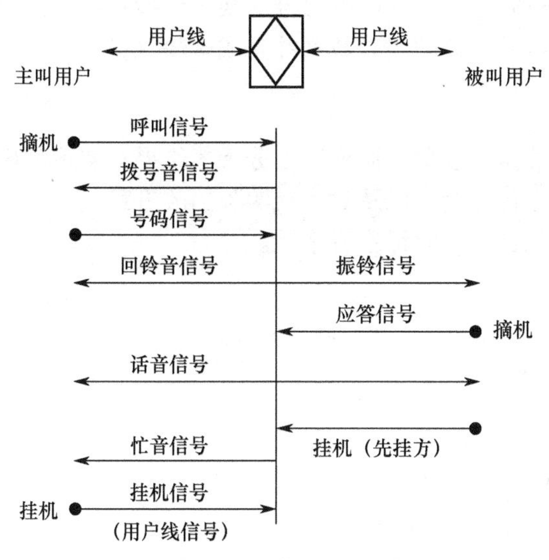

图 4A.5　一次正常呼叫传送信号的流程

一次正常呼叫的状态分析如图 4A.6 所示，分输入信号、振铃、通话 3 个阶段分析了呼叫的各种状态。

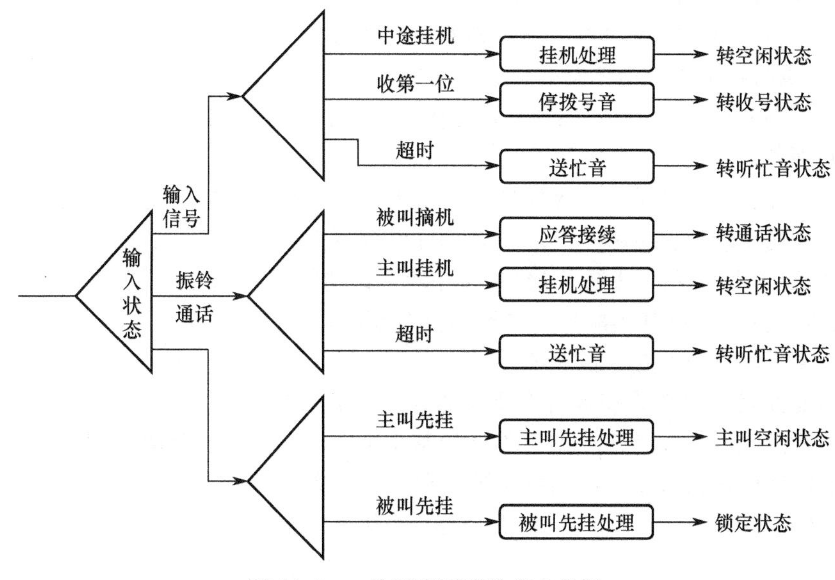

图 4A.6　一次正常呼叫的状态分析

五、实验步骤

1．接好实验箱电源线，打开电源，通过薄膜键盘选择交换方式，设置为空分交换方式，此时空分交换工作指示灯 LED202 亮。

2．在甲方一路和甲方二路处分别接上电话机，甲方一路作为主叫，呼叫甲方二路。

3．用示波器测量 TP304、TP306 两处在接续过程中各阶段的波形。

TP304：甲方一路模拟话音信号输出。

TP306：甲方一路电话信号及控制信号音的输入。

4．将交换方式设置在时分交换，此时时分交换工作指示灯 LED203 亮，重复步骤 3。

5．实验结束，关闭电源，整理实验数据并完成实验报告。

六、实验报告

1．根据测试的实验数据、现象与波形写出分析的结果与实际测量的结果是否一致。

2．写出本次实验的心得体会，以及对本次实验的改进意见。

3．画出一次完整的电话接续的程序流程图。

习　题

4-1　简要说明信令的基本概念。

4-2　信令的分类方法有哪几种？

4-3　简要说明公共信道信令的概念。

4-4　与随路信令相比，公共信道信令有哪些优点？

4-5　什么是用户线信令？用户线信令由哪些信令类型组成？

4-6　什么是记发器信令？在中国 1 号信令标准规范中，记发器信令采用什么方式？

4-7　简要说明 No.7 信令系统的特点。

4-8　简要说明 No.7 信令网的工作方式和组织结构。

4-9　简要说明我国 3 级信令网的双备份可靠性措施。

4-10　画出消息信号单元（MSU）的结构，简要说明各字段的作用，并说明由 MTP-2 处理的字段有哪些。

4-11　简要说明信令链路功能级包括哪些功能，并说明各功能的基本作用。

4-12　信令网功能级包括哪些功能？各功能的作用是什么？

4-13　SCCP 在哪些方面增强了 MTP 的寻址选路功能？

4-14　SCCP 提供了哪几类服务？请对这几类服务做简要说明。

4-15　简要说明 TCAP 提供的基本服务。

4-16　简要说明 TCAP 的基本结构及各部分的基本功能。

4-17　简要说明用户电话部分消息单元的基本组成格式及各部分的作用。

4-18　在电话用户部分中，电话标记的作用是什么？

4-19　初始地址消息（IAM）中主要包括哪些信息？请予以简要说明。

第5章　宽带综合业务数字网与ATM交换

5.1　ISDN技术

为了满足人们在通信上除了原有的话音、数据、传真业务，还要求综合传输高清晰度电视、广播电视、高速数据传真等宽带业务的需求，20世纪80年代初期，首先提出了综合业务数字网（Integrated Services Digital Network，ISDN）的概念。在CCITT的建议中，ISDN是一种在电话综合数字网（IDN）的基础上发展起来的通信网络，能够提供端到端的数字连接，支持多种业务（包括话音和非话音业务），为用户进网提供了一组有限的、标准的、多用途的用户-网络接口。因此，ISDN是一个数字电话网络国际标准，是一种典型的电路交换网络系统。ISDN的基本结构如图5.1所示。

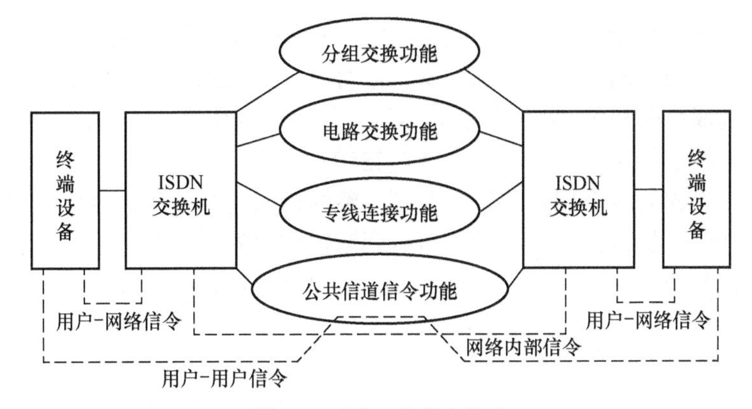

图5.1　ISDN的基本结构

ISDN最重要的特征是能够支持端到端的数字连接，并且可实现传统话音业务和分组数据业务的综合，使数据和话音能够在同一网络中传递。ISDN与数字公用电话交换网（PSTN）有着非常紧密的联系，可认为它是在PSTN的基础上，为支持数据业务扩展形成的。ISDN的最基本功能与PSTN一样，提供端到端的64kbit/s的数字连接以承载话音或其他业务。在此基础上，ISDN还提供更高带宽的N×64kbit/s电路交换功能。ISDN的综合交换节点还应具有分组交换功能，以支持数据分组交换。在信令结构上，ISDN也与PSTN相同，采用No.7信令系统，其用户部分为ISUP协议。

1993年，世界上开放ISDN商用业务的国家有21个，1995年发展到30个，全球许多国家都已能提供ISDN业务。1994年，ISDN用户线数为170万个，1995年增加到395万个。资料显示，1998年，德国ISDN用户达到280万户；美国、德国和日本的用户线数居世界前3位，分别为350万、300万和360万个基本速率接口。法国的小商户和住宅用户是ISDN的主要使用者，占市场的74%。最初，德国电信主要为商业用户提供ISDN业务，后来开始将对象转向小商户和住宅用户。法国是世界上第一个提供全国ISDN连接的国家，其用户数居欧洲第二位。1995年，日本ISDN业务遍及全国所有城市，98%的电话用户都已具备使用 ISDN 的网络条件。

我国最早进行 ISDN 商用试验的城市是上海。1995 年，上海开始商用试验网的建设，此网络独立于 PSTN。之后，北京和广州开始建设小规模的商用试验网。北京在没有 ISDN 本地网的情况下，大胆从国际局入手，设置独立 ISDN 局和 8 个模块局，率先为国内的外企和商业用户开放国际 ISDN 业务。1996 年，我国正式将 ISDN 业务命名为“一线通”，非常形象地概括了 ISDN 的基本特性。1998 年，全国 26 个省会城市的 26 台原有 PSTN 长途交换机通过版本升级和硬件改造具备了 ISDN 功能，其中，北京、广州、南京和上海之间开放了长途 ISDN 业务，郑州、济南、成都和天津之间于 1998 年 6 月加入全国联网，其他各省会城市的 ISDN 业务也开始逐渐开放。同时，北京、上海和广州 3 个国际局开放 ISDN 国际业务。

ISDN 技术和应用特征主要如下。

（1）ISDN 是一个全数字的网络，实现了端到端的数字连接。

现代电话网络中采用了程控数字交换机和数字传输系统，网络内部的处理已全部数字化，但是，在用户接口上，仍然用模拟信号传输话音业务。而在 ISDN 中，用户环路也被数字化，无论原始信息是话音、文字，还是图像，都先由终端设备将信息转换为数字信号，再由网络进行传送。

由于 ISDN 实现了端到端的数字连接，能够支持包括话音、数据、图像在内的各种业务，所以是一个综合业务网络。从理论上来说，对于任何形式的原始信号，只要能够将其转变为数字信号，就都可以利用 ISDN 进行传送和交换，实现用户之间的信息交换。

（2）各类业务终端使用一个标准接口接入 ISDN。

同一个接口可以连接多个用户终端，且不同终端可以同时使用。这样，用户只需一个入网接口，使用一个统一的号码，就能从网络得到所需使用的各种业务。用户在这个接口上可以连接多个不同种类的终端，如电话、计算机、会议电视和路由器等设备，而且可以同时与多个终端进行通信。

（3）多路性。

对大部分用户来说，ISDN 的最大优点之一是其具有多路性。ISDN 有两种访问方式：基本速率接口由两个 B 信道（每个带宽为 64kbit/s）和一个 D 信道（16kbit/s）带宽组成，3 个信道设计成 2B+D 的形式；主速率接口由很多 B 信道和一个带宽为 64kbit/s 的 D 信道组成（我国使用 30B+D，总速率为 2.048Mbit/s，称为 E1 接口）。话音呼叫通过 B 信道传送，控制信号用 D 信道传送。多个 B 信道可以通过复用合并成一个高带宽的单一数据信道。

（4）传输质量高。

ISDN 采用端到端的数字连接。它不像模拟线路那样会受到静电和噪声的干扰，因此传输质量很高。由于采用了纠错编码，所以 ISDN 中传输的误码特性与电话网传输数据的误码特性相比，至少提高了 10 倍。

从应用推广的情况来看，ISDN 并未达到事先预期的结果。ISDN 的主要业务仍针对语音电话交换业务，对数据业务的支持受限于 64kbit/s 的信道带宽。因此，ISDN 实际上提供的是一种窄带交换业务，尚不能满足对更高带宽数据通信的要求，如高清晰度图像数据传输等。相对于以后提出的使用 ATM 为基础的宽带综合业务数字网（B-ISDN）来说，ISDN 通常被称为窄带 ISDN（N-ISDN）。N-ISDN 在结构上也不是真正意义上的综合，因为其内部同时采用了电路交换技术和分组技术，分别用于话音业务和数据业务，所谓综合，只是在用户接口上实现，适应新业务和新技术的能力较差。

5.2　B-ISDN 的协议参考模型

由于 ISDN 在实践中并不尽如人意，因此，从 20 世纪 80 年代中期开始，人们开始寻求一种新的网络体系结构，以克服 ISDN 存在的问题。在进行新网络体系结构的设计时，希望它能够真正实现各种业务（话音、数据、图像，甚至未来新出现的业务等）的综合，能够支持各种现有业务和未来业务的不同特性；能够灵活支持不同传输速率、突发度和时间特性的业务在一个统一网络中高效传输。显然，由于宽带化和业务综合化是这种新网络体系结构的最主要特征，因此，它被命名为宽带综合业务数字网（B-ISDN），以区别于原有的 ISDN。

由 N-ISDN 向 B-ISDN 的发展可分为 3 个阶段。

第一阶段是进一步实现话音、数据和图像等业务的综合。由 3 个独立的网络构成初步综合的 B-ISDN。由 ATM 构成的宽带交换网实现话音、高速数据和活动图像的综合传输。

第二阶段的主要特征是 B-ISDN 和用户-网络接口已经标准化，光纤已进入家庭，光交换技术已广泛应用，因此，它能提供包括具有多频道的高清晰度电视（High Definition Television，HDTV）在内的宽带业务。

第三阶段的主要特征是在 B-ISDN 中引入了智能网，由智能网控制中心管理 3 个基本网。智能网也可称为智能 B-ISDN，其中可能引入智能电话、智能交换机及用于工程设计或故障检测与诊断的各种智能专家系统。

B-ISDN 是宽带通信网络，宽带即意味着高速信息传输。N-ISDN 用户线路上的信息传输速率可达 160kbit/s，但 B-ISDN 用户线路上的信息传输速率可高达 155.52Mbit/s（或 622.08Mbit/s）。B-ISDN 区别于 N-ISDN 的并不只有信息传输速率，两者的技术在本质上也是不同的。B-ISDN 基于 ATM 技术，N-ISDN 主要基于电路交换技术，因而两种网络存在较大的差异。在 B-ISDN 中，用户完全可以做到在不同的时间要求不同的带宽，并且可以在实时性和可靠性方面提出要求，即 B-ISDN 能在真正意义上支持各种不同的业务，尽管这些业务要求的传输速率、时延和可靠性相差悬殊。

ATM 技术的目的是给出一套对 B-ISDN 用户进行服务的系统，通常这些服务系统是由基于 ATM 的 B-ISDN 协议模型的定义给出的。该模型描述了 ATM 网络的功能，包括 3 个平面和 4 个功能层。基于 ATM 的 B-ISDN 协议分层模型如图 5.2 所示。

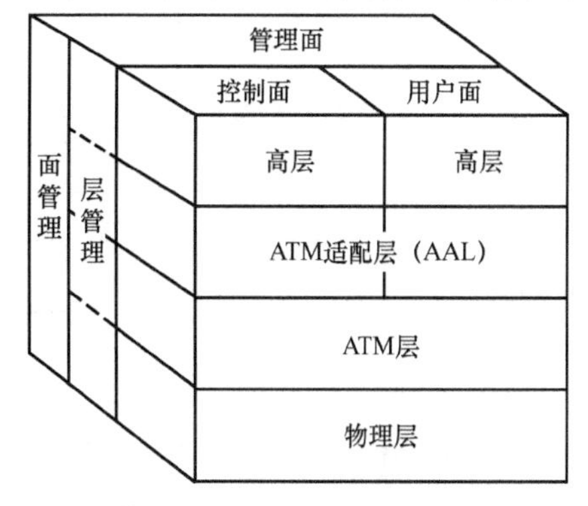

图 5.2　基于 ATM 的 B-ISDN 协议分层模型

1．平面的划分

平面的划分主要是根据网络中不同的传送功能、控制功能和管理功能，以及信息流的不同种类来划分的。基于 ATM 的 B-ISDN 协议分层模型的 3 个平面分别为用户面（User Plane）、控制面（Control Plane）和管理面（Management Plane）。控制面、用户面都分为 4 层，管理面不分层。4 个功能层分别是物理层、ATM 层、ATM 适配层（ATM Adaptation

Layer，AAL）和高层。控制面和用户面只是高层和 ATM 适配层不同；而 ATM 层和物理层并不区分用户面和控制面，对这两个平面的处理是完全相同的。

（1）用户面：提供用户信息的传送功能，同时具有一定的控制功能（如流量控制、差错控制等）。用户面采用分层结构，分为 4 层，通常的数据协议、话音和视频等业务应用都包括在这个区域。

（2）控制面：提供呼叫连接的控制功能，主要用于信令传输、处理网络与终端间的 ATM 呼叫，以及 ATM 连接的建立、保持与释放。控制面也采用分层结构，分为 4 层。

（3）管理面：提供性能管理、故障管理及各个面间综合管理的网管协议。管理面又分为面管理和层管理。

① 面管理：负责对系统整体和各个面间的信息进行综合管理，并对所有平面起协调作用。面管理不分层。

② 层管理：是一个分层结构，主要用于各层内部的管理，监控各层的操作，完成与协议实体内的资源和参数相关的管理功能，处理与特定的层相关的操作维护（OAM）信息流。

2. 各层的功能

协议分层模型的分层结构从下到上依次为：物理层、ATM 层、ATM 适配层（AAL）和高层。ATM 协议模型各层间的数据传输如图 5.3 所示。

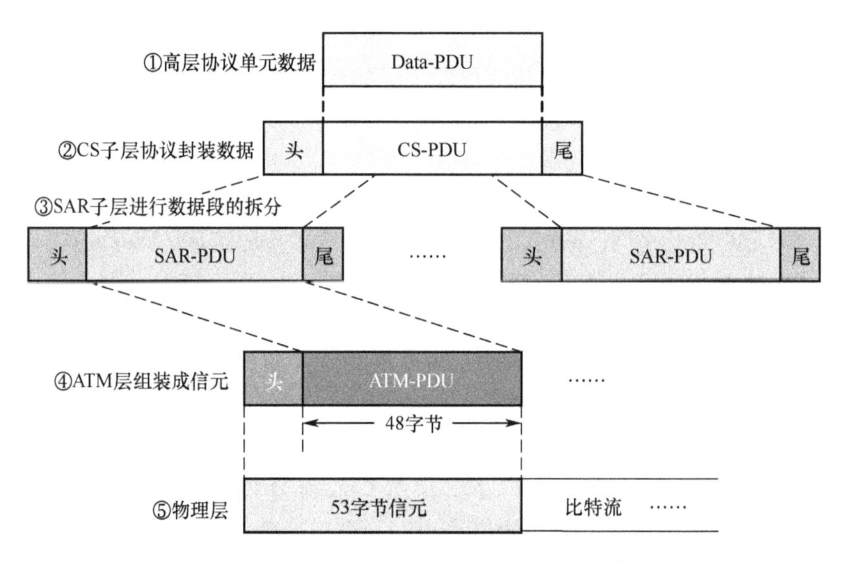

图 5.3　ATM 协议模型各层间的数据传输

（1）物理层。

物理层是承运信息流的载体，位于 B-ISDN 的底层，主要负责信元编码，将 ATM 层送来的逻辑位或符号转换成相应的物理传输媒介可传送的信号，并正确地收发这些物理信号。

B-ISDN 用户-网络接口 UNI 的基本传输速率为 155.52Mbit/s 或 622.08Mbit/s，其传输媒介不采用平衡双绞线，而使用高频特性良好的同轴电缆和光缆。其中，楼宇内部的布线主要采用多模光纤，公用网的接口多采用单模光纤。

为了实现信元的无差错传输，物理层又被分为物理媒体相关子层和传输会聚子层，由它们分别保证在光电信号级和信元级上对信元的正确传送。

① 物理媒体相关（PMD）子层。

物理媒体相关子层处理具体的传输媒介，只支持与物理媒体有关的比特功能，因而取决于所用的传输媒介（光缆、电缆）。物理媒体相关子层的主要功能有比特传送、比特同步、比特定时、比特定位校准、线路编码和电/光转换等。其中，比特定时功能主要完成产生和接收适于所用媒介信号波形、插入或抽取比特定时信息，以及线路编码和译码。

② 传输会聚（TC）子层。

传输会聚子层主要实现帧的适配、信元定界、信头差错控制校验等，其功能与物理媒体无关。传输会聚子层所做的工作实际上是链路层的工作。它负责将 ATM 信元嵌入正在使用的传输媒介的传输帧中，或者用相反的方法从传输媒介的传输帧中提取有效的 ATM 信元（ATM 信元来自 ATM 层），完成 ATM 信元流与物理媒体上传输的比特流的转换工作，即把从物理媒体相关子层传来的光电信号恢复成信元，并将它传送给 ATM 层处理或进行相反的操作。

在传输会聚子层，将 ATM 信元嵌入传输帧的过程为：ATM 信元解调（缓存）→信头差错控制（HEC）产生→信元定界→传输帧适配→传输帧生成。

从传输帧中提取有效的 ATM 信元的过程为：传输帧接收→传输帧适配→信元定界→信头差错控制（HEC）检验→ATM 信元排队。

（2）ATM 层。

ATM 层在物理层之上，利用物理层提供的服务与对等层间进行以信元为信息单位的通信，同时为 ATM 适配层提供服务。ATM 层与传输会聚子层的功能一样，与物理媒体的类型及物理层具体传送的业务类型也是无关的，只识别和处理信头。它的主要功能包括信元的复用与交换、服务质量保证、实现净荷类型有关的功能和一般流量控制。

（3）ATM 适配层。

ATM 适配层（AAL）介于 ATM 层和高层之间。它在 ATM 层之上增加了适配功能，使 ATM 信元传送能够适应不同的业务，并将高层的不同业务数据单元分割成固定的长度装入 ATM 信元的信息段中，反向传送时完成逆过程。

适配的原因是各种业务（话音、数据和图像等）要求的业务质量（如时延、差错率等）不同。ATM 网络要满足宽带业务的需求，使业务种类、信息转移方式、通信速率与通信网设备无关，保证网络传输的透明性和灵活性，就要通过 ATM 适配层完成适配，消除各种业务信号在质量条件上的差异。换个角度来说，ATM 层只统一了信元格式，为各种业务提供了公共的传输能力，并没有满足大多数高层的要求，故需要用一个 ATM 适配层来作为 ATM 层与高层的桥梁。

ATM 适配层按其功能可以进一步分为两个子层：信元拆装子层和会聚子层。

① 信元拆装（SAR）子层：位于 ATM 适配层下面，主要目的是将高层信息拆开并装到一个适当的在虚连接上连续的 ATM 信元中；在相反方向，将一个虚连接的全部信元内容组装成数据单元并交给高层。需要强调的是，这个虚连接与电路交换的物理连接不同，它依据信元信头标志（说明信元去往的地址），不固定地进行信元传送（统计复用）。

② 会聚（CS）子层：位于 ATM 适配层上面，作用是根据业务质量要求的条件控制信元的延时抖动和信元丢失，在接收端恢复发送端的时钟频率，并对帧进行流量控制和差错控制。

ITU-T 定义了 4 类 ATM 适配功能（简称 AAL 类型），即 AAL1、AAL2、AAL3/4、

AAL5。这 4 类功能分别对应 ATM 层上传送的 A、B、C、D 业务。A、B、C、D 业务是根据 3 个基本参数来划分的，这 3 个基本参数分别是源和目的之间的定时要求、比特率要求和连接方式。3 个基本参数、4 种业务、AAL 类型及服务质量的对应关系如表 5.1 所示。

表 5.1 3 个基本参数、4 种业务、AAL 类型及服务质量的对应关系

<table>
<tr><td rowspan="2">基本参数</td><td colspan="4">4 种业务</td></tr>
<tr><td>A</td><td>B</td><td>C</td><td>D</td></tr>
<tr><td>源和目的定时</td><td colspan="2">需要</td><td colspan="2">不需要</td></tr>
<tr><td>比特率</td><td>恒定</td><td colspan="3">可变</td></tr>
<tr><td>连接方式</td><td colspan="3">面向连接</td><td>无连接</td></tr>
<tr><td rowspan="2">AAL 类型</td><td rowspan="2">AAL1</td><td rowspan="2">AAL2</td><td>AAL3/4</td><td>AAL3/4</td></tr>
<tr><td colspan="2">AAL5</td></tr>
<tr><td>用户业务举例</td><td>电路仿真</td><td>运动图像视频/音频</td><td>面向连接数据传输</td><td>无连接数据传输</td></tr>
<tr><td>服务质量</td><td>QoS1</td><td>QoS2</td><td>QoS3</td><td>QoS4</td></tr>
</table>

- A 类业务：恒定比特率实时（CBR）业务，如 64kbit/s 话音业务、固定码率非压缩的视频通信业务及专用数据网的租用电路业务等。A 类业务需要 AAL1 支持，AAL1 的功能包括用户信息的分段和重组、丢失和误插信元的处理、信息到达延迟时间的处理及在接收端恢复源端时钟频率。
- B 类业务：可变比特率（VBR）实时业务，如压缩的分组话音通信和压缩的视频传输。B 类业务的源与宿之间需要保持严格定时关系；比特率可变；支持面向连接的业务；具有传递界面延迟特性，原因是接收器需要重新组装原来的非压缩话音和视频信息。B 类业务需要 AAL2 支持，AAL2 的功能与 AAL1 相似。
- C 类业务：可变比特率业务，如文件传递和数据网业务。C 类业务的源与宿之间无须保持定时关系，比特率可变，支持面向连接和无连接的数据业务与信令，具有可变长度用户数据的分段、重组及误码处理等功能。C 类业务需要 AAL3/4 或 AAL5 支持。
- D 类业务：可变比特率高效数据业务，如数据报业务和数据网业务。D 类业务支持无连接数据业务，源与宿之间无须保持定时关系，需要 AAL3/4 或 AAL5 支持。

（4）高层。

高层是各种业务的应用层。它根据不同业务（数据、信令或用户消息）的特点，完成端到端的协议功能，如支持计算机网络通信和 LAN 的数据通信，支持图像和电视业务、电话业务等。

表 5.2 归纳了 ATM 协议模型中的各层功能。上述物理层、ATM 层和 ATM 适配层的功能全部或部分地呈现在具体的 ATM 设备中。例如，在 ATM 终端或终端适配器中，为了适配不同的应用业务，需要有 ATM 适配层功能来支持不同业务的接入；在 ATM 交换设备和交叉连接设备中，要用到信头的选路信息，必须有 ATM 层功能的支持；在传输系统中，需要物理层功能的支持。

表 5.2　ATM 协议模型中的各层功能

<table>
<tr><td rowspan="6">层管理</td><td colspan="2">层　名</td><td>各 层 功 能</td></tr>
<tr><td rowspan="2">ATM
适配层</td><td>会聚（CS）子层</td><td>会聚功能，即将业务数据变换成 CS 数据单元；
处理信元丢失、误传，向高层用户提供透明的顺序传输；
处理信元延迟变化；
流量/差错控制</td></tr>
<tr><td>信元拆装（SAR）子层</td><td>以信元为单位对 CS 数据分段或重组，产生 48 字节的 ATM 信元有效负载；
把 SAR-PDU（协议数据单元）交给 ATM 层；
把 SAR-SDU（业务数据单元）交给 CS；
在发送端发生拥塞时，监测信元的丢失；
在接收端接收信元的有效负载</td></tr>
<tr><td>ATM 层</td><td>异步传递方式层</td><td>一般流量控制；
信头的产生和提取；
信元 VCI、VPI 翻译；
信元 VP/VC 交换；
信元复用与分解</td></tr>
<tr><td rowspan="2">物理层</td><td>传输会聚（TC）子层</td><td>信头差错校正；
信元同步；
信元速率适配；
传输帧的生成；
信元定界</td></tr>
<tr><td>物理媒体相关（PMD）
子层</td><td>比特定时（位同步）；
传输物理媒体</td></tr>
</table>

5.3　ATM 交换技术

ATM 交换是指 ATM 信元从输入端的逻辑信道到输出端的逻辑信道的消息传递，即任一入线上的任一逻辑信道的信元都能够交换到任一出线上的任一逻辑信道中。ATM 采用的是一种统计时分复用技术，在这种模式中，虽然保持了时隙的概念，但取消了同步传输模式（Synchronous Transfer Mode，STM）中帧的概念，在 ATM 时隙中，实际存放的是信元。用户的信息被裁剪组织成 53 字节固定长度的短信元格式，且来自同一用户的信息（信元）并不需要周期性，在一帧中占用的时隙数也不固定，可以有多个时隙，从这个意义上来说，这种转移模式是异步的。另外，各时隙之间也不要求连续，纯粹是“见缝插针”，因此，信号传输速度快、电路利用率高。

ATM 交换主要有 3 项基本功能。

（1）选路功能：在数据传输过程中，任一入线信息都可被交换到任一出线上，具有空间交换的特征。

（2）信头翻译功能：在数据传输过程中，对从入线来的 ATM 信元根据路由表交换到目的出线上，信头 VPI/VCI 值由输入值翻译成输出值。

（3）排队功能：ATM 采用异步转移模式，某一时刻会发生多个信元争抢公共资源的情况（出线竞争/内部链路竞争），需要设置缓冲器，提供排队功能。

5.3.1 ATM 信元结构

ATM 的基本单位是信元。ATM 信元结构如图 5.4 所示，每个信元长度固定为 53 字节，前 5 个字节为信头（Header），后 48 个字节为信息域（数据块）。信元的大小与业务类型无关，任何业务的信息都经过切割封装成相同长度、统一格式的信息分组。

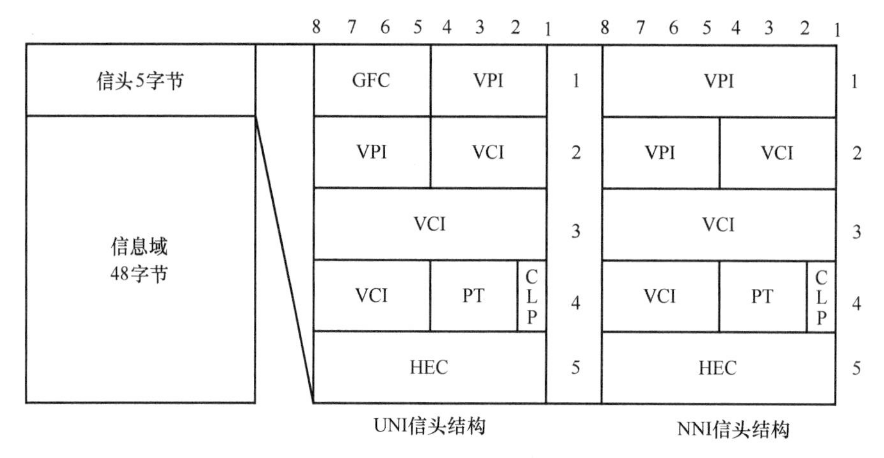

图 5.4 ATM 信元结构

ATM 信元的信息域包括用户数据、维护数据、信令信息等，它们透明地穿过网络，网络内没有差错控制处理。为了支持各种业务，根据业务特性定义了几种类型的 ATM 适配层（AAL），以便将信息装入 ATM 信元中，并提供特定的业务功能（如时钟恢复、信元丢失恢复等）。ATM 适配层的特殊信息包含在 ATM 信元的信息域中。

信头用来标志异步时分复用信道上属于同一虚通路的信元，并完成适当的路由选择。ATM 层的全部功能均由信头实现。在传送信息时，网络只对信头进行操作而不处理信息域中的内容。接收端对信元的识别不再靠严格的参考定时，而是靠信元中的信头标记信息来识别该信元究竟属于哪一个连接。

在使用 ATM 技术的通信网上，用户线路的接口称为用户-网络接口（简称为 UNI），中继线路的接口称为网络节点接口（简称为 NNI）。信头各部分的功能解释如下。

VPI（Virtual Path Identifier，虚通路标识符）：对虚通路进行识别。在 UNI 信元中，VPI 为 8 位，表示一条 ATM 链路最多可以包括 2^8=256 条虚通路；在 NNI 信元中，VPI 为 12 位，表示一条 ATM 链路最多可以包括 2^{12}=4096 条虚通路。

VCI（Virtual Channel Identifier，虚信道标识符）：用于虚信道路由选择。在 UNI 和 NNI 信元中，VCI 字段都为 16 位，故对每个虚通路定义了 2^{16}=65536 条虚信道。

VCI 和 VPI 结合，可在 UNI 信元中标识 16777216（256×65536）条连接，可在 NNI 信元中标识 268435456（4096×65536）条连接。

GFC（General Flow Control，一般流量控制）：占 4 位，只用于 UNI 中。在 B-ISDN 中，为了控制共享传输媒介的多个终端的接入而定义了 GFC。由 GFC 控制可产生用户终端方向的信息流量，从而减小用户侧出现的短期过载。

PT（Payload Type）：信息类型指示段，也叫净荷类型指示段，占 3 位，用来标识信息字段中的内容是用户信息还是控制信息。

CLP（Cell Loss Priority）：信元丢失优先级，占 1 位，用于表示信元的相对优先等级。在 ATM 网中，接续采用统计多路复用方式，因此，当发生超限过载和拥塞而必须丢弃某些信元时，首先丢弃的是低优先级信元。CLP 的意义就是确保重要的信元不丢失。当 CLP=0 时，信元具有高优先级，应保留；当 CLP=1 时，信元为低优先级，应丢弃。

HEC（Header Error Control）：信头差错控制，占 8 位，用于错误信头的监测、纠正。HEC 还被用于信元定界，这种无须任何帧结构就能对信元进行定界的能力是 ATM 特有的。

路由的选择由信头中的标号决定，发送的顺序是从信头的第 1 个字节开始的，其余字节按增序方式发送。在一个字节内，发送的顺序是从第 8 位开始的，然后递减。对于各域，首先发送的是最高有效位（MSB，Most Significant Bit）。由于 ATM 是面向连接的技术，因此，同一虚通路中的信元顺序保持不变。

ATM 采用 5 字节的信头和短小的信息域，比其他通信协议的信息格式都小得多，这种小的固定长度的数据单元就是为了降低组装、拆卸信元，以及信元在网络中排队等待所引入的时延，确保更快、更容易地执行交换和多路复用功能，从而支持更高的传输速率。这好比火车上的每节车厢，无论是客车还是货车，其车厢大小都是一样的，从而方便了火车在中转时，灵活快速地加挂或减少车厢。

5.3.2　ATM 交换的基本原理

为便于应用和管理，ATM 传输链路可分割成若干逻辑子信道。逻辑子信道可按两个等级来划分：虚通路（VP，Virtual Path）和虚信道（VC，Virtual Channel）。每段物理链路内包含多个 VP，每个 VP 通过复用可容纳多个 VC。在 ATM 中，传输通道、VP 和 VC 的关系如图 5.5 所示，属于同一 VC 的信元群拥有相同的 VC 识别符 VCI，属于同一 VP 的不同 VC 拥有相同的 VP 识别符 VPI。VCI 和 VPI 都作为信头的一部分，与信元同时传输。

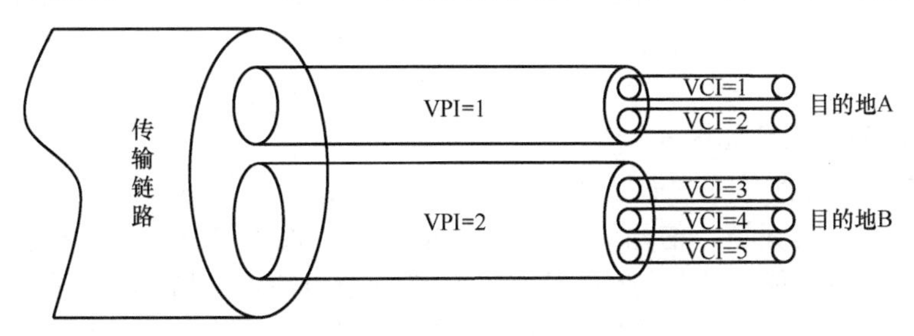

图 5.5　传输通道、VP 和 VC 的关系

在 ATM 中，因为每条链路都容易被该链路上的各种接续共享（不是固定分配），所以每个接续被称为虚连接。ATM 的呼叫接续不按分组交换的信元逐个地进行选路控制，而采用电路交换中呼叫的概念，即在传送之前预先建立与某呼叫相关的信元接续路由，同一呼叫的所有信元都经过相同的路由，直至呼叫结束。具体的接续过程是：主叫方通过用户网络接口 UNI 发送呼叫请求的控制信号，被叫方通过网络收到该控制信号并同意建立连接后，网络中的各个交换节点经过一系列信令交换，就会在主叫方与被叫方之间建立一条虚电路。虚电路是用一系列 VPI/VCI 表示的。在虚电路的建立过程中，其上所有的交换节点都会建立路由表，以完成输入信元 VPI/VCI 值到输出信元 VPI/VCI 值的转换。

因此，ATM 信元的传输方式主要有两种。

一种是由一个或多个级联的 VC 链路构成一个 VC 连接 VCC 来传输的，采用 VCI（虚信道标识符）识别每一条 VC 链路。VCC 的作用是为 ATM 的 VC 建立一条虚电路。该虚电路是 ATM 网络链路 VC 级端点之间的一种逻辑联系，是在两个或多个端点之间传送 ATM 信元的通信链路，可用于用户（设备）到用户（设备）、用户（设备）到网络（节点）、网络（节点）到网络（节点）的信息传输。

另一种是由一个或多个级联的 VP 链路构成一个 VP 连接 VPC 来传输的，采用 VPI（虚通道标识符）识别每一条 VP 链路。VPC 的作用是为 ATM 的 VP 建立一条虚电路，是 VPC 端点之间的 VP 级端到端的连接，同样可用于用户（设备）到用户（设备）、用户（设备）到网络（节点）、网络（节点）到网络（节点）的信息传输。

VCI/VPI 值在经过 ATM 交换节点时，如果该 VP 交换点根据 VP 连接的目的地，将输入信元的 VPI 值改为新的 VPI 值，赋予信元后输出，其内部包含的所有 VC 捆绑在一起选择相同的路由，穿过交换节点后并不拆散，则该过程称为 VP 交换。VP 交换设备（通常是交叉连接器和集中/分配器）仅对信元的 VPI 进行处理和变换，功能较为简单，往往只是传输通道的某个等级数字复用线的交叉连接。

而 VP/VC 交换则不同，一个进入交换节点的 VP 中的某 VC 链路被交换到另一个输出 VP 中，不但 VPI 值发生了改变，而且对应的 VCI 值也被更换。VC 交换设备（ATM 交换机、复接/分接器）要同时对 VPI/VCI 进行处理和变换，功能较为复杂。

从上述交换过程可以看出，虽然 ATM 交换是异步时分交换，但其原理与电路同步时分交换（时隙交换）有相似之处，区别在于用 VCI/VPI 代替了时隙交换中时隙的序号。

VP 交换是靠 B-ISDN 协议分层模型的管理面控制完成的，而 VP/VC 交换则由 B-ISDN 协议分层模型的控制面负责完成。VPI 和 VCI 只有局部意义，每个 VPI/VCI 都在相应的 VP/VC 交换节点中被处理，相同的 VPI/VCI 值在不同的 VP/VC 链路段并不代表同一个虚连接。由于 VP 交换具有简单性，因而在早期可率先在网上投入使用，其容量也容易做得较大。另外，在 B-ISDN 骨干网高层节点中，业务流量可以按局向划分，这一点正符合 VP 交换的特性。因此，在 B-ISDN 中，VP 交换与 VP/VC 交换都是需要的。

ATM 交换的基本原理如图 5.6 所示。

在图 5.6 中，该交换单元中有 p 条入线（I_1～I_p），q 条出线（O_1～O_q）。每条入线和出线上传递的都是 ATM 信元流，信元信头中的 VPI/VCI 值表明该信元所在的逻辑信道 VP 和 VC。ATM 交换的基本任务就是将任一入线上的任一逻辑信道的信元交换到任一出线上的任一逻辑信道中。例如，入线 I_1 上的输入信元被交换到出线 O_q 上，同时根据信头翻译表改变其信头值，即 VPI/VCI 值由输入值 z 变为输出值 t。因此，ATM 交换是在一张信头翻译表（同时是一张选路表）的控制下进行的。在上例中，入线 I_1 上的输入信元被交换到出线 O_q 上，表中规定，入线 I_1 上的 VCI=z 的信元被输出到出线 O_q 上 VCI=t 的信元中，除了信头中的 VCI 标识 z 被解成 t，入线和出线也由这张选路表完成了空间交换（由入线 I_1 交换到出线 O_q）。此外，由于 ATM 采用异步转移模式，所以在交换单元中还可能出现竞争的情况。也就是说，当来自不同入线的两个信元同时到达并竞争同一出线时，出现了冲突。例如，入线 I_1 的第一个信元 u 和 I_p 的第一个信元 z 根据信头翻译表都要到达出线 O_2，并分别被翻译成了新的逻辑信道标识 k 和 n。因此，为了解决竞争问题，需要在交换系统内部设置相应的缓存队列，这里，在输出端口上设置了队列，并且 k 和 n 的信元输出顺序也具有随机性。

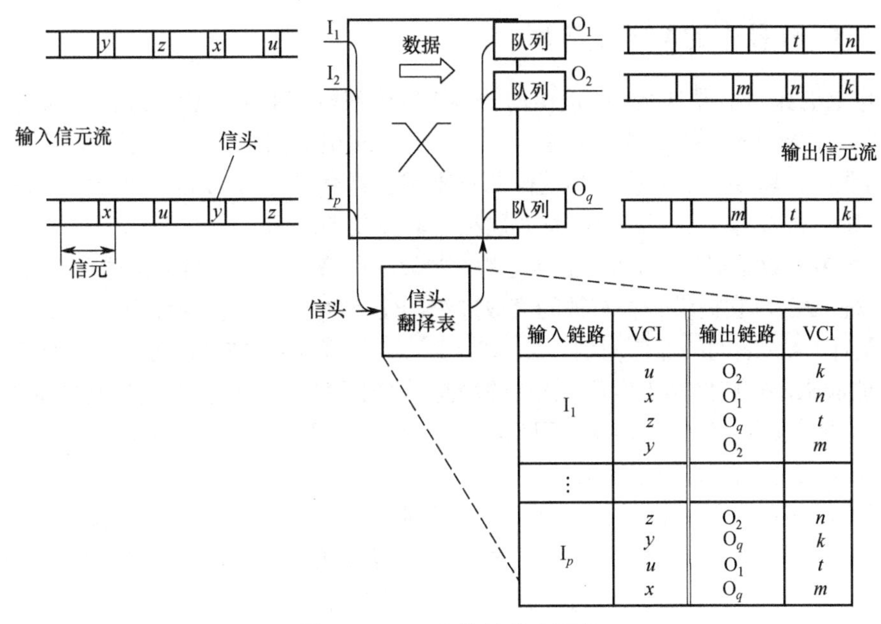

图 5.6　ATM 交换的基本原理

5.3.3　ATM 交换机的基本结构

ATM 交换机的基本结构可以分为接口模块、交换模块和控制模块。其中，接口模块位于交换机的边缘，为交换机提供对外的接口。接口模块可分为两大类，一类是 ATM 接口模块，提供标准的 ATM 接口；另一类是业务接口模块，提供与具体业务相关的接口。ATM 接口模块完成物理层、ATM 层的功能，包括输入模块和输出模块。其中，输入模块是 ATM 交换系统的入口，包含物理层和 ATM 层的功能，物理层信号要由这一模块接收并处理 SDH 附加位，ATM 信元也在这里提取。输出模块和输入模块类似，处理交换系统话务量的输出。输出模块的主要功能是从信元交换单元接收信元，对其进行预处理，然后送到输出链路进行物理传输。输出模块支持 B-ISDN 用户-网络接口和网络节点接口，呼出话务由映射到 SDH 信号的 ATM 信元组成。业务接口模块完成业务接口处理、ATM 适配层和 ATM 层的功能。业务接口处理包括物理层、数据链路层甚至更高层的功能，如识别业务数据帧结构的分离或组装用户数据和信令。

ATM 交换模块是整个交换机的核心模块，提供了信元交换的链路，通过交换模块的两个基本功能（排队和选路），将信元从一个端口交换到另一个端口，从一个 VPI/VCI 交换到另一个 VPI/VCI。另外，交换模块还完成一定的流量控制功能，主要是优先级控制和 ABR 业务的流量控制。

ATM 控制模块是交换机的中央枢纽，通过信令和管理软件完成资源管理、流量控制、交换模块的动作控制，以及设备管理和网络管理等功能（设备管理和网络管理功能通常也在外接的管理维护模块上完成）。控制模块可分为输入控制器、输出控制器和控制单元。

（1）输入控制器：完成信元定界、信头有效性检验、信元类型分离等功能。

（2）输出控制器：完成信元形成、速率适配、传输帧的形成等功能。

（3）控制单元：完成 VPC 和 VCC 的建立与拆除、信令信元的发送、OAM 信元的处理和发送等功能。

5.3.4 ATM 技术的发展及应用

ATM 是电信界为实现 B-ISDN 提出的一种独立于终端和业务，面向连接的通用信息传输和交换体系。ATM 网络的发展目标是一个综合的、通用的网络，用来提供全部现有的和将来可能有的业务。以 ATM 交换机为基础的宽带网因具有严格的 QoS、支持多业务、可以动态地分配和管理带宽等优点而在电信核心网络上有重要的应用。

目前，大多数数据都是在 LAN 上传送的，如以太网等。LANE（LAN 仿真）是指在 ATM 网上模拟传统 LAN。它提供一种有效的集成方法，使 ATM 与传统 LAN 互联。LANE 解决了 ATM 网与现有 LAN 之间的通信问题，在 ATM 网上应用 LANE 技术，可以把分布在不同区域的 LAN 互联起来，在广域网上实现 LAN 的功能。对于用户，他们接触的仍是传统的 LAN 的范畴，根本感觉不到 LANE 的存在。因此，ATM 就像一条高速链路，现有 LAN 上的主机可以和 ATM 网络上的主机透明地通信。

因特网工程任务组（IETF）已经制定了一系列不需要另外的 MAC 层就可在一个 ATM 网络上传输 IP 包数据的细节规定。在细节规定中，这个方法通常叫作 ATM 上的传统式 IP，因为它保留了 IP 子网络的传统概念。任何一种网络技术都可以在这个子网络中使用（包括 ATM、帧中继和以太网），但不同的子网络只有通过 IP 路由器才能建立连接。ATM 上的传统式 IP 也有缺点，当网络使用者多达几千个时，就无法再进行地址判别了，在同一个 ATM 网络上，可安装多台服务器，但连接到不同 ARP 服务器的用户不能直接通信，因为 ARP 服务器不能交换信息。由 IETF 制定的下一跳解析协议（NHRP）在各个子网络的边界进行扩展地址判别，为这个问题提出了一个解决方案。

经过 ATM 论坛的讨论，ATM 网上的多协议（MPOA）将提供一种在网络层（端对端交互操作层连接）建立直接连接的方法，并且以一种统一的结构将仿真 LAN、ATM 网上的传统式 IP 和 NHRP 上的传统式 IP 结合在一起。

如何将 IP 路由技术的灵活性和 ATM 交换的高速性相结合，如何将路由和交换结合起来，如何解决 IP 无连接和 ATM 面向连接的矛盾，如何支持规模日益扩大的互联网和多媒体业务成为网络发展研究的热点。众多厂商和学者提出了许多新方案，如 IP 交换、Tag 交换、ARIS、MPLS 等技术。

ATM 作为一种快速分组交换技术，具有电路交换和分组交换的优势，曾一度被认为是一种处处适用的技术。纯 ATM 网络的实现过于复杂，导致应用价格高，难以为大众所接收，在网络发展的同时，相应的业务开发没有跟上。因此，虽然 ATM 交换机作为网络的骨干节点已经被广泛使用，但 ATM 到桌面的业务发展十分缓慢。

习　题

5-1 简要说明 ISDN 的基本定义。

5-2 ISDN 的技术和应用特征有哪些？

5-3 简述基于 ATM 的 B-ISDN 协议结构。

5-4 ATM 的定义是什么？CCITT 规定 ATM 信元长度是多少？信元的格式有什么特点？

5-5 为什么 ATM 信元要采用固定长度分组？

5-6　信元的传输方式主要有哪几种？

5-7　ATM 网的路由选择由什么决定？信元发送的顺序是怎样的？

5-8　什么是 VC 链路？什么是 VP 链路？二者的关系是怎样的？

5-9　路由功能设置 VPI、VCI 两层的原因是什么？

5-10　画出 UNI、NNI 处 ATM 信元的结构，并简述各部分的功能。

5-11　ATM 交换机由哪几个模块构成？各模块的功能是什么？

5-12　ATM 交换技术主要有怎样的应用？存在的局限是什么？

第6章　软交换技术

在传统的电话交换网络中，用户的所有信息都存储在其物理接入点对应的程控交换机上，呼叫处理业务、业务控制及承载建立（交换矩阵）的功能也都集中在交换机上，这给交换机及时引入新业务和选择灵活的承载网络带来了很大的局限性，因此，基于电路交换的电信网已经不适应未来的发展。软交换技术是一种针对传统电话交换网络存在的缺陷，从技术角度进行改进而提出的方案。

6.1　软交换简介

6.1.1　软交换的引入

软交换的概念最早起源于20世纪90年代末的美国，当时在企业网络环境下，用户采用基于以太网的电话，通过一套基于PC（Private Computer）服务器的呼叫控制软件，实现用户交换机的功能，对于这样一套设备系统，无须单独铺设网络，而只通过与局域网（LAN）共享，就可实现管理与维护的统一，综合成本远低于传统的用户交换机。由于企业网络环境对设备的可靠性和管理要求不高，主要用于满足通信要求，设备门槛低，因此，许多设备商都可提供此类解决方案，并获得了巨大的成功。电信业受到启发，为了提高网络综合运营能力，使网络的发展更加趋于合理、开放，更好地服务于用户，提出了这样一种思想，即将传统的交换设备部件化，分为呼叫控制与媒体控制，二者之间采用标准协议，并且主要使用纯软件进行处理，于是，软交换技术应运而生。

实际上，为满足用户对新业务的需求，电信业提出过公共的业务控制平台，即智能网。智能网的出现实现了交换（呼叫）和业务控制的分离，即交换机完成基本的接续处理，电信网通过一些新的功能节点，如业务交换点（Service Switching Point，SSP）、业务控制点（Service Control Point，SCP）、智能外设（IP）及业务管理系统（SMS）等，完成智能业务的提供，极大地提高了网络提供业务的能力，缩短了新业务提供的周期。

在如图6.1所示的智能网的物理结构中，与智能业务相关的业务控制功能由业务控制点完成，程控交换机只负责完成基本的呼叫控制功能，一旦交换机增加相应的业务交换功能，就可以通过No.7信令网与业务控制点配合工作，这些交换机被称为业务交换点，在采用这样的结构，在引入新业务或对现有业务进行修改时，只需对业务控制点中的软件进行修改就可以了。业务控制点的数量与程控交换机的数量相比是很少的，这样就为快速引入新业务创造了条件。

智能外设（Intelligent Peripheral，IP）主要用于传送各种录音通知和接收用户的DTMF信息。业务管理系统是网络的支持系统，能提供智能网业务，并支撑正在运营的业务。它可以管理业务控制点、业务交换点、智能外设。业务管理系统通过数据网与业务生成环境、业务控制点、业务管理接入点连接。

业务生成环境（Service Creation Environment，SCE）规定开发测试智能网中提供的业务，并将其输入业务管理系统中，利用这个业务生存环境可以方便地开发新的业务，快速提供新的业务。

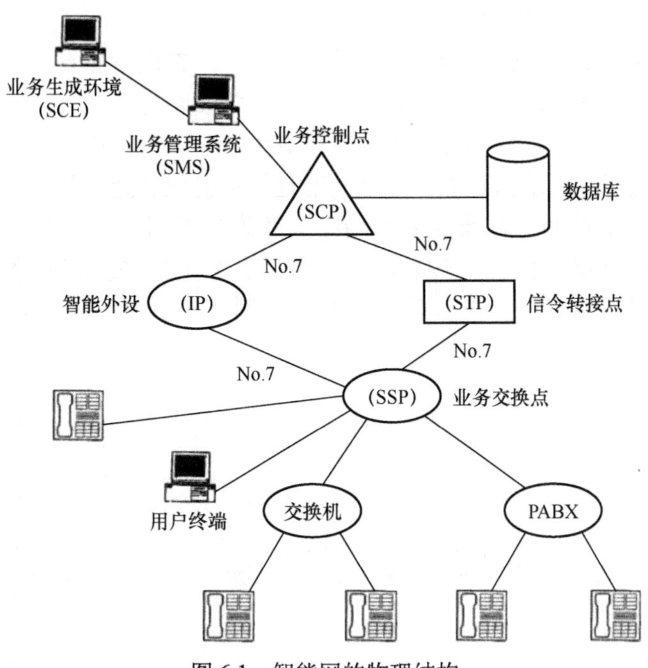

图 6.1　智能网的物理结构

智能网提供的典型业务包括被叫集中付费业务（800 业务）、记账卡呼叫业务、通用个人通信业务、彩铃业务、虚拟专用网（VPN）等。业界通常将在 PSTN/ISDN 网上提供业务的智能网称为固定智能网，在 B-ISDN 上提供业务的智能网称为宽带智能网，在移动通信网上提供业务的智能网称为移动智能信网。

智能网实现了呼叫控制和业务功能的分离，极大地提高了网络提供业务的能力，缩短了新业务提供的周期，但是这种分离仅仅是第一步，呼叫控制与传送功能仍未分离，不便于网络融合时的综合接入，也缺乏开放的应用编程接口。此外，智能网存在业务开发和执行环境的封闭性，系统实现依附于具体的承载网络，而且具有业务客户化能力低的固有技术缺陷，难以满足向公众提供增值业务的新需求，因此网络需要进一步演进。

随着网络技术的发展，电信网由 TDM 向分组传送方式转变将成为必然，这种转变的推动力来自技术、市场和业务创新等多个方面。因此，从简化网络结构、便于网络融合的角度出发，有必要将呼叫控制与传送功能进一步分离，并为所有承载的媒体流提供统一的传送平台。软交换技术就是这样应运而生的，其基本含义是将传统的交换设备模块化，将呼叫控制功能与媒体（传送）处理分离，二者之间采用标准协议，如 MGCP（Media Gateway Control Protocol，媒体网关协议）和 H.248 协议。媒体处理负责将 TDM 转换成基于 IP 协议的媒体流；而软交换则通过运行于服务器上的纯软件实现基本呼叫控制功能，包括呼叫控制、管理控制、连接控制（建立/拆除会话）和信令互通。

6.1.2　软交换的概念

软交换主要处理实时业务，首先是话音业务，也可以包括视频业务和其他多媒体业务。

通过标准化的业务编程接口，软交换可实现开放业务，使得软件开发商不需要掌握复杂的通信知识，便可以直接利用这些业务编程接口实现自己所需的业务，编写出可运行在不同通信网络平台上的业务程序。通过互联网访问方式，用户就可以使用这些业务，由软交换系统具体完成呼叫选路、计费、连接控制等功能。

传统交换机与软交换系统结构的对比如图 6.2 所示。在图 6.2（a）中，所有的功能都集中在一个封闭的交换系统上，业务开发方式不灵活，需要由专业的升级维护人员进行。而在软交换系统［见图 6.2（b)］中，采用开放的模块化网络体系结构，将传统交换机的功能模块分离为独立的功能部件，不同功能部件之间通过标准协议互通，如用户电路演变为接入网关，中继电路演变为中继网关，数字交换网络演变为分组网络，呼叫控制演变为软交换，业务提供独立于底层网络。因此，各功能部件可以独立地扩展扩容和升级，业务开发方式灵活，可以方便地集成新业务，所需时间很短，同时支持话音、数据、视频的多媒体综合应用。

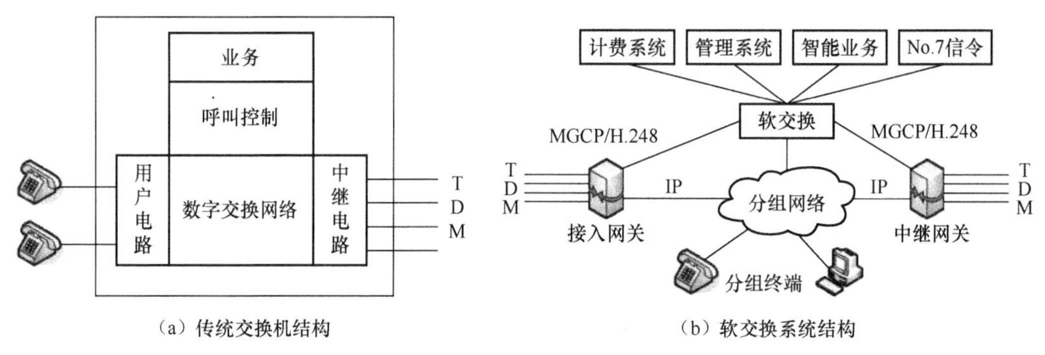

（a）传统交换机结构　　（b）软交换系统结构

图 6.2　传统交换机与软交换系统结构的对比

软交换来源于业务可编程、分解网关的思想。国际软交换协会（International Softswitch Consortium，ISC）对软交换的定义为“软交换是提供呼叫控制功能的软件实体”。我国工业和信息化部（原信息产业部）电信传送研究所对软交换的定义为“软交换是网络演进及下一代分组网络的核心设备之一，它独立于传送网络，主要完成呼叫控制、资源分配、协议处理、路由、认证、计费等主要功能，同时可以向用户提供现有电路交换机所能提供的所有业务，并向第三方提供可编程能力。”

在下一代网络（NGN）中，软交换位于控制层，是下一代网络呼叫与控制的核心，是电路交换网与 IP 网的协调中心。基于软交换的网络系统的主要特点如下。

（1）业务层和控制层完全分离，并且采用统一公开的接口来实现业务提供和网络控制，可以便于第三方提供商向用户快速提供新业务。

（2）呼叫控制与核心承载（传送）网络分离，便于在承载层采用新的网络传输技术。

（3）承载层与接入层分离，便于各种现有网络技术的接入；允许网络运营商从不同的制造商那里购买最合适的网络部件，构建自己的网络，而不必受制于一家制造商的解决方案。

（4）采用高速分组交换网络，支持在统一的传送网上承载综合业务，提高了网络资源利用率，实现了多个业务网的融合，简化了现有网络平台，避免建设和维护多个分离的业务网，提高了经济性。

另外，这种系统的优点还包括采用策略管理机制，便于实现统一化的网络管理；采用模块化结构，各种实体设备可以放在不同的地方，从而节省网络建设和运输成本，提高机房的利用率。

因此，这种开放式的分层结构汲取了 IP、ATM、智能网、电话网等技术的精髓，是下一代网络发展和业务提供的关键所在。

6.1.3　基于软交换的下一代网络

基于软交换的下一代网络的系统组成如图 6.3 所示。基于软交换的特点，下一代网络分成了业务/应用层、控制层、传输层和接入层，即把控制和业务的提供从边缘接入网关与传送层中分离出来。其中，控制层的核心功能实体就是软交换。各层之间采用标准化接口，各层包括的网络组成单元的含义如下。

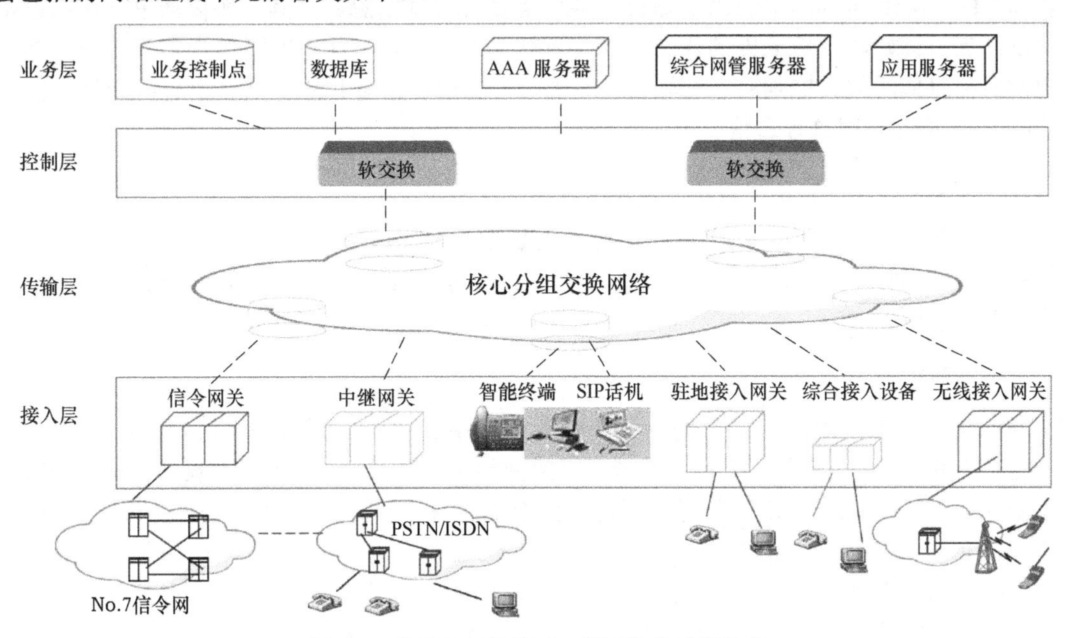

图 6.3　基于软交换的下一代网络的系统组成

1．接入层

接入层的作用是通过各种网关或智能接入设备为不同终端设备和网络提供访问下一代网络资源的入口，并将信息转换成能在 IP 网络上传送的信息格式。根据接入的用户及业务的不同，接入层内的主要网关设备有信令网关、中继网关、驻地接入网关、综合接入设备、无线接入网关等。

信令网关（Signal Gateway，SG）提供基于 TDM 的 No.7 信令网和 IP 分组网之间信令传送方式的转换。

中继网关（Trunk Gateway，TG）用于完成软交换网络与 PSTN 电话交换机的中继连接，将电话交换机 PCM 中继的 64kbit/s 的话音信号转换成 IP 包。

驻地接入网关（Access Gateway，AG）也称为接入网关，提供模拟用户线接口，可直接将普通电话用户接入软交换网中，为用户提供 PSTN 中的所有业务，如电话业务、拨号上网业务等。它直接将用户数据及用户信令封装在 IP 包中。

综合接入设备（Integrated Access Device，IAD）用于提供模拟用户线和以太网接口，分别用于普通电话机的接入和计算机设备的接入，适用于分别利用电话机使用电话业务，以及应用计算机使用数据业务的用户。另外，它还可以只提供以太网接口，用于计算机设备的接入，适用于同时使用电话业务和数据业务的用户，此时需要在用户计算机设备中安装专用的软电话。

无线接入网关（Wireless Access Gateway，WAG）用于将无线接入用户连接至网络。

多媒体业务网关（Media Service Gateway，MSG）用于完成各种多媒体数据源的信息打包，即将视频与音频混合的多媒体流适配为 IP 包。

2. 传输层

传输层主要是指由 IP 路由器等骨干传输设备组成的分组交换网络，是软交换网络的承载基础。IP 网能够同时承载话音、数据、视频等多种媒体信息，并具有协议简单、终端设备对协议的支持性好、价格低廉的优势，因此，软交换体系选择了 IP 网作为承载网络。接入层中的各种媒体网关、控制层中的软交换设备、业务层中的各种服务器平台等各个软交换网络的网元都通过 IP 网进行通信。

3. 控制层

控制层负责完成各种呼叫控制和相应业务处理信息的传送，有一个重要的设备，即软交换设备，能完成呼叫的处理控制、接入协议适配、互联互通等综合控制处理功能，提供全网络应用支持平台。

4. 业务层

业务层又称为应用层，主要为网络提供各种应用和服务，提供面向用户的综合智能业务，提供业务的用户化定制，是用户最能直接感受到的部分。业务层的主要设备包括应用服务器（Application Server，AS）、综合网管服务器（Policy Server）、AAA 服务器（Authentication, Authorization and Accounting Server，AAAS）。其中，最主要的功能实体是应用服务器，是软交换网络体系中业务的执行环境，向用户提供增值服务、多媒体业务的生成和管理功能。业务层的主要设备对下支持访问软交换的协议或 API，对上可以提供更高层的业务开发接口，以进一步支持业务的开发和定制。运营商、业务开发商、用户可以通过标准化的接口开发各种实时业务，而不用考虑存在业务的网络形式、终端类型，以及所采用的协议细节。

6.1.4 软交换的主要功能

软交换能够在媒体设备和媒体网关的配合下，通过计算机软件编程的方式实现各种媒体流的协议转换，并基于分组网络的架构实现 IP 网、ATM 网、PSTN 等网络的互联，是下一代电信网中话音、数据、视频业务的呼叫控制和业务提供的核心设备，也是目前电路交换网向分组交换网演进的主要设备之一。软交换各实体之间通过标准协议进行连接和通信，实现的主要功能如下。

1. 呼叫控制和处理功能

呼叫控制和处理功能是软交换的重要功能之一，可以说是整个网络的灵魂。该功能可以为基本业务/多媒体业务呼叫的建立、保持和释放提供控制功能，包括呼叫处理、连接控制、智能呼叫触发检出和资源控制等。该功能支持基本的双方呼叫控制功能和多方呼叫控制功能，其中多方呼叫控制功能包括多方呼叫的特殊逻辑关系、呼叫成员的加入/退出/隔离/旁听等。

2. 协议处理

软交换是一个开放的、多协议的实体，因此，必须采用各种标准协议与媒体网关、应用服务器、终端和网络进行通信，最大限度地保护用户投资并充分发挥现有通信网络的作用。这些标准协议包括 H.323、SIP、H.248、MGCP、SIGTRAN、RTP、INAP 等。其中，软交换与 H.323 终端之间采用 H.323 协议；软交换与 SIP 终端之间采用 SIP；软交换与媒体服务器之间的接口采用 MGCP、H.248 或 SIP；软交换与信令网关之间的接口使用 SIGTRAN 协议；信令网关与 No.7 信令系统之间采用 No.7 信令系统的消息传递部分的信令协议；软交换与中继网关之间采用 MGCP 或 H.248 协议；软交换与接入网关和 IAD 之间采用 MGCP 或 H.248 协议；软交换与智能网业务控制点之间采用 INAP；软交换设备与应用服务器之间采用 SIP/INAP；业务平台与第三方应用服务器之间的接口可使用 Parlay 协议；软交换设备之间的接口主要实现不同软交换设备间的交互，可使用 SIP-T 和 BICC 协议；媒体网关之间采用 RTP/RTCP。

3. 业务提供

在网络从电路交换向分组交换的演进过程中，软交换必须能够实现 PSTN/ ISDN 交换机提供的全部业务，包括基本业务和补充业务，还应该与现有的智能网配合提供智能网业务，也可以与第三方合作，提供多种增值业务和智能业务。

4. 业务交换

业务交换与呼叫控制功能相结合，可提供在呼叫控制功能和业务控制功能（SCF）之间进行通信所要求的一组功能。业务交换功能主要包括业务控制触发的识别，以及与业务控制间的通信、管理呼叫控制功能和业务控制功能之间的信令、按要求修改呼叫或连接处理功能、在业务控制功能的控制下处理智能网业务需求及管理业务交互等。

5. 互联互通

下一代网络并不是一个孤立的网络，尤其在现有网络向下一代网络的发展演进中，不可避免地要实现与现有网络的协同工作、互联互通、平滑演进。例如，可以通过信令网关实现分组网与现有 No.7 信令网的互通；可以通过信令网关与现有智能网互通，为用户提供多种智能业务；可以采用 H.323 协议实现与现有 H.323 体系的 IP 电话网的互通；可以采用 SIP 实现与未来 SIP 网络体系的互通；可以采用 SIP 或 BICC 协议与其他软交换设备互联；还可以提供 IP 网内 H.248 终端、SIP 终端和 MGCP 终端之间的互通。

6. 资源管理

软交换应提供资源管理功能，对系统中的各种资源进行集中管理，如资源的分配、释放、配置和控制，资源状态的检测，资源使用情况统计，设置资源的使用门限等。

7. 计费功能

软交换应具有采集详细话单及复式计次功能，并能够按照运营商的需求将话单传送到相应的计费中心。在软交换中，根据计费类别与具体的费率值的对应表，对于每种计费类别，均应有全费、减费功能，并能够根据人机命令修改减费日期及时间。软交换能够根据不同的计费对象进行计费和信息采集，采集的主要内容包括通话开始时间、PSTN/ISDN 侧接通开始时间、释放时间、通话时长、卡号、接入号码、被叫用户号码、主叫用户号码、入字节数、出字节数、业务类别、主叫侧媒体网关或终端的 IP 地址、被叫侧媒体网关或终端的 IP 地址、主叫侧软交换设备的 IP 地址、被叫侧软交换设备的 IP 地址、通话终止原因等。

8. 认证与授权

软交换应支持本地认证功能，可以对所管辖区域内的用户、媒体网关进行认证与授权，以防止非法用户/设备接入。同时，它应能够与认证中心连接，并可以将所管辖区域内的用户、媒体网关信息送往认证中心进行接入认证与授权，以防止非法用户和设备接入。

9. 地址解析/路由功能

软交换设备应可以完成 E.164 地址至 IP 地址、别名地址至 IP 地址的转换功能，也可以完成重定向功能。对于号码分析和存储功能，要求软交换支持存储主叫号码 20 位、被叫号码 24 位，而且具有分析 10 位号码并选取路由的能力，具有在任意位置增、删号码的能力。

10. 话音处理

软交换设备应可以控制媒体网关是否采用话音信号压缩，并提供可以选择的话音压缩算法，算法应至少包括 G.729、G.723.1 等，可选 G.726 算法。同时，可以控制媒体网关是否采用回声抵消技术，并可对话音包缓存区的大小进行设置，以减小抖动对话音质量的影响。当网络发生拥塞时，软交换会控制网关设备切换至压缩率高的编码方式，以减轻网络负荷；而当网络负荷恢复至正常时，则切换回压缩率低的编码方式，以提高业务质量。

11. 与移动业务相关的功能

固定网络软交换的主要功能结构如图 6.4 所示。在移动网络软交换中，除要完成固定网络软交换设备所需完成的功能外，还要完成无线市话交换局、移动交换局功能，包括用户鉴权、位置查询、号码解析及路由分析、业务提供、计费等。

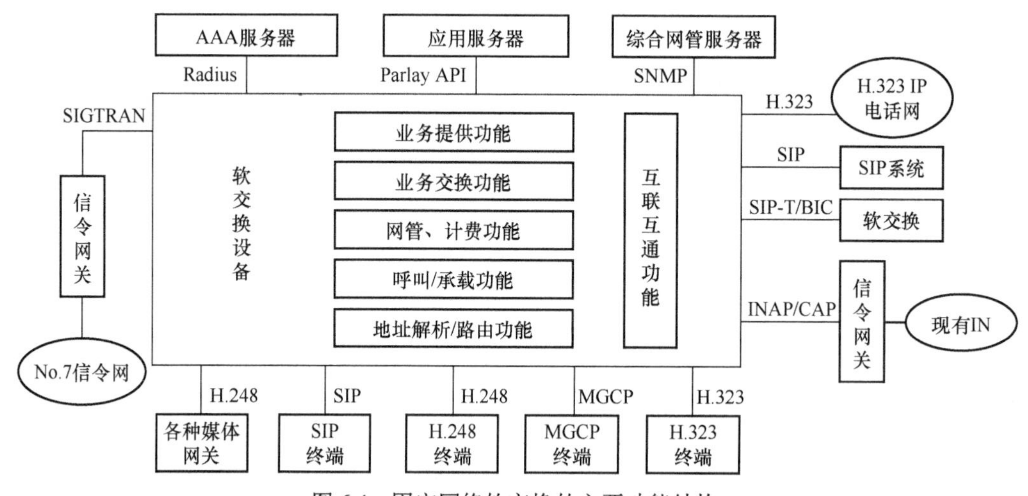

图 6.4 固定网络软交换的主要功能结构

6.2 软交换技术的主要协议

下一代网络是基于 IP 技术的多厂商、多技术、不同体系结构的复杂融合体，软交换技术在这样一个异构网络中起着极为重要的作用。协议是系统赖以生存的规则，如建立联系、交换数据及终端会话等，标准化协议是支持通信设备互联互通、提高通信设施效率、保障通信网络服务质量的关键因素。

国际上，IETF、ITU-T、ISC（International Soft switch Consortium）等组织对软交换协议的研究工作一直起着积极的主导作用，许多关键协议已制定完成或趋于完成，这些协议将规范整个软交换的研发工作，使产品从使用各厂商私有协议阶段进入使用业界共同标准协议阶段。各厂商之间的产品互通成为可能，真正实现一个开放体系结构的下一代网络，各个功能模块之间采用标准协议进行互通，各网络部件可独立发展。软交换网络协议汇总如表 6.1 所示。

表 6.1　软交换网络协议汇总

软交换协议类型	协 议 标 准
媒体网关控制协议	MGCP（IETF）、H.248（ITU-T）
呼叫控制协议	SIP（IETF）、BICC、SIP-I（IETF）、SIP-T（ITU-T）
信令传输适配协议	SIGTRAN
IAD 控制协议	H.248、H.323
终端控制协议	H.323、SIP
智能网控制协议	INAP、CAP

6.2.1 媒体网关控制协议

媒体网关控制协议（Media Gateway Control Protocol，MGCP）是 IETF 较早定义的媒体网关控制协议，是根据分离网关结构要求提出的，是在简单网关控制协议（Simple Gateway Control Protocol，SGCP）和 IP 设备控制协议（Internet Protocol Device Control）的基础上发展而来的。MGCP 是软交换设备和媒体网关之间或软交换与 MGCP 终端之间的通信协议，用于完成软交换对媒体网关的控制处理，以及软交换与媒体网关的交互。软交换通过此协议控制媒体网关或 MGCP 终端上的媒体或控制流的连接、建立和释放。

MGCP 呼叫模型包括两部分：连接模型和控制模型。

MGCP 的连接模型的两个基本构件是端点（Endpoint）和连接（Connection），它们是建立端到端话音链路的重要概念。端点是数据源或数据宿，可以是物理端点，也可以是虚拟端点。端点类型包括数字通道、模拟线、录音服务器接入点及交互式话音响应接入点。端点标识由端点所在网关域名和网关中的本地名两部分组成。连接可以是点到点连接或多点连接，在一个端点上可以建立多个连接，不同的连接可以作用于同一个端点。

MGCP 的控制模型有两个重要的概念，分别是事件（Event）和信号（Signal）。事件是网关能够侦测出的状态，如电话摘机、挂机等。信号是由网关产生的，如拨号音。MGCP 通过检测和判断端点和连接上的事件对呼叫过程进行控制，指示端点应该向用户发送或终止何种信号。事件和信号组合成封包（Package），每个封包由某一特定端点支持。

MGCP 采用文本协议，协议分为命令和响应两类。命令包括连接处理和端点处理两类，共 7 条命令，分别是端点配置、通报请求、通报创建、修改连接、审核端点、审核连接和重启进程。每条命令都需要对方响应，采用 3 次握手协议进行证实。命令由命令行和若干参数组成，证实消息带 3 位数字响应码。

MGCP 采用 UDP 进行传送，在 IP 网上采用 IP Authentication Header 或 IP Encapsulating Security Payload 协议作为安全机制。

6.2.2 H.248 协议

H.248 协议是 ITU-T 第 16 工作组在 MGCP 的基础上提出的媒体网关控制协议，IETF 称之为 MeGaCo 协议。两个标准化组织在制定媒体网关控制协议中相互联络和协商，因此，H.248 和 MeGaCo 协议的内容基本相同。在 H.248 中引入了 Context 的概念，增加了许多 Package 的定义，从而将 MGCP 大大推进了一步。可以说，H.248 已取代 MGCP，成为媒体网关控制器（MGC）与媒体网关（MG）之间的协议标准。在固定软交换网络中，由软交换机充当媒体网关控制器，处于控制和支配的地位，具有很高的智能；而媒体网关则处于被控制和支配的地位，其智能非常有限。软交换机的主要功能是呼叫控制，根据媒体网关上传过来的消息，控制呼叫的建立连接或释放连接等。因此，H.248 协议是目前软交换和媒体网关之间的主流协议。

H.248 协议用于传递软交换对媒体网关的各种行为，如对业务接入、媒体转换、会话连接等进行控制和监视的消息。H.248 与 MGCP 在协议概念和结构上的主要区别如下。

- H.248 协议简单，功能强大，且扩展性很好，允许在呼叫控制层建立多个分区网关；而 MGCP 是 H.248 之前的版本，其灵活性和扩展性比不上 H.248。
- H.248 支持多媒体，而 MGCP 不支持多媒体，并且，在应用于多方会议时，H.248 比 MGCP 容易实现。
- H.248 基于 TCP 和 UDP 传输，而 MGCP 基于 UDP 传输。
- H.248 的消息编码基于文本和二进制，MGCP 的消息编码基于文本。消息是协议发送的信息单元，一个消息包含一个信息头和版本号，信息头包含发送者的 ID。消息中的事务彼此无关，可以独立处理。H.248 协议的消息编码格式为文本格式和二进制格式，媒体网关控制器必须支持这两种格式，媒体网关可以支持其中任意一种格式。

H.248 协议定义的连接模型包括终端（Termination）和上下文（Context）两个主要概念，因此，软交换通过 H.248 消息实现对媒体网关的控制，具体为对终端和上下文的控制，包括对终端和上下文的创建、修改、删除等。

终端表示发起或接收一个或多个媒体流的逻辑实体，可分为半永久终端、临时终端和根终端。其中，根终端表示网关自身；半永久终端表示物理实体的终端，如 TDM 链路或模拟线等，在网关中永远存在；临时终端表示临时存在的终端，如 RTP 流，用于承载话音、数据和视频信号或各种混合信号，通常只能存在一段时间。在一个网关中，终端描述符可唯一标识一个终端。终端的属性通过描述符来描述，如相关媒体流参数、对应承载参数、可能包含的 Modem 等。H.248 使用了 19 个终端描述符，对终端的属性进行描述。描述符由描述符名称和一些参数组成，参数可以有取值。描述符可以作为命令的参数，也可以作为命令的传输结果返回。为了屏蔽终端的多样性，在协议中引入了封包（Package）的概念，将终端的可选特性参数组合成封包。

上下文表示终端之间的连接关系，描述的是终端之间的拓扑结构，以及彼此之间要交换的媒体参数等。有一种特殊的上下文，称为空，是指不与任何其他终端相联系的所有终端的集合。一个终端一次只能存在于一个上下文中，添加命令可以向一个上下文中增加终端，删除命令可以将一个终端从一个上下文中删除，移动命令可以将一个终端从一个上下文中转移到另一个上下文中。当一个上下文涉及多个终端时，上下文将描述这些终端组成的拓扑结构，以及媒体混合交换的参数等。在同一网关中，上下文标识符可唯一标识一个上下文。H.248 协议规定，上下文标识符为 32 位编码。特殊上下文标识符编码对照表如表 6.2 所示。

表 6.2　特殊上下文标识符编码对照表

上下文	文本编码	二进制编码	含　义
空	0	_	表示网关中所有与其他任何终端都没有联系的终端的集合
CHOOSE	0xFFFFFFFE	$	表示请求网关创建一个新的上下文
ALL	0xFFFFFFFF	*	表示网关的所有上下文

命令是 H.248 消息的主要内容，实现对上下文和终端属性的控制，包括指定终端报告检测到的事件、通知终端使用什么信号和动作，以及指定上下文的拓扑结构等。在 H.248 协议中，定义了如下 8 个命令。

（1）Add 命令：向一个上下文中添加一个终端。当向一个上下文中添加第一个终端时，接收命令的一方就会创建一个新的上下文。

（2）Modify：修改终端或上下文的特性。

（3）Subtract：从一个上下文中将一个终端删除。当被删除的终端是该上下文中的最后一个终端时，上下文也会被删除。

（4）Move：将一个终端从一个上下文中移到另一个上下文中。

（5）Notify：媒体网关使用该命令向媒体网关控制器报告媒体网关检测到的事件。

（6）AuditValue：获取终端或上下文的当前特性值和统计信息等。

（7）AuditCapabilities：获取终端或上下文支持的所有特性和其他信息。

（8）ServiceChange：媒体网关使用该命令向媒体网关控制器注册；媒体网关控制器也可以使用该命令强制媒体网关中的终端退出/进入服务，注销一个或部分终端，或者重启媒体网关。

H.248 协议用以上 8 个命令完成终端和上下文之间的操作，从而完成呼叫的建立和释放。例如，在主叫和被叫用户的一次通话业务过程中，当媒体网关发起呼叫时，媒体网关控制器建立一个新的上下文，并使用 Add 命令将终端添加到上下文中；当媒体网关结束呼叫后，媒体网关控制器使用 Subtract 命令将终端从上下文中删除，释放资源。

媒体网关控制器与媒体网关之间的一组命令组成了事务（Transaction），每个事务由一个 Transaction ID 来标识。Transaction 又由一个或多个动作（Action）组成。一个动作又由一系列命令及对终端和上下文的属性进行修改、审计的操作组成，这些命令和动作都局限在一个上下文中，因而每个动作通常指定一个上下文标识。但是，有两种情况，动作可以不指定关联标识符，一种情况是当请求对上下文之外的终端进行修改或审计操作时，另一种情况是当媒体网关控制器要求媒体网关创建一个新的上下文时。

事务保证对命令有序处理，即一个事务中的命令按顺序执行。一个事务从“事务头部”（TransHdr）开始。在事务头部中，包含事物 ID。事物 ID 由事务的发送者指定，在发送者范围内是唯一的。事物头部后面是该事务的若干动作，这些动作必须顺序执行。若某动作中的一个命令执行失败，则该事务中以后的命令将终止执行（Optional 命令除外）。当命令标记为“Optional”（可选命令）时，该命令可以越过限制，不至于由于一个命令执行失败而导致以后的命令终止执行，即如果可选命令执行不成功，则其后的命令可以继续执行。

H.248 协议的传递大部分都承载在 UDP/IP 上，由于 UDP/IP 不可靠，因此各种事务的状态及可靠性都由本身来实现，即通过事务的 3 次握手，即事务请求（Transaction Request）、事务响应（Transaction Reply）和事务响应确认（Transaction Response ACK）来实现。

6.2.3 H.323 协议

在传统电话系统中，一次通话过程从建立系统连接到拆除连接，都需要一定的信令来配合完成。同样，在 IP 电话中，寻找被叫、建立应答、按照彼此的数据处理能力发送数据，也需要相应的信令系统。目前，国际上比较有影响力的 IP 电话方面的协议包括 ITU-T 提出的 H.323 协议和 LETF 提出的 SIP。其中，H.323 采用的是传统电话信令模式，包括一系列协议；而 SIP 则借鉴互联网协议，采用基于文本的协议。这里主要对 H.323 协议进行介绍。

H.323 标准提供了基于 IP 网络的传送话音、视频和数据的基本标准。它能控制多个参与者参加的多媒体会话的建立和终结，并能动态地调整和修改会话属性，如会话带宽要求，传输的媒体类型（话音、视频）、媒体的编/译码格式、广播的支持等。

H.323 系统的组成部件称为 H.323 实体（Entity），包括终端、网关（GW）、网守（GK）、多点控制单元（MCU）。其中，终端、网关和 MCU 统称为端点，端点可以发起呼叫，也可以接收呼叫，媒体信息流就在端点上生成或终结。H.323 系统架构如图 6.5 所示。

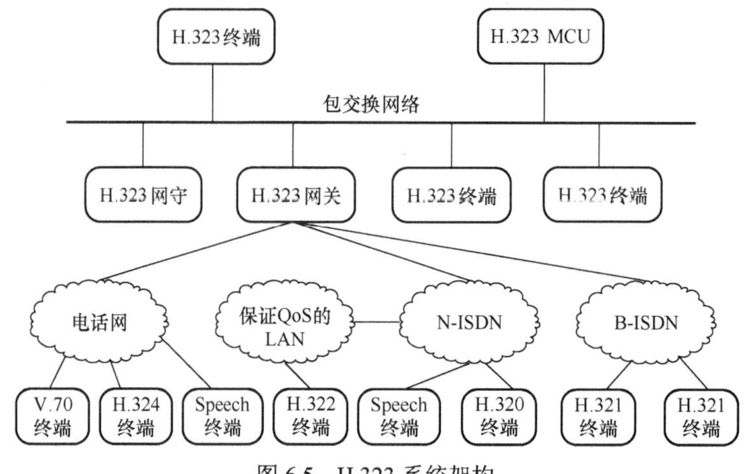

图 6.5 H.323 系统架构

网关是 H.323 系统中的一个可选组件，最重要的作用就是协议转换。通过网关，两个不同协议体系结构的网络得以通信。例如，有了网关，一个 H.323 终端能够与 PSTN 终端进行话音（语音）通信。

网守又称为网闸或关守（Gatekeeper），为 H.323 端点提供地址翻译和 PBN 接入控制服务，还可以提供带宽管理和网关定位等服务。网守是网络管理点，一个网守管理的所有终端、网关和 MCU 的集合称为一个管理区（Zone）。一个管理区至少包含一个终端，MCU 和网关可以有也可以没有，有且只有一个网守。网守完成的主要功能包括地址翻译、呼叫接纳控制、带宽控制、区域管理、呼叫控制信令、呼叫权限、带宽管理、呼叫管理、网络管理，其他功能包括终端带宽预留、目录服务、管理信息库等。

MCU 可以分解为 MC（Multipoint Controller，多点控制器）和 MP（Multipoint Processor，多点处理器）。其中，MC 处理多点的信令，MP 负责多点通信的媒体处理。

网守、MC 和 MP 不可呼叫，但网守参与呼叫控制，具有运输层地址，是可寻址的 H.323 实体。MC 和 MP 执行多点呼叫信息流的处理与控制，是系统的功能实体，物理上总是位于某个端点中，因此没有独立的运输层地址，是既不可呼叫又不可寻址的 H.323 实体。

在 H.323 多媒体通信系统中，控制信令和数据流的传送利用了面向连接的传输机制。在 IP 协议栈中，IP 与 TCP 协作，共同完成面向连接的传输。可靠传输保证了数据包传输时的流量控制、连续性及正确性，但也可能引起传输时延并占用网络宽带。H.323 将可靠的 TCP 用于 H.245 控制信道、T.120 数据信道、呼叫信令信道。而视频和音频信息采用不可靠的、面向无连接的传输方式，采用用户数据协议（User Datagram Protocol，UDP）。UDP 无法提供很好的服务质量（QoS），只提供最少的控制信息，因此传输时延较 TCP 低。在有多个视频流和音频流的多媒体通信系统中，基于 UDP 和不可靠传输，利用 IP 多点广播和由 IETF 提出的实时传输协议（RTP）处理视频与音频信息。IP 多点广播是以 UDP 方式进行不可靠多点广播传输的协议。RTP 工作于 IP 多点广播的顶层，用于处理 IP 网上的视频流和音频流。每个 UDP 包均加上一个包含时间戳和序号的报头，若接收端配以适当的缓冲，那么它就可以利用时间戳和序号信息复原，实现再生数据包、记录失序包、同步话音/图像/数据及改善边接重放效果。实时控制协议（RTCP）用于 RTP 的控制。RTCP 监视服务质量及网上传送的信息，并定期将包含服务质量信息的控制信息包发分给所有通信节点。

在大型分组网络中，为一个多媒体呼叫保留足够的宽带是很重要的，也是很困难的。另一个由 IETF 提出的协议——资源预留协议（RSVP）允许接收端为某一特殊的数据流申请一定数量的宽带，并得到一个答复，确认申请是否被许可。虽然 RSVP 不是 H.323 标准的正式组成部分，但大多数 H.323 产品都必须支持它，因为宽带的预留对 IP 网络上多媒体通信的成功至关重要。RSVP 需要得到终端、网关、装有 MP 的 MCU 及中间路由器或交换机的支持。

H.323 是国际电信联盟（ITU）的一个标准协议栈，是一个有机的整体，从系统的总体框架（H.323）、数据流的复用（H.225）、系统控制（H.245）、视频编/译码（H.263）、音频编/译码（H.723.1）等各方面都做了比较详细的规定，为网络电话和可视电话会议系统的进一步发展与系统的兼容性提供了良好的条件。H.323 主要包括的标准协议如表 6.3 所示。

表 6.3　H.323 主要包括的标准协议

标 准 名 称	主 要 内 容
H.323	基于包交换网络的多媒体通信系统，总体介绍了对基于包交换网络的视频会议系统和终端的要求，解释了呼叫建立的基本过程
H.225（主要包括 H.255.0）	呼叫信令协议及包交换网络中的媒体打包，规定了如何进行媒体打包
RAS	呼叫接纳状态（Registration Admission and Status）协议，是 H.225.0 的组成部分，为网守（GK）提供确定端点地址和状态、施行呼叫接纳控制等功能
H.245	媒体通信控制协议，规定了具体的通信控制信令，描述了各类通信消息（包括多点控制方面的信令）
H.235	H 系列多媒体终端的通信安全和加密机制，提供了安全和通信加/解密的标准规定
H.283	逻辑通道传输的远端控制协议，描述了如何通过逻辑通道进行远端设备的控制
H.248	媒体网关控制协议，描述了网关设备
G.7xx	音频编码规范，包括 G.711、G.729A 和 G.723.1 等常用的音频格式，还包括 G.722、G.728、AAC 等其他编码格式
H.26x	视频编码规范，包括 H.261、H.263、H.264 等视频编码格式

H.225.0 在 H.323 终端和网守之间提供地址解析和准入控制服务，是 H.323 终端控制的核心。H.225.0 适用于不同类型的网络，其中包括以太网、令牌环网等。H.225.0 被定义在 TCP/IP、SPX/IPX 传输层，其通信范围在 H.323 网关之间，并在同一个网上使用同一种传输协议。如果在整个互联网中使用 H.323 协议，则通信性能会下降。H.323 试图把 H.320 扩展到无质量保证的局域网中，通过使用强大的认可会议控制，可使一个专门会议的参加者从几人扩充到几千人。

H.225.0 建立了一个呼叫模型，在这个模型中，呼叫建立和性能协商没有使用 RTP 传输地址，在呼叫建立之后才建立若干 RTP/RTCP 连接。在呼叫建立之前，终端可以向某个网守注册。如果终端要向某个网守注册，那么它必须知道这个网守的年限（Vintage）。正因为如此，发现（Discovery）和注册（Registration）结构都包含了一个 H.245 类型的对象标志，提供了 H.323 应用版本的年限。另外，这些结构还包含了可选择的非标准信息，允许终端建立非标准关系。在这些结构的末尾，还包括了版本号的非标准状态。其中，版本号是必须的，非标准信息是可选的。非标准信息用来在两个终端之间相互通知其年限及非标准状态。不仅所有的 Q.931 消息在用户到用户信息中具有可选的非标准信息，在所有的 RAS 通道信息中，还是具有可选的非标准信息的。另外，任何时候都能发送一个非标准 RAS 消息。进行注册、认可和状态通信的不可靠通道称为 RAS 通道。开始一个呼叫一般必须首先发送一个认可请求消息，接着发送一个初始建立消息，这个过程以收到连接消息为结束标志。

当可靠的 H.245 控制通道建立之后，音/视频等数据的传输通道都可以相应地建立。多媒体会议的有关设置也可以在这里进行。当使用可靠的 H.245 控制通道传送消息时，H.225 终端可以通过不可靠通道发送音/视频等数据。错误隐藏和其他一些信息是用来处理丢包问题的。一般情况下，音/视频等数据包不会重发，因为重发将引起网络上的延时。假设底层已经处理了对位出错的检测，而且错误的包不会传给 H.225，那么音/视频等数据和呼叫信号不会在同一个通道里传输，并且不使用同样的消息结构。H.225.0 有能力使用不同的传输地址，在不同的 RTP 实例中发送和接收音/视频等数据，以确保不同媒体帧的序列号和每种媒体的服务质量。ITU 正在研究如何把音/视频等数据包混合在同一个传输地址的同一帧中，虽然音/视频等数据能够凭借传输层服务访问点标识共享同一个网络地址，但是制造商还是选择使用不同的网络地址来分别传输音/视频等数据。在网关、多点控制单元（MCU）和网守中，可以使用动态传输层服务访问点标识代替固定传输层服务访问点标识。

一个可靠的传输地址用于终端与终端之间的呼叫建立，也可以用于网守之间。可靠的呼叫信号连接必须按照下述规则进行：在终端与终端的呼叫信号传输中，每个终端都可以打开或关闭可靠呼叫信号通道；对于网守的呼叫信号传输，终端必须保证在整个过程中打开可靠端口。虽然网守能够选择是否关闭信号通道，但是对于网关正在使用的呼叫通道，网守必须保证信号通道是打开的。诸如显示信息等 Q.931 信息可以在端到端之间传输。如果由于传输层的原因使得可靠连接断开，那么这个连接必须重建，此次呼叫不认为是失败的，除非 H.245 通道关闭，呼叫状态和呼叫参考值不受关闭可靠连接的影响。同一时间可以打开多个 H.245 通道，因此，同一个终端可以同时参加多个会议。在一个会议中，一个终端甚至可以同时打开多种类型的通道，如同时打开两个音频通道来得到立体声效果。但是在一个点对点的呼叫中，只能打开一个 H.245 控制通道。

H.245 协议定义了主从判别功能，当在一个呼叫中的两个终端同时初始化一个相同的事件时，就产生了冲突，如资源只能被一个事件使用。为了解决这个问题，终端必须判断谁是主终端，谁是从终端。主从判别过程就是用来判断哪个是主终端、哪个是从终端的。终端的状态一旦决定，在整个呼叫过程期间都不会改变。性能交换过程用来保证传输的媒体信号是能够被接收端接收的，即接收端必须能够译码、接收数据。这要求每一个终端的接收和译码能力必须被对方终端知道。终端不需要具备所有的能力，对于不能理解的要求，可以不予理睬。终端通过发送它的性能集使对方知道自己的接收和译码能力。接收性能描述了终端接收和处理信息流的能力。发送端必须确保发送的性能集的内容是自己能够做到的。发送性能给接收端提供了操作方式的选择集，接收端可以从中选择某种方式。如果默认了发送性能集，就说明发送端没有给接收端选择，但这并不说明发送端不会向接收端发送数据。这些性能集使得终端可以同时提供多种媒体流的处理。例如，一个终端可以同时接收两路不同的 H.262 视频信号和两路不同的 H.722 音频信号。性能消息描述的不仅是终端具有的固有能力，还描述了它可以同时具有哪些模型，也可能表示了发送性能和接收性能之间的一种折中。终端可以使用非标准参数结构发送非标准性能和控制信息。非标准信息是制造商或其他组织定义的，用来表明其终端具有的特殊能力。

逻辑通道消息传送过程要确保在逻辑通道打开时，终端就具有接收和译码数据的能力。打开逻辑通道消息包含了关于传送数据的描述。逻辑通道必须在终端有能力同时接收所有打开通道的数据时才打开。逻辑通道是由发送端打开的，接收端可以向发送端请求关闭逻辑通道，发送端可以接受请求，也可以拒绝请求。当性能交换结束时，双方终端通过交换的性能描述符都知道了对方的性能。终端不需要知道描述符中的所有性能，而只要知道它所使用的性能即可。终端知道自己与对方终端的环形延时是很有用的。环形延时判别就是用来测试环形延时的。它还可以用来测试远方终端是否存在。命令和说明可以用来传送一些特殊的数据。命令和说明不会得到远程终端的响应消息。命令用于强迫远程终端执行一个动作，说明用于提供信息。

H.323 协议规定，音频和视频分组必须被封装在 RTP 中，并通过发送端和接收端的一个 UDP 的 Socket 对来承载。而 RTCP 则用来评估会话和连接质量，以及在通信方之间提供反馈信息。相应的数据及其支持性的分组可以通过 TCP 或 UDP 进行操作。H.323 协议还规定，所有的 H.323 终端都必须带有一个话音编码器，最低要求是必须支持 G.711 建议。

6.2.4　会话启动协议

会话启动协议（Session Initiation Protocol，SIP）是由 IETF 于 1999 年提出的在基于 IP 网络中实现实时通信应用的一种信令协议，是为多媒体会话而开发制定的协议，这里的会话包括文本、视频、游戏和传统的话音。

SIP 采用一种模块化结构，即请求/应答方式，是基于文本的应用层控制协议，用于创建、修改和释放一个或多个参与者的会话。SIP 广泛应用于 CS（Circuit Switched，电路交换）、NGN（Next Generation Network，下一代网络）及 IMS（IP Multimedia Subsystem，IP 多媒体子系统）的网络中，可以支持并应用于话音、视频、数据等多媒体业务，也可以应用于 Presence（呈现）、Instant Message（即时消息）等特色业务。可以说，有 IP 网络的地方就有 SIP 的存在。SIP 基本协议由 LETF 请求说明文档（RFC 3261）定义，而 SIP 扩展协议则由一系列 RFC 文档组成，主要包括 RFC 3455、RFC 3311、RFC 3262、RFC 3325 等。

SIP 系统采用客户端/服务器（C/S）结构，SIP 网络包含两类成员：用户代理（User

Agent）和网络服务器（Network Server），如图 6.6 所示。SIP 呼叫建立功能由用户代理产生请求，并发送到网络服务器中，网络服务器处理请求，并向用户代理返回一个或多个响应报文，相应的请求和响应构成一个事务。

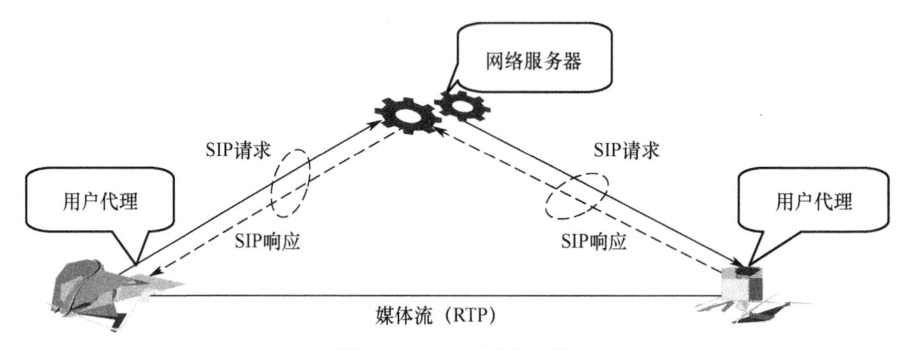

图 6.6 SIP 的网络架构

用户代理为 SIP 通信的用户终端，代理用户的所有请求和响应。它分为两部分：用户代理客户端（User Agent Client，UAC）和用户代理服务器（User Agent Server，UAS）。UAC 负责发起呼叫请求，UAS 负责接收呼叫并做出响应。SIP 终端要求同时具备 UAC 和 UAS 功能，因此，同一个 SIP 终端在呼叫的不同阶段可能会扮演不同的角色。例如，主叫用户在发起呼叫时，逻辑上完成 UAC 功能，并在此事务中一直充当该角色；当呼叫结束时，如果被叫用户发起结束，则主叫用户侧的代理扮演的角色就是 UAS 了。

SIP 网络服务器包括代理服务器、注册服务器、重定向服务器 3 种，主要提供地址解析与用户鉴权功能。另外，还有一种服务器，称为定位服务器。

1. 代理服务器

代理服务器主要提供应用层路由功能，负责接收用户代理发来的请求，根据网络策略将请求转发给相应的服务器。代理服务器在转发请求之前，可以解释、改写和翻译原请求消息中的内容，主要功能是路由、认证鉴权、计费监控、呼叫控制和业务提供等。

代理服务器可以分为 3 类：保留呼叫状态代理、保留状态代理和不保留状态代理。

保留呼叫状态代理需要知道会话过程中发生的所有 SIP 事务，存储从会话建立到会话结束的所有状态信息，因此，用户间传输的所有 SIP 消息都必须经过保留呼叫状态代理。

保留状态代理也称为事务状态代理，用来存储与给定事务相关的状态信息，直到这个事务结束。通常来说，网络核心的流量总是比网络边缘的流量要大很多，因此，通常把边缘层服务器设置为保留状态代理服务器，用来分析用户状态、对相应呼叫进行计费。

不保留状态代理不保存任何状态信息。它们接收一个请求并将其发往下一跳，而且立即删除与该请求相关的所有状态信息。当收到一个应答时，它并不记录状态，只通过标题头的分析来决定路径。对于核心层的代理服务器，因为仅完成消息转发工作，所以代理服务器就不需要保留呼叫的状态了，从而可以提高服务器的处理能力，此时的代理服务器就是一个不保留状态的代理服务器。

2. 注册服务器

注册服务器用来接收和处理用户端的注册请求，完成用户地址的注册，并支持用户鉴权。注册服务器一般配置在代理服务器和重定向服务器中，并且一般都配置有位置服务器的功能。

注册服务器将用户的当前位置进行登记，使得其他用户能找到该用户。每个注册成功的用户都有一定的有效期，如果用户在有效期内能够对该位置信息进行更新，则说明该位置信息当前有效；否则，注册服务器会认为当前的位置信息对该用户无效，从而避免用户由于异常情况（如掉电或宕机）而不能将位置信息注销的情况。

3．重定向服务器

重定向服务器用来接收用户请求，把请求中的原地址映射为新地址并返回给客户端，客户端根据此地址重新发送请求。另外，它还用来在需要时将用户的新地址返回给呼叫方，呼叫方可以根据得到的新位置重新呼叫。

4．定位服务器

定位服务器与其他 SIP 服务器可以通过任何非 SIP 连接，因此，定位服务器严格来说并不属于真正的 SIP 服务器，因为它不使用 SIP，可以是互联网上的公共位置服务器。定位服务器的主要功能是为代理服务器、注册服务器和重定向服务器提供位置查询服务，通常是由代理服务器或重定向服务器来查询被叫可能的地址信息的。

以上这些不同的服务器只是逻辑实体上的概念，在具体的实现中，它们是对客户端发出的请求进行服务并回送响应的应用程序，并且有可能将多个应用程序组合在一台服务器中，实现 SIP 的代理、注册、重定向和定位等多种服务，共同支持建立 SIP 会话。

SIP 与 H.323 都是软交换之间的互通协议，但是两者比较起来，SIP 特别适合提供即时消息和呈现服务，而采用 H.323 则很难提供这类服务。此外，采用 SIP 可以提供兼有传统智能网和基于 Web 特点的综合服务，简单易行且很容易与其他服务集成，优势明显。而采用 H.323 的 VoIP 服务对终端设备的要求较高，要由网守这一网络实体来完成寻址、带宽管理、计费信息采集等功能。因此，SIP 更适合支持下一代网络的融合应用。

6.2.5　SIGTRAN 协议

SIGTRAN 是 Signaling Transport 的缩写，是一套在 IP 网络上传送 PSTN 中基于 TDM 的 No.7 信令的传输控制协议。因此，SIGTRAN 协议是一个协议栈，分为 IP 协议层、信令传输层、信令传输适配层和信令应用层，如图 6.7 所示。

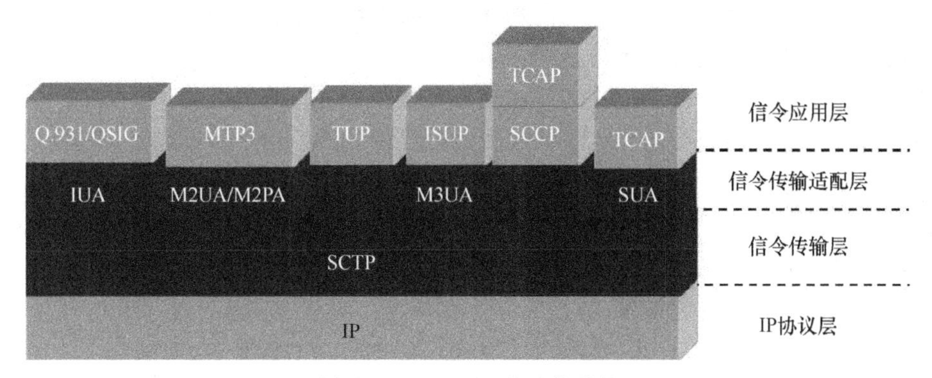

图 6.7　SIGTRAN 协议栈结构

SIGTRAN 协议栈只是实现 No.7 信令在 IP 网上的适配与传输，不处理用户层消息。SIGTRAN 协议支持 No.7 信令协议分层模型定义中的层间标准原语接口，从而保证已有的 No.7 信令应用可以未经修改地使用；同时利用标准的 IP 传输协议作为传输底层，通过增加自身的功能来满足 SCN 信令的特殊传输要求。也就是说，No.7 信令的上层应用不会感觉到 SIGTRAN 的存在，就可以在 MTP 网络和 IP 网络中传递，实现所谓的“无缝连接”。

由图 6.7 可知，SIGTRAN 协议栈从功能上分为两大类。

第一类是通用信令传送协议，实现 PSTN 信令在 IP 网上高效、可靠地传输，主要采用的是基于 IP 协议的流控制传输协议（Stream Control Transmission Protocol，SCTP）。

第二类是 PSTN 信令适配协议，主要是针对 SCN 中现有的各种信令协议制定的信令适配协议，包括 MTP2 用户适配层协议（M2UA）、MTP3 用户适配层协议（M3UA）、ISDN 用户适配层协议（IUA）和 SCCP 用户适配层协议（SUA）等。

因此，SIGTRAN 协议栈主要包括上述 5 个协议，下面简单给予介绍。

1. SCTP

在制定 SCTP 之前，在 IP 网上传输 PSTN 信令使用的是 UDP、TCP。UDP 是一种无连接的传输协议，无法满足 PSTN 信令对传输的质量要求。TCP 是一种有连接的传输协议，可以使信令可靠地传输，但 TCP 具有行头阻塞、实时性差、支持多归属比较困难、易受拒绝服务攻击等缺陷。因此，IETF 制定了面向连接的基于分组的可靠实时传输协议 SCTP。SCTP 是由 IETF 制定的，即 RFC 2960，我国通信行业标准 YD/T 1194—2002 参照 RFC 2960 给出了 SCTP 的技术要求。

SCTP 传送功能可以分解为以下几个功能块。

（1）偶联的建立和释放。

SCTP 位于 SCTP 用户应用和无连接网络业务层之间，两个 SCTP 端点为两个 SCTP 用户提供可靠的消息传送通道就是偶联。SCTP 偶联提供了在两个 SCTP 端点间的一组传送地址之间建立对应关系的方法，即一个 SCTP 偶联可以包含有多个可能的起源/目的地址的组合，这个组合包含在每个端点的传送地址列表中。通过建立好的偶联，SCTP 端点可以发送 SCTP 分组。

偶联是由 SCTP 用户发起请求来启动的，为了避免遭受攻击，在偶联的启动过程中采取了 Cookie 机制。SCTP 提供了完善的偶联关闭程序，它必须根据 SCTP 用户的请求来执行，当一个端点执行了关闭程序后，偶联的两端就停止接收用户发送的新数据。

（2）流内数据的顺序递交。

SCTP 中的流用来指示需要按照顺序递交到高层协议的用户消息序列，在同一个流中，消息要按照其顺序进行递交。偶联中流的数目是可以协商的，用户可以通过流号进行关联。

（3）用户数据分段。

根据网络的情况，SCTP 可以对用户消息进行分段，以确保发送的 SCTP 分组长度符合链路的要求，对应地，在接收端，SCTP 将分段的消息重组成完整的用户消息。

（4）数据接收确认和避免拥塞。

SCTP 为每个用户数据分段或未分段的消息分配一个传输顺序号码（Transmission Sequence Number，TSN）。TSN 独立于任何流内序号 SSN。TSN 用于保证传输的可靠性，SSN 用于保证流内消息的顺序传递。因此，在接收方需要确认所有收到的 TSN，并采用这种方法把可靠的递交功能与流内的顺序递交功能相分离。该功能可以在定时的接收确认没有收到时，负责对分组数据进行重发。

（5）块复用。

SCTP 分组中包含一个分组头，之后的数据中可以包含一个或多个数据块，每个数据块可以包含用户数据或控制信息，这种功能称为块复用。用户可根据需要选择此项功能。

（6）分组的有效性。

每个 SCTP 分组头中都包含一个必备的 32 位的验证标签字段，验证标签的值由偶联的两端在偶联启动时选择，由发送方设置。如果接收的 SCTP 分组中不包含期望的验证标签，则丢弃该分组。

（7）链路管理。

发送方的 SCTP 用户可以使用一组传送地址作为分组的目的地，SCTP 的链路管理功能根据 SCTP 用户的指令和当前合理的目的地的可达性状态，为每个发送的 SCTP 分组选择一个目的传送地址。偶联建立后，链路管理功能为每个 SCTP 端点定义一个首选链路，用来在正常情况下发送 SCTP 分组。在接收端，在处理 SCTP 分组前，链路管理功能用来验证输入的 SCTP 分组是否属于存在的有效偶联。

SCTP 基本信令流程包括偶联的建立、数据块的发送、偶联的关闭。首先，通过 4 次握手机制，在两个 SCTP 端点之间建立可靠的逻辑连接；其次，偶联建好之后，就可以在两个 SCTP 端点之间发送数据块了；最后，当一个 SCTP 端点退出服务时，需要停止它的偶联。偶联的停止需要使用中止程序和关闭程序。偶联可以在有未证实的数据时中止，这时，偶联的两端都舍弃数据且不提交到对端。此种方法不考虑数据的安全性。而任何一个端点在执行正常关闭程序时，偶联的两端都将停止接收从其 SCTP 用户发来的新数据，并且在发送或接收 SHUTDOWN 数据块时，把分组中的数据递交给 SCTP 用户。偶联的关闭可以保证两端所有未发送和发送未证实的数据在发送与证实后终止偶联。

2．M2UA

M2UA 即 MTP2 用户适配层协议（IETF 的 RFC 3331）。它使用 SCTP 或其他合适的传输协议，通过 IP 传输 No.7 信令中 MTP-2 层的用户信令消息（MTP-3），可用于 SG 和媒体网关控制器（MGC）之间的信令传输。M2UA 在系统中的位置如图 6.8 所示。信令端点（SEP）窄带信令通过 SG 接入 MGC，M2UA 运行在 SCTP 的上层，是 SCTP 的用户。SG 提供 NIF（Nodal Interworking Function）模块，通过原语实现 MTP-2 与 M2UA 的互通；在 MGC 端，M2UA 的上层用户是 MTP-3。

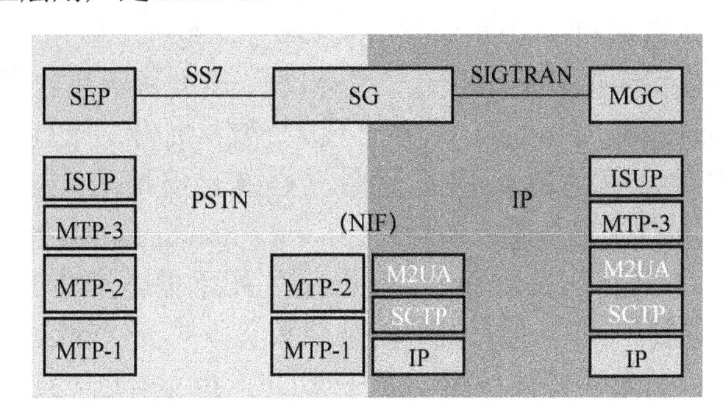

图 6.8　M2UA 在系统中的位置

3. M3UA

M3UA 是 No.7 信令的 MTP3 用户适配层协议（IETF 的 RFC 3332）。它使用 SCTP，通过 IP 传输 MTP-3 层的用户信令消息（ISUP 消息和 SCCP 消息），支持协议元素实现 MTP3 对等用户在 No.7 信令和 IP 域里的无缝操作。该协议可用于 SG 和 MGC 或 IP 数据库之间的信令传输，也可用于基于 IP 的应用之间的信令传输。在 IP 网里，SEP 通过 M3UA 接入 MGC，如图 6.9 所示，在 SIGTRAN 协议栈中，M3UA 运行在 SCTP 的上层，是 SCTP 的用户。M3UA 在 MGC 端的上层用户是 MTP-3 层用户（ISUP、TUP、SCCP），在 SG 端的上层用户是 NIF。我国的通信行业标准 YD/T 1192—2002 对 M3UA 协议也做了规范。

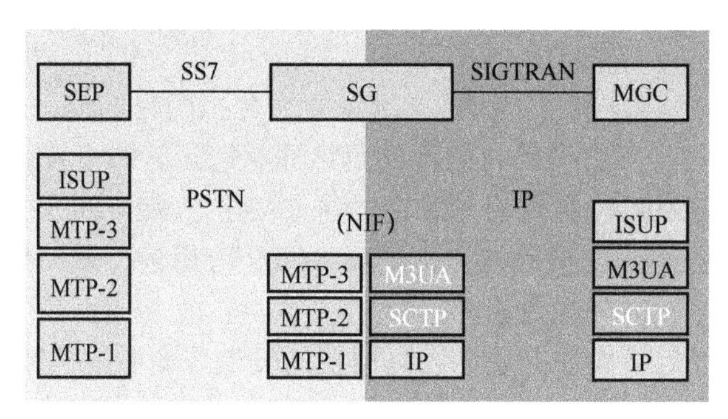

图 6.9 SEP 通过 M3UA 接入 MGC

4. IUA

IUA 即 ISDN 用户适配层协议（IETF 的 RFC 3057）。它使用 SCTP 或其他合适的传输协议，通过 IP 传送 DSS1 的 Q.921 层的用户信令消息（Q.931）。支持 IUA 协议的 ISDN 接口是 ISDN BRA 接口或 PRA 接口，采用点到点或点到多点的通信方式。

5. SUA

SUA 即 SCCP 用户适配层协议。它支持在 IP 网上传输 No.7 信令 SCCP 用户消息，如 TCAP 消息、RANAP 消息等，实现 TCAP over IP、RANAP over IP 等功能。SUA 不仅支持信令网关与 IP 信令点（如 IP 地址数据库）间的消息传输，还支持同一 IP 网中两个信令点间的消息传输。

6.3 SIP

SIP 是 IETF 多媒体数据和控制体系结构的一部分，是一个应用层的控制协议，与其他协议相互合作建立、修改和终止多媒体会话（或会议）。SIP 协议栈如图 6.10 所示，其中，RSVP（Resource ReServation Protocol）用于预约网络资源，RTP（Real-time Transmit Protocol）用于传输实时数据并提供服务质量（QoS）反馈，RTSP（Real-Time Stream Protocol）用于控制实时媒体流的传输，SAP（Session Announcement Protocol）用于通过组播发布多媒体会话，SDP（Session Description Protocol）用于描述多媒体会话（SAP 和 SDP 在图中省略，与 SIP 所处位置相同）。但是 SIP 的功能和实施并不依赖这些协议。SIP 承载在 IP 网上，网络层协议为 IP；传输层协议可用 TCP 或 UDP，推荐首选 UDP。

SIP 在建立维持和终止多媒体会话上，支持 5 方面的能力：用户定位，用来确定通信使用的终端系统的位置；用户可用性判定，用来确定被叫方是否愿意加入通信；用户能力判断，用来确定通信使用的媒体类型及参数；会议建立，用来在主叫、被叫之间建立约定的支持特定媒体流传输的连接；会议管理，包括传输、终止会议，修改会议参数和调用业务。

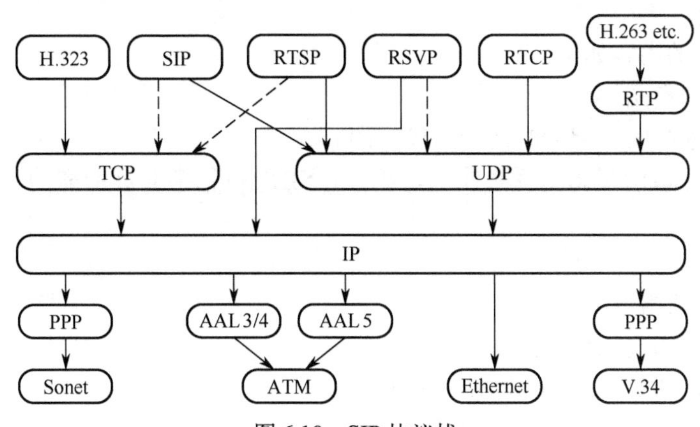

图 6.10　SIP 协议栈

SIP 的优点如下。

（1）SIP 具有强大的业务能力。SIP 不定义要建立的会话的类型，只定义应该如何管理会话。有了这种灵活性，也就意味着 SIP 可以用于众多应用和服务中，包括交互式游戏、音乐和视频点播，以及话音、视频和 Web 会议。

（2）SIP 是端到端的协议，从 NNI 到 UNI，都采用 SIP，因此，可以在最大限度上进行透明的端到端传送。

（3）SIP 集成 Internet 协议的开放、简单、灵活的特点，采用文本方式，便于理解且实现简单。

（4）SIP 考虑并支持用户的移动性。SIP 定义了注册服务器、重定向服务器等，当用户的位置发生变化时，其位置信息将随时登记到注册服务器中。

（5）SIP 消息本身就具有一定的定位能力。SIP 消息头中采用 caller@ caller.com 的域名标识方式，可包含用户号码信息、位置信息、用户名及归属信息等，是 SIP 消息表述方式的一大优点。

（6）SIP 支持提供融合的多媒体服务，与众多负责身份验证、位置信息、话音质量等 IETF 协议（如 SDP、RSVP、RTSP、MIME、HTTP 等）协同工作。

（7）SIP 的扩充易于定义，根据新的业务需求扩展的消息可由服务提供商添加，网络中基于 SIP 的旧设备不会妨碍基于 SIP 的新服务，兼容性较好，可扩展性较强。

（8）SIP 定义的终端具有一定的智能性。当有新的业务需求时，只需对终端设备进行升级，网络就能够将用户的业务需求透明地传送给对端用户。

作为应用层的控制协议，SIP 只定义应该如何管理会话，但描述这个会话的具体内容是由其他协议（如 SDP）来完成的，而通知其中一个多播组内的其他用户则使用 SAP。

6.3.1　SDP 和 SAP

1. SDP

SIP 消息正文是一个 SDP 消息。SDP 是会话描述协议的缩写，定义了多媒体会话中描述流媒体的信息格式，包括媒体类型、编码方案、地址的信息等，流媒体是指在会话中看到或听到的内容。SDP 由 IETF 作为 RFC 4566 颁布，目的就是使会话描述的接收者能够参与会话。

SDP 是一个基于文本的多媒体会话描述协议。SDP 文本消息包含以下两类信息。

（1）会话信息。

会话信息包含的内容如下。

① 会话名称和意图。

② 会话的持续时间（起始时间和结束时间）。

③ 由于参与会话的资源是受限制的，因此，SDP 也包括会话所需的带宽信息和会话负责人的联系信息。

（2）媒体信息。

媒体信息包含的内容如下。

① 媒体类型，如视频和音频。

② 传输协议，如 RTP/UDP/IP 和 H.320。

③ 媒体格式，如 H.261 视频和 MPEG 视频。

④ 多播地址和媒体传输端口（IP 多播会话）。

在会话信息描述中，采用 UTF-8 编码中的 ISO 10646 字符集，文本行的格式为<类型>=<值>。其中，<类型>是一个字母；<值>是结构化的文本串，其格式依<类型>而定。SDP 文本消息举例如图 6.11 所示。

```
v=0
o=root 752244608 752244608 IN IP4 172.16.114.100
s=Asterisk PBX 1.8.23.0
c=IN IP4 172.16.114.100
b=CT:384
t=0
m=audio 15614 RTP/AVP 8 3 0 101
a=rtpmap:8 PCMA/8000
a=rtpmap:3 GSM/8000
a=rtpmap:0 PCMU/8000
a=rtpmap:101 telephone-event/8000
a=fmtp:101 0-16
a=ptime:20
a=sendrecv
m=video 15794 RTP/AVP 34 98 99
a=rtpmap:34 H263/90000
a=rtpmap:98 h263-1998/90000
a=rtpmap:99 H264/90000
a=sendrecv
```

图 6.11 SDP 文本消息举例

在图 6.11 中，各行的含义如下。

（1）v=0：指示 SDP 的版本。

（2）o=root 752244608 752244608 IN IP4 172.16.114.100：包含与会话所有者有关的参数。

第一个参数 root 表明会话发起者的名称，该参数可不填写，如果填写，则需要和 SIP 消息中 from 消息头的内容一致。

第二个参数 752244608 为主叫方的会话标识符。

第三个参数 752244608 为主叫方会话的版本，当会话数据改变时，版本号递增。

第四个参数定义了网络类型，IN 表示 Internet 网络类型，目前仅定义该网络类型。

第五个参数为地址类型，目前支持 IPv4 和 IPv6 两种地址类型。

第六个参数为地址，表明会话发起者的 IP 地址，该地址为信令层的 IP 地址，信令 PDP 激活时为会话发起者分配。

（3）s=Asterisk PBX 1.8.23.0：表明本次会话的标题，或者会话的名称。

（4）c=IN IP4 172.16.114.100：包含为多媒体会话建立的连接信息，其中指出了真正的媒体流使用的 IP 地址。

第一个参数为网络类型，目前仅定义 Internet 网络类型，用 IN 表示。

第二个参数为地址类型，目前支持两种地址类型，即 IPv4 和 IPv6。

第三个参数为地址，是多媒体流使用的 IP 地址。

（5）b=CT:384：表明带宽信息，其中的 CT 用来设置整个会议的带宽，如果是设置单个会话的带宽，则用 AS 表示，它们的单位都是 kbit/s。

（6）t=0：表明会话时间，一般由其他信令控制，故填 0。

（7）m=audio 15614 RTP/AVP 8 3 0 101：称为 m 行，又称为媒体行，描述了发送方支持的媒体类型等信息。

第一个参数 audio 为媒体名称，表明支持音频类型。如果是 video，则表明支持视频类型。

第二个参数为端口号，表明用户终端在本地端口 5004 上发送音频流。

第三个参数为传输协议，一般为 RTP/AVP。

第四到第七个参数为发送方支持的媒体编码格式编号。

（8）a 行字段用于描述上述媒体的编码详细描述参数。

a=rtpmap:8 PCMA/8000：表明媒体编码格式 8，为 RTP 头，支持 PCMA 率压缩编码方式，8000 为采样频率。

a=rtpmap:3 GSM/8000：表明媒体编码格式 3，为 RTP 头，支持 GSM 编码方式，8000 为采样频率。

a=rtpmap:0 PCMU/8000：表明媒体编码格式 0，为 RTP 头，支持 PCMU 率压缩编码方式，8000 为采样频率。

a=rtpmap:101 telephone-event/8000：表明媒体编码格式 101，telephone-event 意味着支持由 RTP 流承载的 DTMF 的 RFC 2833 格式，8000 为采样频率。

a=fmtp:101 0-16：定义上面的编码格式 101 的附加参数，表示发送方有能力接收 DTMF 信号（events 0 through 15）、拨号音和回铃音。

a=ptime:20：表明媒体流打包时长定义为 20μs。

a=sendrecv：表明本端媒体流的方向，即必须准备好在这个 IP 和端口上接收对端实体发来的媒体流。

2. SAP

SAP 的全称是会话通知协议，其目的是通知一个多播的多媒体会议或其他多播会话，将相关的会话建立信息发送给所期望的会议参与者。SAP 本身并不建立会话，只建立会话必要的信息，如将采取的视频或音频编码方式通知给在一个多播组内的其他参与者。当参与者收到该通知数据包后，就可以启动相应的工具并设置正确的参数向该会议的发起者建立会话了。因此，为了使会议的参与者都能够收到通知，就要确保其在该多播组内。

SAP 的信息格式如图 6.12 所示。

<table>
<tr><td>1~3 bit</td><td>4</td><td>5</td><td>6</td><td>7</td><td>8</td><td>9~16 bit</td><td colspan="2">17~32 bit</td></tr>
<tr><td>V=1</td><td>A</td><td>R</td><td>T</td><td>E</td><td>C</td><td>Authentication Length</td><td colspan="2">Message Identifier Hash</td></tr>
<tr><td colspan="9">Originating Source (32 or 128 bits)</td></tr>
<tr><td colspan="9">Optional Authentication Data</td></tr>
<tr><td colspan="9">Optional Timeout</td></tr>
<tr><td colspan="9">Optional Payload Type</td></tr>
<tr><td colspan="7"></td><td>0</td><td></td></tr>
<tr><td colspan="9">Payload</td></tr>
</table>

图 6.12　SAP 的信息格式

（1）V——3 位版本号字段，该字段必须设置为 1。

（2）A——地址类型，值为 0 或 1。

① 0：发起源字段使用一个 32 位的 IPv4 地址。

② 1：发起源字段使用一个 128 位的 IPv6 地址。

（3）R——预留。SAP 广播员将它设置为 0，SAP 收听方必须忽略该位。

（4）T——信息类型，值为 0 或 1。

① 0：会话通知数据包。

② 1：会话删除数据包。

（5）E——加密位，值为 0 或 1。

① 1：对 SAP 数据包的有效载荷进行加密，且 Optional Timeout 字段必须被添加到数据包头中。

② 0：不对数据包进行加密，且当前不存在 Optional Timeout 字段。

（6）C——压缩位。如果值为 1，则表示 SAP 消息的载荷是使用 ZLIB 压缩算法压缩过的；如果同时对载荷进行压缩和加密，则必须先压缩后加密。

（7）Authentication Length——8 位无符号数，跟在主要 SAP 的头后面，表示认证数据的长度。如果该值为 0，则表示当前没有认证头。

（8）Optional Authentication Data——认证数据，包含数据包的数字签名，其长度由认证长度指定。

（9）Message Identifier Hash——通知的精确版本。RFC 不规定此值，但由某特定的 SAP 通知者发出的所有会话通知的报文标识必须提供全球唯一标识符，说明该通知的精确版本。如果更改会话描述，则报文标识也必须更改。

（10）Originating Source——给出包含信息发起源的 IP 地址。如果 A 字段的值为 0，则该地址指 IPv4 地址；否则指 IPv6 地址。按照网络字节顺序存储该地址。

（11）Optional Timeout——提供指定会话超时的 NTP 时间，该值是无符号数。当对会话有效载荷进行加密处理后，有效载荷中的详细定时字段对不信任解密密钥的侦听者而言已经不可利用。在这种情况下，当会话到达指定时间时，SAP 信息头就包含另外 32 位的 Timestamp F 字段状态。

（12）Optional Payload Type——SAP 信息头之后就是可选的载荷类型字段和载荷本身。如果 E 或 C 位为 1，则载荷类型和载荷本身均是经压缩或加密的。载荷类型字段是一个可变长的 ASCII 码文本串，最后是单个字节 ASCII 码的 0。由于通知者与侦听者之间没有任何协商机制，所以 RFC 不推荐非 SDP 类型的载荷格式。因此，在 SAP 信息包的 Payload 字段中，一般情况下填充的就是 SDP 数据，它描述了通知会话所必要的基本信息。

（13）Payload——载荷。会话通知信息的载荷是会话描述 SAP 包。载荷本身应该尽量小，以避免 SAP 包被底层网络分段传输（分段传输会提高丢包概率）。

6.3.2　SIP URL 结构

为了能正确传送协议消息，SIP 需要解决两个重要的问题：一是寻址，即采用什么样的地址形式标识终端用户；二是用户定位。SIP 沿用 WWW 技术来解决这两个问题。

SIP 使用通用资源定位器（Uniform Resource Locator，URL）标识用户，并根据该 URL 进行寻址。SIP URL 实际上就是应用层地址，具有与简单邮件发送协议和远程登录协议等一致的 URL 形式，即 USER@HOST 格式——“用户名+主机名”。用户名部分可以由任意字符组成，一般可取类似于 E-mail 的用户名形式，也可以是电话号码。主机名部分可为主机的 DNS 域名或 IP 地址。

SIP 地址用于代表主机上的某个用户，可指示 From、To、Request URI（统一资源标识符，Uniform Resource Identifier）、Contact 等 SIP 消息头。它必须包括主机名，可以包括用户名、端口号等参数，详细的格式如下：

```
Sip:用户名:口令@主机:端口;传送参数;用户参数;方法参数;生存期参数;服务器地址参数
```

其中，“口令”可以置于 SIP URL 中，但一般不建议这样做，因为其安全性是有问题的。“端口”指示请求消息送往的端口号，默认值为 5060，即公开的 SIP 端口号。“传送参数”指示采用 TCP 还是 UDP 传送，默认值为 UDP。SIP URL 的一个特定功能是允许主机类型为 IP 电话网关，此时，用户名可以为一般的电话号码。由于 BNF 语法表示无法区分电话号码和一般的用户名，因此，在域名后增加了“用户参数”字段。该字段有两个可选值：IP 和电话。当将其设定为电话时，表示用户名为电话号码，对应的端系统为 IP 电话网关。“方法参数”指示所用的方法（操作）。“生存期参数”指示 UDP 多播数据包的寿命，仅当传送参数为 UDP、服务器地址参数为多播地址时才能使用。“服务器地址参数”指示和该用户通信的服务器的地址。它覆盖“主机”字段中的地址，通常为多播地址。“传送参数”“生存期参数”“服务器地址参数”“方法参数”均属于 URL 参数，只有在重定向地址，即后面所说的 Contact 字段中才能使用。下面给出几个 SIP URL 的示例。

（1）Sip: 8700001@191.169.1.112。

说明：8700001 为用户名，191.169.1.112 为 IP 电话网关的 IP 地址。

（2）Sip: 55500200@127.0.0.1:5061; User=phone。

说明：55500200 为用户名，127.0.0.1 为主机的 IP 地址，5061 为主机端口号。用户参数为“电话”，表示用户名为电话号码。

（3）Sip: Alice@registrar.com; method=REGISTER。

说明：Alice 为用户名，registrar.com 为主机域名，方法参数为“登记”。

6.3.3　SIP 消息

1. 消息类型

消息（Message）是 SIP 的基本单位，是客户端和服务器的基本交互单元。消息以文本的形式表示语法语义和编码，由于 SIP 独立于底层协议，因此，消息可以基于 TCP、UDP 或 SCTP，采用应用层的可靠机制来传送。SIP 的消息机制如图 6.13 所示。消息包括两类：客户端到服务器的请求消息，服务器到客户端的响应消息。

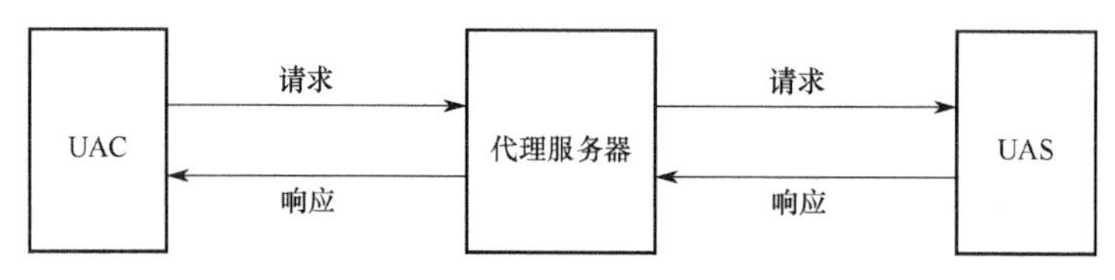

图 6.13　SIP 的消息机制

SIP 请求消息是用于激活特定操作而发送给服务器的 SIP 消息，包括 6 个基本请求和部分扩展请求，具体如表 6.4 所示。

表 6.4　SIP 请求消息

消　　息	说　　明
INVITE	发起会话请求，邀请用户加入一个会话，会话描述含于消息体中
ACK	证实已收到对于 INVITE 请求的最终响应。该消息仅和 INVITE 消息配套使用
BYE	结束会话
CANCEL	取消尚未完成的请求，对已完成的请求（已收到最终响应的请求）没有影响
REGISTER	注册
OPTIONS	可选项，查询服务器的能力的信息
MESSAGE	请求一个即时消息
SUBSCRIBE	签订一个通知事件
NOTIFY	发送一个通知事件
UPDATE	在建立呼叫阶段修改会话属性
PUBLISH	发送事件状态给状态服务器
PRACK	标识临时响应的可靠性

响应消息是用于对请求消息进行响应、指示呼叫的成功或失败状态的 SIP 消息。不同类型的响应消息由状态码来区分。状态码包含 3 位整数，第一位用于定义响应类型，另外两位用于进一步对响应进行更加详细的说明。SIP 响应消息如表 6.5 所示。

表 6.5　SIP 响应消息

类　　型	状 态 码	状 态 说 明	描　　述
信息响应（呼叫进展响应）（1XX）	100 Trying	正在处理中	这个应答表示下一个节点的服务器已经收到了这个请求但还没有执行这个请求的动作，即正在对请求进行处理，实际上表示不需要进行消息重发。它并不反映被叫用户的真实状态，一般与初始 INVITE 结合起来应用，当发送初始 INVITE 消息时，呼叫路由并没有确定。鉴于呼叫中可能存在多个网络服务器的情况，为了避免定时器超时，路径中的任何非目的地服务器收到请求消息后，都将向前一跳实体发送 100 Trying 消息，表示当前服务器已经收到请求消息

续表

类　型	状 态 码	状 态 说 明	描　述
信息响应（呼叫进展响应）（1XX）	180 Ringing	振铃	在一个会话中，如果被叫用户空闲，则 UA（用户终端或网络实体）将向后发送 180 Ringing 消息，表示正在向用户振铃
	181 Call being forwarder	呼叫被转发	服务器可以用这个应答代码表示呼叫正在转发到另一个目的地
	182 Queue	排队	当呼叫的对方暂时不能接收呼叫，并且服务器决定将呼叫排队等候，而不是拒绝呼叫的时候，应当发出这个消息。对于这个消息，可以带有一个表示原因的短语，如"5 calls queued; expected waiting time is 15minutes"。服务器可以给出多个 182 Queue 应答，告诉呼叫方排队的情况
	183 Session progress	会话进行	用于提示建立对话的进度信息，一般用在播放语音的环境中。当被叫用户忙或由于其他原因需要播放语音通知时，网络或用户将会发送 183 Session progress 消息，为主叫用户提供相关的语音资源
成功响应（2XX）	200 OK	会话成功	表示请求已经处理成功。这个消息的含义取决于不同方法的请求的应答。例如，在呼叫接续中，如果被叫用户摘机应答，则会发送该消息，表示呼叫成功；通话建立后，如果有一方发起拆线信号，则另一方会回应 200 OK 消息，表示已经成功拆线
重定向响应（3XX）	300 Multiple Choices	多重选择	当请求的地址有多个选择时，每个选择都有自己的地址，用户或 UA 可以选择合适的通信终端，并转发这个请求到相应地址中
	301 Moved Permanently	永久移动	当不能在 Request-URI 指定的地址中找到用户时，请求的客户端应当使用该消息指出新的地址并重新尝试
	302 Moved Temporarily	临时移动	表示此时的地址重定向行为是临时行为，即当前地址的改变是临时的
	305 Use Proxy	用户代理	表示请求的资源必须通过消息中的 Contact 头域指定的用户代理来访问
	380 Alternative Service	替代服务	表示呼叫不成功，但是可以尝试其他服务
请求失败响应（4XX）	400 Bad Request	错误请求	请求中的语法错误。Reason-Phrase 应当显示这个详细的语法错误，如"Missing Call-ID header field"
	401 Unauthorized	未授权	请求需要用户认证
	402 Payment Required	付费要求	保留/以后使用
	403 Forbidden	禁止	表示服务端理解这个请求，但是拒绝执行，因此，增加验证信息是没有必要的，并且请求应当不被重试
	404 Not Found	未发现	表示用户在 Request-URI 指定的域上不存在
	405 Method No Allowed	方法不允许	服务器支持 Request-Line 中的方法，但是对这个 Request-URI 中的地址来说，是不允许应用这个方法的
	406 Not Acceptable	不可接收	表示请求中的资源会导致产生一个在请求中的 Accept 头域外的、内容无法接收的错误
	407 Proxy Authentication Required	代理需要认证	用于应用程序访问通信网关（如电话网关），而很少用于被叫方要求认证
	408 Request Timeout	请求超时	表示在一段时间内，服务器希望关闭没有在使用的连接
	410 Gone	丢失	表示请求的资源在本服务器上已经不存在了，并且不知道应当把请求转发到哪里

（续表）

类　型	状 态 码	状 态 说 明	描　　述
请求失败响应（4XX）	413 Request Entity Too Large	请求实体太大	服务器拒绝处理请求，因为这个请求的实体超过了服务器预期或能够处理的大小
	414 Request URI Too Long	请求 URL 太长	服务器拒绝这个请求，因为 Request-URI 超过了服务器能够处理的长度
	415 Unsupported Media Type	不支持的媒体类型	服务器不支持请求的消息体的格式，因此拒绝处理这个请求
	416 Unsupported URI Scheme	不支持的 URL 计划	服务器由于不支持 Request-URI 中的 URI 方案而终止处理这个请求
	420 Bad Extension	不良扩展	服务器不知道请求中的头域所指的协议扩展
	421 Extension Required	需要扩展	UAS 需要特定的扩展来处理这个请求，但是这个扩展并没有在请求的 Supported 头域中列出
	423 Interval Too Brief	间隔太短	服务器因为在请求中设置的资源刷新时间（或有效时间）过短而拒绝请求
	480 Temporarily Unavailable	临时失效	请求成功到达被叫方的终端系统，但是被叫方当前不可用（如没有登录或登录了但是状态是不能通信，或者有“请勿打扰”的标记）
	481 Call/Transaction Does Not Exist	呼叫/事务不存在	这个状态表示 UAS 收到了请求，但是没有和现存的会话或事务匹配
	482 Loop Detected	发现环路	服务器检测到了一个循环
	483 Too Many Hops	跳数太多	服务器收到了一个请求，包含的 Max-Forwards 头域是 0
	484 Address Incomplete	地址不完整	服务器收到了一个请求，它的 Request-URI 是不完整的
	485 Ambiguous	不明确	Request-URI 是不明确的
	486 Busy Here	本方忙	成功联系到被叫方的终端系统，但是被叫方当前在这个终端系统上不能接听这个电话
	487 Request Terminated	请求终止	请求被 BYE 或 CANCEL 终止。这个应答永远不会给 CANCEL 请求本身回复
	488 Not Acceptable Here	这里请求不可接收	这个应答和 606 Not Acceptable 有相同的含义，只是应用于 Request-URI 所指出的特定资源不能接受，在其他地方，请求可能可以接受
	491 Request Pending	未决请求	在同一个会话中，UAS 接收的请求有一个依赖的请求正在处理
	493 Undecipherable	不可辨识	UAS 收到一个请求，包含一个加密的 MIME，并且不知道或没有提供合适的解密密钥
服务器失败响应（5XX）	500 Server Internal Error	服务器内部错误	服务器遇到了未知的情况，并且不能继续处理请求。客户端可以显示特定的错误情况，并且可以在几秒钟以后重新尝试这个请求
	501 Not Implemented	不可执行	服务器没有实现相关的请求功能。当 UAS 不认识请求的方法，并且对每一个用户都无法支持这个方法时，应当返回这个应答
	502 Bad Gateway	网关坏	如果服务器作为网关或用户代理存在，从下行服务器中接收了一个非法的应答，则发出这个消息
	503 Service Unavailable	服务无效	由临时的过载或服务器管理导致的服务器暂时不可用
	504 Server Time-out	服务器超时	服务器在一个外部服务器上没有收到一个及时的应答

（续表）

类　型	状　态　码	状态说明	描　　述
服务器失败响应（5XX）	505 Version Not Supported	版本不支持	服务器不支持对应的 SIP 版本。当服务器无法处理具有客户端提供的相同主版本号的请求时，就会导致这样的错误信息
	513 Message Too Large	消息太大	服务器无法处理请求，因为消息长度超过了处理的长度
全局性错误响应（6XX）	600 Busy Everywhere	全忙	成功联系到被叫方的终端系统，但是被叫方处于忙的状态，并不打算接听电话
	603 Decline	丢弃	只有当终端知道没有任何终端设备能够响应这个呼叫的时候，才能给出这个应答
	604 Does Not Exist Anywhere	不存在	服务器验证了请求中 Request-URI 的用户信息，哪里都不存在
	606 Not Acceptable	不可接受	成功联系到一个 UA，但是会话描述的一些部分（如请求的媒体、带宽或地址类型）不被接受。该消息意味着用户希望进行通信，但是不能充分支持会话描述

注：1XX 为暂时响应，其他响应为最终响应。

2. 消息结构

SIP 消息采用文本方式说明，任一 SIP 消息都由一个起始行、由一个或多个字段组成的消息头，一个标志消息头结束的换行 CRLF（CarRiage Return/Line Feed，也称为空行），以及作为可选项的消息体组成。

（1）起始行。

SIP 消息起始行分请求行（Request-Line）和状态行（Status-Line）两种。其中，请求行是请求消息的起始行，状态行是响应消息的起始行。因此，SIP 请求消息包含 3 个元素：请求行、消息头、消息体，如图 6.14 所示；SIP 响应消息包含 3 个元素：状态行、消息头、消息体，如图 6.15 所示。

在 SIP 请求消息的结构中，请求行包含一个方法名（REGISTER、INVITE、ACK 等）、一个对端（Request URI）和由空格（SP）字符分开的协议版本。通过换行符区分消息头中的每一条参数行。对于不同的请求消息，有些参数可选。另外，参数行顺序不是固定的。

如图 6.15 所示，状态行以 SIP 版本开始，接着是由数字表示的状态码及相关的文本说明，以 Enter 键结束。

状态行用 3 位整数表示的状态码和描述性短语表示对请求的回答，状态码用于机器识别操作，描述性短语是对状态码的简单文字描述，用于人工识别操作。

例如，REGISTER 请求消息表示终端向地址为 registrar.bplace.com 的软交换服务器发起登记请求，SIP 版本号为 2.0。

请求行：REGISTER sip:registrar.bplace.com SIP/2.0。

状态行：SIP/2.0 200 OK。

（2）消息头。

消息头携带 SIP 实体的属性、消息体的属性等。消息头必须以 CRLF（空行）结尾。

消息头的基本格式如下：

```
头域名:头域值；头域参数 CRLF
```

其中，头域名不区分大小写，后面是冒号；然后是头域值，它和冒号之间可以有多个前导空格（LWS）；头域值和头域参数之间用分号隔开，头域参数不是每个头域必备的。

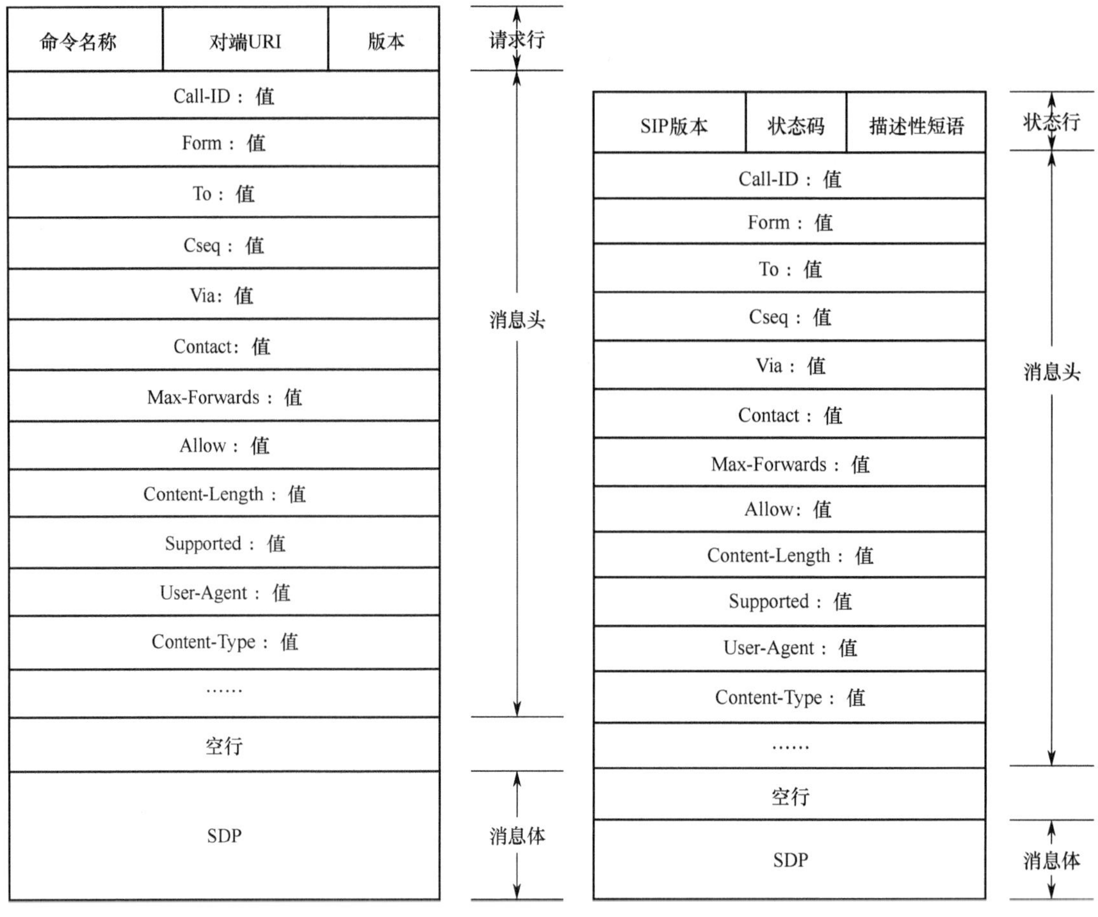

图 6.14　SIP 请求消息的结构　　图 6.15　SIP 响应消息的结构

在 SIP 消息中，有 5 个头部字段是必须包含在每个消息中的，分别如下。

① Call-ID：用于唯一标识一次邀请或一次注册。

Call-ID 的格式为：

```
Call-ID:本地标识@主机
```

其中，主机为全局定义域名或全局可选路 IP 地址。

Call-ID 字段用唯一标识符标识一个特定的邀请或某一用户所有的登记。在会话中，对于每个用户发送的所有请求和响应，Call-ID 必须是一样的。但用户可能会收到数个参加同一会议或呼叫的邀请，其 Call-ID 各不一样，用户可以利用会话描述中的标识，如 SDP 中 o（源）字段的会话标识和版本号来判定这些邀请是否重复。该字段示例如下：

```
Call-ID: 960efb30d1699fc2d@192.168.1.160
```

其中，192.168.1.160 为主机 IP 地址，960efb30d1699fc2d 为全局唯一的标识。

② From：用于标识请求的发起者，以呼叫为例，可能是主叫，也可能是被叫。

From 的格式为：

```
From:显示名 <sip-URL> ;tag=××××
```

其中，显示名为用户界面上显示的字符，如果系统不予显示，则应置显示名为

“Anonymous”（匿名）。显示名为任选字段。tag 称为标记，为十六进制数字串，中间可带连字符“-”。当两个共享同一 SIP 地址的用户实例用相同的 Call-ID 发起呼叫邀请时，就需要用此标记予以区分。标记值必须全局唯一。用户在整个呼叫期间，应保持相同的 Call-ID 和标记值。

服务器将 From 字段从请求消息中复制到响应消息中。如果一个 SIP 消息中没有 Contact 或 Record-Route 头域，那么客户端会根据 From 头域产生后续的响应。From 字段示例如下：

```
From: "morica" <sip:8700021@192.168.1.100>;tag=3a1d38733c80810a
```

③ To：用于表示请求的接收者。

To 的格式为：

```
To:显示名 <sip-URL> ;tag=××××
```

To 字段的格式和 From 字段的格式相同，仅第一个关键词变为 To，所有请求消息和响应消息都必须包含此字段。

To 字段中的标记参数可用于区分由同一 SIP URL 标识的不同用户实例。由于代理服务器可以并行分发多个请求，同一请求可能到达用户的不同实例（如住宅电话等）；又由于每个实例都可能响应，因此需要用标记来区分来自不同实例的响应。To 字段示例如下：

```
To:<sip:8700006@192.168.1.100>;tag=as04f804b1
```

注意：在 SIP 中，Call-ID、From 和 To 3 个字段标识一个呼叫分支。在代理服务器并行分发请求时，一个呼叫可能会有多个呼叫分支。

④ CSeq：用于表示请求的顺序号。

CSeq 的格式为：

```
CSeq:十进制序号 请求方法
```

CSeq 字段是用作识别和指示事务的命令序号，用在每个请求中，并且服务器将请求中的 CSeq 序号复制到响应消息中。序号初值可为任意值，其后具有相同的序号值，但具有不同请求方法、头部或消息体的请求，其序号应加 1。重发请求的序号保持不变。

ACK 和 CANCEL 请求的 CSeq 序号与对应的 INVITE 请求相同，BYE 请求的 CSeq 值应大于 INVITE 请求。代理服务器必须记忆具有相同 Call-ID 的 INVITE 请求的最高序号，若收到序号低于此值的 INVITE 请求，则应在给出响应后丢弃。

由代理服务器并行分发的请求的 CSeq 值相同。严格来说，CSeq 对于任何可由 BYE 或 CANCEL 请求取消的请求，以及用户可连续发送多个具有相同 Call-ID 请求的情况都是可能的，其作用是判定响应和请求的对应关系。CSeq 字段示例如下：

```
CSeq:4711 INVITE
```

⑤ Via：用于标识请求经过的 SIP 实体和路由响应。

Via 的格式为：

```
Via:发送协议 发送方；隐藏参数；生存期参数；多播地址参数；接收方标记，分支参数
```

其中，“发送协议”的格式为：

```
协议名/协议版本/传送层
```

“协议名”和“传送层”的默认值分别为 SIP 和 UDP。“发送方”通常为发送方主机和端口号。“隐藏参数”就是关键词 hidden，如果有此参数，则表示该字段已由上游代理予以加密，以提供隐私服务。“多播地址参数”和“接收方标记”的意义如后面的“规则 3”所述。“生存期参数”与“多播地址参数”配用。“分支参数”在代理服务器并行分发请求时标记各个分支，当响应到达时，代理可判定是哪一个分支的响应。

Via 字段可以防止请求消息传送产生环路，并确保响应消息和请求消息选择同样的路径，以保证通过防火墙或满足其他特定的选路要求。Via 字段示例如下：

```
Via: SIP/2.0/UDP 192.168.1.130:5060; branch=z9hG4bK740789302
```

发起请求的客户必须将其自身的主机名或网络地址插入请求的 Via 字段中，如果未采用默认端口号，那么还需要插入此端口号。在请求前传过程中，每个代理服务器都必须将其自身地址作为一个新的 Via 字段加在已有的 Via 字段之前。如果代理服务器收到一个请求，发现其自身地址位于 Via 头部中，则必须回送响应“检测到环路”。

当请求消息通过网络地址翻译点（如防火墙）时，请求的源地址和端口号可能改变，此时，Via 字段就不能成为响应消息选路的依据了。为了防止这一点，代理服务器应校验顶端 Via 字段，如果发现其值和代理服务器检测到的前站地址不符，则应在 Via 字段中加入“received”参数，如此修改后的字段称为“接收方标记 Via 头部”字段。

若代理服务器向多播地址发送请求，则必须在其 Via 头部字段中加入多播地址（maddr）参数，用来指明该多播地址。

代理服务器或 UAC 在收到 Via 头部字段时的处理规则如下。

规则 1：第 1 个 Via 头部字段应该指示本代理服务器或 UAC，如果不是，则丢弃该消息；否则，删除该 Via 字段。

规则 2：如果没有第 2 个 Via 头部字段，则表示该响应已经到达目的地；否则，继续按如下规则进行处理。

规则 3：如果第 2 个 Via 头部字段包含“maddr”参数，则按该参数指示的多播地址发送响应，端口号由“发送方”参数指明，如果未指明，就使用端口号 5060。响应的生存期应置为“生存期（ttl）”参数指定的值，如果未指明，则置为 1。

规则 4：如果第 2 个 Via 字段不包含“maddr”参数，但有一个接收方标记字段，则应将该响应发往“received”参数指示的地址。

规则 5：如果既无“maddr”参数又无标记，就按“发送方”参数指示的地址发送响应。

除以上 5 个头部字段必须包含在每个 SIP 消息中之外，还有如下部分常见头部字段。

① Contact。

Contact 字段给出和用户直接通信的地址。例如：

```
Contact: <sip:8700021@192.168.1.160:5060>
```

② Max-Forwards。

Max-Forwards 字段用于定义一个请求到达其目的地址所允许经过的中转站的最大值。例如：

```
Max-Forwards:70
```

③ Allow。

Allow 字段给出代理服务器支持的所有请求消息类型列表。例如：

```
Allow: INVITE, ACK, OPTIONS, CANCEL, BYE
```

④ Content-Length。

Content-Length 字段表示消息体的大小，为十进制值数。应用程序使用该字段表示要发送的消息体的大小，而不考虑实体的媒体类型。如果使用基于流的协议（如 TCP）作为传输协议，则必须使用此消息头字段。

消息体的长度不包括用于分离消息头和消息体的空白行。Content-Length 值必须大于或等于 0。如果消息中没有消息体，则 Content-Length 字段值必须设为 0。例如：

```
Content-Length: 349
```

上述代码表示消息体的长度为 349 字节。

⑤ Content-Type。

Content-Type 字段表示发送的消息体的媒体类型。如果消息体不为空，则必须存在 Content-Type 字段。如果消息体为空且 Content-Type 字段存在，则表示此类型的消息体长度为 0（如一个空的声音文件）。例如：

```
Content-Type: application/sdp
```

⑥ Supported。

SIP 中定义的 100 类临时响应消息的传输是不可靠的，即 UAS 发送临时响应后并不能保证 UAC 端能够收到该消息。

如果需要在该响应消息中携带媒体信息，就必须保证该消息能够可靠地传输到对端。100rel 扩展为 100 类临时响应消息的可靠传输提供了相应的机制。100rel 新增加对临时响应消息的确认请求方法是 PRACK。

如果 UAC 支持该扩展，则在发送的消息中增加 Supported:100rel 头域和字段；如果 UAS 支持该扩展，则在发送 100 类临时响应消息时增加 Require:100rel 头域和字段，UAC 收到该响应消息后，需要向 UAS 发送 PRACK 请求，通知 UAS 已收到该临时响应消息，UAS 向 UAC 发送对 PRACK 的 2XX 响应消息，结束对该临时响应消息的确认过程。

如果某一 UA 想要在发送的临时响应消息中携带 SDP 消息体，那么 UAC 和 UAS 都必须支持与使用 100rel 扩展，以保证该消息的可靠传输。例如：

```
Supported: 100rel
```

⑦ Authorization。

Authorization 字段包含某个终端的鉴权证书。它的一般格式如下：

```
Authorization:认证方式, USERNAME, REALM, NONCE, RESPONSE, URL, CNONCE, ALGORITHM
```

其中，认证方式有 DIGEST、BASIC、CHAP-PASSWORD、CARDDIGEST 等，DIGEST 为 HTTP-DIGEST 认证方式。USERNAME 为被认证的用户名。REALM 用于标识发起认证过程的域。NONCE 是由发起认证过程的实体产生的加密因子。RESPONSE 是终端在收到服务器的认证请求后，根据服务器产生的 NONCE、用户名、密码、URI 等信息，经过一定的算法生成的一个字符串。该字符串中包含了经过加密的用户密码。（在认证过程中，要处理除用户密码之外的其他信息，都会通过 SIP 消息以明文的方式在终端和服务器间进行传递。）

终端向服务器端请求认证的一般过程如下。

当终端发起请求时，如果服务器需要对用户进行认证，那么会在本地产生本次认证的 NONCE，并且通过认证请求头域将所有必要的参数返回给终端，从而发起用户认证过程。

终端收到认证请求消息后，根据服务器返回的信息和用户配置信息等，采用特定的算法生成加密的 RESPONSE，并将新的请求消息发送给服务器。

服务器在收到带有认证响应的新的请求消息后，会检查 NONCE 的正确性。如果 NONCE 不是本地产生的，则直接返回失败；如果 NONCE 是本地产生的，但是认证过程已经超时，则服务器会重新产生 NONCE，并重新发起用户认证过程。其中老的 NONCE 会通过 CNONCE 参数返回。

NONCE 验证通过后，服务器会根据 NONCE、用户名、密码（服务器可以根据本地用户信息获取用户密码)、URI 等，采用和终端相同的算法生成 RESPONSE，并对此 RESPONSE 和请求消息中的 RESPONSE 进行比较，如果二者一致，则用户认证成功；否则认证失败。

（3）消息体。

被 SIP 消息携带的消息体通常是描述符，采用 SDP。消息体的属性通过 Content 头域来描述。

- Content-Type——消息体的类型，可以是 SDP/Text 或其他。
- Content-Length——消息体的长度，对于 UDP 不是必需的头字段，而对于 TCP 则是必需的。如果没有消息体，则 Content-Length = 0。
- Content-Language——消息体的语言类型。
- Content-Encoding——消息体的编码类型，如是否进行了 zip 压缩。
- Content-Disposition——消息体的处理方法。

6.3.4 SIP 的呼叫流程

1. 终端注册

用户每次开机时都需要向服务器注册，当 SIP 客户端的地址发生改变时，也需要重新注册。注册信息必须定期刷新。

下面以 SIP 软电话向 SIP 软交换服务器注册流程为例，说明 SIP 终端注册信令流程。

实例中基于以下约定。

- SIP 软交换服务器的 IP 地址为 192.168.1.100。
- SIP 软电话的 IP 地址为 192.168.1.18。
- SIP 软电话向 SIP 软交换服务器请求注册。

SIP 软电话和 SIP 软交换服务器之间的注册流程如图 6.16 所示。

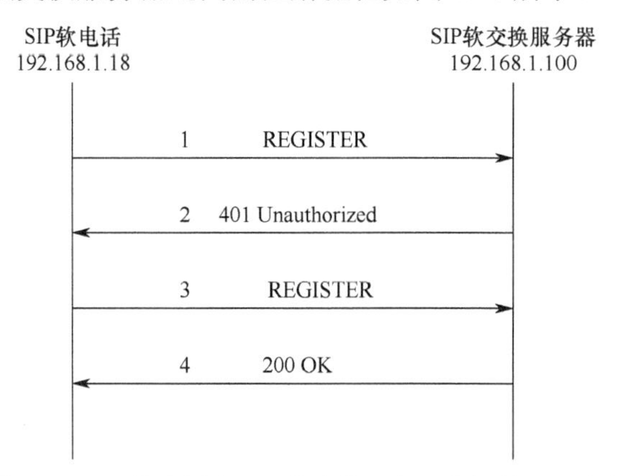

图 6.16 SIP 软电话和 SIP 软交换服务器之间的注册流程

（1）事件 1：SIP 软电话向 SIP 软交换服务器发起注册请求，汇报其已经开机或重启动。

下面是 REGISTER 请求消息编码示例：

```
Request-Line: REGISTER sip:192.168.1.100 SIP/2.0
Message Header
  Via: SIP/2.0/UDP 192.168.1.18:40192;branch=z9hG4Bk-d87543-c128f743047cc41c-
      1—d87543-;rport
```

```
Max-Forwards: 70
Contact: <sip:8700006@192.168.1.18:40192;rinstance=6f31cc39672fd2c2>
To: "phone1"<sip:8700006@192.168.1.100>
From: "phone1"<sip:8700006@192.168.1.100>;tag=883a640f
Call-ID: ZGY0Y2JmMzUyMDU3ZGMwNjZhZGJhODQzN2ZiMmQ2NTQ.
CSeq: 1 REGISTER
Expires: 3600
Allow: INVITE, ACK, CANCEL, OPTIONS, BYE, REFER, NOTIFY, MESSAGE,
   SUBSCRIBE, INFO
User-Agent: eyeBeam release 1011d stamp 40820
Content-Length: 0
```

Request-Line 字段包括请求行和 REGISTER 请求消息，表示终端向 IP 地址为 192.168.1.100 的 SIP 软交换服务器发起注册请求。SIP 版本号为 2.0。

Message Header 字段包含的协议信息如下：

第一行：Via 字段，用于表示该请求经过的路径。“SIP/2.0/UDP”表示发送的协议，协议名为“SIP”，协议版本为 2.0，传输层为 UDP；“192.168.1.18”表示该请求消息发送方 SIP 终端的 IP 地址为 192.168.1.18。

第二行：Max-Forwards 字段，表示最大转发次数为 70。

第三行：Contact 字段，指明用户可达位置，表示 SIP 软电话当前的 IP 地址为 192.168.1.18，电话号码为 8700006。

第四行：To 字段，指明 REGISTER 请求接收方的地址。此时，REGISTER 请求的接收方是 IP 地址为 192.168.1.100 的 SIP 软交换服务器。

第五行：From 字段，指明该 REGISTER 请求消息由 SIP 软交换服务器控制的 SIP 软电话发起。

第六行：Call-ID 字段，唯一标识一个特定的邀请，全局唯一。

第七行：CSeq 字段，此时用于将 REGISTER 请求和其触发的响应相关联。

第八行：Expires 字段，表示该注册的生存期为 3600s。

第九行：Allow 字段，列出了消息支持的方法列表。

第十行：User-Agent 字段，表示发起请求的用户终端的信息，此时为 SIP 软电话的型号和版本。

第十一行：Content-Length 字段，表明此请求消息的消息体长度为空，即此消息不带有会话描述。

（2）事件 2：SIP 软交换服务器返回 401 Unauthorized（无权）响应，表明 SIP 软交换服务器要求对用户进行认证，并通过 WWW-Authenticate 字段携带 SIP 支持的认证方式 DIGEST 和域名 asterisk，产生本次认证的 NONCE，通过该响应消息将这些参数返回给终端，从而发起用户认证过程。

下面是 401 Unauthorized 响应示例：

```
Status-Line: SIP/2.0 401 Unauthorized
Message Header
 Via:SIP/2.0/UDP192.168.1.18:40192;branch=z9hG4bK-d87543-
     c128f753047cc41c-1--d87543-;received=192.168.1.18;rport=40192
```

```
  From: "phone1"<sip:8700006@192.168.1.100>;tag=883a640f
  To: "phone1"<sip:8700006@192.168.1.100>;tag=as373ccbcb
  Call-ID: ZGY0Y2JmMzUyMDU3ZGMwNjZhZGJhODQzN2ZiMmQ2NTQ.
  CSeq: 1 REGISTER
  Server: Asterisk PBX 1.8.23.0
  Allow: INVITE, ACK, CANCEL, OPTIONS, BYE, REFER, SUBSCRIBE, NOTIFY, INFO,
     PUBLISH
  Supported: replaces, timer
  WWW-Authenticate: Digest algorithm=MD5, realm="asterisk", nonce="7d35c151"
  Content-Length: 0
```

（3）事件 3：SIP 软电话重新向 SIP 软交换服务器发送注册请求，携带 Authorization 字段，包括认证方式 DIGEST、SIP 软电话的用户标识（此时为电话号码）、SIP 软交换服务器的域名、NONCE、URI 和 RESPONSE 字段（SIP 软电话收到 401 Unauthorized 响应后，根据服务器返回的信息和用户配置信息等，采用特定的算法生成加密的 RESPONSE）。

下面是 REGISTER 请求消息编码的示例：

```
Request-Line: REGISTER sip:192.168.1.100 SIP/2.0
Message Header
  Via: SIP/2.0/UDP 192.168.1.18:40192;branch=z9hG4bK-d87543-066282734a09a202
     -1--d87543-;rport
  Max-Forwards: 70
  Contact: <sip:8700006@192.168.1.18:40192;rinstance=6f31cc39672fd2c2>
  To: "phone1"<sip:8700006@192.168.1.100>
  From: "phone1"<sip:8700006@192.168.1.100>;tag=883a640f
  Call-ID: ZGY0Y2JmMzUyMDU3ZGMwNjZhZGJhODQzN2ZiMmQ2NTQ.
  CSeq: 2 REGISTER
  Expires: 3600
  Allow: INVITE, ACK, CANCEL, OPTIONS, BYE, REFER, NOTIFY, MESSAGE,
     SUBSCRIBE, INFO
  User-Agent: eyeBeam release 1011d stamp 40820
  Authorization:Digest
    username="8700006",realm="asterisk",nonce="7d35c151",uri="sip:192.168.1.100",
    response="255cb91e5c33179fda49d38c24a691c0",algorithm=MD5
Content-Length: 0
```

（4）事件 4：SIP 软交换服务器收到 SIP 软电话的注册请求后，首先检查 NONCE 的正确性，如果和在 401 Unauthorized 响应中产生的 NONCE 相同，则通过；否则，直接返回失败。然后 SIP 软交换服务器会根据 NONCE、用户名、密码（服务器可以根据本地用户信息获取用户的密码）、URI 等，采用和终端相同的算法生成 RESPONSE，并对此 RESPONSE 和请求消息中的 RESPONSE 进行比较，如果二者一致，则用户认证成功；否则认证失败。此时，SIP 软交换服务器返回 200 OK 响应消息，表明终端认证成功。

下面是 200 OK 响应消息编码示例：

```
Status-Line: SIP/2.0 200 OK
Message Header
  Via:SIP/2.0/UDP192.168.1.18:40192;branch=z9hG4bK-d87543-
```

```
    066282734a09a202-1--d87543-;received=192.168.1.18;rport=40192
From: "phone1"<sip:8700006@192.168.1.100>;tag=883a640f
To: "phone1"<sip:8700006@192.168.1.100>;tag=as373ccbcb
Call-ID: ZGY0Y2JmMzUyMDU3ZGMwNjZhZGJhODQzN2ZiMmQ2NTQ.
CSeq: 2 REGISTER
Server: Asterisk PBX 1.8.23.0
Allow: INVITE, ACK, CANCEL, OPTIONS, BYE, REFER, SUBSCRIBE, NOTIFY, INFO,
    PUBLISH
Supported: replaces, timer
Expires: 3600
Contact: <sip:8700006@192.168.1.18:40192;rinstance=6f31cc39672fd2c2>;
    expires=3600
Date: Tue, 28 Oct 2014 15:36:17 GMT
Content-Length: 0
```

2. 终端注销

用户在关闭或退出呼叫时，会向服务器发送注销消息。

SIP 软电话和 SIP 软交换服务器之间的注销流程如图 6.17 所示。

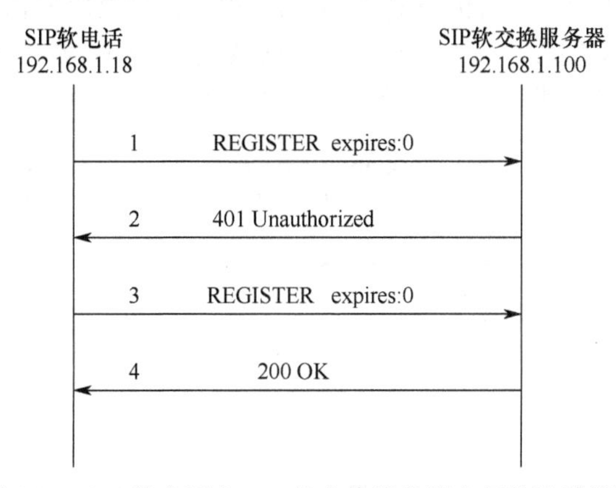

图 6.17　SIP 软电话和 SIP 软交换服务器之间的注销流程

（1）事件 1：SIP 软电话向 SIP 软交换服务器发送 REGISTER 消息请求注销，其头中的 expires 字段置 0。

下面是 REGISTER 请求消息编码示例：

```
Request-Line: REGISTER sip:192.168.1.100 SIP/2.0
Message Header
  Via: SIP/2.0/UDP 192.168.1.18:21356;branch=z9hG4bK-d87543-
      491ba8513b3c6821-1--d87543-;rport
  Max-Forwards: 70
  Contact: <sip:8700006@192.168.1.18:21356;rinstance=38e03e9eb42df650>;
      expires=0
  To: "phone1"<sip:8700006@192.168.1.100>
  From: "phone1"<sip:8700006@192.168.1.100>;tag=f73e8e23
  Call-ID: YjgxOGI3YTViNzA4NTE1NzIyNThmMGUyMWFjNjMzYjI.
```

```
CSeq: 3 REGISTER
Allow: INVITE, ACK, CANCEL, OPTIONS, BYE, REFER, NOTIFY, MESSAGE,
    SUBSCRIBE, INFO
User-Agent: eyeBeam release 1011d stamp 40820
Authorization:Digest username="8700006",realm=
  "asterisk",nonce="108b6481",uri="sip:192.168.1.100",response=
  "410ba347c2c72372dc1664000dcaa68e",algorithm=MD5
Content-Length: 0
```

（2）事件 2：SIP 软交换服务器返回 401 Unauthorized 响应。

（3）事件 3：SIP 软电话重新向 SIP 软交换服务器发送 REGISTER 请求。

（4）事件 4：SIP 软交换服务器收到后回送 200 OK 响应，并将与该用户有关的信息从数据库中注销。

3. 基本呼叫建立流程

下面以同一软交换服务器控制下的两个 SIP 用户之间的呼叫建立实例简要地说明 SIP 终端的呼叫建立流程。

SIP 软电话和 SIP 软交换服务器之间的呼叫建立流程如图 6.18 所示。

（1）事件 1：SIP 软电话 A 摘机发起呼叫，向 SIP 软交换服务器发起 INVITE 请求，请求邀请 SIP 软电话 B 加入会话。另外，SIP 软电话 A 还通过 INVITE 消息的会话描述，将自身的 IP 地址、端口号、静荷类型、静荷类型对应的编码等信息传递给 SIP 软交换服务器。

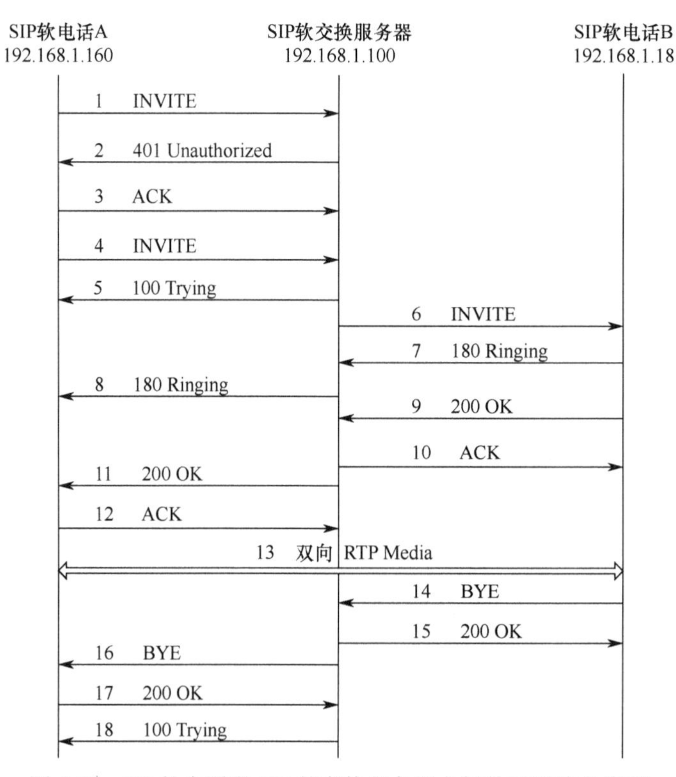

图 6.18 SIP 软电话和 SIP 软交换服务器之间的呼叫建立流程

（2）事件 2：SIP 软交换服务器返回 401 Unauthorized 响应。表明服务器要求对用户进行认证，并且通过 WWW-Authenticate 字段携带服务器支持的认证方式 DIGEST 和服务器域名 asterisk，产生本次认证的 NONCE，通过该响应消息将这些参数返回给终端，从而发起用户认证过程。

（3）事件 3：SIP 软电话 A 发送 ACK 消息给 SIP 软交换服务器，证实已收到对于 INVITE 请求的响应。

（4）事件 4：SIP 软电话 A 重新向 SIP 软交换服务器发出 INVITE 请求。携带 Proxy-Authorization 字段，包括认证方式 DIGEST、SIP 软电话 A 的用户标识、SIP 软交换服务器的域名、NONCE、URI 和 RESPONSE 字段（SIP 软电话 A 根据服务器返回的信息和用户配置信息等，采用特定的算法生成加密的 RESPONSE）。在 Session Description Protocol 中包含了会话描述协议信息。

（5）事件 5：SIP 软交换服务器给 SIP 软电话 A 返回 100 Trying，表示已经收到请求消息，正在对其进行处理。

（6）事件 6：SIP 软交换服务器给 SIP 软电话 B（192.168.1.18）发出 INVITE 消息，请求 SIP 软电话 B 加入会话，并且通过该 INVITE 请求消息携带 SIP 软电话 A 的会话描述，并发送给 SIP 软电话 B。

（7）事件 7：SIP 软电话 B 振铃，并回 180 Ringing 响应，通知 SIP 软交换服务器。

（8）事件 8：SIP 软交换服务器回 180 Ringing 响应给 SIP 软电话 A，SIP 软电话 A 振铃。

（9）事件 9：SIP 软电话 B 给 SIP 软交换服务器返回 200 OK 响应，表示其发过来的 INVITE 请求已经被成功接收、处理，并通过该消息将自身的 IP 地址、端口号、静荷类型、静荷类型对应的编码等信息传送给 SIP 软交换服务器。

（10）事件 10：SIP 软交换服务器发送 ACK 消息给 SIP 软电话 B，证实已收到 SIP 软电话 B 对 INVITE 请求的最终响应。

（11）事件 11：SIP 软交换服务器发送 200 OK 响应消息给 SIP 软电话 A，表示其发过来的 INVITE 请求已经被成功接收、处理，并将 SIP 软电话 B 的会话描述送给 SIP 软电话 A。

（12）事件 12：SIP 软电话 A 发送 ACK 消息给 SIP 软交换服务器，证实已经收到 SIP 软交换服务器对 INVITE 请求的最终响应。

（13）事件 13：主叫和被叫用户之间建立通信连接，开始通话。

（14）事件 14：通话结束后，被叫用户，即 SIP 软电话 B 挂机，发送 BYE 消息给软交换服务器，请求结束会话。

（15）事件 15：SIP 软交换服务器向 SIP 软电话 B 回 200 OK 响应消息。

（16）事件 16：SIP 软交换服务器转发 BYE 消息至 SIP 软电话 A，同时向认证/计费中心送用户电话的详细信息，请求计费。

（17）事件 17：SIP 软电话 A 挂机后，向软交换服务器发送确认挂断响应消息 200 OK。

（18）事件 18：SIP 软电话 A 和 SIP 软电话 B 之间的通话结束。

附录 6A　武汉凌特软交换 LTE3000SW 系统简介

6A.1　系统概述

软交换是一个分布式的软件系统，可以在基于各种不同技术、协议和设备的网络之间提供无缝互操作，其基本设计原理是设法创建一个具有伸缩性良好、接口标准性、业务开放性等特点的分布式软件系统。它独立于底层硬件/操作系统，并能够很好地处理各种业务所需的同步通信协议，因此，软交换是下一代网络的核心，在通信工程、计算机网络等相关专业开设软交换实验对于培养学生了解新知识、掌握新技能和提高综合应用能力具有重要的意义。

武汉凌特软交换实验平台是基于上述思想，在成熟的企业软交换平台的基础上开发的一套软交换综合实验系统。软交换综合实验系统由软交换服务器、交换机、路由器、网关和VoIP电话等组成，包含了呼叫控制、管理、计费、NAT穿越、SIP分析和各种增值业务等功能。学生能深入分析软交换中的呼叫流程和媒体流程、增值业务和网络架构。

武汉凌特软交换实验平台具有如下特点。

（1）该实验平台功能齐全、运行可靠、符合通信网络的标准接口，学生不仅可以完成软交换中的IP电话的通话、SIP信令的分析、与PSTN对接等基础性实验，还可以在二次开发的基础上完成诸如呼叫转移、查分查费及点播歌曲等增值业务的综合性实验。

（2）该实验平台除可以为现代交换原理和计算机网络等课程开设实验外，还可以作为通信与信息专业的课程设计、生产实习和毕业设计的平台。

（3）整个实验平台的架设简单，可以完全由学生自己灵活地构建，让学生能够很直观地了解平台的结构和原理。

（4）此平台相对于其他实验平台，价格低廉，可以在已有实验室（特别是已有的网络实验室）的基础上搭建，节省成本。

6A.2 系统组成

软交换实验平台以软交换服务器设备为核心，通过软交换 Web 管理界面对系统进行控制和配置，并结合网关等设备，使 IP 电话等终端在整个局域网（LAN）内互联，实现通信业务。软交换实验平台的网络拓扑连接图如图6A.1所示。

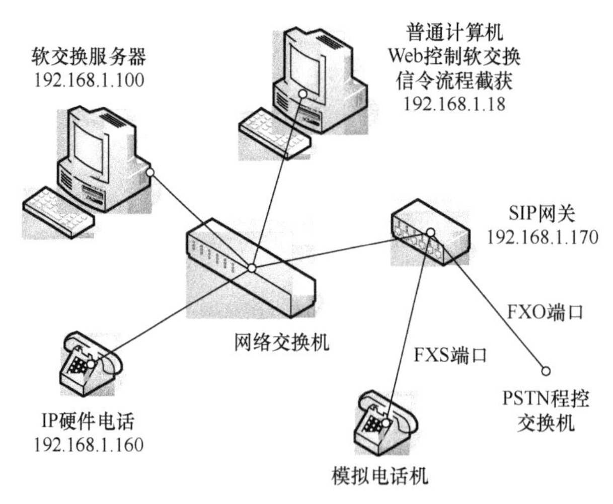

图6A.1 软交换实验平台的网络拓扑连接图

在图6A.1中，用到的设备有：软交换服务器1台，普通计算机1台，网络交换机1台，基于SIP的IP硬件电话1部，基于SIP并含有FXS端口和FXO端口的网关1个，模拟电话机 1 部，PSTN 程控交换机 1 台。各设备通过网络交换机组成一个局域网。其中，IP 地址为 192.168.1.100 的软交换服务器作为核心设备，实现了控制整个实验平台的电话呼叫通信、系统监视、通话计费、信令监测，以及增值业务和二次开发等功能。IP 地址为 192.168.1.18 的计算机用于管理和配置软交换系统、网关、IP 电话等其他设备，可以安装基于 SIP 的 IP 软电话作为通信终端设备；也可以安装 SIP 分析软件，用于信令监测和分析。为软交换服务器添加好拨号规则和用户号码，同时配置好 IP 电话的参数后，就可以实现基本呼叫业务。对于模拟电话机及 PSTN 程控交换机的互联，可以通过网关设备的 FXS 端口或 FXO 端口完成。

6A.3　设备功能介绍

1．软交换服务器

软交换服务器作为整个软交换实验平台的核心部分，主要功能是处理 SIP 信令消息、控制系统呼叫的进程、管理系统数据和用户数据，以及管理用户计费。它在网络中的地位相当于传统电话网中的交换机。它除了具有注册、呼叫控制和语音交换的功能，还可以通过 AGI 开发出许多增值业务。

整个系统通过 Web 方式进行配置和管理，只需在计算机浏览器的地址栏中输入软交换服务器的 IP 地址，即可进入软交换 Web 管理界面，如图 6A.2 所示。

图 6A.2　软交换 Web 管理界面

这里的软交换 Web 管理界面主要包括服务器管理、用户管理、拨号规则、通话记录、路由管理、增值业务六大项目。

（1）服务器管理。

如图 6A.3 所示，在【服务器管理】界面中，单击【服务器管理】链接，可以控制和管理软交换服务器的启动和停止。

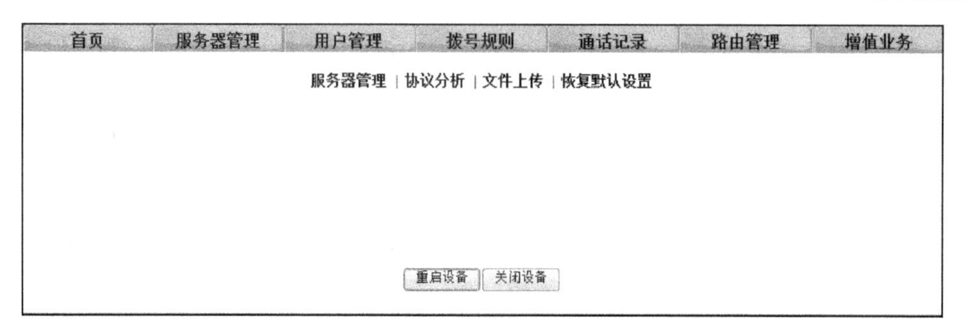

图 6A.3 服务器管理

如图 6A.4 所示，当需要监测系统内部的信令协议时，可以单击【协议分析】链接，选择开放系统 sip 或 sip&rtp 功能。

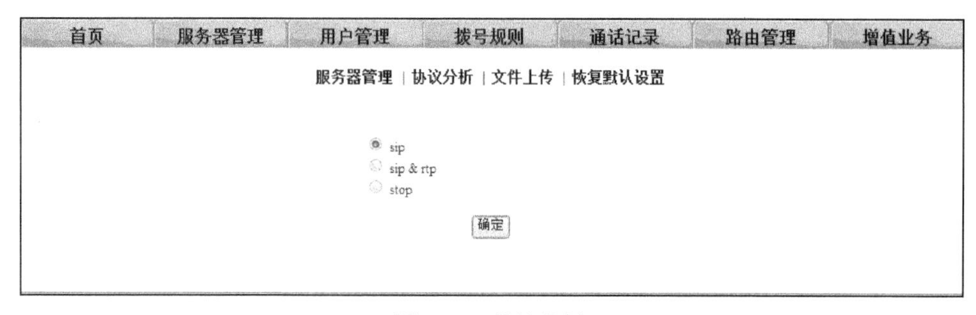

图 6A.4 协议分析

另外，软交换服务器还提供文件上传功能，可用于增值业务扩展，如图 6A.5 所示。

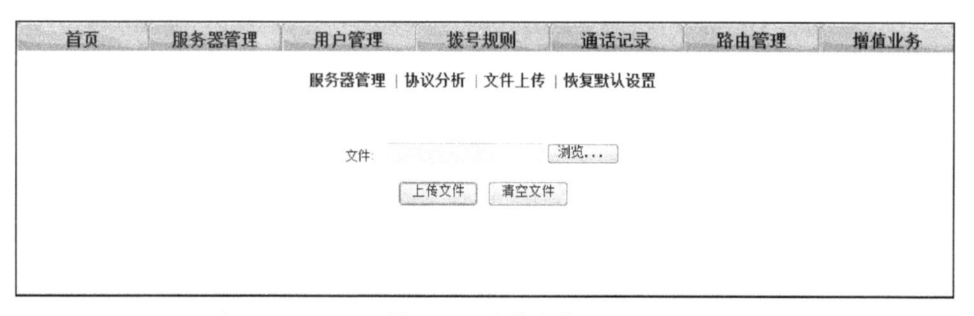

图 6A.5 文件上传

恢复默认设置功能界面如图 6A.6 所示。

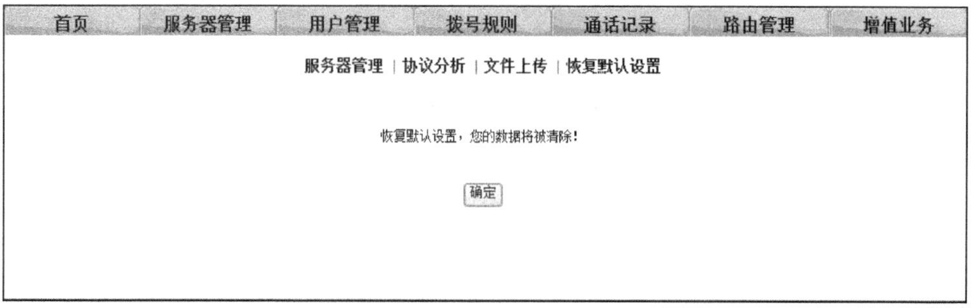

首页 | 服务器管理 | 用户管理 | 拨号规则 | 通话记录 | 路由管理 | 增值业务

服务器管理 | 协议分析 | 文件上传 | 恢复默认设置

恢复默认设置，您的数据将被清除！

确定

图 6A.6 恢复默认设置功能界面

（2）用户管理。

在【用户管理】界面中，可以添加和配置系统内部的用户账户，以及认证外部系统设备的进入许可。【用户管理】界面如图 6A.7 所示。

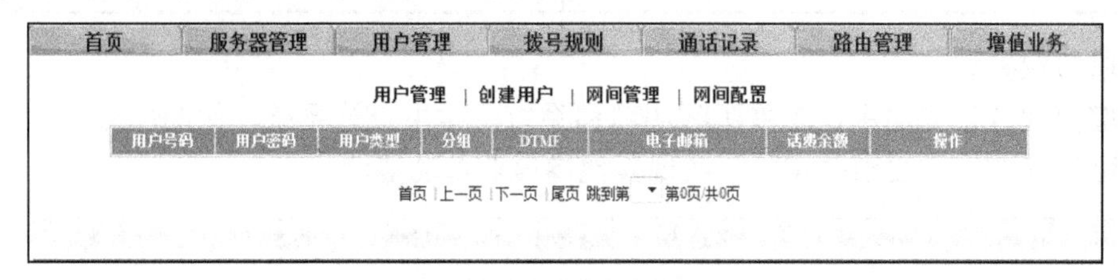

图 6A.7 【用户管理】界面

（3）拨号规则。

拨号规则是软交换系统的核心。它定义了一个呼叫如何进入、离开软交换系统。拨号规则包含软交换系统响应外部触发的各种指令，可以完全由用户自行修改。在【拨号规则】界面中，可以添加用户的拨号规则，从而为用户建立拨号方案，如图 6A.8 所示。

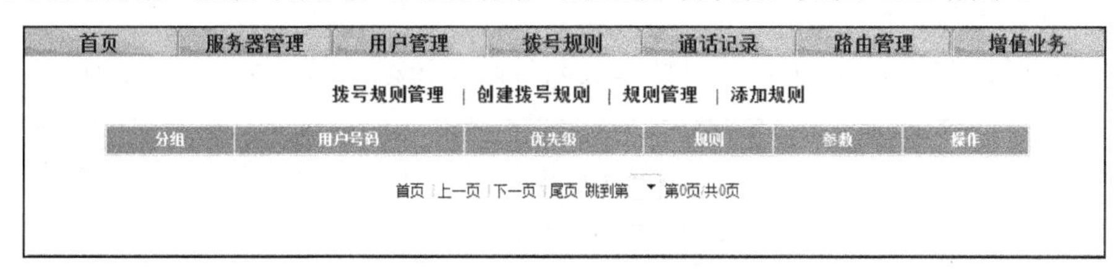

图 6A.8 【拨号规则】界面

（4）通话记录。

在【通话记录】界面中，可以记录和查询用户号码的通话时间等，如图 6A.9 所示。

图 6A.9 【通话记录】界面

（5）路由管理。

在【路由管理】界面中，可以为用户创建路由参数及计费费率等，如图 6A.10 所示。

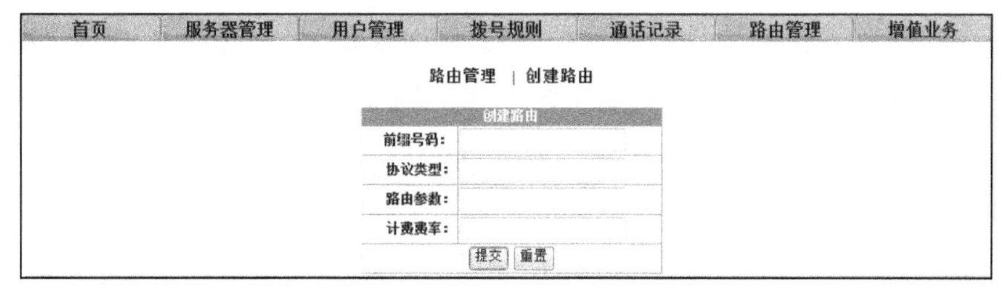

图 6A.10 【路由管理】界面

例如，为以 87 开头的用户创建计费费率为 0.1 的路由，可以按表 6A.1 中的内容添加。

表 6A.1 路由管理

前缀号码	协议类型	路由参数	计费费率
87	SIP	0	0.1

（6）增值业务。

在【增值业务】界面中，扩展了呼叫转移系统、学生查分系统，如图 6A.11 所示。（基于本平台可进行二次开发相关实验，实现其他增值业务功能。）

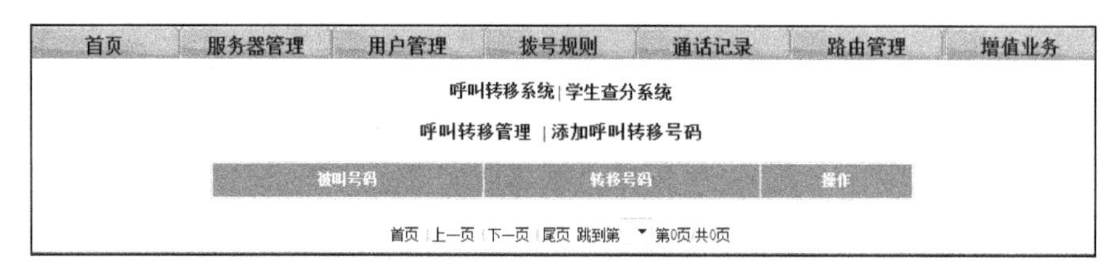

图 6A.11 【增值业务】界面

① 呼叫转移系统。

在添加呼叫转移号码界面中，可以填入被叫号码、转移号码，如图 6A.12 所示。

图 6A.12 添加呼叫转移号码界面

值得注意的是，在配置呼叫转移功能时，既要在添加呼叫转移号码界面中填写被叫号码和转移号码，又要在【拨号规则】界面中创建拨号规则。在这里，本书提供了能完成呼叫转移功能的 AGI 规则，其参数为 myDail.agi。

例如，假设现已添加了 8700006、8700021 和 8700031 3 个用户号码，现在创建一个以 87 开头的能够进行呼叫转移的拨号规则，具体设置如表 6A.2 所示。

表 6A.2 拨号规则 1

分组	用户号码	优先级	规则	参数
default	_87.	1	agi	myDail.agi

接着在添加呼叫转移号码界面设置被叫号码为 8700031，转移号码为 8700006，如图 6A.13 所示。这样，如果用号码为 8700021 的分机拨打 8700031，则自动转移到号码为 8700006 的分机上。

图 6A.13 设置被叫号码和转移号码

② 学生查分系统。

学生查分系统之学生成绩管理界面如图 6A.14 所示。

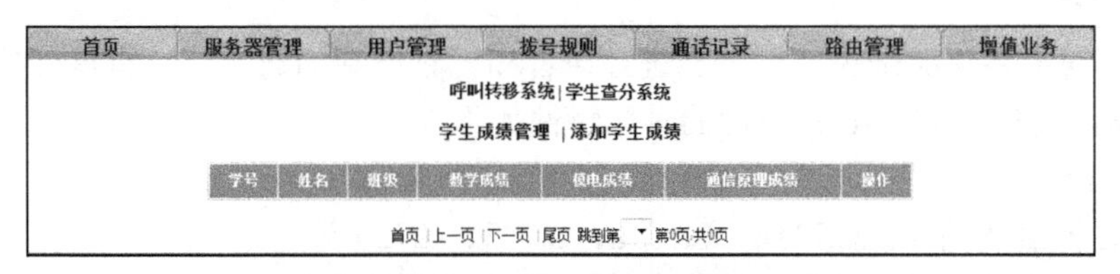

图 6A.14　学生查分系统之学生成绩管理界面

在编辑学生成绩功能界面中，可以将学生的学号、姓名、班级、数学成绩、模电成绩和通信原理成绩添加进去，如图 6A.15 所示。

图 6A.15　编辑学生成绩功能界面

值得注意的是，在配置学生查分系统功能时，既要编辑学生的相关成绩，又要在【拨号规则】界面中创建拨号规则。在这里，本书提供了能完成成绩查询功能的 AGI 规则，其参数为 ScoreQuerySystem.agi。

例如，假设已添加了一个分机用户，现在创建号码为 888 且能完成查分功能的拨号规则，具体设置如表 6A.3 所示。

表 6A.3　拨号规则 2

分组	用户号码	优先级	规则	参数
default	888	1	agi	ScoreQuerySystem.agi

接着在学生查分系统界面中编辑学生成绩，具体设置如表 6A.4 所示。

表 6A.4　学生成绩

学号	姓名	班级	数学成绩	模电成绩	通信原理成绩
20141017	Lilei	1	90	95	98

这样，用分机拨打 888，听到系统提示音后，拨打学号 20141017，则系统自动播报学生成绩。

2. SIP 网关

SIP 网关的主要功能是适配模拟电话终端，在信令层完成模拟电话用户线信令到 SIP 信令的转换，在媒体层完成语音信号的数模转换，以及数字语音信号的 RTP/IP 封装。SIP 网关的具体特性如下。

- 基于 SIP。
- 有 FXO 和 FXS 两种端口。

- 内置 SIP 注册、号码设置等功能。

3. IP 软电话

IP 软电话的主要功能是在计算机上进行语音和视频电话的通话，具有良好的界面和方便使用的软按钮，支持视频。IP 软电话的具体特性如下。

- 基于 SIP。
- 支持各种语音编码：G.711u、G.711a、G.723、G.729 等。
- 支持各种视频编码：H.263、H.264 等（根据需要选择）。
- 支持来电显示功能。
- 可以通过 NAT、Static IP 、Dynamic IP、Virtual IP 与 Internet 连接。

IP 软电话界面如图 6A.16 所示。

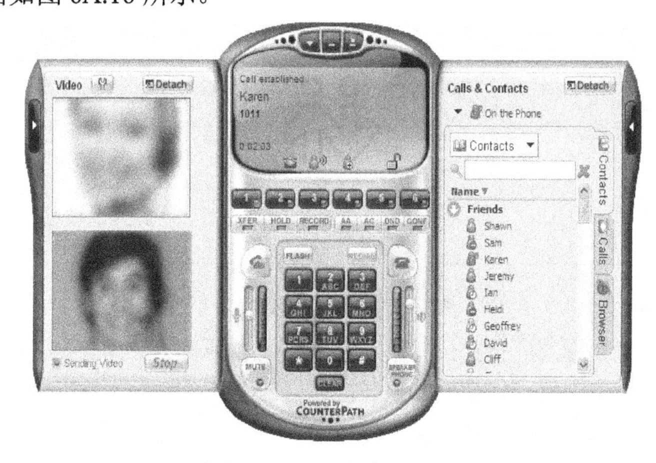

图 6A.16　IP 软电话界面

4. IP 硬件电话

IP 硬件电话的主要功能是完成网络上的语音通话或视频通话（根据需要选择视频电话）。IP 硬件电话的具体特性如下。

- 基于 SIP。
- 配置以太网接口。
- LCD 液晶显示。
- 支持各种语音编码：G.711u、G.711a、G.723、G.729 等。
- 支持各种视频编码：H.263、H.264 等（根据需要选择）。
- 通过 Web、键盘或 Phone Tool 对电话进行配置。

附录 6B　软交换技术实验项目

6B.1　IP 电话用户添加及管理实验

一、实验目的

（1）了解软交换 Web 管理界面中的用户添加及管理的基本方法并实际添加用户。

（2）掌握 IP 软电话的配置方法并在软交换上进行注册。
（3）掌握 IP 硬件电话的相关配置并在软交换上进行注册。
（4）掌握语音（话音）网关 FXS 端口及 FXO 端口的相关配置并进行注册。

二、实验原理

软交换是一种功能实体，为下一代网络提供具有实时性要求的业务的呼叫控制和连接控制功能，是下一代网络呼叫与控制的核心。简单地看，软交换是实现传统程控交换机的呼叫控制功能的实体，但传统的呼叫控制功能是和业务结合在一起的，不同的业务所需的呼叫控制功能不同，而软交换是与业务无关的，这要求软交换提供的呼叫控制功能是各种业务的基本呼叫控制功能。软交换技术独立于传送网络，主要完成呼叫控制、资源分配、协议处理、路由、认证、计费等功能，同时可以向用户提供现有电路交换机能提供的所有业务，并向第三方提供可编程能力。

软交换技术区别于其他技术的最显著特征，也是构成其核心思想的 3 个基本要素如下。

1．生成接口

软交换主要是通过 API 与应用服务器配合以提供新的综合网络业务的。与此同时，为了更好地兼顾现有通信网络，它还能够通过 INAP 与 IN 中已有的 SCP 配合，以提供传统的智能业务。

2．接入能力

软交换可以支持众多的协议，以便对各种各样的接入设备进行控制，最大限度地保护用户投资并充分发挥现有通信网络的作用。

3．支持系统

软交换采用了一种与传统 OAM 系统完全不同的、基于策略的实现方式来完成运行支持系统的功能，按照一定的策略对网络特性进行实时、智能、集中式的调整和干预，以保证整个系统的稳定性和可靠性。

作为分组交换网络与传统 PSTN 融合的全新解决方案，软交换将 PSTN 的可靠性和分组交换网络的灵活性很好地结合起来，是新兴运营商进入话音市场的新的技术手段，也是传统话音网络向分组话音演进的方式。在国际上，软交换作为下一代网络（NGN）的核心组件，已经被越来越多的运营商接受和采用。

三、实验设备及相关准备

1．实验器材

- 软交换设备一台。
- 计算机（安装 IP 软电话）、IP 硬件电话、语音网关各一台。
- 网线若干。

2．实验准备

通过桌面交换机将软交换设备、计算机、IP 硬件电话和语音网关进行连接，确保各设备间能进行通信。

四、实验步骤

1. 用户添加管理

软交换系统平台搭建完成后，需要在系统内为各终端用户分配用户号码。在浏览器的地址栏中输入 http://192.168.1.100/（以实际软交换/虚拟软交换 IP 为准），进入软交换服务器 Web 管理界面。在如图 6B.1 所示的管理界面中，选择【用户管理】选项，进入用户管理界面，单击【添加】按钮，即可按照自己的意愿添加用户，如图 6B.2 所示。

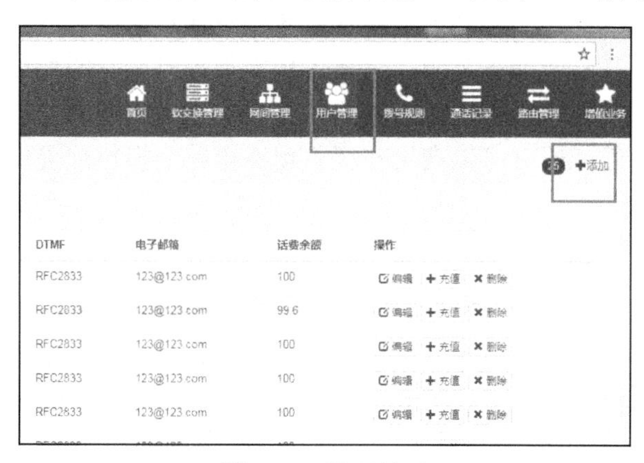

图 6B.1　管理界面

图 6B.2　添加用户

本实验可以为终端设备自定义填写用户号码、密码。例如，添加一个用户，在【用户号码】数值框中填写 88886666，在【密码】和【重复密码】文本框中填写 123。

用户类型包含 3 种：user 类型、peer 类型和 friend 类型，一般选择 friend 类型。

分组的含义是用户的拨号功能权限只和它所属分组的拨号规则相关。例如，创建了两个用户，其中一个用户的分组设置为 default，另一个用户的分组设置为 group1，其他参数（如用户号码、密码、用户类型等）设置都一样，此时这两个用户的拨号功能权限只能以用户号码所在分组的拨号规则来确定。在系统中，一般设置为默认分组。

【DTMF】下拉列表用于通话中的按键音检测，这里保持默认设置即可。电子邮箱为该用户的电子邮箱信息。在【充值】数值框处设置该用户的话费金额。

2．IP 软电话的配置

目前网络上有很多 IP 电话软件可以下载。下面以 eyeBeam1.5 为例，介绍一下 IP 软电话的功能和配置方法。

eyeBeam 是一款即时通信软件，可以实时进行多媒体通信，丰富了 VoIP 的应用。它具有传统商用电话的所有功能，如通话保持、呼叫转移、电话会议、文字消息等。

（1）按照实验步骤 1，在软交换服务器（192.168.1.100）（以实际软交换/虚拟软交换 IP 地址为准）上建立电话号码 8700006、密码为 123 的用户。

（2）在计算机上安装该电话软件，安装完成后打开，设置计算机与软交换服务器在同一网段。

（3）在软电话上单击鼠标右键，在弹出的快捷菜单中选择【SIP 账号设定】选项，进行用户账号的配置，在弹出的【SIP 账号】对话框中进行如图 6B.3 所示的设置，单击【增加】按钮。

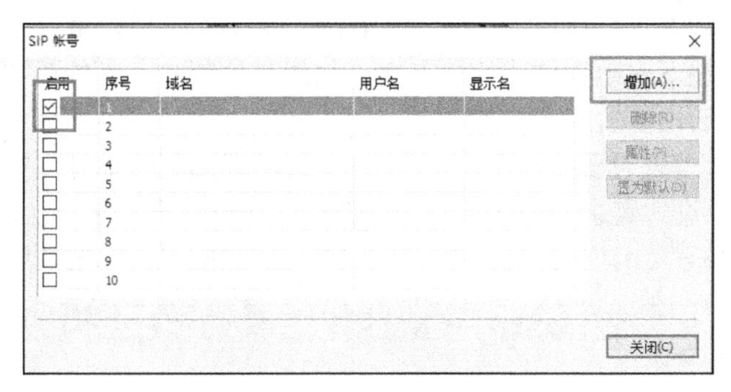

图 6B.3　用户账号的配置

（4）设置用户账号，如图 6B.4 所示，其中，显示名、用户名和鉴权用户名根据本实验之前添加的用户信息填写，口令即之前设置的密码，域名填写软交换服务器的 IP 地址，单击【确定】按钮。接着单击【关闭】按钮，如图 6B.5 所示。

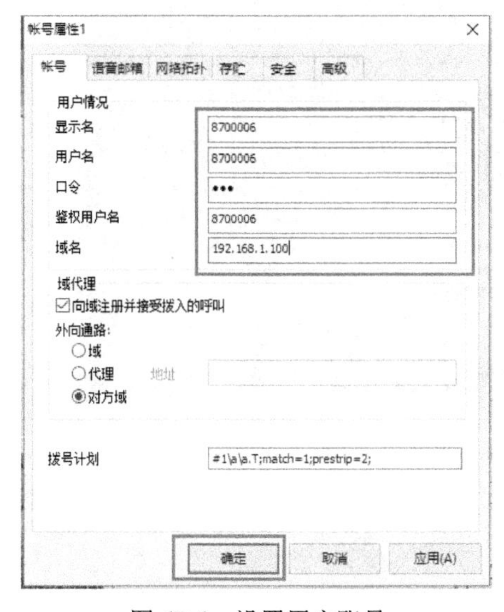

图 6B.4　设置用户账号

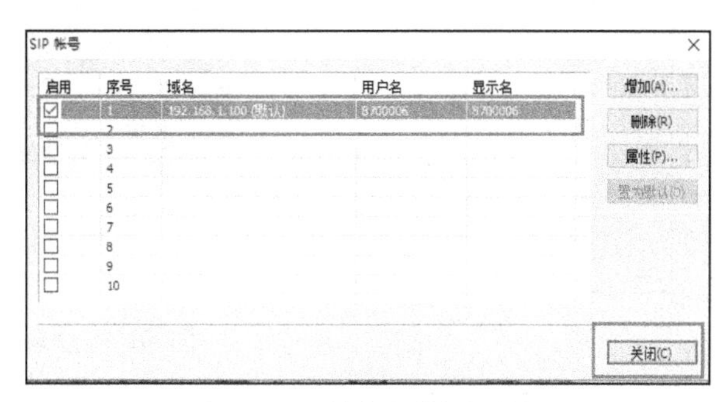

图 6B.5　单击【关闭】按钮

（5）若软电话屏幕显示如图 6B.6 所示，则证明配置正确，注册成功；否则应仔细检查。

图 6B.6　软电话屏幕显示

（6）配置完成。有兴趣的同学可拨打 998 进行验证。

3. IP 硬件电话的配置

（1）IP 硬件电话一般出厂默认为动态主机配置协议（Dynamic Host Configuration Protocol，DHCP）模式，先通电，等待启动完成后，按圆形【菜单/确认】键，进入菜单选择界面，使用上下方向选择键选择【网络】菜单，按【确认】键进入。选择 IP 设置并确认；按【下】键选择静态 IP 并确认；按【左】键，系统提示是否重启使设置生效，选择重启，等待重启完成。按下左上角的【切换】键，根据具体版本，可能需要按一次或两次，IP 硬件电话显示屏会显示设备当前静态 IP 地址。

（2）将计算机 IP 地址设置为与 IP 硬件电话相同网段的其他地址。在浏览器地址栏中输入 IP 硬件电话地址，进入登录界面（为保证兼容性，建议使用 IE8 以上版本的 IE 浏览器或谷歌浏览器）。登录账号（用户名）admin，输入密码 admin，如图 6B.7 所示。

图 6B.7　登录界面

（3）选择【网络】→【基本设置】选项，按图 6B.8 进行配置，其中，IPv4 地址根据需要设置，一般要求与软交换服务器在同一网段；网关根据需要设置。设置完成后，下拉到页面底部，单击【保存并应用】按钮，如图 6B.9 所示。

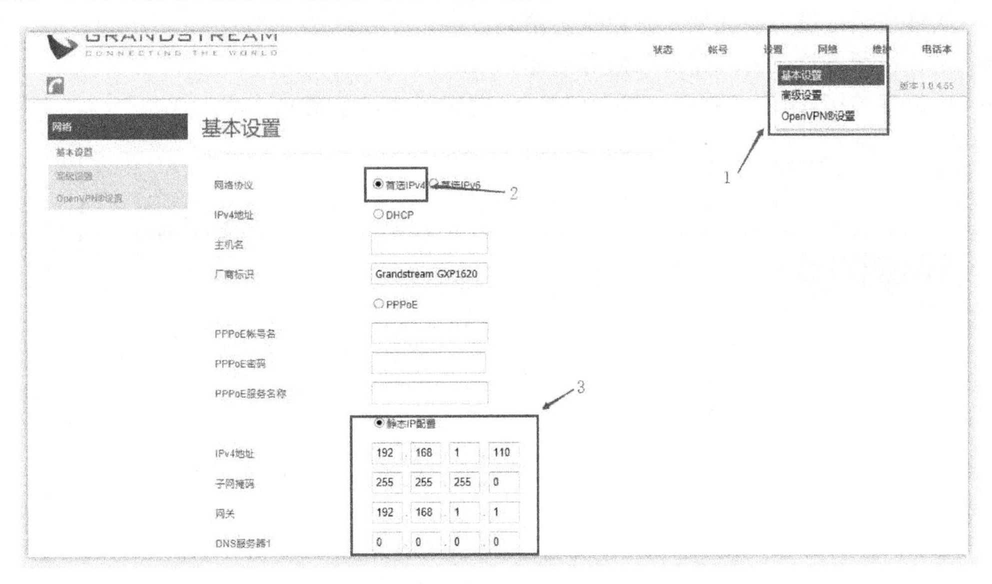

图 6B.8　网络基本设置

IPv4地址　192 . 168 . 1 . 110
子网掩码　255 . 255 . 255 . 0
网关　192 . 168 . 1 . 1
DNS服务器1　0 . 0 . 0 . 0
DNS服务器2　0 . 0 . 0 . 0
首选DNS服务器　0 . 0 . 0 . 0
IPv6地址　自动配置
完全静态
静态IPv6地址
IPv6前缀长度
前缀静态
IPv6前缀(64 bits)
DNS服务器1
DNS服务器2
首选DNS服务器
保存　保存并应用　重置
首选DNS服务器
输入首选DNS服务器地址。

图 6B.9　设置完成

（4）进行账号设置，选择账号 1，按图 6B.10 进行设置。

其中，相关参数的含义如下。

- 账号名：填写已在软交换服务器上创建好的任一用户。
- SIP 服务器：填写软交换服务器的 IP 地址。

- SIP 用户 ID：填写已在软交换服务器上创建好的用户，与账号名相同。
- 认证 ID：与账号名相同。
- 认证密码：填写创建用户时设定的密码。
- 名称：可任意命名，建议与账号名相同。
- 语音信箱接入码：根据创建账号时的设置填写（可不填）。

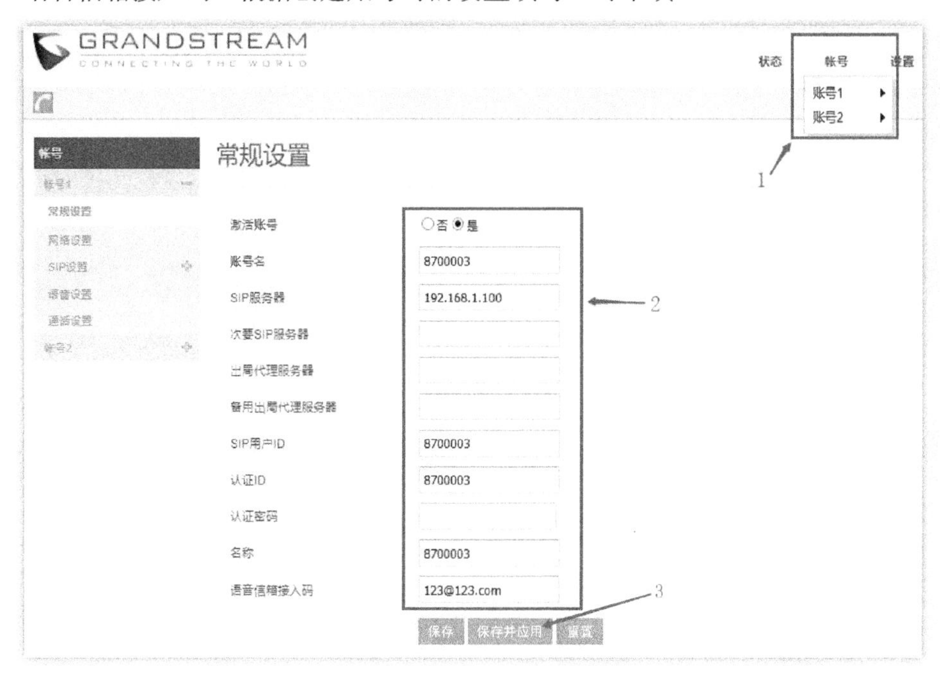

图 6B.10　账号设置

所有设置都完成后，单击【保存并应用】按钮。

（5）在顶部菜单栏中选择【重启】选项，如图 6B.11 所示，等待重启完成，配置结束。

（6）配置完成后，可拨打 998 验证配置是否生效。

4. 语音网关配置实验

（1）连接并登录语音网关：对语音网关进行恢复出厂设置操作（使用针状物按住 RESET 孔，当语音网关上面两个网口的信号灯均亮起后松开，等待其重启（若为新拆封语音网关，则跳过此操作）。用计算机网线直连语音网关 LAN 口，即拔下小交换机上的 PC-X 网线，连接至语音网关即可。（注：语音网关初始 IP 为 192.168.2.1，只有将计算机 IP 设置为 192.168.2.X，才能对语音网关进行配置。）语音网关 LAN 口如图 6B.12 所示。

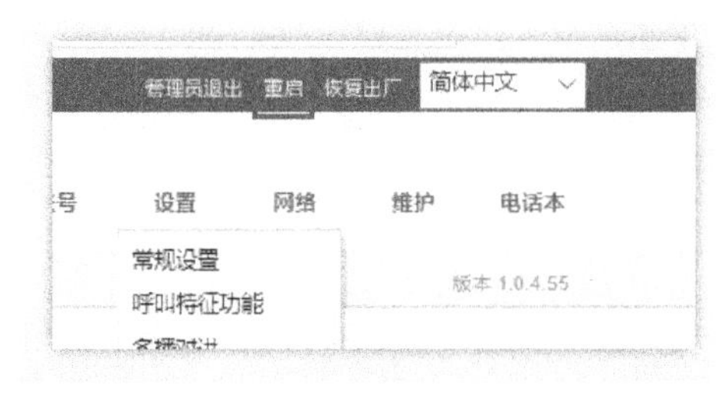

图 6B.11　选择【重启】选项

图 6B.12　语音网关 LAN 口

（2）打开浏览器（为保证兼容性，建议使用 IE 浏览器，IE8 版本以上），输入之前查看 IP 地址时得到的默认网关的地址，如此处输入 192.168.2.1，进入登录界面。输入默认密码 admin 登录，如图 6B.13 所示。

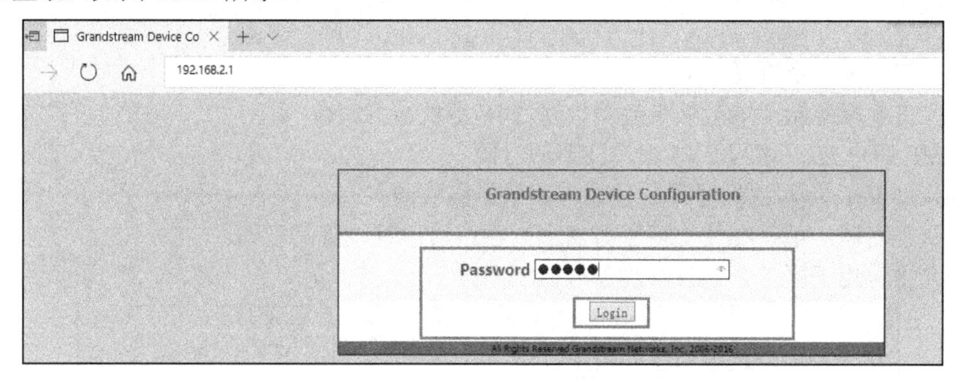

图 6B.13　输入默认密码 admin 登录

（3）基本配置：登录设备后，选择【BASIC SETTINGS】（基本配置）选项，进行更改，如图 6B.14 所示。

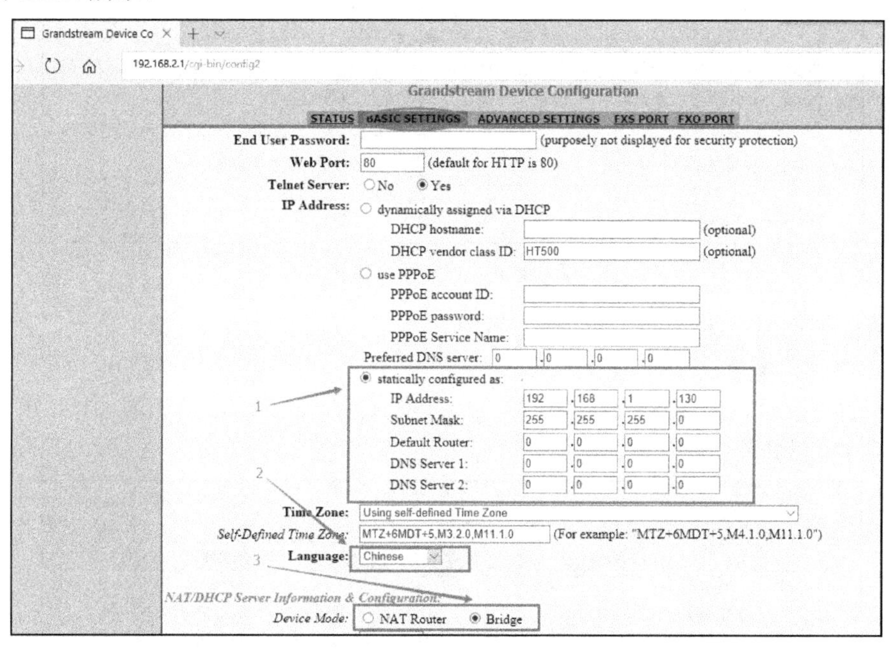

图 6B.14　更改基本配置

按要求设置语音网关的 IP 地址为 192.168.1.x 或其他，更改显示语言为中文，更改设备模式为桥模式。

将本页面下拉到底部，单击【Apply】按钮，使设置生效，如图 6B.15 所示。

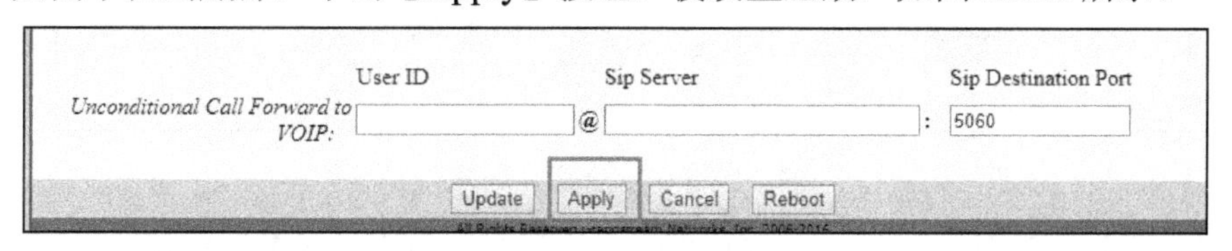

图 6B.15　单击【Apply】按钮

（4）FXS 端口配置。

进入配置页面后，选择【FXS 端口】选项，进行如图 6B.16 所示的配置。各参数含义如下（图 6B.16 中的参数为示例，要想号码注册成功，需要在软交换服务器上预先建立相关用户）。

- 账户开关：选择【Yes】。
- 主 SIP 服务器：填写软交换服务器的 IP 地址。
- SIP 用户 ID：填写 FXS 端口注册的号码。
- 认证 ID：填写认证号码，建议与注册号码相同。
- 认证密码：填写在软交换服务器上创建该用户时设置的密码。
- 名字：用于区分，建议与注册号码相同。

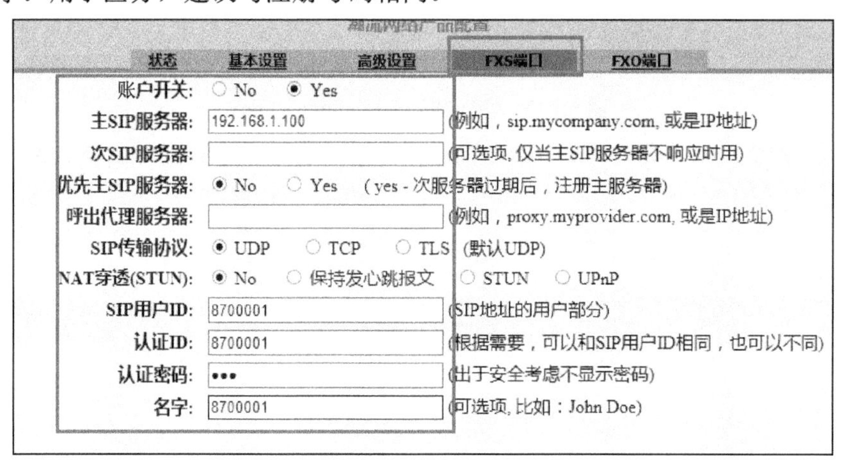

图 6B.16　FXS 端口配置

将本页面下拉到底部，单击【生效】按钮。

（5）FXO 端口配置。

进入配置页面后，选择【FXO 端口】选项，进入配置界面，结果如图 6B.17 所示，参数说明与 FXS 端口相同。

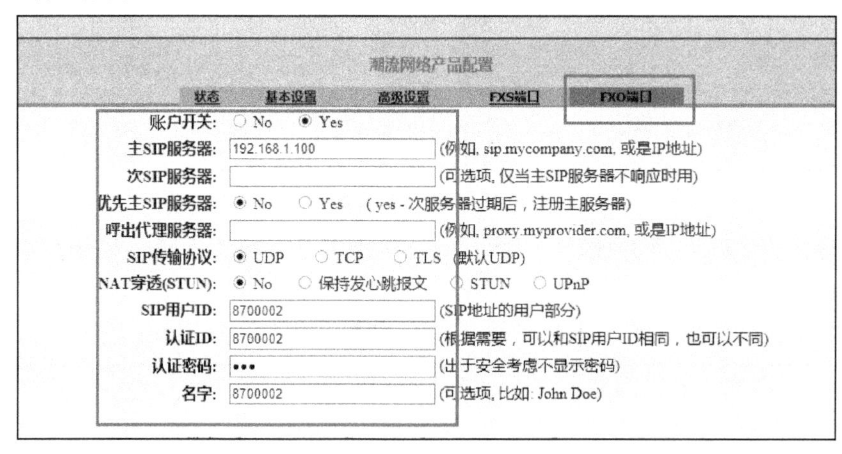

图 6B.17　FXO 端口配置

将本页面下拉到底部，进行如图 6B.18 所示的配置，单击【生效】按钮。

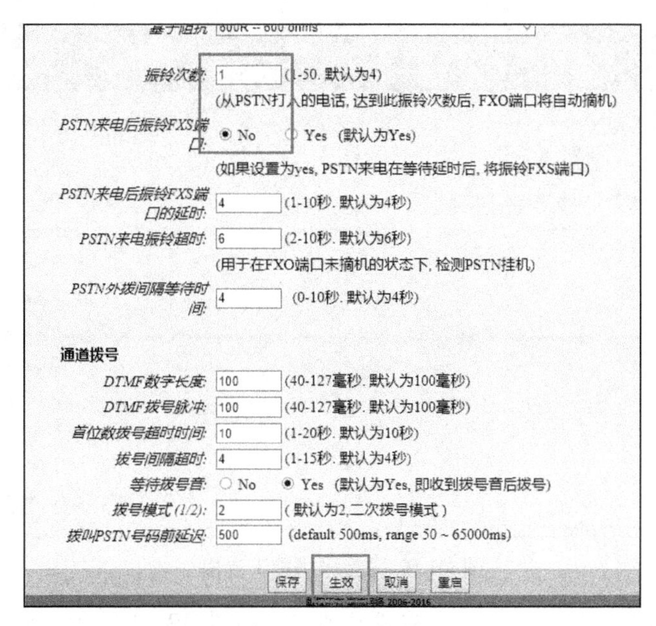

图 6B.18　配置结果

（6）所有配置完成后，选择【重启】选项，重启语音网关，等待设备重启完成，配置结束。

（7）还原计算机 IP 配置，将计算机 IP 设置成 192.168.1.x，等待语音网关重启，ping 一下语音网关的新地址，确定语音网关地址设置成功。

（8）确定后，将计算机网线重新插到小交换机上，并将语音网关的 LAN 口也连接到小交换机上，这时可使用语音网关的新地址进行登录。

（9）配置完成，在语音网关的 FXS 端口接上一个模拟电话，可拨打 998 验证配置是否生效。

注意：因为语音网关配置实验需要插拔计算机网线，所以会导致虚拟软交换自动关闭。因此，计算机网线还原后，需要重启虚拟软交换客户端。

6B.2　拨号规则实验

一、实验目的

1．了解和学习拨号规则的基本语法。
2．了解和学习拨号规则中的号码匹配机制。
3．了解和学习拨号规则中使用变量的意义。
4．了解和学习交互式拨号规则的配置方法。
5．学会配置相应的拨号规则以实现一定的功能。

二、实验原理

拨号规则是软交换系统的核心，定义了一个呼叫如何进入及如何离开软交换系统。拨号规则包含软交换系统响应外部触发的各种指令，可以完全由用户自行修改。在浏览器的地址栏中输入 http://192.168.1.100/（以实际软交换/虚拟软交换 IP 为准），进入软交换 Web 管理界面。在管理界面中，选择【拨号规则】选项，即可进入【拨号规则】界面，如图 6B.19 所示。

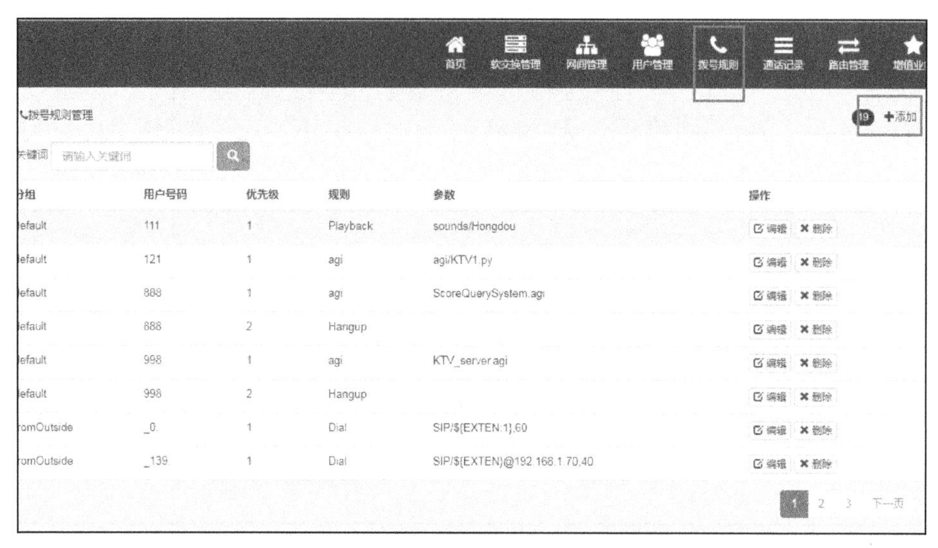

图 6B.19 【拨号规则】界面

单击【添加】按钮，可以添加用户的拨号规则，如图 6B.20 所示，从而为用户建立拨号方案。本系统的拨号规则主要由 5 项基本内容组成：分组、号码、优先级、规则及参数。

1．分组

拨号规则是由一个一个不同的分组构成的，不同的分组名保持了拨号规则作用的相互独立性。也就是说，在一个分组中定义的用户功能权限和在另一个分组中定义的用户功能权限是完全独立的，除非特别允许它们可以相互作用。

本系统中，分组可以通过下拉列表进行选择，如图 6B.21 所示。

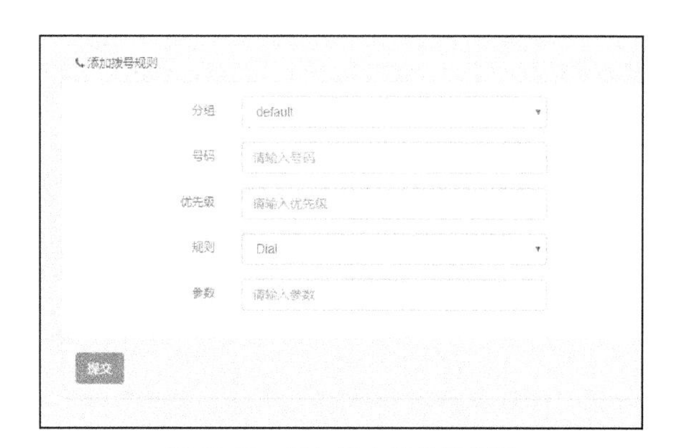

图 6B.20 添加用户的拨号规则

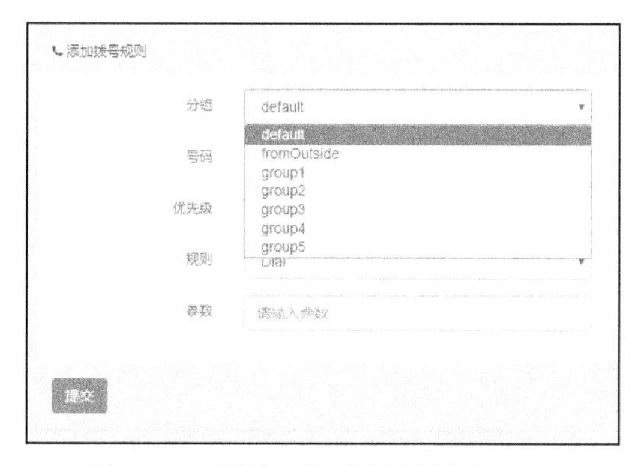

图 6B.21 通过下拉列表选择分组

其中，default 是创建拨号规则时的默认常选分组，本系统内部用户的拨号规则都可定义在此分组内。

fromOutside 是针对从系统外部打进来的用户的分组。所有从本系统外部打进来的用户，都将默认放在 fromOutside 分组中，以该分组配置的拨号规则进行呼叫处理工作。（当然，对于系统内部用户，在添加用户时，若选择该分组，则该用户也按照 fromOutside 分组配置的拨号规则进行呼叫处理。）

group1、group2、group3、group4、group5 为系统备选分组。

2. 号码

号码既可以是用户拨打的具体数字号码，又可以是特定字符、字母和数字组合的一种匹配样式。在创建拨号规则时，可以参照样式匹配机制，允许创建一个能够匹配所有可能被拨打的号码。

3. 优先级

优先级是一个数字序列，代表拨号规则中行为执行的顺序，从 1 开始，并且每次执行一个特定的规则。优先级通过下拉列表选择，如图 6B.22 所示。

4. 规则及参数

规则是系统执行的特定操作，如播放一段声音、拨叫一个用户、挂机等。通常，不同规则的功能不同，一些规则（包括 Answer、Hangup）不需要其他信息就能完成操作，大部分规则需要额外添加一些信息参数来指示如何执行操作。

系统内部自带有很多规则类型，如 Answer、Playback、Hangup、Goto、Background、WaitExten、Dial 和 agi 等，如图 6B.23 所示。

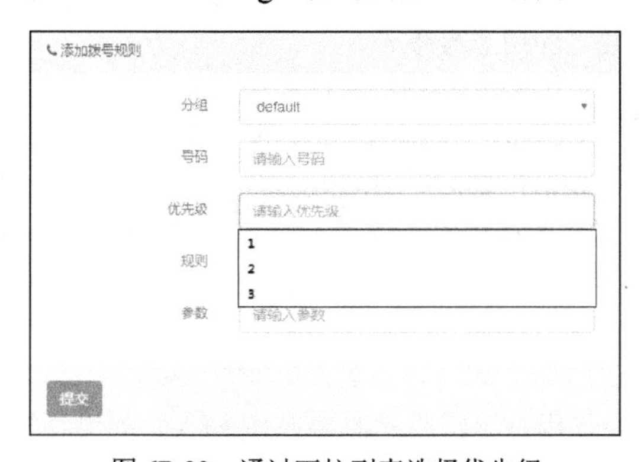

图 6B.22　通过下拉列表选择优先级

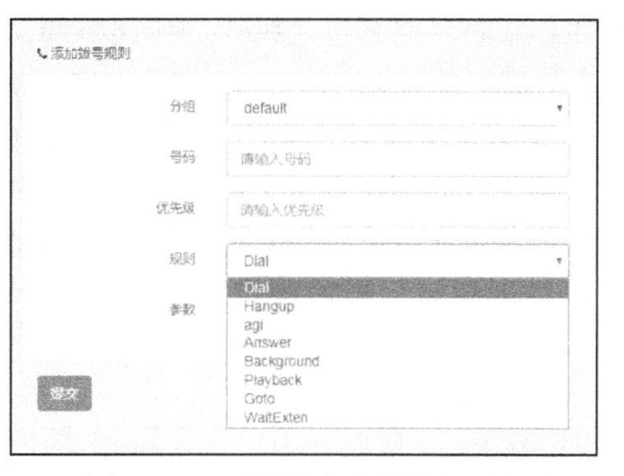

图 6B.23　系统内部自带的规则类型

部分规则及参数的说明如下。

（1）Answer。

Answer 规则不需要参数。它用于应答一个呼叫，对收到来电的通道执行初始配置操作，有效地确保通道在执行下一步操作前已经被连接上。

（2）Playback。

Playback 用于在通道上播放一个预先记录的声音文件。在使用 Playback 规则时，需要在【参数】文本框中填写一个指定的文件名作为参数。

（3）Hangup。

Hangup 表示挂断一个活动通道，结束当前的呼叫，从而确保通话双方都无法在系统中以未知方式继续进行操作。该规则不需要任何参数。

（4）Dial。

Dial 使用了 4 个参数：呼叫目的地、超时时间、字符串和 URI，参数之间用逗号隔开。在实际配置参数时，Dial 的第二、第三、第四个参数都可以不用，只有第一个参数是必需的。如果不想指定后面的参数，则只要简单地留空就可以了。

例如，Dial 的参数设置为 SIP/${EXTEN},60,Ttr。

第一个参数是呼叫目的地。它由呼叫采用的技术（或通道）和远端分机或资源的地址组成，中间用斜线隔开。常见的技术类型包括 SIP、DAHDI（模拟电话接口和 T1/E1/J1 接口等）和 IAX2。例如，要呼叫一个 SIP 设备的被叫地址 1234，使其通道振铃，此时可以用该参数表示为 SIP/1234。本实验也可以同时呼叫多个目标，不同的呼叫目的地之间用“&”隔开。

第二个参数是超时时间，以 s 为单位。如果指定了超时时间，那么 Dial 会尝试呼叫指定的秒数，超时后就会放弃呼叫而继续执行下一步分机操作；如果没有指定超时时间，那么 Dial 会一直尝试呼叫被叫通道，直到被叫应答或主叫挂机。如果呼叫在超时前被应答，则通道之间会建立连接，拨号方案完成；如果被叫一直不应答、占线或不可用，那么超时后系统会继续执行分机操作。例如，上例中设置为 SIP/${EXTEN},60，其中 SIP/${EXTEN}为呼叫目的地，60 为超时时间。

第三个参数是字符串。它可能包含一个或多个可以影响 Dial 行为的字符。

第四个参数是 URI。如果被叫通道支持在呼叫时接收 URI，则这个参数指定的 URI 会被发送；如果话机支持接收 URI，就会在屏幕上显示相关信息。这个参数很少被用到。

（5）Goto。

Goto 通常用于交互式业务逻辑，用户将一个呼叫跳转到另一部分。Goto 语法需要将目标分组、目标号码和优先级作为传递参数，参数之间用逗号隔开。

（6）Background。

Background 常用于交互式业务，可以像 Playback 一样播放一个预先录制好的声音文件，但是当用户按下电话上的按键时，就会中断播放的声音，并且根据用户输入的数字把这个呼叫跳转到对应的电话分机。Background 最常见的应用是创建语音菜单，很多企业通过语音菜单将来电引导到合适的分机上。Background 采用和 Playback 相同的语法，即需要在【参数】文本框中填写指定的文件名。

（7）WaitExten。

WaitExtcn 一般跟在 Background 之后使用，作用是等待用户的 DTMF 输入。如果希望系统在播放完语音提示后继续等待用户输入，则可以使用 WaitExten，默认的超时时间为 10s。如果希望为 WaitExten 指定等待用户的时间，则只需简单地将代表秒数的数字填入【参数】文框中即可。Background 和 WaitExten 都允许用户输入 DTMF 数字，系统会尝试在当前分组中寻找与这个数字相匹配的分机号码，如果寻找到了分机，那么系统会将呼叫传递给这个用户分机。

5. 号码匹配

如果希望允许在拨号方案中拨打电话并连接外部资源，就需要一个方法能匹配所有可能被拨打的号码。号码匹配机制就是用来处理这类问题的，可以允许在拨号方案中创建一个能够匹配许多不同号码的分机名。

当使用号码样式匹配语法时，特定的字母和符号代表希望匹配的内容。号码匹配总是从一个下画线（_）开始，表示正在匹配一个号码样式，而不是匹配一个精确的分机号码。如果忘记开始的下画线，那么系统会认为这只是一个分机号码，而不会作为号码样式匹配。

在下画线之后，可以使用一个或多个下列字符。

- X：表示匹配 0～9 的任意一个数字。
- Z：表示匹配 1～9 的任意一个数字。

- N：表示匹配 2～9 的任意一个数字。
- [15-7]：表示匹配指定范围的一个数字。本实验号码要求匹配一个 1，以及 5、6、7 中的任意一个数字，因此匹配的指定号码为 15/16/17。
- .（点）：表示通配符，匹配一个或多个任意字符。如果不够小心，那么通配符匹配可能让拨号方案做一些没想到的事情，如匹配了系统内部的特定分机，因此，应该仅当已经尽可能地匹配了尽量多的数字后才使用通配符。对于 "_." 这样的样式，永远不要使用。如果需要一个匹配所有输入的样式，则应该用 "_X" 来匹配所有数字开头的字符串，或者用 "_[0-9a-zA-Z]"。
- !（叹号）：表示通配符，匹配零个或多个任意字符。

如果想在拨号方案中使用样式匹配，则只要在创建拨号规则时，简单地把样式输入号码位置就可以了。关于样式匹配的重要规则是，如果系统发现一个样式可匹配多个用户分机，那么它将从左到右使用最精确的那个。

例如，已经定义了如表 6B.1 所示的两个样式，并且有用户拨打 200，那么分机号码 _20X 会被选中，因为它更加精确。

表 6B.1 样式

分组	号码	优先级	规则	参数
Default	_2XX	1	Answer	
Default	_20X	1	Answer	

6. 变量类型及说明

在系统中配置拨号方案规则时，可以通过使用变量来帮助减少输入、提高清晰度和增强逻辑。变量是系统中极其重要的一个概念，它是一个可存储数值的容器，优点是它的值可以改变但维持名字不变，这就意味着可以直接引用变量名而不用关心值是什么。

系统中的某些变量（如 CHANNEL 和 EXTEN）是系统保留的，不能使用。

在拨号方案中，可以使用 3 种类型的变量：全局变量、通道变量和环境变量。

（1）全局变量。

全局变量对于系统中的所有通道在任何时间都是可见的。它可以用在拨号方案的任何地方以提高可读性和管理性。

假设有个很大的拨号方案包含了数百条对某个通道的引用，那么要想把所有引用都换成另一个通道，则不得不遍历整个拨号方案，这将是一个漫长且很容易出错的过程。另外，如果在拨号方案的一开始就已经定义好了该通道的全局变量，并且在代码中只是引用这个变量，那么只需修改一行代码就可以作用到整个拨号方案中所有用到这个通道的地方。

（2）通道变量。

通道变量是一种只与特定呼叫关联的变量，只存在于呼叫发生期间，并且只对参与呼叫的通道有效。

（3）环境变量

环境变量是一种在系统中访问环境变量的方法。环境变量在拨号方案中并不常用。

7. 关于通道变量${EXTEN}的使用

如果使用了样式匹配，但又需要知道到底拨打的是什么号码，就可以利用${EXTEN}通道变量。每当拨打一个分机时，系统就会设置通道变量${EXTEN}为实际拨打的号码。

通常，从${EXTEN}的前面去掉几位数的操作是有用的。这可以利用表达式${EXTEN:X}来实现，其中，X是希望去掉的位数，方向为从左到右。

例如，如果${EXTEN}的值是95551212，那么${EXTEN:1}等于5551212。

${EXTEN}通道变量还有一种表达式${EXTEN:x:y}，其中，x是起始位置，y是返回的数字个数。

例如，给定下列字符串：

```
94169671111
```

则可以利用${EXTEN:x:y}抽取下列数字。

${EXTEN:1:3}：得到416。

${EXTEN:4:7}：得到9671111。

${EXTEN:-4:4}：将从倒数第4个数字开始，得到1111。

${EXTEN:2:-4}：将从跳过2个数字开始，并不包括最后4个数字，得到16967。

${EXTEN:-6:-4}：将从倒数第6个数字开始，并不包括最后4个数字，得到67。

${EXTEN:1}：将返回第1个数字之后的全部数字，得到4169671111（如果返回数字个数为空的话，就返回剩余的全部数字）。

这是一个非常强大的表达式，但是这些变化形式并不常用。在大多数情况下，将使用${EXTEN}（或去掉外线识别码，使用${EXTEN:1}）。

三、实验准备

1．详细阅读实验原理部分，了解各种拨号规则的区别和用法。

2．掌握拨号规则的配置方法及相关参数。

四、实验步骤

1．Answer、Playback和Hangup的应用

本项目采用Answer、Playback和Hangup规则创建一组拨号规则，该规则的功能是在系统内添加一个用户200，当分机电话拨打200时，系统首先会自动应答这个呼叫，然后播放一个名为hello-world的声音文件，最后挂断这个呼叫。

（1）在浏览器的地址栏中输入http://192.168.1.100/（以实际软交换/虚拟软交换IP为准），进入软交换Web管理界面。在管理界面中选择【拨号规则】→【创建拨号规则】选项，进入创建拨号规则界面，如图6B.24所示。

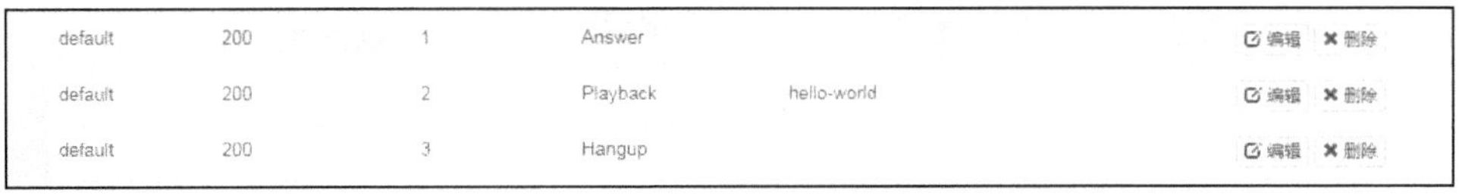

default	200	1	Answer		编辑 ✖删除
default	200	2	Playback	hello-world	编辑 ✖删除
default	200	3	Hangup		编辑 ✖删除

图6B.24 创建拨号规则界面

（2）按照表6B.2中的内容，在创建拨号规则界面中依次添加和选择相应的参数。

在添加规则时，可先设定规则的各项参数，然后单击【添加】按钮，待所有规则添加完成后，单击下方的【保存】按钮，即可将规则保存至软交换设备中。

（3）用已配置的任何一部IP电话拨打200，验证是否能听到声音“Hello World”。

表 6B.2　创建拨号规则 1

分组	用户号码	优先级	规则	参数
default	200	1	Answer	—
default	200	2	Playback	hello-world
default	200	3	Hangup	—

2. 号码匹配规则的应用

（1）假设系统中已配置了若干以 87 开头的分机用户，请参考表 6B.3 中的内容，在创建拨号规则界面中依次添加和选择相应的参数，如图 6B.25 所示。

表 6B.3　创建拨号规则 2

分组	用户号码	优先级	规则	参数
default	_87.	1	Dial	SIP/${EXTEN},60
default	_87.	2	Hangup	—

注：表中的 SIP/${EXTEN}指向了所有 87 开头的分机号码。

default	_87.	1	Dial	SIP/${EXTEN},60	编辑	删除
default	_87.	2	Hangup		编辑	删除

图 6B.25　在创建拨号规则界面中依次添加和选择相应的参数 1

（2）验证以 87 开头的用户之间能否正常地进行呼叫业务。

（3）自行设计拨号方案，新建拨号规则，将实验原理中提到的 X、Z、N 及[15-7]等匹配样式一一进行实验，比较验证实验结果和自己期待的结果是否一致。

3. 变量的应用

（1）假设系统中已配置了两个分机用户，分别是 8700006 和 8700021，请参考表 6B.4 中的内容，在创建拨号规则界面中依次添加和选择相应的参数，如图 6B.26 所示。

表 6B.4　创建拨号规则 3

分组	用户号码	优先级	规则	参数
default	_87.	1	Dial	SIP/${EXTEN},60
default	_87.	2	Hangup	

default	_87.	1	Dial	SIP/${EXTEN},60	编辑	删除
default	_87.	2	Hangup		编辑	删除

图 6B.26　在创建拨号规则界面中依次添加和选择相应的参数 2

（2）用号码为 8700006 的分机拨打 8700021，验证是否能正常呼叫。

（3）将上述拨号规则改换成表 6B.5 中的内容。

表 6B.5　创建拨号规则 4

分组	用户号码	优先级	规则	参数
default	_087.	1	Dial	SIP/${EXTEN:1},60
default	_087.	2	Hangup	—

（4）此时用号码为 8700006 的分机呼叫号码为 8700021 的分机，需要拨打 08700021，请实际验证，思考这是为什么。

（5）参考实验原理部分的说明，自行修改拨号规则中的通道变量参数，并加以验证，从而进一步熟悉使用变量的方法。

4．交互式拨号规则的应用

（1）首先按照表 6B.6 中的内容，在创建拨号规则界面中依次添加和选择相应的参数，创建一个静态的拨号方案。该方案是分机用户在拨打 200 时，系统会自动播放一个名为 hello-world 的声音文件。

表 6B.6　创建拨号规则 5

分组	用户号码	优先级	规则	参数
default	200	1	Answer	—
default	200	2	Playback	hello-world
default	200	3	Hangup	—

（2）Goto 的应用。

本项目采用 Goto 添加一个新的拨号规则，该规则的功能是首先在系统内添加一个用户 201，当分机拨打 201 时，系统自动应答；其次跳转到呼叫系统用户 200；然后播放一个名为 hello-world 的声音文件；最后挂断这个呼叫。

按照表 6B.7 中的内容，在创建拨号规则界面中依次添加和选择相应的参数。

表 6B.7　创建拨号规则 6

分组	用户号码	优先级	规则	参数
Default	201	1	Answer	—
Default	201	2	Goto	default,200,1

用已配置好的任何一部 IP 电话拨打 201，验证是否能听到声音“Hello World”。

（3）Background 和 WaitExten 的应用。

本项目用 Background 和 WaitExten 添加一个拨号规则，该规则的功能是首先在系统内添加一个用户 202，当分机拨打 202 时，系统自动应答；其次系统播放一个声音文件 screen-called-options（本实验可以不用关注该声音的具体内容）。若声音在播放时未按分机的任何按键，则当声音结束后等待 5s，系统挂断这个呼叫。若在声音播放过程中进行二次拨号，如继续拨已存在的系统用户号码 200，则能听到声音“Hello World”。

按照表 6B.8 中的内容，在创建拨号规则界面中依次添加和选择相应的参数。

表 6B.8　创建拨号规则 7

分组	用户号码	优先级	规则	参数
default	202	1	Answer	—
default	202	2	Background	screen-callee-options
default	202	3	WaitExten	5

用已配置好的任何一部 IP 电话拨打 202，当声音文件开始播放时，继续拨打 200，验证是否能听到声音“Hello World”。

用已配置好的任何一部 IP 电话拨打 202，倾听声音，保持不再进行二次拨号，验证声音文件播放结束后的系统挂机时间。

6B.3　SIP 信令流程分析实验

一、SIPsniffer 协议分析软件简介

SIPsniffer 协议分析软件是一款网络封包分析软件，主要功能是捕获软交换系统中的网络封包，并尽可能地显示出较详细的网络封包信息。该软件可以根据截取的注册信令和呼叫信令数据包生成可视化信令流程图，方便阅读和解析信令。

1. 用户界面

SIPsniffer 协议分析软件界面如图 6B.27 所示。

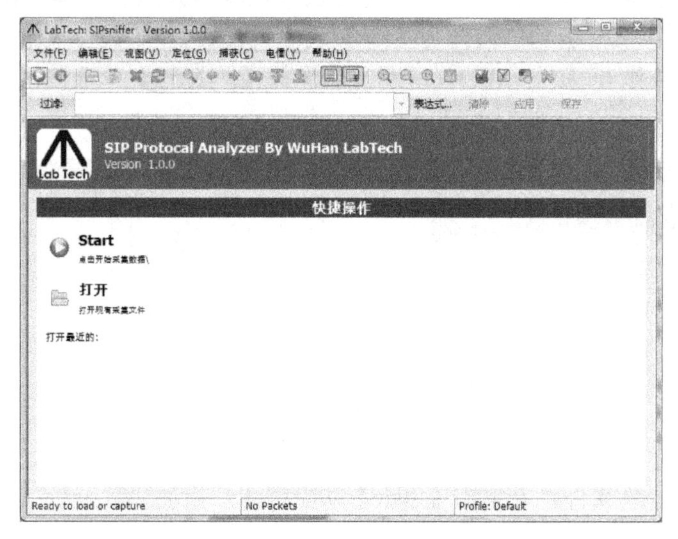

图 6B.27　SIPsniffer 协议分析软件界面

单击【Start】功能按钮，即可进入协议分析软件主窗口，如图 6B.28 所示。

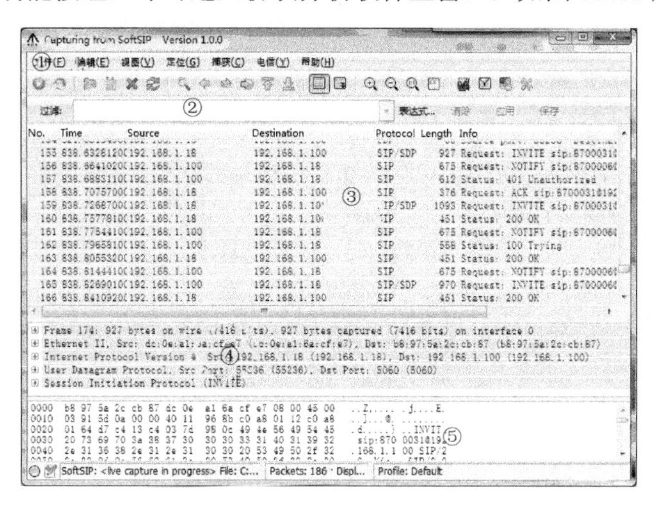

图 6B.28　协议分析软件主窗口

与大多数图形界面程序一样，该协议分析软件的主窗口由如下几部分组成。

① 主菜单及快速访问工具栏：用于开始操作，提供快速访问菜单中经常用到的项目。

②【过滤】下拉列表：提供处理当前显示过滤的方法。

③ 协议包列表栏：显示打开文件的每个包的摘要。单击其中的单个条目，封包的其他情况将会显示在另外两栏（④和⑤）中。

④ 协议包详述栏：显示在协议包列表栏中所选包的更多详情。

⑤ 协议包数据栏：显示在协议包列表栏中所选包的数据，并高亮显示在协议包详述栏中所选的字段。

2. 捕捉数据包

在用 SIPsniffer 协议分析软件捕捉数据包时，需要注意的是必须拥有捕捉特权。

（1）在采集数据前，应将软交换系统的协议分析端口开放。具体方法是：登录软交换 Web 管理界面，将协议分析功能选择为【sip】或【sip&rtp】，填写协议输出地址（学生机的 IP，学生需要分组操作），如图 6B.29 所示。当选择【sip&rtp】单选按钮时，除了开放输出 SIP，系统还开放输出语音方面的 RTP。

图 6B.29　软交换 Web 管理中开放输出系统协议

（2）运行协议分析软件，并单击【Start】功能按钮，启动协议分析捕捉功能。协议分析捕捉界面如图 6B.30 所示。

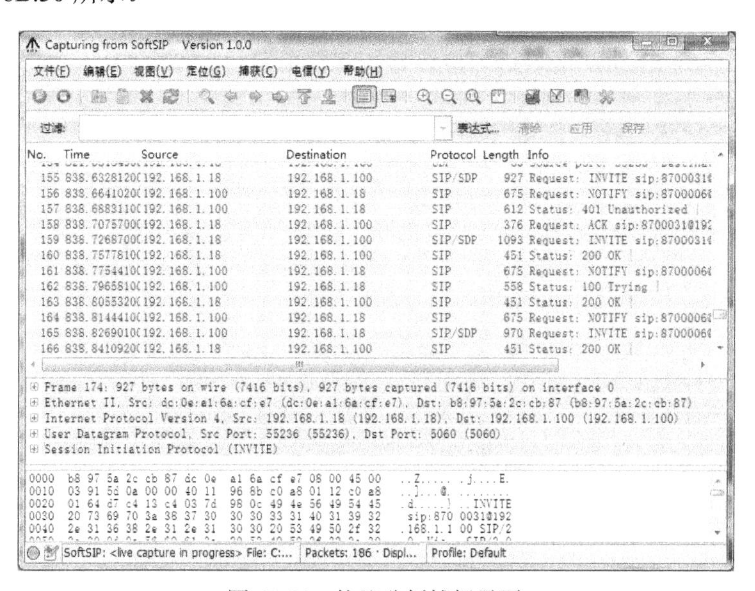

图 6B.30　协议分析捕捉界面

3. 查看数据包

在捕捉完成后或打开先前保存的封包文件时，通过单击协议包列表栏中的包，可以在协议包详述栏中看到关于这个协议包的树状结构及字节。

通过单击左侧的“+”标记，可以展开树状视图的任意部分。可以在面板上单击任意字段以查看其具体信息。例如，如图 6B.31 所示，选择 401 质询信息。

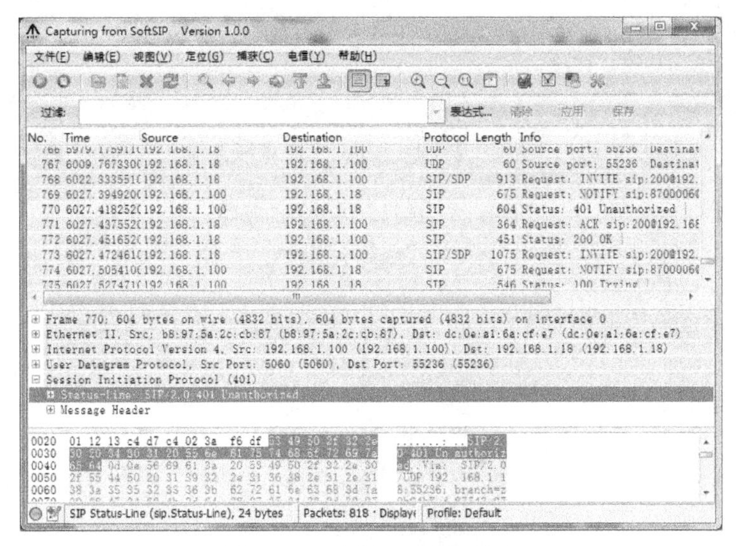

图 6B.31　选择 401 质询信息

软件正在捕捉时，也可以进行同样的选择。选中并双击协议包列表栏中的数据包，可以分离出协议包窗口，方便比较两个或多个数据包。

4. 查看流程图

在【电信】菜单中选择【VoIP Calls】选项，筛选 VoIP Calls 呼叫类型，如图 6B.32 所示，可以查看协议流程图。

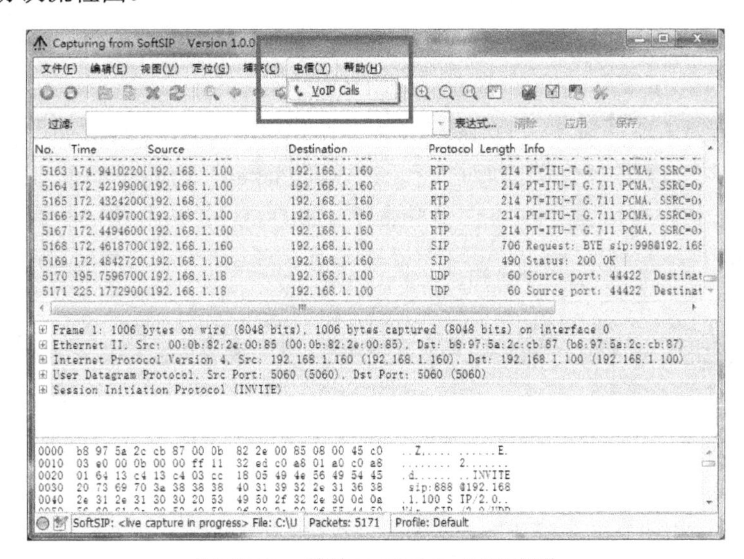

图 6B.32　筛选 VoIP Calls 呼叫类型

在弹出的窗口中，选择需要分析的呼叫，如图 6B.33 所示，单击【Flow】功能按钮，即可查看该呼叫流程图，如图 6B.34 所示。

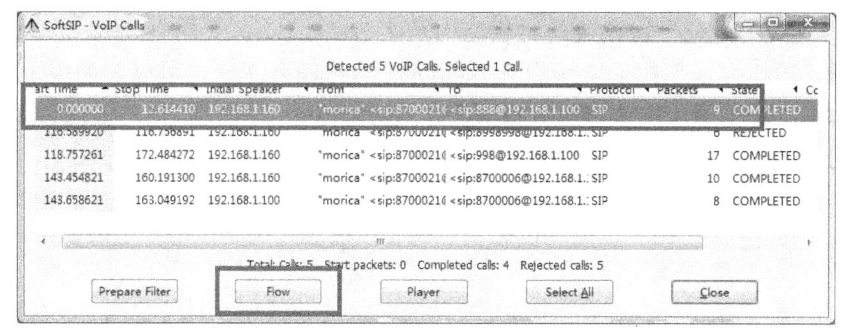

图 6B.33　选择需要分析的呼叫

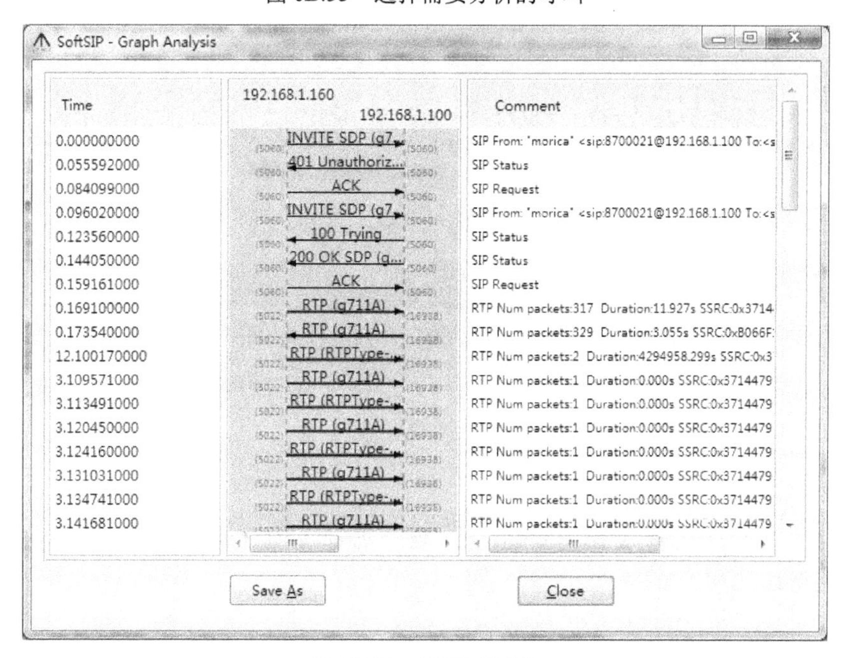

图 6B.34　呼叫流程图

若软交换服务器系统开放了 RTP 通道（需要在软交换 Web 管理界面中将协议分析选择为【sip&rtp】），则选择需要分析的呼叫后，单击【Player】功能按钮，并单击【Use RTP timestamp】单选按钮，即可查看并回放呼叫录音，如图 6B.35 和图 6B.36 所示。

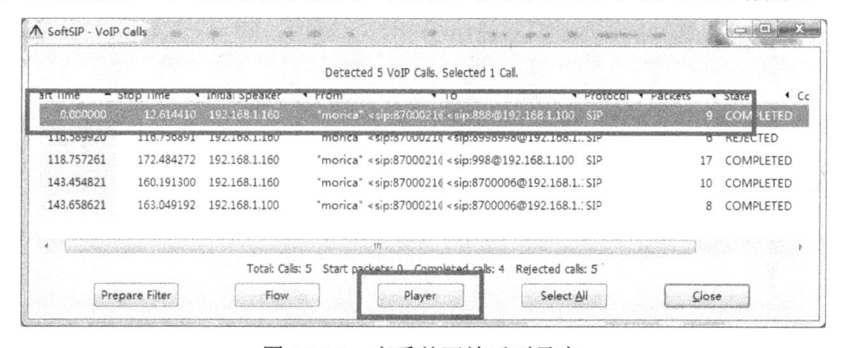

图 6B.35　查看并回放呼叫录音

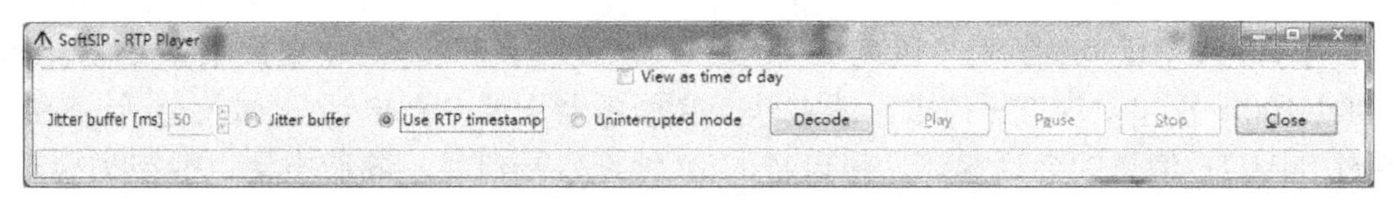

图 6B.36　RTP Player 呼叫录音回放功能

二、实验目的

1．熟悉 SIPsniffer 协议分析软件的使用方法。

2．了解和学习基本呼叫建立流程，并用协议分析软件捕捉分析基本呼叫建立信令。

3．了解和学习正常呼叫释放流程，并用协议分析软件捕捉分析正常呼叫释放信令。

4．了解和学习被叫忙呼叫释放流程，并用协议分析软件捕捉分析被叫忙呼叫释放信令。

5．了解和学习被叫无应答流程，并用协议分析软件捕捉分析被叫无应答信令。

三、实验原理

1．基本呼叫建立流程

下面以同一软交换服务器 Softswitch 控制下的两个 SIP 用户之间的呼叫建立为例，说明 SIP 终端的基本呼叫建立流程。

实例中基于以下约定。

- SIP 软交换服务器的 IP 地址为 192.168.1.100。
- SIP 电话 A 的 IP 地址为 192.168.1.160，电话号码为 8700021。
- SIP 电话 B 的 IP 地址为 192.168.1.18，电话号码为 8700006。
- SIP 电话 A 作为主叫，SIP 电话 B 作为被叫。

SIP 实体之间的基本呼叫建立流程如图 6B.37 所示。

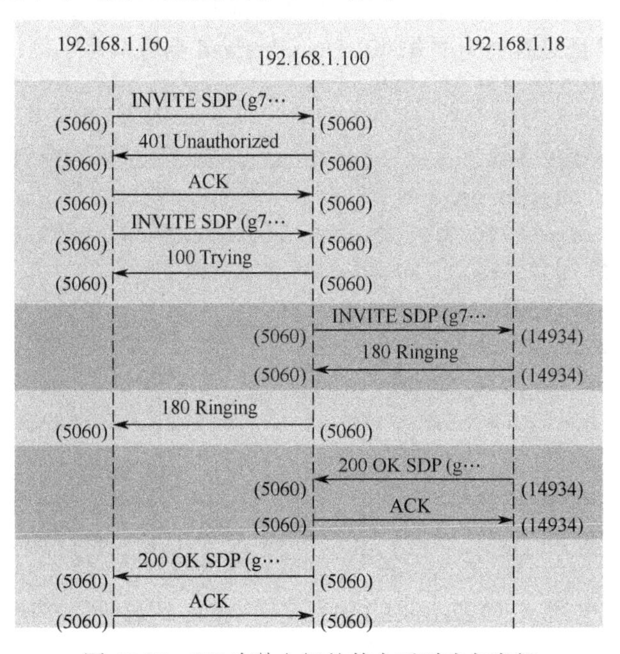

图 6B.37　SIP 实体之间的基本呼叫建立流程

（1）事件 1：SIP 电话 A（192.168.1.160）摘机发起呼叫，向软交换服务器 Softswitch（192.168.1.100）发起 INVITE 请求，请求软交换服务器邀请 SIP 电话 B 加入会话。SIP 电话 A 还通过 INVITE 消息的会话描述，将自身的 IP 地址、端口号、静荷类型、静荷类型对应的编码等信息传递给软交换服务器。下面是 INVITE 请求消息示例：

```
    Request-Line: INVITE sip:8700006@192.168.1.100 SIP/2.0
    Message Header
    Via: SIP/2.0/UDP 192.168.1.160:5060;branch=z9hG4bK9d9354017eb9b80e
    From: "morica" <sip:8700021@192.168.1.100>;tag=3a1d38733c80810a
    To: <sip:8700006@192.168.1.100>
    Contact: <sip:8700021@192.168.1.160:5060;transport=udp>
    Supported: replaces, timer, path
    P-Early-Media: Supported
    Call-ID: 960efb30d699fc2d@192.168.1.160
    CSeq: 52901 INVITE
    User-Agent: Grandstream GXP280 1.2.5.2
    Max-Forwards: 70
    Allow: INVITE,ACK,CANCEL,BYE,NOTIFY,REFER,OPTIONS,INFO,SUBSCRIBE,UPDATE,
PRACK,MESSAGE
    Content-Type: application/sdp
    Content-Length: 387
    Message Body
    Session Description Protocol
```

（2）事件 2：软交换服务器返回 401 Unauthorized 响应，表明软交换服务器要求对用户进行认证，并且通过 WWW-Authenticate 字段携带软交换服务器支持的认证方式 DIGEST 和软交换服务器的域名 asterisk，产生本次认证的 NONCE，通过该响应消息将这些参数返回给终端，从而发起用户认证过程。下面是 401 Unauthorized 响应消息示例：

```
    Status-Line: SIP/2.0 401 Unauthorized
    Message Header
    Via:SIP/2.0/UDP 192.168.1.160:5060;branch=z9hG4bK9d9354017eb9b80e;
received=192.168.1.160;rport=5060
    From: "morica" <sip:8700021@192.168.1.100>;tag=3a1d38733c80810a
    To: <sip:8700006@192.168.1.100>;tag=as04f804b1
    Call-ID: 960efb30d699fc2d@192.168.1.160
    CSeq: 52901 INVITE
    Server: Asterisk PBX 1.8.23.0
    Allow: INVITE, ACK, CANCEL, OPTIONS, BYE, REFER, SUBSCRIBE, NOTIFY, INFO,
PUBLISH
    Supported: replaces, timer
    WWW-Authenticate: Digest algorithm=MD5, realm="asterisk", nonce="143a0284"
    Content-Length: 0
```

（3）事件 3：SIP 电话 A（192.168.1.160）发送 ACK 消息给软交换服务器，证实已收到对于 INVITE 请求的响应。下面是 ACK 消息示例：

```
    Request-Line: ACK sip:8700006@192.168.1.100 SIP/2.0
```

```
    Message Header
    Via: SIP/2.0/UDP 192.168.1.160:5060;branch=z9hG4bK9d9354017eb9b80e
    From: "morica" <sip:8700021@192.168.1.100>;tag=3a1d38733c80810a
    To: <sip:8700006@192.168.1.100>;tag=as04f804b1
    Contact: <sip:8700021@192.168.1.160:5060;transport=udp>
    Supported: path
    Call-ID: 960efb30d699fc2d@192.168.1.160
    CSeq: 52901 ACK
    User-Agent: Grandstream GXP280 1.2.5.2
    Max-Forwards: 70
    Allow: INVITE,ACK,CANCEL,BYE,NOTIFY,REFER,OPTIONS,INFO,SUBSCRIBE,UPDATE,
PRACK,MESSAGE
    Content-Length: 0
```

（4）事件 4：SIP 电话 A（192.168.1.160）重新向软交换服务器发出 INVITE 请求，携带 Authorization 字段，包括认证方式 DIGEST、SIP 电话 A 的用户标识（此时为电话号码 8700021）、软交换服务器的域名、NONCE、URI 和 RESPONSE（SIP 电话 A 根据服务器返回的信息和用户配置信息等，采用特定的算法生成加密的 RESPONSE）字段。在 Session Description Protocol 中包含了会话描述协议信息。下面是重新发出的 INVITE 请求消息示例：

```
    Request-Line: INVITE sip:8700006@192.168.1.100 SIP/2.0
    Message Header
    Via: SIP/2.0/UDP 192.168.1.160:5060;branch=z9hG4bK1f826959457d26b6
    From: "morica" <sip:8700021@192.168.1.100>;tag=3a1d38733c80810a
    To: <sip:8700006@192.168.1.100>
    Contact: <sip:8700021@192.168.1.160:5060;transport=udp>
    Supported: replaces, timer, path
    P-Early-Media: Supported
    Authorization: Digest username="8700021", realm="asterisk", algorithm=MD5,
uri="sip:8700006@192.168.1.100", nonce="143a0284",response=
"6ecd992407f93872fa39f3ea2e175eda"
    Call-ID: 960efb30d699fc2d@192.168.1.160
    CSeq: 52902 INVITE
    User-Agent: Grandstream GXP280 1.2.5.2
    Max-Forwards: 70
    Allow: INVITE,ACK,CANCEL,BYE,NOTIFY,REFER,OPTIONS,INFO,SUBSCRIBE,UPDATE,
PRACK,MESSAGE
    Content-Type: application/sdp
    Content-Length: 387
    Message Body
    Session Description Protocol
```

（5）事件 5：软交换服务器给 SIP 电话 A 回送 100 Trying，表示已经收到请求消息，正在对其进行处理。下面是 100 Trying 响应消息示例：

```
    Status-Line: SIP/2.0 100 Trying
    Message Header
```

```
    Via:SIP/2.0/UDP 192.168.1.160:5060;branch=z9hG4bK1f826959457d26b6;
received=192.168.1.160;rport=5060
    From: "morica" <sip:8700021@192.168.1.100>;tag=3a1d38733c80810a
    To: <sip:8700006@192.168.1.100>
    Call-ID: 960efb30d699fc2d@192.168.1.160
    CSeq: 52902 INVITE
    Server: Asterisk PBX 1.8.23.0
    Allow: INVITE, ACK, CANCEL, OPTIONS, BYE, REFER, SUBSCRIBE, NOTIFY, INFO,
PUBLISH
    Supported: replaces, timer
    Session-Expires: 1800;refresher=uas
    Contact: <sip:8700006@192.168.1.100:5060>
    Content-Length: 0
```

（6）事件 6：软交换服务器给 SIP 电话 B（192.168.1.18）发出 INVITE 消息，请求 SIP 电话 B 加入会话，并且通过该 INVITE 请求消息携带 SIP 电话 A 的会话描述协议信息，一并送给 SIP 电话 B。下面是 INVITE 请求消息示例：

```
    Request-Line: INVITE sip:8700006@192.168.1.18:14934;rinstance=
5bb036092f873516 SIP/2.0
    Message Header
    Via: SIP/2.0/UDP 192.168.1.100:5060;branch=z9hG4bK5689628b;rport
    Max-Forwards: 70
    From: "morica" <sip:8700021@192.168.1.100>;tag=as391756a8
    To: <sip:8700006@192.168.1.18:14934;rinstance=5bb036092f873516>
    Contact: <sip:8700021@192.168.1.100:5060>
    Call-ID: 5adf6925258cc434682ea41e2342cd81@192.168.1.100:5060
    CSeq: 102 INVITE
    User-Agent: Asterisk PBX 1.8.23.0
    Date: Wed, 29 Oct 2014 16:07:40 GMT
    Allow: INVITE, ACK, CANCEL, OPTIONS, BYE, REFER, SUBSCRIBE, NOTIFY, INFO,
PUBLISH
    Supported: replaces, timer
    Content-Type: application/sdp
    Content-Length: 286
    Message Body
    Session Description Protocol
```

（7）事件 7：SIP 电话 B（192.168.1.18）振铃，并回 180 Ringing 响应，通知软交换服务器。下面是 180 Ringing 响应消息示例：

```
    Status-Line: SIP/2.0 180 Ringing
    Message Header
    Via: SIP/2.0/UDP 192.168.1.100:5060;branch=z9hG4bK5689628b;rport=5060
    Contact: <sip:8700006@192.168.1.18:14934;rinstance=5bb036092f873516>
    To: <sip:8700006@192.168.1.18:14934;rinstance=5bb036092f873516>;
tag=523c4d3e
```

```
    From: "morica"<sip:8700021@192.168.1.100>;tag=as391756a8
    Call-ID: 5adf6925258cc434682ea41e2342cd81@192.168.1.100:5060
    CSeq: 102 INVITE
    User-Agent: eyeBeam release 1011d stamp 40820
    Content-Length: 0
```

（8）事件 8：软交换服务器回 180 Ringing 响应给 SIP 电话 A，SIP 电话 A 振铃。下面是 180 Ringing 消息示例：

```
    Status-Line: SIP/2.0 180 Ringing
    Message Header
    Via:SIP/2.0/UDP 192.168.1.160:5060;branch=z9hG4bK1f826959457d26b6;
received=192.168.1.160;rport=5060
    From: "morica" <sip:8700021@192.168.1.100>;tag=3a1d38733c80810a
    To: <sip:8700006@192.168.1.100>;tag=as6b94158d
    Call-ID: 960efb30d699fc2d@192.168.1.160
    CSeq: 52902 INVITE
    Server: Asterisk PBX 1.8.23.0
    Allow: INVITE, ACK, CANCEL, OPTIONS, BYE, REFER, SUBSCRIBE, NOTIFY, INFO,
PUBLISH
    Supported: replaces, timer
    Session-Expires: 1800;refresher=uas
    Contact: <sip:8700006@192.168.1.100:5060>
    Content-Length: 0
```

（9）事件 9：SIP 电话 B 给软交换服务器回 200 OK 响应，表示服务器发过来的 INVITE 请求已经被成功接收、处理，并通过该消息将自身的 IP 地址、端口号、静荷类型、静荷类型对应的编码等信息传送给软交换服务器。下面是 200 OK 响应消息示例：

```
    Status-Line: SIP/2.0 200 OK
    Message Header
    Via: SIP/2.0/UDP 192.168.1.100:5060;branch=z9hG4bK5689628b;rport=5060
    Contact: <sip:8700006@192.168.1.18:14934;rinstance=5bb036092f873516>
    To: <sip:8700006@192.168.1.18:14934;rinstance=5bb036092f873516>;
tag=523c4d3e
    From: "morica"<sip:8700021@192.168.1.100>;tag=as391756a8
    Call-ID: 5adf6925258cc434682ea41e2342cd81@192.168.1.100:5060
    CSeq: 102 INVITE
    Allow:  INVITE,  ACK,  CANCEL,  OPTIONS,  BYE,  REFER,  NOTIFY,  MESSAGE,
SUBSCRIBE, INFO
    Content-Type: application/sdp
    User-Agent: eyeBeam release 1011d stamp 40820
    Content-Length: 239
    Message Body
    Session Description Protocol
```

（10）事件 10：软交换服务器发送 ACK 消息给 SIP 电话 B，证实已收到 SIP 电话 B 对 INVITE 请求的最终响应。下面是 ACK 消息示例：

```
    Request-Line: ACK sip:8700006@192.168.1.18:14934;rinstance=
5bb036092f873516 SIP/2.0
    Message Header
    Via: SIP/2.0/UDP 192.168.1.100:5060;branch=z9hG4bK18f302e7;rport
    Max-Forwards: 70
    From: "morica" <sip:8700021@192.168.1.100>;tag=as391756a8
    To: <sip:8700006@192.168.1.18:14934;rinstance=5bb036092f873516>;
tag=523c4d3e
    Contact: <sip:8700021@192.168.1.100:5060>
    Call-ID: 5adf6925258cc434682ea41e2342cd81@192.168.1.100:5060
    CSeq: 102 ACK
    User-Agent: Asterisk PBX 1.8.23.0
    Content-Length: 0
```

（11）事件 11：软交换服务器发送 200 OK 响应消息给 SIP 电话 A，表示 SIP 电话 A 发过来的 INVITE 请求已经被成功接收、处理，并且将 SIP 电话 B 的会话描述协议信息送给 SIP 电话 A。下面是 200 OK 消息示例：

```
    Status-Line: SIP/2.0 200 OK
    Message Header
    Via:SIP/2.0/UDP 192.168.1.160:5060;branch=z9hG4bK1f826959457d26b6;
received=192.168.1.160;rport=5060
    From: "morica" <sip:8700021@192.168.1.100>;tag=3a1d38733c80810a
    To: <sip:8700006@192.168.1.100>;tag=as6b94158d
    Call-ID: 960efb30d699fc2d@192.168.1.160
    CSeq: 52902 INVITE
    Server: Asterisk PBX 1.8.23.0
    Allow: INVITE, ACK, CANCEL, OPTIONS, BYE, REFER, SUBSCRIBE, NOTIFY, INFO,
PUBLISH
    Supported: replaces, timer
    Session-Expires: 1800;refresher=uas
    Contact: <sip:8700006@192.168.1.100:5060>
    Content-Type: application/sdp
    Require: timer
    Content-Length: 354
    Message Body
    Session Description Protocol
```

（12）事件 12：SIP 电话 A 发送 ACK 消息给软交换服务器，证实已经收到软交换服务器对 INVITE 请求的最终响应。下面是 ACK 消息示例：

```
    Request-Line: ACK sip:8700006@192.168.1.100:5060 SIP/2.0
    Message Header
    Via: SIP/2.0/UDP 192.168.1.160:5060;branch=z9hG4bK1e6375fbdc2d3cf9
    From: "morica" <sip:8700021@192.168.1.100>;tag=3a1d38733c80810a
    To: <sip:8700006@192.168.1.100>;tag=as6b94158d
    Contact: <sip:8700021@192.168.1.160:5060;transport=udp>
    Supported: path
```

```
    Authorization: Digest username="8700021", realm="asterisk", algorithm=MD5,
uri="sip:8700006@192.168.1.100", nonce="143a0284", response=
"6ecd992407f93872fa39f3ea2e175eda"
    Call-ID: 960efb30d699fc2d@192.168.1.160
    CSeq: 52902 ACK
    User-Agent: Grandstream GXP280 1.2.5.2
    Max-Forwards: 70
    Allow: INVITE,ACK,CANCEL,BYE,NOTIFY,REFER,OPTIONS,INFO,SUBSCRIBE,UPDATE,
PRACK,MESSAGE
    Content-Length: 0
```

（13）主叫和被叫用户之间建立通信连接，开始通话。

2. 正常呼叫释放流程

下面以同一软交换服务器 Softswitch 控制下的已建立呼叫的两个 SIP 用户之间的正常释放实例说明 SIP 终端的正常呼叫释放流程。

实例中基于以下约定。

- SIP 软交换服务器的 IP 地址为 192.168.1.100。
- SIP 电话 A 的 IP 地址为 192.168.1.160，电话号码为 8700021。
- SIP 电话 B 的 IP 地址为 192.168.1.18，电话号码为 8700006。
- SIP 电话 A 为主叫、SIP 电话 B 为被叫且呼叫通话已建立。通话结束后，SIP 电话 B 先挂机，SIP 电话 A 后挂机。

SIP 实体之间的正常呼叫释放流程如图 6B.38 所示。

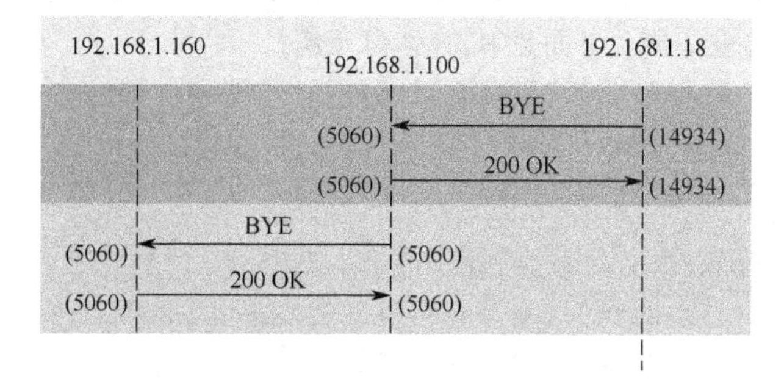

图 6B.38　SIP 实体之间的正常呼叫释放流程

（1）事件 1：通话结束后，被叫用户 SIP 电话 B 挂机，发送 BYE 消息给软交换服务器，请求结束会话。下面是 BYE 消息示例：

```
    Request-Line: BYE sip:8700021@192.168.1.100:5060 SIP/2.0
    Message Header
    Via: SIP/2.0/UDP 192.168.1.18:14934;branch=z9hG4bK-d87543-
772721644947e32e-1--d87543-;rport
    Max-Forwards: 70
    Contact: <sip:8700006@192.168.1.18:14934;rinstance=5bb036092f873516>
    To: "morica"<sip:8700021@192.168.1.100>;tag=as391756a8
    From: <sip:8700006@192.168.1.18:14934;rinstance=5bb036092f873516>;
```

```
tag=523c4d3e
    Call-ID: 5adf6925258cc434682ea41e2342cd81@192.168.1.100:5060
    CSeq: 2 BYE
    User-Agent: eyeBeam release 1011d stamp 40820
    Reason: SIP;description="User Hung Up"
    Content-Length: 0
```

（2）事件 2：软交换服务器向 SIP 电话 B 回送 200 OK 响应消息。下面是 200 OK 响应消息示例：

```
    Status-Line: SIP/2.0 200 OK
    Message Header
    Via:SIP/2.0/UDP 192.168.1.18:14934;branch=z9hG4bK-d87543-772721644947e32e-1--d87543-;received=192.168.1.18;rport=14934
    From:
<sip:8700006@192.168.1.18:14934;rinstance=5bb036092f873516>;tag=523c4d3e
    To: "morica"<sip:8700021@192.168.1.100>;tag=as391756a8
    Call-ID: 5adf6925258cc434682ea41e2342cd81@192.168.1.100:5060
    CSeq: 2 BYE
    Server: Asterisk PBX 1.8.23.0
    Allow: INVITE, ACK, CANCEL, OPTIONS, BYE, REFER, SUBSCRIBE, NOTIFY, INFO, PUBLISH
    Supported: replaces, timer
    Content-Length: 0
```

（3）事件 3：软交换服务器转发 BYE 消息至 SIP 电话 A，同时向认证/计费中心送去用户电话的详细信息，请求计费。下面是 BYE 消息示例：

```
    Request-Line: BYE sip:8700021@192.168.1.160:5060;transport=udp SIP/2.0
    Message Header
    Via: SIP/2.0/UDP 192.168.1.100:5060;branch=z9hG4bK2184fd97;rport
    Max-Forwards: 70
    From: <sip:8700006@192.168.1.100>;tag=as6b94158d
    To: "morica" <sip:8700021@192.168.1.100>;tag=3a1d38733c80810a
    Call-ID: 960efb30d699fc2d@192.168.1.160
    CSeq: 102 BYE
    User-Agent: Asterisk PBX 1.8.23.0
    Proxy-Authorization: Digest username="8700021", realm="asterisk", algorithm=MD5, uri="sip:192.168.1.100", nonce="", response=
"4f1efa48ff8eca9de0c9cdda38838949"
    X-Asterisk-HangupCause: Normal Clearing
    X-Asterisk-HangupCauseCode: 16
    Content-Length: 0
```

（4）事件 4：SIP 电话 A 挂机后，向软交换服务器发送确认挂断响应消息 200 OK。下面是 200 OK 消息示例：

```
    Status-Line: SIP/2.0 200 OK
    Message Header
```

```
    Via: SIP/2.0/UDP 192.168.1.100:5060;branch=z9hG4bK2184fd97;rport
    From: <sip:8700006@192.168.1.100>;tag=as6b94158d
    To: "morica" <sip:8700021@192.168.1.100>;tag=3a1d38733c80810a
    Call-ID: 960efb30d699fc2d@192.168.1.160
    CSeq: 102 BYE
    User-Agent: Grandstream GXP280 1.2.5.2
    Session-Expires: 1800;refresher=uac
    Min-SE: 1800
    Require: timer
    Contact: <sip:8700021@192.168.1.160:5060;transport=udp>
    Allow: INVITE,ACK,CANCEL,BYE,NOTIFY,REFER,OPTIONS,INFO,SUBSCRIBE,UPDATE,
PRACK,MESSAGE
    Supported: replaces, timer
    Content-Length: 0
```

（5）此时 SIP 电话 A 和 SIP 电话 B 之间的通话结束。

3. 被叫忙呼叫释放流程

下面以同一软交换服务器 Softswitch 控制下的两个 SIP 用户实例来说明被叫忙呼叫释放流程。

实例中基于以下约定。

- SIP 软交换服务器的 IP 地址为 192.168.1.100。
- SIP 电话 A 的 IP 地址为 192.168.1.160，电话号码为 8700021。
- SIP 电话 B 的 IP 地址为 192.168.1.18，电话号码为 8700006。
- SIP 电话 A 为主叫、SIP 电话 B 为被叫且被叫忙，主呼呼叫释放。

SIP 实体之间的被叫忙呼叫释放流程如图 6B.39 所示。

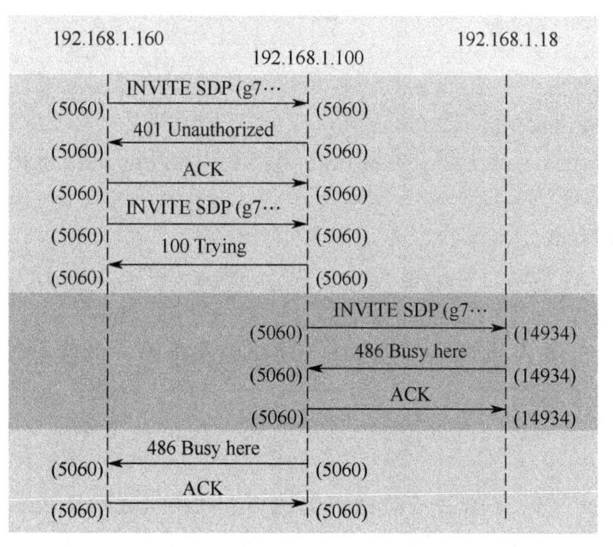

图 6B.39　SIP 实体之间的被叫忙呼叫释放流程

（1）事件 1：SIP 电话 A 发起呼叫，向软交换服务器发送 INVITE 请求，请求软交换服务器邀请 SIP 电话 B 加入会话。下面是 INVITE 消息示例：

```
Request-Line: INVITE sip:8700006@192.168.1.100 SIP/2.0
Message Header
Via: SIP/2.0/UDP 192.168.1.160:5060;branch=z9hG4bK4c19e442fc62fba9
From: "morica" <sip:8700021@192.168.1.100>;tag=ec9b69b7cc5128a2
To: <sip:8700006@192.168.1.100>
Contact: <sip:8700021@192.168.1.160:5060;transport=udp>
Supported: replaces, timer, path
P-Early-Media: Supported
Call-ID: eb7ecd27f976b586@192.168.1.160
CSeq: 63794 INVITE
User-Agent: Grandstream GXP280 1.2.5.2
Max-Forwards: 70
Allow: INVITE,ACK,CANCEL,BYE,NOTIFY,REFER,OPTIONS,INFO,SUBSCRIBE,UPDATE,
PRACK,MESSAGE
Content-Type: application/sdp
Content-Length: 387
Message Body
Session Description Protocol
```

（2）事件 2：软交换服务器向 SIP 电话 A 返回 401 Unauthorized 响应。下面是 401 Unauthorized 消息示例：

```
Status-Line: SIP/2.0 401 Unauthorized
Message Header
Via:SIP/2.0/UDP 192.168.1.160:5060;branch=z9hG4bK4c19e442fc62fba9;
received=192.168.1.160;rport=5060
From: "morica" <sip:8700021@192.168.1.100>;tag=ec9b69b7cc5128a2
To: <sip:8700006@192.168.1.100>;tag=as12e0086c
Call-ID: eb7ecd27f976b586@192.168.1.160
CSeq: 63794 INVITE
Server: Asterisk PBX 1.8.23.0
Allow: INVITE, ACK, CANCEL, OPTIONS, BYE, REFER, SUBSCRIBE, NOTIFY, INFO,
PUBLISH
Supported: replaces, timer
WWW-Authenticate: Digest algorithm=MD5, realm="asterisk", nonce="52fea057"
Content-Length: 0
```

（3）事件 3：SIP 电话 A 发送 ACK 消息给软交换服务器，证实已收到对 INVITE 请求的响应。下面是 ACK 消息示例：

```
Request-Line: ACK sip:8700006@192.168.1.100 SIP/2.0
Message Header
Via: SIP/2.0/UDP 192.168.1.160:5060;branch=z9hG4bK4c19e442fc62fba9
From: "morica" <sip:8700021@192.168.1.100>;tag=ec9b69b7cc5128a2
To: <sip:8700006@192.168.1.100>;tag=as12e0086c
Contact: <sip:8700021@192.168.1.160:5060;transport=udp>
Supported: path
```

```
    Call-ID: eb7ecd27f976b586@192.168.1.160
    CSeq: 63794 ACK
    User-Agent: Grandstream GXP280 1.2.5.2
    Max-Forwards: 70
    Allow: INVITE,ACK,CANCEL,BYE,NOTIFY,REFER,OPTIONS,INFO,SUBSCRIBE,UPDATE,
PRACK,MESSAGE
    Content-Length: 0
```

（4）事件 4：SIP 电话 A 重新向软交换服务器发出 INVITE 请求。下面是 INVITE 消息示例：

```
    Request-Line: INVITE sip:8700006@192.168.1.100 SIP/2.0
    Message Header
    Via: SIP/2.0/UDP 192.168.1.160:5060;branch=z9hG4bK4dc34c738cd5c358
    From: "morica" <sip:8700021@192.168.1.100>;tag=ec9b69b7cc5128a2
    To: <sip:8700006@192.168.1.100>
    Contact: <sip:8700021@192.168.1.160:5060;transport=udp>
    Supported: replaces, timer, path
    P-Early-Media: Supported
    Authorization: Digest username="8700021", realm="asterisk", algorithm=MD5,
uri="sip:8700006@192.168.1.100", nonce="52fea057", response=
"9042ddb0a51234cb075a74f6020566e5"
    Call-ID: eb7ecd27f976b586@192.168.1.160
    CSeq: 63795 INVITE
    User-Agent: Grandstream GXP280 1.2.5.2
    Max-Forwards: 70
    Allow:
INVITE,ACK,CANCEL,BYE,NOTIFY,REFER,OPTIONS,INFO,SUBSCRIBE,UPDATE,PRACK,MESSAGE
    Content-Type: application/sdp
    Content-Length: 387
    Message Body
    Session Description Protocol
```

（5）事件 5：软交换服务器向 SIP 电话 A 回送 100 Trying，告知 SIP 电话 A 呼叫正在处理。下面是 100 Trying 消息示例：

```
    Status-Line: SIP/2.0 100 Trying
    Message Header
    Via:SIP/2.0/UDP 192.168.1.160:5060;branch=z9hG4bK4dc34c738cd5c358;
received=192.168.1.160;rport=5060
    From: "morica" <sip:8700021@192.168.1.100>;tag=ec9b69b7cc5128a2
    To: <sip:8700006@192.168.1.100>
    Call-ID: eb7ecd27f976b586@192.168.1.160
    CSeq: 63795 INVITE
    Server: Asterisk PBX 1.8.23.0
    Allow: INVITE, ACK, CANCEL, OPTIONS, BYE, REFER, SUBSCRIBE, NOTIFY, INFO,
PUBLISH
```

```
    Supported: replaces, timer
    Session-Expires: 1800;refresher=uas
    Contact: <sip:8700006@192.168.1.100:5060>
    Content-Length: 0
```

（6）事件 6：软交换服务器向 SIP 电话 B 发送 INVITE 消息，将呼叫请求转发给 SIP 电话 B。下面是 INVITE 消息示例：

```
    Request-Line: INVITE sip:8700006@192.168.1.18:14934;rinstance=
5bb036092f873516 SIP/2.0
    Message Header
    Via: SIP/2.0/UDP 192.168.1.100:5060;branch=z9hG4bK75e63732;rport
    Max-Forwards: 70
    From: "morica" <sip:8700021@192.168.1.100>;tag=as7904fda1
    To: <sip:8700006@192.168.1.18:14934;rinstance=5bb036092f873516>
    Contact: <sip:8700021@192.168.1.100:5060>
    Call-ID: 26413d7b5e8f842b23b691fc20055e4c@192.168.1.100:5060
    CSeq: 102 INVITE
    User-Agent: Asterisk PBX 1.8.23.0
    Date: Wed, 29 Oct 2014 18:09:49 GMT
    Allow: INVITE, ACK, CANCEL, OPTIONS, BYE, REFER, SUBSCRIBE, NOTIFY, INFO,
PUBLISH
    Supported: replaces, timer
    Content-Type: application/sdp
    Content-Length: 284
    Message Body
    Session Description Protocol
```

（7）事件 7：呼叫请求被送到被叫 SIP 电话 B 后，被叫忙，SIP 电话 B 向软交换服务器发送 486 Busy here 被叫忙响应。下面是 486 Busy here 消息示例：

```
    Status-Line: SIP/2.0 486 Busy here
    Message Header
    Via: SIP/2.0/UDP 192.168.1.100:5060;branch=z9hG4bK75e63732;rport=5060
    To: <sip:8700006@192.168.1.18:14934;rinstance=5bb036092f873516>;
tag=2f5ed131
    From: "morica"<sip:8700021@192.168.1.100>;tag=as7904fda1
    Call-ID: 26413d7b5e8f842b23b691fc20055e4c@192.168.1.100:5060
    CSeq: 102 INVITE
    User-Agent: eyeBeam release 1011d stamp 40820
    Content-Length: 0
```

（8）事件 8：软交换服务器向 SIP 电话 B 发送 ACK 确认信息。下面是 ACK 消息示例：

```
    Request-Line: ACK sip:8700006@192.168.1.18:14934;rinstance=
5bb036092f873516 SIP/2.0
    Message Header
    Via: SIP/2.0/UDP 192.168.1.100:5060;branch=z9hG4bK75e63732;rport
    Max-Forwards: 70
```

```
    From: "morica" <sip:8700021@192.168.1.100>;tag=as7904fda1
    To: <sip:8700006@192.168.1.18:14934;rinstance=5bb036092f873516>;
tag=2f5ed131
    Contact: <sip:8700021@192.168.1.100:5060>
    Call-ID: 26413d7b5e8f842b23b691fc20055e4c@192.168.1.100:5060
    CSeq: 102 ACK
    User-Agent: Asterisk PBX 1.8.23.0
    Content-Length: 0
```

（9）事件 9：软交换服务器向 SIP 电话 A 转发 486 Busy here 被叫忙响应。下面是 486 消息的示例：

```
    Status-Line: SIP/2.0 486 Busy here
    Message Header
    Via:SIP/2.0/UDP 192.168.1.160:5060;branch=z9hG4bK4dc34c738cd5c358;
received=192.168.1.160;rport=5060
    From: "morica" <sip:8700021@192.168.1.100>;tag=ec9b69b7cc5128a2
    To: <sip:8700006@192.168.1.100>;tag=as2e5b41ac
    Call-ID: eb7ecd27f976b586@192.168.1.160
    CSeq: 63795 INVITE
    Server: Asterisk PBX 1.8.23.0
    Allow: INVITE, ACK, CANCEL, OPTIONS, BYE, REFER, SUBSCRIBE, NOTIFY, INFO,
PUBLISH
    Supported: replaces, timer
    Content-Length: 0
```

（10）事件 10：SIP 电话 A 向软交换服务器回送 ACK 确认消息。下面是 ACK 消息示例：

```
    Request-Line: ACK sip:8700006@192.168.1.100 SIP/2.0
    Message Header
    Via: SIP/2.0/UDP 192.168.1.160:5060;branch=z9hG4bK4dc34c738cd5c358
    From: "morica" <sip:8700021@192.168.1.100>;tag=ec9b69b7cc5128a2
    To: <sip:8700006@192.168.1.100>;tag=as2e5b41ac
    Contact: <sip:8700021@192.168.1.160:5060;transport=udp>
    Supported: path
    Authorization: Digest username="8700021", realm="asterisk", algorithm=MD5,
uri="sip:8700006@192.168.1.100", nonce="52fea057", response=
"9042ddb0a51234cb075a74f6020566e5"
    Call-ID: eb7ecd27f976b586@192.168.1.160
    CSeq: 63795 ACK
    User-Agent: Grandstream GXP280 1.2.5.2
    Max-Forwards: 70
    Allow: INVITE,ACK,CANCEL,BYE,NOTIFY,REFER,OPTIONS,INFO,SUBSCRIBE,UPDATE,
PRACK,MESSAGE
    Content-Length: 0
```

4．被叫无应答流程

下面以同一软交换服务器 Softswitch 控制下的两个 SIP 用户实例来说明被叫无应答流程。

实例中基于以下约定。

- SIP 软交换服务器的 IP 地址为 192.168.1.100。
- SIP 电话 A 的 IP 地址为 192.168.1.160，电话号码为 8700021。
- SIP 电话 B 的 IP 地址为 192.168.1.18，电话号码为 8700006。
- SIP 电话 A 为主叫、SIP 电话 B 为被叫。被叫无应答，等待时间溢出，主叫挂机。

被叫无应答流程如图 6B.40 所示。

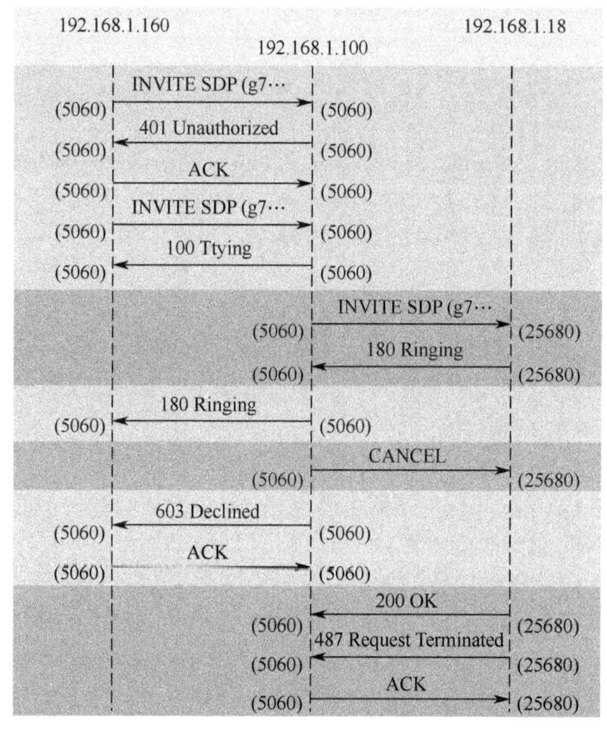

图 6B.40 被叫无应答流程

（1）事件 1：SIP 电话 A 发起一路呼叫，向软交换服务器发送 INVITE 请求消息，请求软交换服务器邀请 SIP 电话 B 加入会话。下面是 INVITE 消息示例：

```
Request-Line: INVITE sip:8700006@192.168.1.100 SIP/2.0
Message Header
Via: SIP/2.0/UDP 192.168.1.160:5060;branch=z9hG4bKdc0dd886ee9d8bfe
From: "morica" <sip:8700021@192.168.1.100>;tag=d0ee94e756e79b9a
To: <sip:8700006@192.168.1.100>
Contact: <sip:8700021@192.168.1.160:5060;transport=udp>
Supported: replaces, timer, path
P-Early-Media: Supported
Call-ID: 70ebe1ebc2b91c51@192.168.1.160
CSeq: 17397 INVITE
```

```
    User-Agent: Grandstream GXP280 1.2.5.2
    Max-Forwards: 70
    Allow: INVITE,ACK,CANCEL,BYE,NOTIFY,REFER,OPTIONS,INFO,SUBSCRIBE,UPDATE,
PRACK,MESSAGE
    Content-Type: application/sdp
    Content-Length: 387
    Message Body
    Session Description Protocol
```

（2）事件 2：软交换服务器向 SIP 电话 A 返回 401 Unauthorized 响应。下面是 401 Unauthorized 消息示例：

```
    Status-Line: SIP/2.0 401 Unauthorized
    Message Header
    Via:SIP/2.0/UDP 192.168.1.160:5060;branch=z9hG4bKdc0dd886ee9d8bfe;
received=192.168.1.160;rport=5060
    From: "morica" <sip:8700021@192.168.1.100>;tag=d0ee94e756e79b9a
    To: <sip:8700006@192.168.1.100>;tag=as753b3de6
    Call-ID: 70ebe1ebc2b91c51@192.168.1.160
    CSeq: 17397 INVITE
    Server: Asterisk PBX 1.8.23.0
    Allow: INVITE, ACK, CANCEL, OPTIONS, BYE, REFER, SUBSCRIBE, NOTIFY, INFO,
PUBLISH
    Supported: replaces, timer
    WWW-Authenticate: Digest algorithm=MD5, realm="asterisk", nonce="4c71ef6c"
    Content-Length: 0
```

（3）事件 3：SIP 电话 A 发送 ACK 消息给软交换服务器，证实已收到对 INVITE 请求的响应。下面是 ACK 消息示例：

```
    Request-Line: ACK sip:8700006@192.168.1.100 SIP/2.0
    Message Header
    Via: SIP/2.0/UDP 192.168.1.160:5060;branch=z9hG4bKdc0dd886ee9d8bfe
    From: "morica" <sip:8700021@192.168.1.100>;tag=d0ee94e756e79b9a
    To: <sip:8700006@192.168.1.100>;tag=as753b3de6
    Contact: <sip:8700021@192.168.1.160:5060;transport=udp>
    Supported: path
    Call-ID: 70ebe1ebc2b91c51@192.168.1.160
    CSeq: 17397 ACK
    User-Agent: Grandstream GXP280 1.2.5.2
    Max-Forwards: 70
    Allow: INVITE,ACK,CANCEL,BYE,NOTIFY,REFER,OPTIONS,INFO,SUBSCRIBE,UPDATE,
PRACK,MESSAGE
    Content-Length: 0
```

（4）事件 4：SIP 电话 A 重新向软交换服务器发出 INVITE 请求。下面是 INVITE 消息示例：

```
    Request-Line: INVITE sip:8700006@192.168.1.100 SIP/2.0
```

```
    Message Header
    Via: SIP/2.0/UDP 192.168.1.160:5060;branch=z9hG4bK36efbd07bef8bdf4
    From: "morica" <sip:8700021@192.168.1.100>;tag=d0ee94e756e79b9a
    To: <sip:8700006@192.168.1.100>
    Contact: <sip:8700021@192.168.1.160:5060;transport=udp>
    Supported: replaces, timer, path
    P-Early-Media: Supported
    Authorization: Digest username="8700021", realm="asterisk", algorithm=MD5,
uri="sip:8700006@192.168.1.100", nonce="4c71ef6c", response=
"04b38441a0fd02dc816c811ca51f9321"
    Call-ID: 70ebe1ebc2b91c51@192.168.1.160
    CSeq: 17398 INVITE
    User-Agent: Grandstream GXP280 1.2.5.2
    Max-Forwards: 70
    Allow: INVITE,ACK,CANCEL,BYE,NOTIFY,REFER,OPTIONS,INFO,SUBSCRIBE,UPDATE,
PRACK,MESSAGE
    Content-Type: application/sdp
    Content-Length: 387
    Message Body
    Session Description Protocol
```

（5）事件 5：软交换服务器向 SIP 电话 A 回送 100 Trying，告知 SIP 电话 A 呼叫正在处理。下面是 100 Trying 消息示例：

```
    Status-Line: SIP/2.0 100 Trying
    Message Header
    Via:SIP/2.0/UDP 192.168.1.160:5060;branch=z9hG4bK36efbd07bef8bdf4;
received=192.168.1.160;rport=5060
    From: "morica" <sip:8700021@192.168.1.100>;tag=d0ee94e756e79b9a
    To: <sip:8700006@192.168.1.100>
    Call-ID: 70ebe1ebc2b91c51@192.168.1.160
    CSeq: 17398 INVITE
    Server: Asterisk PBX 1.8.23.0
    Allow: INVITE, ACK, CANCEL, OPTIONS, BYE, REFER, SUBSCRIBE, NOTIFY, INFO,
PUBLISH
    Supported: replaces, timer
    Session-Expires: 1800;refresher=uas
    Contact: <sip:8700006@192.168.1.100:5060>
    Content-Length: 0
```

（6）事件 6：软交换服务器向 SIP 电话 B 发送 INVITE 消息，将呼叫请求转发给 SIP 电话 B。下面是 INVITE 消息示例：

```
    Request-Line: INVITE sip:8700006@192.168.1.18:25680;rinstance=
cbb31288a5f2aee3 SIP/2.0
    Message Header
    Via: SIP/2.0/UDP 192.168.1.100:5060;branch=z9hG4bK74dc18ab;rport
    Max-Forwards: 70
```

```
    From: "morica" <sip:8700021@192.168.1.100>;tag=as1fd738eb
    To: <sip:8700006@192.168.1.18:25680;rinstance=cbb31288a5f2aee3>
    Contact: <sip:8700021@192.168.1.100:5060>
    Call-ID: 04c91f341ce354ad18038418214f301c@192.168.1.100:5060
    CSeq: 102 INVITE
    User-Agent: Asterisk PBX 1.8.23.0
    Date: Thu, 30 Oct 2014 11:00:48 GMT
    Allow: INVITE, ACK, CANCEL, OPTIONS, BYE, REFER, SUBSCRIBE, NOTIFY, INFO,
PUBLISH
    Supported: replaces, timer
    Content-Type: application/sdp
    Content-Length: 415
    Message Body
    Session Description Protocol
```

（7）事件 7：SIP 电话 B（192.168.1.18）振铃，并回送 180 Ringing 响应，通知软交换服务器。下面是 180 Ringing 消息示例：

```
    Status-Line: SIP/2.0 180 Ringing
    Message Header
    Via: SIP/2.0/UDP 192.168.1.100:5060;branch=z9hG4bK74dc18ab;rport=5060
    Contact: <sip:8700006@192.168.1.18:25680;rinstance=cbb31288a5f2aee3>
    To: <sip:8700006@192.168.1.18:25680;rinstance=cbb31288a5f2aee3>;
tag=f959d16f
    From: "morica"<sip:8700021@192.168.1.100>;tag=as1fd738eb
    Call-ID: 04c91f341ce354ad18038418214f301c@192.168.1.100:5060
    CSeq: 102 INVITE
    User-Agent: eyeBeam release 1011d stamp 40820
    Content-Length: 0
```

（8）事件 8：软交换服务器回送 180 Ringing 响应给 SIP 电话 A，SIP 电话 A 振铃。下面是 180 Ringing 消息示例：

```
    Status-Line: SIP/2.0 180 Ringing
    Message Header
    Via: SIP/2.0/UDP 192.168.1.160:5060;branch=z9hG4bK36efbd07bef8bdf4;
received=192.168.1.160;rport=5060
    From: "morica" <sip:8700021@192.168.1.100>;tag=d0ee94e756e79b9a
    To: <sip:8700006@192.168.1.100>;tag=as0ad73337
    Call-ID: 70ebe1ebc2b91c51@192.168.1.160
    CSeq: 17398 INVITE
    Server: Asterisk PBX 1.8.23.0
    Allow: INVITE, ACK, CANCEL, OPTIONS, BYE, REFER, SUBSCRIBE, NOTIFY, INFO,
PUBLISH
    Supported: replaces, timer
    Session-Expires: 1800;refresher=uas
    Contact: <sip:8700006@192.168.1.100:5060>
    Content-Length: 0
```

（9）事件 9：软交换服务器向 SIP 电话 B 发送 CANCEL 消息，取消尚未完成的请求，放弃该呼叫。下面是 CANCEL 消息示例：

```
    Request-Line: CANCEL sip:8700006@192.168.1.18:25680;rinstance=
cbb31288a5f2aee3 SIP/2.0
    Message Header
    Via: SIP/2.0/UDP 192.168.1.100:5060;branch=z9hG4bK74dc18ab;rport
    Max-Forwards: 70
    From: "morica" <sip:8700021@192.168.1.100>;tag=as1fd738eb
    To: <sip:8700006@192.168.1.18:25680;rinstance=cbb31288a5f2aee3>
    Call-ID: 04c91f341ce354ad18038418214f301c@192.168.1.100:5060
    CSeq: 102 CANCEL
    User-Agent: Asterisk PBX 1.8.23.0
    Content-Length: 0
```

（10）事件 10：软交换服务器向 SIP 电话 A 发送 603 Declined 消息，表示拒绝此次呼叫。下面是 603 Declined 消息示例：

```
    Status-Line: SIP/2.0 603 Declined
    Message Header
    Via:SIP/2.0/UDP 192.168.1.160:5060;branch=z9hG4bK36efbd07bef8bdf4;
received=192.168.1.160;rport=5060
    From: "morica" <sip:8700021@192.168.1.100>;tag=d0ee94e756e79b9a
    To: <sip:8700006@192.168.1.100>;tag=as0ad73337
    Call-ID: 70ebe1ebc2b91c51@192.168.1.160
    CSeq: 17398 INVITE
    Server: Asterisk PBX 1.8.23.0
    Allow: INVITE, ACK, CANCEL, OPTIONS, BYE, REFER, SUBSCRIBE, NOTIFY, INFO,
PUBLISH
    Supported: replaces, timer
    Content-Length: 0
```

（11）事件 11：SIP 电话 A 向软交换服务器回送 ACK 响应，确认已经收到最终响应。下面是 ACK 消息示例：

```
    Request-Line: ACK sip:8700006@192.168.1.100 SIP/2.0
    Message Header
    Via: SIP/2.0/UDP 192.168.1.160:5060;branch=z9hG4bK36efbd07bef8bdf4
    From: "morica" <sip:8700021@192.168.1.100>;tag=d0ee94e756e79b9a
    To: <sip:8700006@192.168.1.100>;tag=as0ad73337
    Contact: <sip:8700021@192.168.1.160:5060;transport=udp>
    Supported: path
    Authorization: Digest username="8700021", realm="asterisk", algorithm=MD5,
uri="sip:8700006@192.168.1.100", nonce="4c71ef6c", response=
"04b38441a0fd02dc816c811ca51f9321"
    Call-ID: 70ebe1ebc2b91c51@192.168.1.160
    CSeq: 17398 ACK
    User-Agent: Grandstream GXP280 1.2.5.2
```

```
    Max-Forwards: 70
    Allow: INVITE,ACK,CANCEL,BYE,NOTIFY,REFER,OPTIONS,INFO,SUBSCRIBE,UPDATE,
PRACK,MESSAGE
    Content-Length: 0
```

（12）事件 12：SIP 电话 B 向软交换服务器回送 200 OK 响应。下面是 200 OK 响应消息示例：

```
    Status-Line: SIP/2.0 200 OK
    Message Header
    Via: SIP/2.0/UDP 192.168.1.100:5060;branch=z9hG4bK74dc18ab;rport=5060
    Contact: <sip:8700006@192.168.1.18:25680;rinstance=cbb31288a5f2aee3>
    To: <sip:8700006@192.168.1.18:25680;rinstance=cbb31288a5f2aee3>;
tag=f959d16f
    From: "morica"<sip:8700021@192.168.1.100>;tag=as1fd738eb
    Call-ID: 04c91f341ce354ad18038418214f301c@192.168.1.100:5060
    CSeq: 102 CANCEL
    User-Agent: eyeBeam release 1011d stamp 40820
    Content-Length: 0
```

（13）事件 13：SIP 电话 B 向软交换服务器发送 487 Request Terminated 请求已撤销消息。下面是 487 Request Terminated 消息示例：

```
    Status-Line: SIP/2.0 487 Request Terminated
    Message Header
    Via: SIP/2.0/UDP 192.168.1.100:5060;branch=z9hG4bK74dc18ab;rport=5060
    To: <sip:8700006@192.168.1.18:25680;rinstance=cbb31288a5f2aee3>;
tag=f959d16f
    From: "morica"<sip:8700021@192.168.1.100>;tag=as1fd738eb
    Call-ID: 04c91f341ce354ad18038418214f301c@192.168.1.100:5060
    CSeq: 102 INVITE
    User-Agent: eyeBeam release 1011d stamp 40820
    Content-Length: 0
```

（14）事件 14：软交换服务器向 SIP 电话 B 回送 ACK 确认响应。下面是 ACK 消息示例：

```
    Request-Line: ACK sip:8700006@192.168.1.18:25680;rinstance=
cbb31288a5f2aee3 SIP/2.0
    Message Header
    Via: SIP/2.0/UDP 192.168.1.100:5060;branch=z9hG4bK74dc18ab;rport
    Max-Forwards: 70
    From: "morica" <sip:8700021@192.168.1.100>;tag=as1fd738eb
    To: <sip:8700006@192.168.1.18:25680;rinstance=cbb31288a5f2aee3>;
tag=f959d16f
    Contact: <sip:8700021@192.168.1.100:5060>
    Call-ID: 04c91f341ce354ad18038418214f301c@192.168.1.100:5060
    CSeq: 102 ACK
    User-Agent: Asterisk PBX 1.8.23.0
    Content-Length: 0
```

四、实验设备及相关准备

1. 已经了解和学习实验原理部分相关内容。
2. 已经了解和掌握 SIPsniffer 协议分析软件的使用方法。
3. 软交换系统已经配置好相应的用户信息和拨号方案。
4. 已经掌握 IP 电话和语音网关等设备的配置方法。

五、实验步骤

1. 基本呼叫建立和释放的流程分析

（1）按照实验系统结构，通过桌面交换机将软交换设备、计算机、IP 硬件电话、语音网关等设备用网线进行连接。

（2）按照之前进行的实验对软交换设备、IP 硬件电话、IP 软电话、语音网关、模拟电话等设备进行配置并建立相应的拨号规则，保证各终端可相互拨打并通话。

（3）打开浏览器，登录 192.168.1.100（以实际软交换/虚拟软交换 IP 为准），选择【软交换管理】→【协议分析】选项，在【IP 地址】文本框中填写学生机 IP，选中【sip】单选按钮，单击【提交】按钮，如图 6B.41 所示。

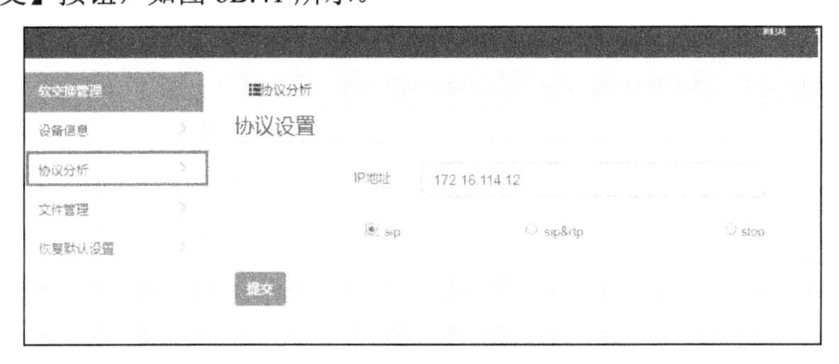

图 6B.41 协议设置 1

（4）打开 SIPsniffer 协议分析软件并单击【Start】功能按钮，开始捕捉包。

（5）使用任意一个配置好的终端（如 8700009）拨打另一终端（如 8700006），待振铃后接听，两终端进行通话；通话一段时间后，终端挂机，捕捉的数据包如图 6B.42 所示。（注意：实际捕捉信令因网络环境不同可能稍有不同，以下信令仅为示例。）

2	4.560040000	192.168.1.130	192.168.1.100	SIP/SDP	1200	Request: INVITE sip:8700006@192.168.1.100 |
3	4.596689000	192.168.1.100	192.168.1.130	SIP	621	Request: NOTIFY sip:8700009@192.168.1.130:50
4	4.618691000	192.168.1.100	192.168.1.130	SIP	571	Status: 401 Unauthorized |
5	4.639021000	192.168.1.130	192.168.1.100	SIP	530	Status: 200 OK |
6	4.656151000	192.168.1.130	192.168.1.100	SIP	335	Request: ACK sip:8700006@192.168.1.100 |
7	4.676591000	192.168.1.130	192.168.1.100	SIP/SDP	1371	Request: INVITE sip:8700006@192.168.1.100 |
8	4.715779000	192.168.1.100	192.168.1.130	SIP	621	Request: NOTIFY sip:8700009@192.168.1.130:50
9	4.736720000	192.168.1.100	192.168.1.130	SIP	554	Status: 100 Trying |
10	4.748631000	192.168.1.130	192.168.1.100	SIP	530	Status: 200 OK |
11	4.758700000	192.168.1.100	192.168.1.136	SIP	677	Request: NOTIFY sip:8700006@192.168.1.136:22
12	4.771891000	192.168.1.100	192.168.1.136	SIP/SDP	1102	Request: INVITE sip:8700006@192.168.1.136:22
13	4.787801000	192.168.1.136	192.168.1.100	SIP	452	Status: 200 OK |
14	4.796181000	192.168.1.136	192.168.1.100	SIP	491	Status: 180 Ringing |
15	0.812492000	192.168.1.100	192.168.1.130	SIP	670	Status: 180 Ringing |
16	9.957111000	192.168.1.136	192.168.1.100	SIP/SDP	1060	Status: 200 OK |
17	9.989011000	192.168.1.100	192.168.1.136	SIP	513	Request: ACK sip:8700006@192.168.1.136:2203
18	10.01059100(	192.168.1.100	192.168.1.130	SIP/SDP	962	Status: 200 OK |
19	10.03039100(	192.168.1.130	192.168.1.100	SIP	587	Request: ACK sip:8700006@192.168.1.100:5060
20	20.80444200(	192.168.1.130	192.168.1.100	SIP	587	Request: BYE sip:8700006@192.168.1.100:5060
21	20.82590200(	192.168.1.100	192.168.1.130	SIP	482	Status: 200 OK |
22	20.84371200(	192.168.1.100	192.168.1.136	SIP	543	Request: BYE sip:8700006@192.168.1.136:2203
23	20.86253900(	192.168.1.136	192.168.1.100	SIP	483	Status: 200 OK |

图 6B.42 捕捉的数据包

（6）双击需要查看的信令，展开信令详情，如图6B.43所示，对信令内容进行查看，结合实验原理说明，对信令功能进行分析。

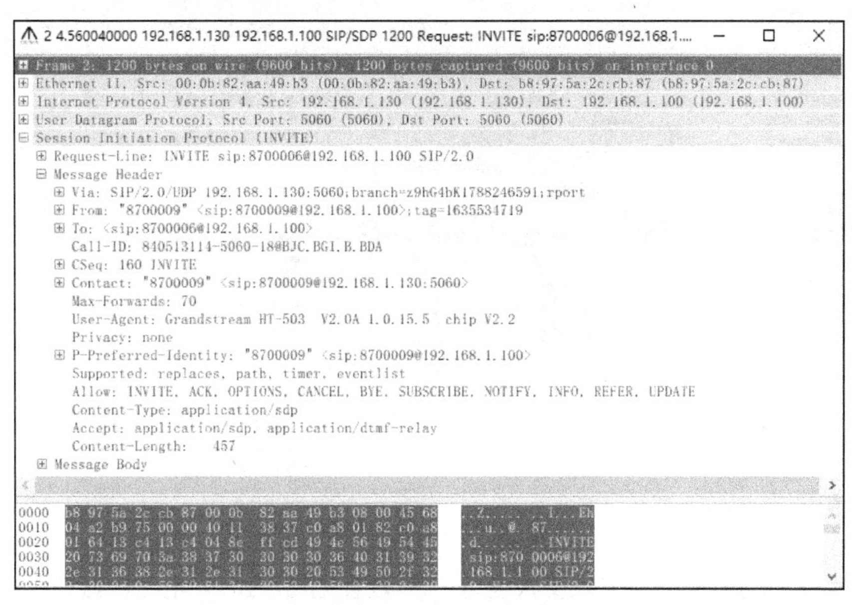

图6B.43　展开信令详情

（7）选择【电信】→【VoIP Calls】选项，如图6B.44所示。

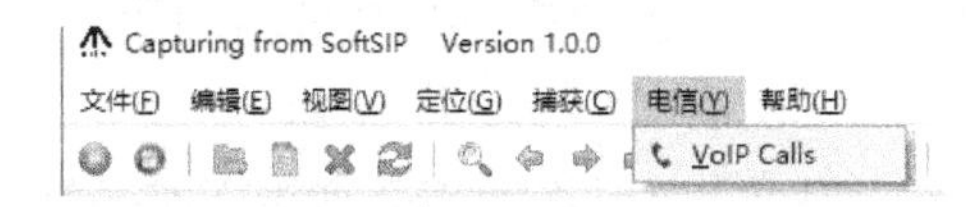

图6B.44　选择【电信】→【VoIP Calls】选项

弹出如图6B.45所示的VoIP Calls选择窗口，单击【Select All】按钮，然后单击【Flow】按钮，查看事件流程图，如图6B.46所示。若开放了RTP通道，则可以单击【Player】按钮，回放采集的通话数据。

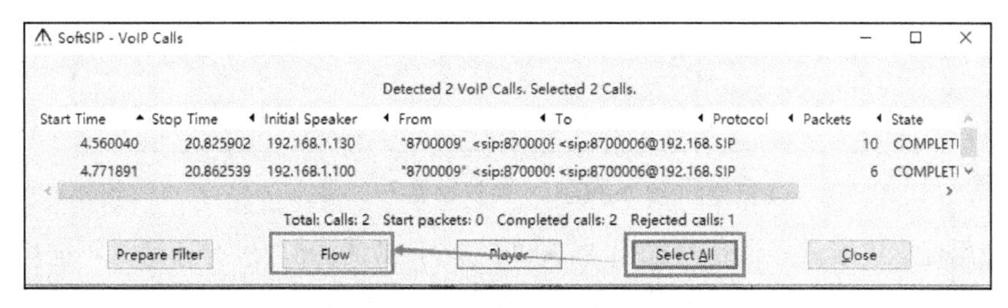

图6B.45　VoIP Calls选择窗口

上述步骤即基本呼叫建立及通道释放的信令采集过程，请学生结合实验原理部分对采集的信令进行分析，并总结基本呼叫建立和释放的流程。

2．被叫忙呼叫释放流程分析

（1）按照实验系统结构，通过桌面交换机将软交换设备、计算机、IP硬件电话和语音网关等设备用网线进行连接。

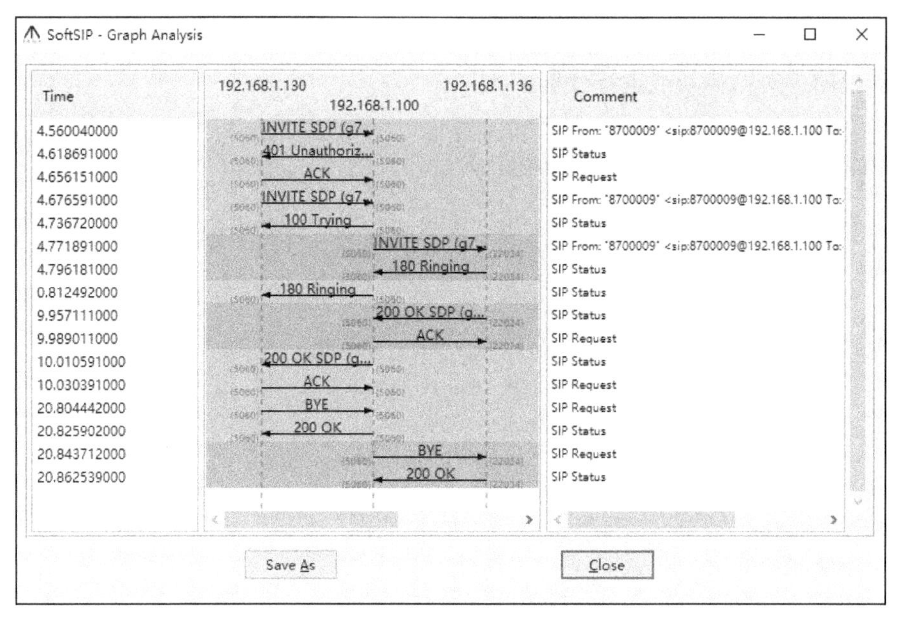

图 6B.46 事件流程图

（2）按照之前进行的实验对软交换设备、IP 硬件电话、IP 软电话、语音网关和模拟电话等设备进行配置并建立相应的拨号规则，保证各终端可相互拨打并通话。

（3）打开浏览器，登录 192.168.1.100（以实际软交换/虚拟软交换 IP 为准），选择【软交换管理】→【协议分析】选项，进行协议设置，如图 6B.47 所示。在【IP 地址】文本框中填写学生机 IP，选中【sip】单选按钮，单击【提交】按钮。

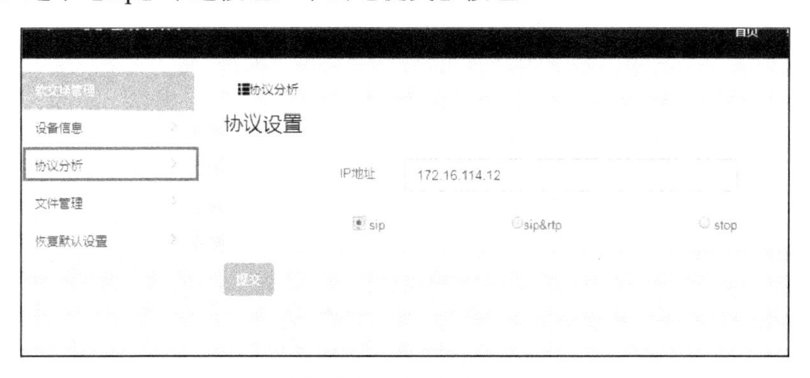

图 6B.47 协议设置 2

（4）使用任意终端进行通话（如用 8700005 拨打 8700006，进行通话，不挂机，注意话费余额充值多一些，即保证该终端处于忙碌状态）。

（5）打开协议分析软件并开始捕捉包。

（6）使用另一空闲终端（如 8700009）拨打之前正在通话的终端（8700006），听到忙音后结束，查看捕捉的数据包，如图 6B.48 所示。（注意：实际捕捉信令因网络环境的不同可能稍有不同，以下信令仅为示例。）

（7）按照之前实验项目的步骤查看信令消息（见图 6B.49），以及事件流程图（见图 6B.50）。

上述步骤即被叫忙呼叫释放的信令采集过程，请学生结合实验原理部分对采集的信令进行分析，并总结该信令流程。

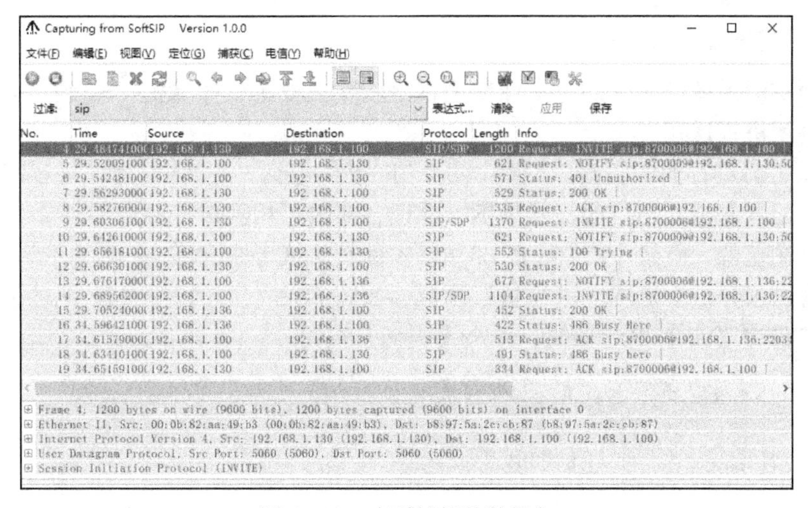

图 6B.48　查看捕捉的数据包

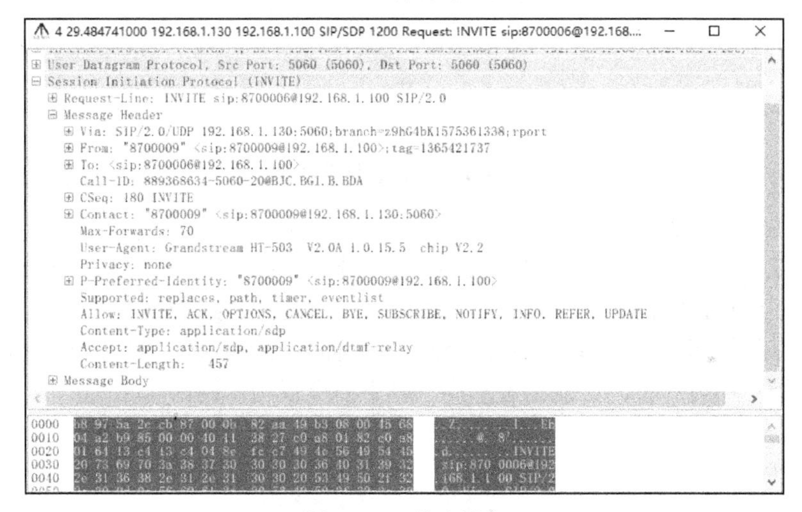

图 6B.49　信令消息

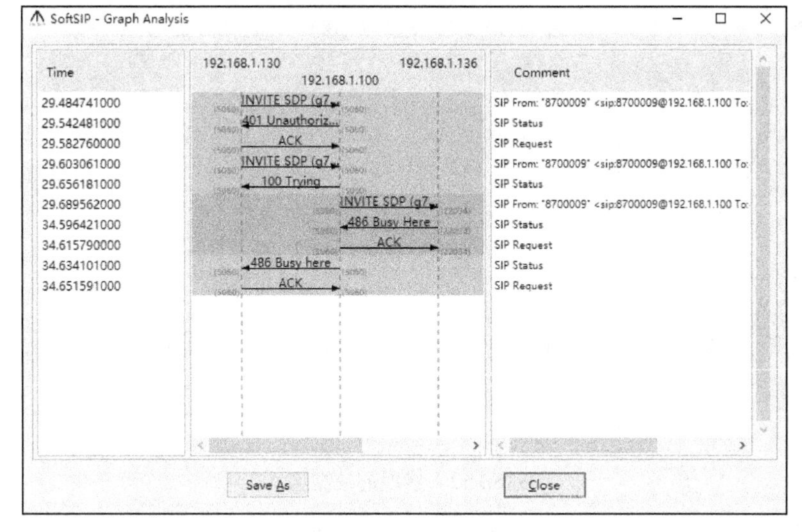

图 6B.50　事件流程图

3．被叫无应答流程分析

（1）按照实验系统结构，通过桌面交换机将软交换设备、计算机、IP 硬件电话和语音网关等设备用网线进行连接。

（2）按照之前进行的实验对软交换设备、IP 硬件电话、IP 软电话、语音网关和模拟电话等设备进行配置并建立相应的拨号规则，保证各终端可相互拨打并通话。

（3）打开浏览器，登录 192.168.1.100（以实际软交换/虚拟软交换 IP 为准），选择【软交换管理】→【协议分析】选项，进行协议设置，如图 6B.51 所示。在【IP 地址】文本框中填写学生机 IP，选中【sip】单选按钮，单击【提交】按钮。

图 6B.51　协议设置 3

（4）打开协议分析软件开始捕捉包。

（5）使用任意终端进行拨打（如用 8700009 拨打 8700006），让被叫用户（8700006）一直保持振铃，不进行接听操作，主叫用户（8700009）保持拨号 1min 左右（具体时间因拨号规则的区别而有所不同），等待系统自动挂断该呼叫捕捉的数据包如图 6B.52 所示。（注：实际捕捉信令因网络环境的不同可能稍有不同，以下信令仅为示例。）

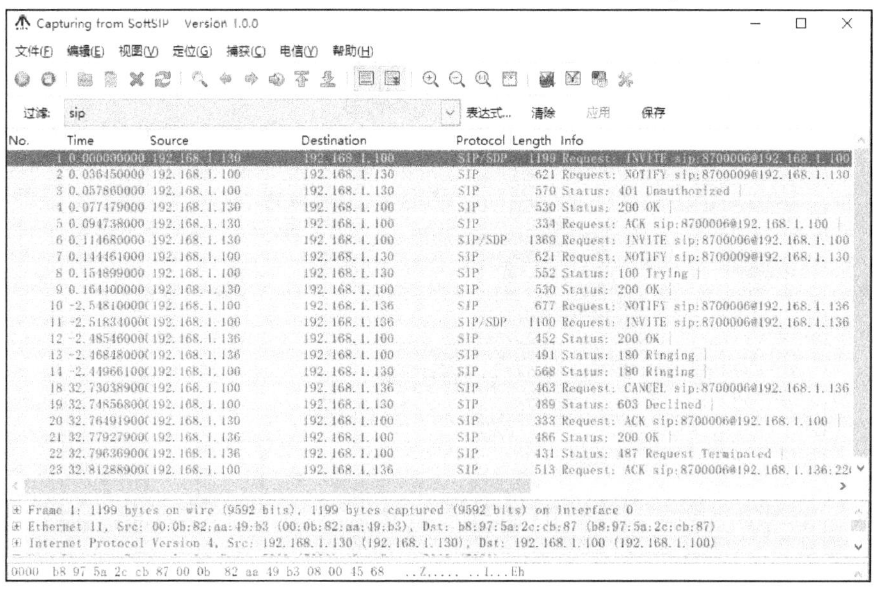

图 6B.52　捕捉的数据包

（6）按照之前的步骤查看详细信令消息及呼叫事件流程，如图 6B.53 所示。

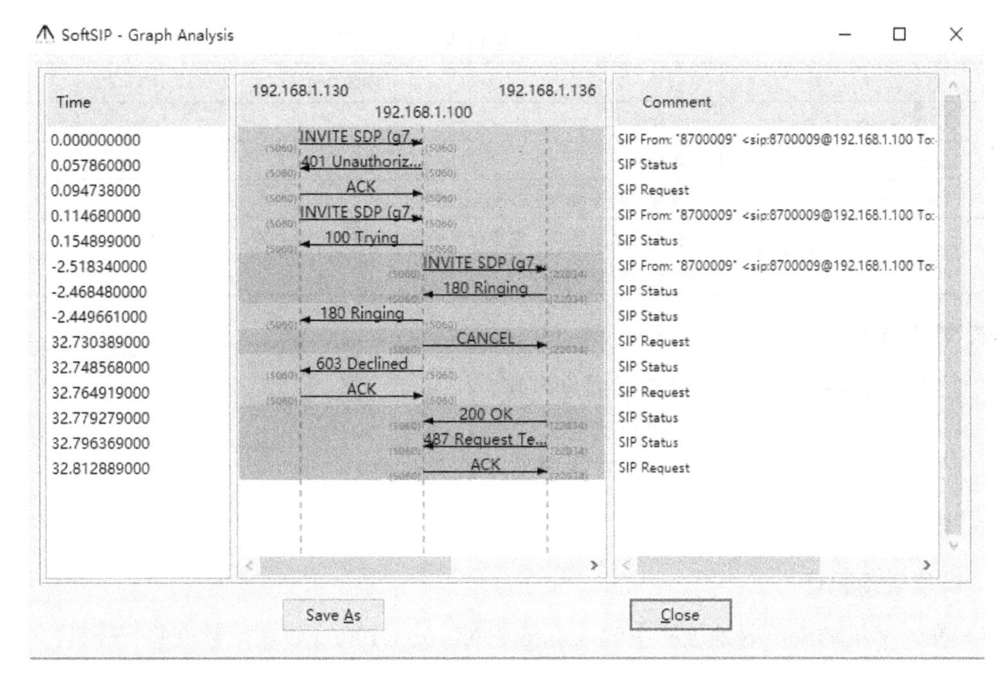

图 6B.53　详细信令消息及呼叫事件流程

上述步骤即被叫无应答的信令采集过程，请学生结合实验原理部分对采集的信令进行分析并总结该信令流程。

6B.4　计费管理实验

一、实验目的

1．了解和使用软交换平台的计费管理功能。

2．利用 AGI 脚本配置一个话务台号码为 998 的 IVR 点歌业务，并加以验证。

3．利用 AGI 脚本配置一个话务台号码为 888 的 IVR 查分业务，并加以验证。

4．利用 AGI 脚本配置一个简单的呼叫转移功能的拨号方案，并加以验证。

二、实验原理

（1）在软交换系统的路由管理界面中，可以为用户创建路由参数及计费费率。

（2）IVR（Interactive Voice Response，互动式语音应答）即用户拨打指定号码，进入服务，根据操作提示获取所需信息。系统会根据用户输入的内容播放相关信息。

最常见的业务有在线点歌、语音信息服务、聊天交友等。

（3）AGI 脚本通常被用来做一些高级逻辑，与关系数据库（如 PostgreSQL 和 MySQL）通信，并访问其他外部资源，为外部程序控制系统拨号方案提供了一个标准接口。使用外部的 AGI 脚本控制系统拨号方案，使得系统更容易执行一些任务，如果没有 AGI，那么这项工作将会是复杂的，甚至是不可能的。任何现代编程语言（如 Perl、PHP、Python）都可以用来写这些脚本。

在软交换平台中，IVR 点歌业务、查分业务和呼叫转移功能业务等增值服务都是以 AGI 脚本方式完成的。目前，软交换平台提供的 AGI 规则如表 6B.9 所示。

表 6B.9　软交换平台提供的 AGI 规则

规　则	参　　数	脚本功能
agi	KTV_server.agi	点歌台
agi	ScoreQuerySystem.agi	查分系统
agi	myDial.agi	支持呼叫转移功能的呼叫业务
agi	myDial.agi,192.168.1.70	在不同系统之间，完成对外部系统的呼叫转移功能。其中，192.168.1.70 表示另一系统对应的 IP 地址

三、实验准备

1．已学习并掌握软交换实验原理部分内容。

2．已掌握创建用户和拨号规则的方法。

3．已配置好相关 IP 硬件电话或 IP 软电话及语音网关。

四、实验步骤

1．计费管理配置

（1）在计算机的浏览器地址栏中输入 http://192.168.1.100/（以实际软交换/虚拟软交换 IP 为准），进入软交换 Web 管理界面。

（2）在【用户管理】界面中添加两个分机用户 8700006 和 8700021，并填写充值金额 100。例如，用户设置如表 6B.10 所示。

表 6B.10　用户设置

用户号码	用户密码	用户类型	分组	DTMF	电子邮箱	话费余额
8700006	123	friend	default	RFC2833	06@123.com	100
8700021	123	friend	default	RFC2833	21@123.com	100

（3）在【拨号规则】界面中为这两个用户创建拨号规则，使它们能进行正常呼叫通话业务。例如，拨号规则如表 6B.11 所示。

表 6B.11　拨号规则

分组	用户号码	优先级	规则	参　　数
default	_87.	1	Dial	SIP/${EXTEN},60
default	_87.	2	Hangup	—

（4）在【路由管理】界面中，单击【添加】按钮。在【编辑路由】栏目中编辑路由，如图 6B.54 所示，为以 87 开头的用户创建计费费率 0.5。其中，计费费率 0.5 代表每秒钟扣除 0.5 元。

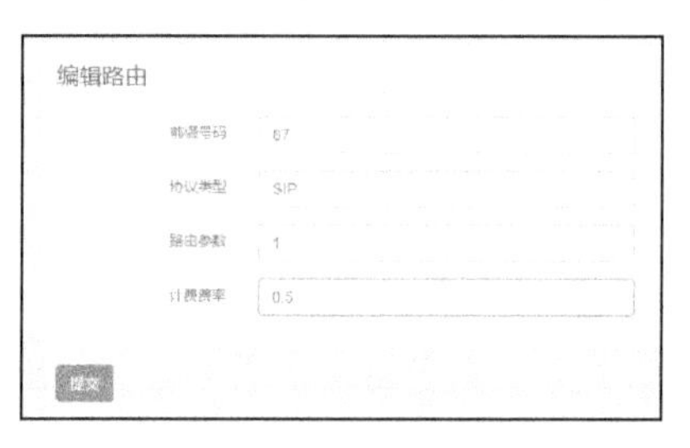

图 6B.54　编辑路由

（5）尝试将两个分机进行呼叫接通，通话一段时间后挂机。再次查看软交换系统的【用户管理】界面中话机的余额情况。

2. IVR 业务配置

（1）在计算机浏览器的地址栏中输入 http://192.168.1.100/（以实际软交换/虚拟软交换 IP 为准），进入软交换 Web 管理界面。

（2）选择【拨号规则】选项，单击【规则】按钮并查看列表中是否已添加 agi 规则，若没有，则点击【添加】按钮，添加 agi。

（3）按表 6B.12 中的内容配置拨号方案，如图 6B.55 所示。

表 6B.12　配置拨号方案 1

分组	用户号码	优先级	规则	参数
default	998	1	agi	KTV_server.agi

default	998	1	agi	KTV_server.agi	编辑 删除
default	998	2	Hangup		编辑 删除

图 6B.55　配置拨号方案

（4）任选一个分机用户拨打 998，根据语音提示，进行点歌业务。

3. 查分业务配置

（1）在计算机浏览器的地址栏中输入 http://192.168.1.100/（以实际软交换/虚拟软交换 IP 为准），进入软交换 Web 管理界面。

（2）选择【增值业务】→【学生成绩管理】选项。在学生查分系统界面中，单击【添加】按钮，自行添加学生成绩。例如，按表 6B.13 中的内容逐一添加。

表 6B.13　添加学生成绩

学号	姓名	班级	数学成绩	模电成绩	通信原理成绩
20141017	Lilei	1	90	95	98
20141018	Mahu	1	65	70	80

（3）选择【拨号规则】选项，单击【规则】按钮并查看列表中是否已添加 agi 规则，若没有，则单击【添加】按钮，添加 agi。

（4）选择【拨号规则】→【添加】选项，按表 6B.14 中的内容配置拨号方案。

表 6B.14　配置拨号方案 2

分组	用户号码	优先级	规则	参数
default	888	1	agi	ScoreQuerySystem.agi

（5）任选一个分机用户拨打 888，根据语音提示，输入学号，按#键结束，可进行查分操作。

4. 呼叫转移配置

本项目是在软交换系统中添加 3 个分机用户 A、B 和 C，创建一个能进行呼叫转移的拨号方案。当用户 A 拨打用户 B 的号码时，系统自动转移到用户 C，用户 C 摘机后，能正常与用户 A 进行通话。

（1）在计算机浏览器的地址栏中输入 http://192.168.1.100/（以实际软交换/虚拟软交换 IP 为准），进入软交换 Web 管理界面。

（2）在【用户管理】界面中添加 3 个分机用户。例如，按表 6B.15 中的内容添加相应的参数。

表 6B.15 添加分机用户

用户号码	用户密码	用户类型	分组	DTMF	电子邮箱	话费余额
8700006	123	friend	default	RFC2833	06@123.com	100
8700021	123	friend	default	RFC2833	21@123.com	100
8700031	123	friend	default	RFC2833	31@123.com	100

（3）选择【拨号规则】选项，单击【规则】按钮并查看列表中是否已添加 agi 规则，若没有，则单击【添加】按钮，添加 agi。

（4）选择【拨号规则】→【添加】选项，按表 6B.16 中的内容配置拨号方案。

表 6B.16 配置拨号方案 3

分组	用户号码	优先级	规则	参数
default	_87.	1	agi	myDial.agi

（5）选择【增值业务】→【呼叫转移管理】选项，在呼叫转移系统界面中，单击【添加】按钮。

（6）在【被叫号码】文本框中填写 8700031，在【转移号码】文本框中填写 8700006。

（7）用号码为 8700021 的分机用户拨打 8700031，验证号码为 8700031 和 8700006 分机用户的振铃与通话情况。

6B.5 互通业务实验

6B.5.1 软交换与程控实验箱互通

一、实验目的

1．基于软交换系统平台实现 IP 硬件电话与语音网关 FXS 端口的程控实验箱的互通业务。

2．进一步熟悉系统配置及终端互通的拨号方法。

二、实验原理

本实验主要是为了验证同一网段内的 IP 硬件电话和语音网关 FXS 端口的程控实验箱之间的呼叫互通业务。实验系统网络架构如图 6B.56 所示（图中粗实线表示网线，细实线表示电话线）。

将系统中各设备的静态 IP 地址设置在同一个网段内（具体设置以实际为准）。软交换服务器的 IP 地址为 192.168.1.100（以实际软交换/虚拟软交换 IP 为准），其 Web 管理登录地址为 http://192.168.1.100/。IP 硬件电话的静态 IP 地址为 192.168.1.160，并分配了话机号码 50001。语音网关的静态 IP 地址为 192.168.1.130，并给 FXS 端口分配号码 50003。程控实验箱的外线接口（外线接入号码为 9）与语音网关的 FXS 端口用电话线连接。模拟电话通过电话线连接至程控实验箱的分机用户接口（分机号码为 8701）。在软交换服务器中添加所需的用户号码并配置好所需的拨号规则，就能够实现本实验架构中 IP 硬件电话和模拟电话之间的呼叫互通业务了。

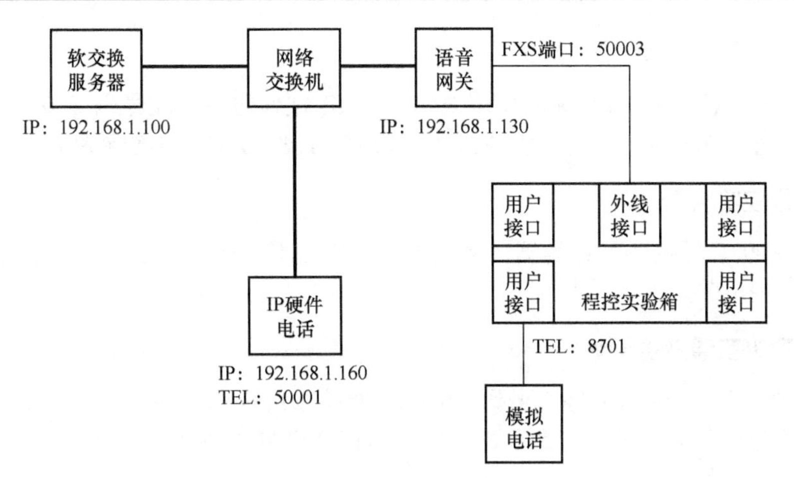

图 6B.56　实验系统网络架构

三、实验准备

实验时基于以下约定。

1．已了解和学习软交换系统平台的基本构成。

2．已了解如何管理和配置软交换系统、语音网关及 IP 电话的参数。

3．已了解程控实验箱的基本操作和设置。

四、实验步骤

1．硬件连接

如图 6B.56 所示，用网线将软交换服务器、IP 硬件电话及语音网关连接到网络交换机上，并检查一下网线连接是否牢固。用电话线将程控实验箱的外线接口接至语音网关的 FXS 端口，将模拟电话接至程控实验箱的分机用户接口，并检查电话线连接是否牢固。

2．配置软交换服务器

（1）在浏览器的地址栏中输入 http://192.168.1.100/（以实际软交换/虚拟软交换 IP 为准），登录软交换 Web 管理界面。

（2）在【用户管理】界面中添加所需的用户号码。例如，按表 6B.17 进行添加。

表 6B.17　添加用户

用户号码	用户密码	用户类型	分组	DTMF	电子邮箱	话费余额
50001	123	Friend	default	RFC2833	50001@lab.com	100
50003	123	Friend	default	RFC2833	50003@sip.com	90

（3）在【拨号规则】界面中添加拨号规则，使电话之间能完成正常呼叫业务。例如，按表 6B.18 进行添加。

表 6B.18　添加拨号规则

拨号规则	用户号码	优先级	规则	参数
Default	_5.	1	Dial	SIP/${EXTEN},60
Default	_5.	2	Hangup	—

3. 配置 IP 硬件电话和语音网关

参考 IP 硬件电话和语音网关的使用说明，为 IP 硬件电话分配号码 50001；为语音网关分配 FXS 端口号码 50003，软交换服务器地址为 192.168.1.100（以实际为准）。

4. 设置程控实验箱

以 LTE-CK-02E 程控实验箱为例，将程控实验箱的用户接口的话机号码设置为 8701，并选择进入空分交换模式。

5. 话机呼叫互通业务测试

用 IP 硬件电话（50001）拨打号码 50003，等待系统提示，注意程控实验箱外线接口单元的指示灯的变化情况；有系统提示音乐后，拨打分机号码 8701，验证是否能正常呼叫模拟电话（8701）并通话。

用模拟电话（8701）先拨打外线接入号码 9，再拨打号码 50001，验证是否能正常呼叫 IP 硬件电话并通话。

五、思考题

根据实验情况，总结系统配置及终端互通的拨号方法。

6B.5.2 软交换局间的互通业务

一、实验目的

1. 实现软交换与软交换系统之间的互通业务。
2. 进一步熟悉系统配置方法及终端互通的拨号方法。

二、实验原理

本实验由两组学生配合完成。具体的虚拟软交换及终端的 IP 设置以实际为准。

本实验主要是为了验证同一网段内的软交换和软交换系统之间的呼叫互通业务。实验系统网络架构如图 6B.57（图中粗实线表示网线）所示。

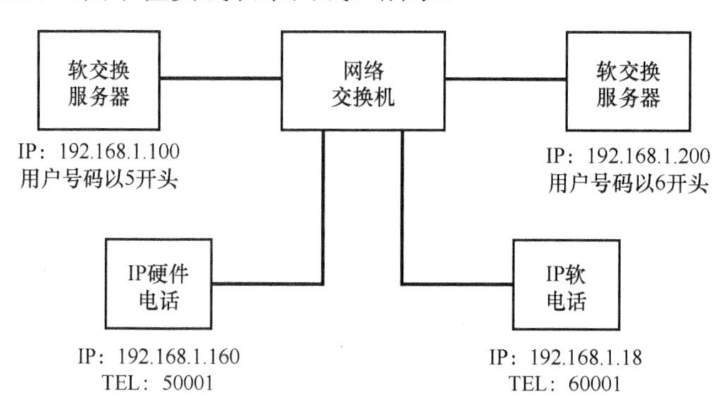

图 6B.57 实验系统网络架构

将系统中各设备的静态 IP 地址设置在同一个网段内。用户号码以 5 开头的软交换服务器的 IP 地址为 192.168.1.100，其 Web 管理登录地址为 http://192.168.1.100/。用户号码以 6 开头的软交换服务器的 IP 地址为 192.168.1.200，其 Web 管理登录地址为 http://192.168.1.200/。将 IP 硬件电话的静态 IP 地址设置为 192.168.1.160，并分配话机号码 50001，注册在用户号码以 5 开头的软交换服务器中。将 IP 软电话的静态 IP 地址设置为 192.168.1.18，并分配话机号码 60001，注册在用户号码以 6 开头的软交换服务器中。在软交换服务器中添加所需的用户号码，并配置好所需的拨号规则和网间管理，就能够实现本实验架构中 IP 硬件电话和 IP 软电话之间的呼叫互通业务。

三、实验准备

实验时基于以下约定。

1. 已了解和学习软交换系统平台的基本构成。
2. 已了解如何管理和配置软交换系统、IP 软电话及 IP 硬件电话的参数。

四、实验步骤

1. 硬件连接

用网线将两台软交换服务器、IP 硬件电话及装有 IP 软电话的计算机连接至网络交换机，并检查网线连接是否牢固。

2. 配置 IP 硬件电话和语音网关

参考 IP 硬件电话和语音网关的使用说明，将 IP 硬件电话的静态 IP 地址配置为 192.168.1.160，分配号码 50001，对应的软交换服务器的 IP 地址为 192.168.1.100；将 IP 软电话的静态 IP 地址配置为 192.168.1.18，并分配号码为 60001，对应的软交换服务器的 IP 地址为 192.168.1.200。

3. 配置 IP 地址为 192.168.1.100 的软交换服务器

（1）在浏览器地址栏中输入 http://192.168.1.100/，登录软交换 Web 管理界面。

（2）在【用户管理】界面中添加所需的用户号码。例如，按表 6B.19 进行添加。

表 6B.19　添加用户号码 1

用户号码	用户密码	用户类型	分组	DTMF	电子邮箱	话费余额
50001	123	friend	default	RFC2833	50001@lab.com	100

（3）在【用户管理】的【网间管理】界面中添加外接的其他交换系统服务器。例如，按表 6B.20 进行添加。

表 6B.20　添加外接的其他交换系统服务器 1

服务器名称	IP 地址	服务器端口
200	192.168.1.200	5060

（4）在【拨号规则】界面中添加拨号规则，使电话之间能完成正常呼叫业务。例如，按表 6B.21 进行添加。

表 6B.21　添加拨号规则 1

拨号规则	用户号码	优先级	规则	参数
default	_6.	1	Dial	SIP/${EXTEN}@192.168.1.200,60
default	_6.	2	Hangup	—
fromOutside	_5.	1	Dial	SIP/${EXTEN},60
fromOutside	_5.	2	Hangup	—

4. 配置 IP 地址为 192.168.1.200 的软交换服务器

（1）在浏览器地址栏中输入 http://192.168.1.200/，登录软交换 Web 管理界面。

（2）在【用户管理】界面中添加所需的用户号码。例如，按表 6B.22 进行添加。

表 6B.22　添加用户号码 2

用户号码	用户密码	用户类型	分组	DTMF	电子邮箱	话费余额
60001	123	friend	default	RFC2833	60001@lab.com	100

（3）在【用户管理】的【网间管理】界面中添加外接的其他交换系统服务器。例如，按表 6B.23 进行添加。

表 6B.23　添加外接的其他交换系统服务器 2

服务器名称	IP 地址	服务器端口
100	192.168.1.100	5060

（4）在【拨号规则】界面中添加拨号规则，使电话之间能完成正常呼叫业务。例如，按表 6B.24 进行添加。

表 6B.24　添加拨号规则 2

拨号规则	用户号码	优先级	规则	参数
default	_5.	1	Dial	SIP/${EXTEN}@192.168.1.100,60
default	_5.	2	Hangup	—
fromOutside	_6.	1	Dial	SIP/${EXTEN},60
fromOutside	_6.	2	Hangup	—

5. 话机呼叫互通业务测试

用 IP 硬件电话（50001）拨打号码 60001，验证是否能正常呼叫 IP 软电话（60001）并通话。

用 IP 软电话（60001）拨打号码 50001，验证是否能正常呼叫 IP 硬件电话（50001）并通话。

五、思考题

根据实验情况，总结系统配置及终端互通的拨号方法。

习　题

6-1　试比较软交换机和传统交换机在功能与结构上的异同。

6-2　什么是 NGN？它的基本特征是什么？

6-3　画出 NGN 的体系结构，并说明每层完成的功能。

6-4　软交换网络使用了哪些主要协议？分别具有什么功能？

6-5　比较 SIP 与 H.323 协议，哪个协议更适合于 NGN 的发展需要？

6-6　H.248 与 MGCP 在协议概念和结构上的主要区别是什么？

6-7　简述 H.248/MeGaCo 协议连接模型。

6-8　在 SIP 中，ACK 方法的作用是什么？为什么要定义 ACK？

6-9　CSeq 头部字段的作用是什么？

6-10 请画出基本呼叫建立的 SIP 消息流程。

6-11 企业网内部用户在和外网通信时，必须经过防火墙，防火墙将对穿越的数据包进行内网地址和外网地址之间的变换，此功能称为“网络地址变换”（NAT）。根据掌握的知识，试分析 NAT 会给 SIP 穿越带来什么影响？

第 7 章　IP 多媒体子系统技术

IP 多媒体子系统（IP Multimedia Subsystem，IMS）是一种全新的多媒体业务形式，能够满足终端用户更新颖、更多样化的多媒体业务的需求，是近年来电信行业关注的一个焦点，得到了政府、标准化组织、电信运营商、电信设备提供商等的重视。IMS 被认为是下一代网络的核心技术，也是解决移动与固网融合问题，引入语音、数据、视频三重融合等差异化业务的重要方式。本章对 IMS 的发展历程、主要功能实体、接口和通信流程等进行简要介绍。

7.1　概述

7.1.1　IMS 的发展历程

进入 21 世纪以后，移动通信和宽带技术的发展给整个电信行业带来了前所未有的机遇和挑战，所有的电信运营商都在思考这样一些问题：如何减少建网投资、降低运行维护费用，怎样顺应向下一代网络转型的历史潮流，开发出更加丰富多彩的业务应用，从而打造可持续营利的运营模式。自从以 GPRS 为代表的分组域概念提出后，出现了多种移动数据业务，但在最初的几个版本中，对数据业务和应用的提供没有定义统一的网络架构。因此，到了第三代（3G）移动通信网络的 Release 5（R5）版本，为了解决如何为移动数据用户提供 IP 多媒体业务的问题，3GPP 标准化组织提出了 IMS 的概念。3GPP 是 1998 年由欧洲、日本、韩国、美国和中国的标准化机构共同成立的专门制定第三代移动通信系统标准的标准化组织，推出的第一个规范是 R99，之后又相继推出了 R4、R5 和 R6，目前 3GPP 正在推出 5G 标准 R17 版本。

IMS 最早是由移动通信界提出的，由 R5 引入 3G 的体系中，作为 3G 的核心网的体系架构，旨在为 3G 用户提供各种多媒体服务。它是叠加在分组交换（PS）域上用于支持多媒体业务的子系统，目的是在基于全 IP 的网络上为移动用户提供多媒体业务。IP 是指 IMS 可以实现基于 IP 的传输、基于 IP 的会话控制和基于 IP 的业务实现，实现承载、业务与控制的分离。多媒体是指语音、数据、视频、图片、文本等多种媒体组合，可以支持多种接入方式。子系统是指 IMS 依赖于现有网络技术和设备，最大限度地重用现有网络的一个系统。实质上，IMS 的最终目标就是使各种类型的终端都可以建立起对等的 IP 连接，通过这个 IP 连接，终端之间可以相互传递各种信息，包括语音、图片、视频等。因此可以说，IMS 通过 IP 网络为用户提供实时或非实时的端到端的多媒体业务。

IMS 最初的设计思想就是要具有与接入方式无关的特性，即 IMS 可以为任何类型的终端提供服务，只要这个终端可以接入 IMS 网络中。遗憾的是，R5 的 IMS 规范中包含了一些 GPRS 特有的特性。在 R6 中，接入方式无关的问题从核心的 IMS 描述中分离了出来。3GPP 使用术语“IP 接入网络”来代表可以在终端和 IMS 实体之间提供底层 IP 传输连接的所有网络实体与接口的集合。

正是由于 IMS 的这种与接入无关的特性，在 3GPP 提出 IMS 之后，IMS 逐渐引起了广泛关注，尤其在固网领域，对 IMS 产生了浓厚的兴趣。前面已经介绍过，IMS 最初是移动通信领域提出的一种体系架构，但是其拥有的与接入无关的特性使得它可以成为融合移动网络与固定网络的一种手段，这是与 NGN 的目标相一致的。IMS 这种天生的优势使它得到了 ITU-T 和 ETSI（欧洲电信标准化协会）的关注，这两个标准化组织目前都已经把 IMS 引入自己的 NGN 标准中，在 NGN 的体系结构中，IMS 作为控制层面的核心架构，用于控制层面的网络融合。在 ITU-T 将 IMS 作为 NGN 的控制核心之后，IMS 已经成为通信业的焦点，现在，电信运营商、电信设备提供商都对 IMS 投入巨大，特别是面临转型的电信运营商，更是对 IMS 寄予厚望。此外，IMS 还得到了计算机行业的支持，如 IBM、微软等公司也正在对 IMS 进行研究。IMS 已经得到了广泛的行业支持，从这也能看出 IMS 的受关注程度。目前，IMS 的标准制定、IMS 的试验等工作正在进行中，IMS 正在迅速发展且不断成熟。

IMS 的应用主要有以下几种类型。

（1）给移动用户提供多媒体业务，Cingular、T-Mobile、TIM、CSL 等移动运营商均采用此应用模式。

（2）给企业用户提供融合的企业应用，Sprint、西班牙电信、SBC 等运营商采用此方式为企业用户提供 IP Centrex 业务。

（3）固定运营商给宽带用户提供 VoIP 业务，BellSouth、KPN、西班牙电信等固定运营商采用此模式为宽带用户提供 VoIP 的第二线业务。

（4）综合运营商为用户提供的固定和移动融合的 IMS，比较热门的业务是 Wi-Fi 与移动网的业务切换。Cingular（移动）和 SBC（固定）向企业提供 Wi-Fi VoIP 与 WCDMA 电路域语音的切换，已经能够实现 Wi-Fi 到 WCDMA 的单向切换。BT 和 FT 完成了类似业务的测试，但是实现方案有所不同。

7.1.2　IMS 的特点

IMS 进一步发扬了软交换结构中业务与控制分离、控制与承载分离的思想，比软交换进行了更充分的网络解聚，网络结构更加清晰合理。网络各个层次的不断解聚是电信网络发展的总体趋势。网络的解聚使得垂直业务模式被打破，有利于业务的发展。另外，不同类型网络的解聚也为网络在不同层次上的重新聚合创造了条件。这种重新聚合就是网络融合的过程，利用 IMS 实现对固定接入和移动接入的统一核心控制。IMS 具有的主要特点如下。

1. 接入无关性

IMS 支持多种固定/移动接入方式的融合，支持无缝的移动性和业务连续性，为全业务运营提供了便利。IMS 是一个独立于接入技术的基于 IP 的标准体系，与现存的语音和数据网络都可以互通，而不管是固定用户还是移动用户。IMS 网络的用户与网络是通过 IP 连通的，即通过 IP-CAN（IP Connectivity Access Network）来连接。例如，WCDMA 的无线接入网络（RAN）及分组域网络构成了移动终端接入 IMS 网络的 IP-CAN，用户可以通过分组交换域的 GGSN 接入 IMS 网络。而为了支持 WLAN、WiMAX、xDSL 等不同的接入技术，会产生不同的 IP-CAN 类型。IMS 的核心控制部分与 IP-CAN 是互相独立的，只要终端与 IMS 网络可以通过一定的 IP-CAN 建立 IP 连接，终端就能利用 IMS 网络进行通信，而不管这个终端是何种类型。

IMS 体系使得各种类型的终端都可以建立起对等的 IP 通信，并可以获得所需的服务质量。除会话管理外，IMS 体系还涉及完成服务所必需的功能，如注册、安全、计费、承载控制和漫游等。

2．基于 SIP

IMS 使用 SIP 作为唯一的会话控制协议。为了实现接入的独立性，IMS 采用 SIP 作为会话控制协议，这是因为 SIP 本身是一个端到端的应用协议，与接入方式无关。此外，由于 SIP 是由 IETF 提出的使用于 Internet 上的协议，因此，使用 SIP 也增强了 IMS 与 Internet 的互操作性。但是 3GPP 在制定 IMS 标准时，对原来的 IETF 的 SIP 标准进行了一些扩展，主要是为了支持终端的移动特性与一些 QoS 策略的控制和实施等，因此，当 IMS 的用户与传统 Internet 的 SIP 终端进行通信时，会存在一些障碍，这也是 IMS 目前存在的一个问题。

SIP 是 IMS 中唯一的会话控制协议，但不是说 IMS 体系中只会用到 SIP，IMS 也会用到其他协议，但这些协议并不用于对呼叫进行控制，如 Diameter 用在 CSCF 与 HSS 之间，COPS 用于策略的管理和控制，H.248 用于对媒体网关进行控制等。

3．针对移动通信环境的优化

因为 3GPP 最初提出 IMS 是要用在 3G 的核心网中的，所以 IMS 体系针对移动通信环境进行了充分的考虑，包括基于移动身份的用户认证和授权、用户网络接口上 SIP 消息压缩的确切规则、允许无线丢失与恢复检测的安全和策略控制机制。除此之外，很多对运营商颇为重要的问题在体系的开发过程中都得到了解决，如计费体系、策略和服务控制等。这个特点是 IMS 与软交换相比的最大优势，即 IMS 支持移动终端接入。目前，IMS 在移动领域中的应用相对于固网来说比较成熟，标准也更加成熟，因此 IMS 最先应用于移动网中。

4．提供丰富的组合业务

IMS 在个人业务实现方面采用比传统网络更加面向用户的方法。IMS 给用户带来的直接好处就是实现了端到端的 IP 多媒体通信。传统的多媒体业务是人到内容或人到服务器的通信，而 IMS 是直接的人到人的多媒体通信。同时，IMS 具有在多媒体会话和呼叫过程中增加、修改、删除会话与业务的能力，还拥有对不同的业务进行区分和计费的能力。因此，对用户而言，IMS 业务以高度个性化和可管理的方式支持个人与个人，以及个人与信息内容之间的多媒体通信，包括语音、文本、图片和视频或这些媒体的组合。

5．网络融合的平台

IMS 的出现使得网络融合成为可能。除与接入方式无关的特性外，IMS 还具有商用网络必须拥有的一些能力，包括计费、QoS 控制和安全策略等，IMS 从提出起就对这些方面进行了充分的考虑。正因为如此，IMS 才能够被运营商接受并被寄予厚望。运营商希望通过 IMS 这样一个统一的平台来融合各种网络，为各种类型的终端用户提供丰富多彩的服务，而不必再像以前那样使用传统的“烟囱”模式来部署新业务，从而减少重复投资，简化网络结构，降低网络的运营成本。

6. 归属地控制

IMS 采用归属地控制，区别于软交换的拜访地控制，与用户相关的数据信息只保存在用户归属地，用户鉴权认证、呼叫控制和业务控制都由归属地网络完成，从而保证业务提供的一致性，易于实现私有业务的扩展，促进归属运营商积极提供吸引用户的业务。

7. 业务提供能力

IMS 将业务层与控制层完全分离，有利于灵活、快速地提供各种业务应用，更利于业务的融合。另外，IMS 的业务还可以通过开放的应用编程接口提供给第三方，可以为广大用户开发出更加丰富多彩的应用。

8. 安全机制

IMS 网络部署了多种安全接入机制、安全域间信令保护机制及网络拓扑隐藏机制。

7.1.3 IMS 与软交换的比较

如果从采用的基础技术上看，IMS 和软交换有很大的相似性：都基于 IP 分组网，都实现了控制与承载的分离，大部分的协议都是相似或完全相同的，许多网关设备和终端设备甚至是可以通用的。

IMS 和软交换最大的区别在于以下几方面。

（1）在软交换控制与承载分离的基础上，IMS 更进一步实现了呼叫控制层和业务控制层的分离。

（2）IMS 起源于移动通信网络的应用，因此充分考虑了对移动性的支持，并增加了外置数据库——归属用户服务器（HSS），用于用户鉴权和保护用户业务触发规则。

（3）IMS 全部采用会话初始协议（SIP）作为呼叫控制和业务控制的信令；而在软交换中，SIP 只是可用于呼叫控制的多种协议中的一种，更多地使用媒体网关协议（MGCP）和 H.248 协议。

总体来讲，IMS 和软交换的区别主要是在网络构架上。软交换网络体系基于主从控制的特点，使得其与具体的接入手段关系密切；而 IMS 体系由于终端与核心侧采用基于 IP 承载的 SIP，所以具有 IP 技术与承载媒体无关的特性，使得 IMS 体系可以支持各类接入方式，从而使得 IMS 的应用范围从最初的移动网逐步扩大到固定网领域。此外，由于 IMS 体系架构可以支持移动性管理且具有一定的服务质量（QoS）保障机制，因此，IMS 技术相比于软交换的优势还体现在宽带用户的漫游管理和 QoS 保障方面。

7.2 IMS 的体系结构和主要功能实体

7.2.1 IMS 体系结构

IMS 体系结构和呼叫会话控制功能（Call Session Control Function，CSCF）（IMS 体系的核心）的设计利用了软交换技术，实现了业务与控制相分离、呼叫控制与媒体传输相分离。IMS 虽然是 3GPP 为移动用户接入多媒体服务而开发的系统，但由于它全面融合了 IP 域的技术，并在开发阶段就和其他组织进行密切合作，因此，IMS 实际已经不仅仅局限于只为移动用户提供服务了。IMS 体系结构如图 7.1 所示。

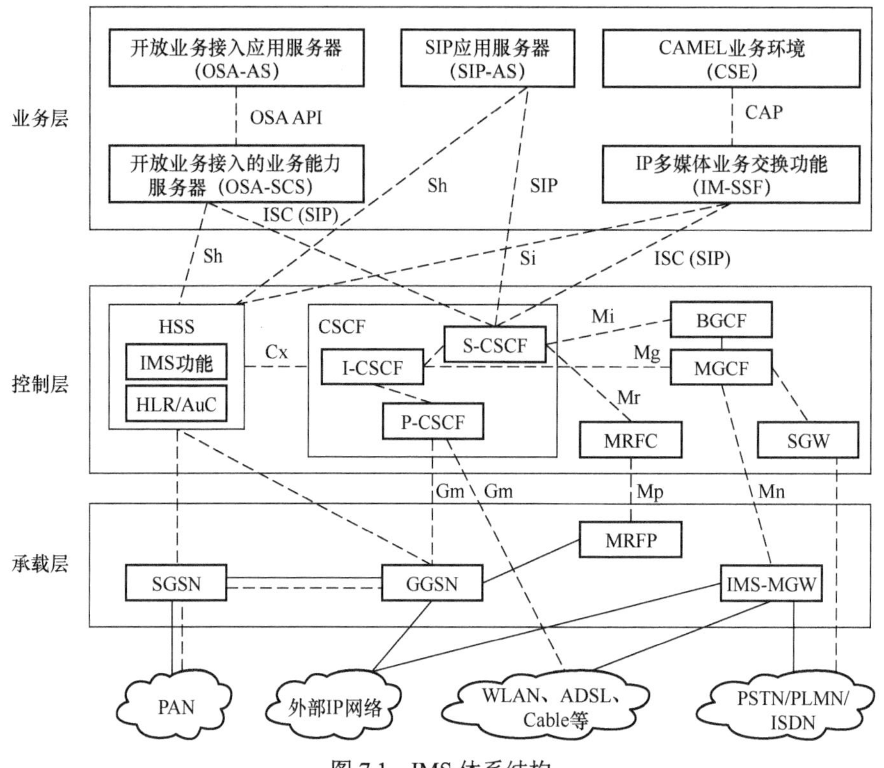

图 7.1 IMS 体系结构

在 IMS 体系结构中，底层为承载层，用于实现 IMS SIP 会话的接入和传输，承载网必须是基于分组交换的。在图 7.1 中，以移动分组网的承载方式为例，描述了 IMS 用户通过手机进行 IMS 会话的方式，主要的承载层设备有 SGSN（GPRS 业务支撑节点）、GGSN（网关 GPRS 业务支撑节点）及 IMS-MGW（IMS 媒体网关）。其中，SGSN 和 GGSN 可以重复利用现网设备，不需要硬件升级，仅通过调整相关配置就可以支持 IMS；IMS-MGW 是负责媒体流在 IMS 域和 CS（电路交换）域互通的功能实体，主要解决语音互通问题。无论具体采用哪一种接入方式，只要基于 IP 技术，所有的 IMS 用户信令就都可以很好地传送到控制层。

中间层为控制层，由网络控制服务器组成，完成 IMS 多媒体呼叫会话过程中的信令控制，其中包括用户注册、鉴权、会话控制、路由选择、业务触发、承载面服务质量保证、媒体资源控制及网络互通等。该层主要的功能实体有 CSCF（Call Session Control Function，呼叫会话控制功能）实体、HSS（Home Subscriber Server，归属用户服务器）、MGCF（Media Gateway Controller Function，媒体网关控制功能）实体等，这些网元实体扮演不同的角色，如信令控制服务器、数据库、媒体网关服务器等，协同实现信令层面的处理功能，如 SIP 会话的建立、释放。这一层仅对 IMS 信令负责，最终的 IMS 业务流不经过这一层，完全通过底层的承载层做路由，实现端到端的通信。

最上面一层是业务层，与控制层完全分离，主要由各种不同的应用服务器组成，除在 IMS 网络内实现各种基本业务和补充业务（SIP-AS 方式）外，还可以将传统的窄带智能网业务接入 IMS 网络中（IM-SSF 方式），并为第三方业务的开发提供标准的开放应用编程接口（OSA-SCS 方式），从而使第三方应用提供商可以在不了解具体网络协议的情况下开发出丰富多彩的个性化业务。

7.2.2　IMS 主要功能实体

IMS 是一个复杂的体系，其中包括许多功能实体，每个功能实体都有自己的任务，它们相互配合，共同完成对会话的控制。IMS 的主要功能实体可以分为 5 类：呼叫会话控制功能实体、用户数据管理和认证鉴权功能实体、媒体资源功能实体、业务控制功能实体及互通功能实体。

1．呼叫会话控制功能实体

呼叫会话控制功能（Call Session Control Function，CSCF）实体是 IMS 系统中实现呼叫控制功能的核心组件，主要功能包括信令路由、会话管理、资源分配、安全认证、业务触发和计费控制。

按其位置和功能划分，CSCF 实体有 3 种类型，分别为服务呼叫会话控制功能（Serving-CSCF，S-CSCF）实体、问询呼叫会话控制功能（Interrogating-CSCF，I-CSCF）实体和代理呼叫会话控制功能（Proxy -CSCF，P-CSCF）实体。

P-CSCF 实体是 UE（User Equipment）联系 IMS 的第一步，是 UE 在被访问域（漫游时）首先要访问的点，进出的 SIP 消息都要通过 P-CSCF 实体。P-CSCF 实体相当于 SIP 定义的边界代理服务器，其主要功能如下。

- 基于请求中 UE 提供的归属域名给 I-CSCF 实体转发 SIP REGISTER（注册）请求，是 UE 到网络的第一个连接点。
- 将 SIP 请求和响应转发给 UE，并将 UE 收到的 SIP 请求和响应转发给 S-CSCF。
- 通过互联网安全协议（IPSec）的封装安全净荷（ESP）提供 SIP 信令的完整性保护，维持 UE 和 P-CSCF 实体之间的安全联盟（SA）。
- 授权承载资源和 QoS 管理。
- 对 SIP 消息进行压缩和解压缩。
- 将计费信息发送给计费采集功能 CCF，进行离线计费。

I-CSCF 实体的主要功能是提供到归属网络的入口，将归属网络的拓扑图对其他网络隐藏起来，并通过 HSS 为特定用户找出相应的 S-CSCF 实体。它是用户终端漫游或外来任务进入本地服务提供商网络的联系点。I-CSCF 实体实现的主要功能具体如下。

- I-CSCF 实体是 IMS 系统对外的联系点，即联系 HSS，以获得正在为某个用户提供服务的 S-CSCF 实体的名字。
- S-CSCF 实体分配功能，基于从 HSS 处收集的信息指定一个 S-CSCF 实体。
- 提供隐藏功能。I-CSCF 实体可能包含被称为网间拓扑隐藏网关 THIG 的功能，即对外部隐藏 IMS 运营商网络内部拓扑信息、配置、容量等。
- 被叫 S-CSCF 实体定位功能。
- 将计费信息发送给 CCF，进行离线计费。

S-CSCF 实体给用户提供服务，是 IMS 的核心。它位于归属网络，为 UE 进行会话控制和注册请求，但当 UE 处于会话中时，S-CSCF 实体处理网络中的会话状态。在同一个运营商的网络中，可以有多个 S-CSCF 实体，并且这些 S-CSCF 实体可以有不同的功能。当 UE 注册时，它联系本地域的 S-CSCF 实体，本地域的 S-CSCF 实体向用户提供用户预定的服务。这样的好处是用户即使漫游到不支持某项业务的网络，也能像在本地一样得到需要的服务。S-CSCF 实体执行的功能如下。

- 作为注册服务器，对来自 UE 的注册请求消息进行处理，负责用户的注册。
- 与归属用户服务器交互，完成对用户的认证和鉴权，更新归属用户服务器上用户的注册状态信息。
- 认证通过之后，从归属用户服务器中下载用户相关的信息。
- 为移动终端提供业务相关的信息，并对移动终端的会话进行控制。
- 从数据库中获得 I-CSCF 实体的地址，并将 SIP 请求或响应转发给 I-CSCF 实体。
- 对于路由到 PSTN 或 CS 域的呼叫，将 SIP 请求或响应转发到出口网关控制功能 BGCF 模块中。
- 将计费信息发送给 CCF，进行离线计费；或者发给在线计费系统（OCS），进行在线计费。

2. 用户数据管理和认证鉴权功能实体

用户数据管理和认证鉴权功能实体包括归属用户服务器（HSS）及订购关系定位功能实体（SLF）。

归属用户服务器（HSS）是用于存储用户相关信息的服务器。HSS 包含处理媒体会话时所需的用户相关签约数据，主要包括位置信息、安全信息（包括鉴权和授权信息）、用户业务属性信息（包括用户的签约业务信息）及分配给用户的 S-CSCF 实体信息。

当一个 HSS 需要处理的用户数过多时，网络中就需要部署多个 HSS。但是与一个特定用户相关的数据必须存在一个 HSS 中。只有一个 HSS 的网络不需要部署签约定位功能；如果网络中有多个 HSS，就需要一个 SLF。

SLF 是一个简单的数据库，用于将用户地址映射到 HSS 中。当节点查询 SLF 时，输入用户地址，就会查到包含该用户信息的 HSS。在多 HSS 网络环境中，这种机制可以使 I-CSCF 实体、S-CSCF 实体和应用服务器确定包含某用户数据的 HSS 的域名。

3. 媒体资源功能实体（MRF）

MRF 在归属网络中提供媒体资源。MRF 作为网络公共资源，向归属网络提供语音播放、混合媒体流播放、不同编/译码转换、统计信息获取及媒体分析等能力。MRF 进一步分为信令面节点（MRFC）和媒体面节点（MRFP）两部分。MRFC 通过 H.248 协议控制 MRFP 中的资源，由 MRFP 实现所有与媒体相关的功能，如为用户提供多媒体流混合（多方会议）、多媒体信息播放、媒体内容解析处理（码变换、语音识别）等服务。

4. 业务控制功能实体

为了适应下一代网络业务与控制分离的原则，IMS 必须提供开放的接口来接入各种业务服务器，允许各种业务提供商通过标准接口向网络提供服务。

应用服务器（AS）是一个提供增值多媒体业务的 SIP 实体。它包括 SIP 应用服务器（SIP AS）、IP 多媒体业务交换功能（IP Multimedia-Service Switching Function，IM-SSF）实体和开放业务接入的业务能力服务器（Open Service Access-Service Capability Servers，OSA-SCS）3 类，分别用来支持运营商 IMS 网络直接提供的 SIP 业务、CAMEL 业务环境（CSE）提供的传统移动智能网业务和第三方提供的业务。

（1）SIP 应用服务器（SIP AS）是业务的存放及执行者，可以基于业务影响一个 SIP 对话。由于 IP 多媒体业务控制（IP multimedia Service Control，ISC）接口采用了 SIP，所以它可以直接与 S-CSCF 实体相连，简化了信令的转换过程。

SIP 应用服务器主要是为 Internet 业务服务的，这种结构使 Internet 业务可以直接移植到通信网中。

（2）IP 多媒体业务交换功能（IM-SSF）实体是 IMS 域向传统智能网提供业务能力的一个接口实体，其主要功能包括完成 SIP 信令与 CAP 信令的转换，SIP 状态自动机与智能网的基本呼叫状态机（BCSM）的维护和特征映射，以及离线计费和在线计费。

（3）开放业务接入的业务能力服务器（OSA-SCS）是 IMS 域向 OSA-AS 提供业务能力的一个接口实体，其主要功能是完成 SIP 信令到 OAS API 的转换和计费。

5．互通功能实体

互通功能实体包括出口网关控制功能（BGCF）实体、媒体网关控制功能（MGCF）实体、信令网关（SGW）、媒体网关（MGW）、IMS 应用层网关（IMS-ALG）和转换网关（TrGW）。

- BGCF 实体是一个具有路由功能的 SIP 实体，是 IMS 域与外部网络的分界点。当 IMS 终端向 PSTN/CS 域发起呼叫时，由 BGCF 实体决定向哪个网络转发信令：如果目的 PSTN/CS 域为本地域，则 BGCF 实体向与本地 PSTN/CS 域接口的 MGCF 实体转发信令；否则，向外地域的一个 BGCF 实体转发信令。
- MGCF 实体是 IMS 网络与传统电路交换网实现互通的功能实体，主要负责控制层面信令的互通。它一方面负责协议的转换，将 SIP 映射成在 IP 上承载的 ISUP 或 BICC；另一方面，通过 H.248 协议实现对 MGW 的控制。
- SGW 负责底层协议转换，如将通过 SCTP/IP 承载的 ISUP 或 BICC 转换为由 MTP 承载（No.7 信令承载）的 ISUP 或 BICC。
- MGW 主要完成 IMS 网络与电路交换网之间的媒体转换。MGW 的一侧能通过 RTP 发送或接收 IMS 媒体，另一侧通过一条或多条 PCM 连接到 CS 网络。另外，当 IMS 终端不支持 CS 侧的编/译码时，MGW 还可以执行码型转换。通常的场景是 IMS 终端使用 AMR 编译码器，而 PSTN 终端则使用 G.711 编译码器。
- IMS-ALG 和 TrGW 负责对 IPv4 与 IPv6 网络的协议进行转换，从而实现互通。其中，IMS-ALG 负责处理控制面信令，即 SIP 和 SDP 消息；TrGW 用于处理媒体面业务，如 RTP 和 RTCP。

IMS 各功能实体的关系如图 7.2 所示。

6．IMS 其他重要网元功能

- PCRF（Policy Charging Rule Function，策略和计费规则功能）实体实现移动网络中的 QoS 控制功能。该功能实体包含策略控制决策和基于流计费控制的功能，PCRF 接受来自 PCEF（策略和计费执行功能）实体、SPR（用户属性存储器）和 AF（应用功能）实体的输入，向 PCEF 提供关于业务数据流检测、门控、基于 QoS 和基于流计费（除信用控制外）的网络控制功能。
- SPDF/ARACF 实现固定网的 QoS 控制功能。

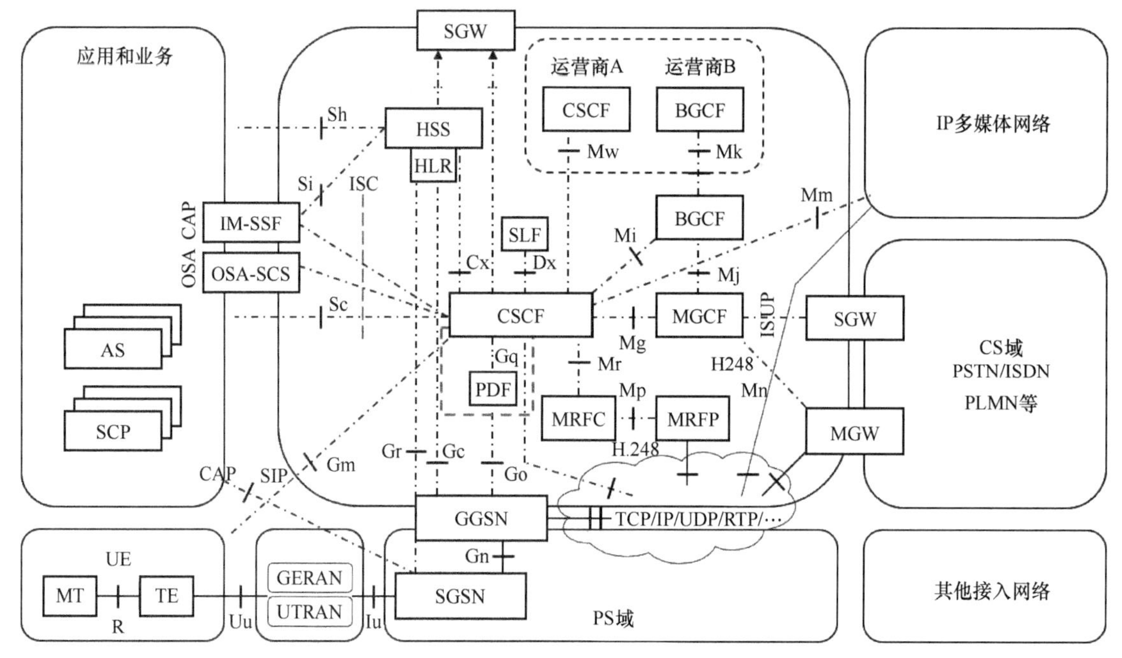

图 7.2 IMS 各功能实体的关系

- DNS、ENUM（Electronic Numbers to URI Mapping）服务器，在 IMS 网络中主要完成用户 E.164 号码与 SIP URI 之间的转换，并提供用户归属域域名对应 IP 地址的映射，协助 IMS 核心网网元完成会话的路由。其中，DNS（Domain Name System）服务器负责 URL 地址到 IP 地址的解析；ENUM（E.164 Number URI Mapping）服务器负责电话号码到 URL 的转换。
- NAT/ALG/SBC 设备，完成公私网的 IP 地址转换、媒体流转发及网络安全保障等功能。当 FW/NAT 发现外网呼叫信令为 SIP 时，将其转发到 ALG（应用层网关）中，通过 ALG 建立起内网伪地址终端与外网终端的通信连接。SBC 是 VoIP 接入层设备，通过在网络的边界处对会话进行控制来实现 NAT/防火墙穿透功能，同时能够进行带宽限制、会话管理、流量统计等。

电路交换（CS）域与现有的 2G 网络类似，采用电路交换技术提供话音业务。

分组交换（PS）域是在 2.5G（GPRS）网络中引入的，主要网元设备有 SGSN（Service GPRS Switch Node）和 GGSN（Gateway GPRS Switch Node）。它们负责向终端提供 IP 连接，用户通过该域进入 Internet，可以发送邮件、浏览网页。PS 并没有在 IP 上定义任何特殊的体系结构，主要是一种接入技术。

IMS 采用 SIP 作为主要的信令协议，使得移动运营商可以为用户提供端到端的全 IP 的多媒体业务。

HSS 相当于 2G 网络中的 HLR，存储了与一个单独用户相关的 S-CSCF 实体和相应的用户简介，因此它知道用户的位置和用户指定的服务。CSCF 实体可以向 HSS 进行询问以获得这些信息。

7.3　IMS 的主要协议和接口

7.3.1　IMS 的主要协议

7.2 节介绍了 IMS 的各个功能实体，这些功能实体之间需要进行通信，因此，IMS 系统定义了这些功能实体之间通信的接口。下面对这些接口和接口上所用的协议进行说明。

1．SIP

SIP 是由 IETF 制定的一个在 IP 网络上进行多媒体通信的应用层控制协议，用来创建、修改和终结一个或多个参与者参与的会话进程。这些会话包括 Internet 多媒体会议、Internet 电话、远程教育及远程医疗等。

2．Diameter 协议

鉴权、认证和计费（AAA）体制是网络运营的基础，Diameter 协议是由 IETF 基于 RADIUS（Remote Authentication Dial In User Service，远程拨入用户认证服务）开发的认证、授权和计费协议。Diameter 协议包括基本协议、NAS（Network Access Service，网络接入服务）协议、EAP（Extensible Authentication Protocol，可扩展认证协议）、MIP（Mobile IP，移动 IP）、CMS（Cryptographic Message Syntax，密码消息语法）协议等。Diameter 协议支持移动 IP、NAS 请求、移动代理的认证、授权和计费工作，协议的实现与 RADIUS 类似。

3．COPS 协议

COPS 协议是 IETF 开发的一种简单的查询和响应协议，主要用于在策略服务器（策略决策点 PDP）与其客户机（策略执行点 PEP）之间交换策略信息。

4．H.248 协议

H.248 协议是 IETF、ITU-T 制定的媒体网关控制协议，用于 MGC 和 MGW 之间的通信，是实现 MGC 对 MGW 控制的一个非对等协议。

7.3.2　IMS 的主要接口

IMS 的主要接口及其协议如表 7.1 所示。

表 7.1　IMS 的主要接口及其协议

接　口	作　用	协　议
Gm 接口	用于 UE 和 CSCF 实体的通信，主要完成 UE 注册、鉴权和会话控制	SIP
Mw 接口	用于连接不同的 CSCF 实体，在各类 CSCF 实体之间转发注册、会话控制及其他事务处理消息	SIP
Cx 接口	用于 CSCF 实体和 HSS 之间的通信	Diameter
Mg 接口	用于 S-CSCF 实体与 MGCF 实体之间，实现主叫用户 S-CSCF 实体到各 MGCF 实体及各 MGCF 实体到被叫用户 S-CSCF 实体的 SIP 会话双向路由功能	SIP
Mi 接口	用在 IMS 网络和 CS 域互通时，在 CSCF 实体和 BGCF 实体之间传递会话控制信令	SIP
Mk 接口	允许 BGCF 实体将会话控制信令转发到另一个 BGCF 实体中	SIP

（续表）

接　口	作　用	协　议
Mm 接口	用于 CSCF 实体与其他 IP 网络之间，负责接收并处理一个 SIP 服务器或终端的会话请求	SIP
Mj 接口	用在 IMS 网络和 CS 域互通时，在 BGCF 实体和 MGCF 实体之间传递会话控制信令	SIP
Mn 接口	用于 MGCF 实体和 IM-MGW 之间，完成灵活的连接处理，支持不同的呼叫模型和媒体处理，以及 IMS-MGW 物理节点上资源的动态共享	H.248
Mr 接口	用于 CSCF 实体与 MRFC 之间，由 CSCF 实体将来自 SIP AS 的资源请求消息转发到 MRFC 中，由 MRFC 最终控制 MRFP 完成与 IMS 终端用户之间的用户面承载建立	SIP
Mp 接口	用于 MRFC 与 MRFP 之间，MRFC 通过该接口控制 MRFP 处理媒体资源	H.248
Dx 接口	用于 CSCF 实体和 SLF 之间的通信，确定用户签约数据所在的 HSS 地址	Diameter
Gq 接口	用于 P-CSCF 实体与 PDF 之间，传输策略配置信息	Diameter
Go 接口	用于 PDF 与 GGSN 之间，完成 PDF 在 GGSN 里承载策略的应用	COPS

7.4 IMS 的通信流程

7.4.1 IMS 入口点的发现机制

由于 P-CSCF 实体是终端 UE 在 IMS 网络中的第一个连接点，因此，在 UE 接入 IMS 网络之前，首先需要获得 P-CSCF 实体的 IP 地址信息。而 UE 找到这些地址的机制称为 P-CSCF 实体的发现机制。在国际标准中，规定了两种入口点发现机制：静态机制和动态机制。

1．静态机制

静态机制是指在 IMS 终端上配置 P-CSCF 实体的 IP 地址或域名。这种方式的缺点是无法很好地支持用户漫游。当用户漫游到其他省的 IMS 网络时，由于用户无法获知漫游地的 SBC 地址和域名信息，因此无法对 SBC 的配置进行修改，信令和媒体仍然会从归属省的 SBC 接入，这样会造成媒体面的迂回，占用网络资源，降低承载的传输服务质量。

2．动态机制

3GPP 定义了两种动态入口点的发现机制。

（1）使用 PDP 关联激活信令发现 P-CSCF 实体方式。

使用 PDP 关联激活信令发现 P-CSCF 实体方式用于 GPRS 移动终端通过 PS 域接入 IMS 的场景。使用 PDP 关联激活信令发现 P-CSCF 实体的过程如图 7.3 所示，GGSN 在建立 IMS 信令承载的 PDP 上下文（可视为 UE 和 GGSN 之间的数据通道）时，在 PDP 相关信令中携带 P-CSCF 的地址给 UE。该方式对 PS 域的 GGSN 有特殊要求，需要对 GGSN 进行升级改造。

（2）DHCP+DNS 查询方式。

在 PHCP+DNS 查询方式下，通过 IP 接入网中的 DHCP 转发代理服务器在 UE 和 DHCP 服务器之间转发消息，获得 P-CSCF 实体的地址。UE 发送一个 DHCP 请求给 IP-CAN，该 IP-CAN 会将这个请求转发给 DHCP 服务器。在这个请求中，UE 可以要求返回一个列有 P-CSCF 实体的 IP 地址的列表或一个列有 P-CSCF 实体的名字（域名）的列表。当返回的是 P-CSCF 的名字列表时，UE 需要执行 DNS 查询来找到 P-CSCF 实体的 IP 地址。DHCP+DNS

查询过程如图 7.4 所示。DHCP+DNS 查询过程是一种通用的机制，各种类型的接入都可以通过这个机制发现 P-CSCF。

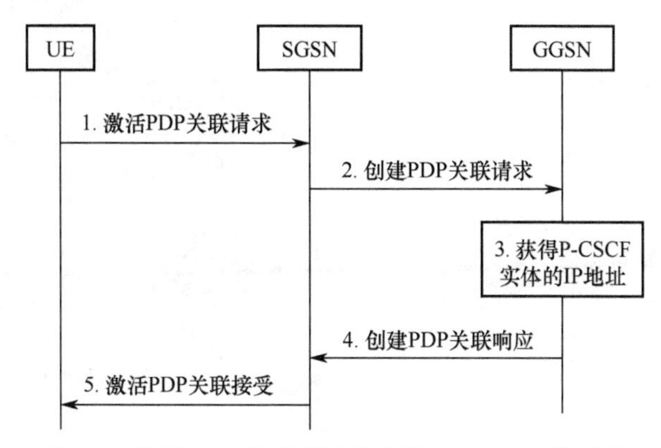

图 7.3　使用 PDP 关联激活信令发现 P-CSCF 的过程

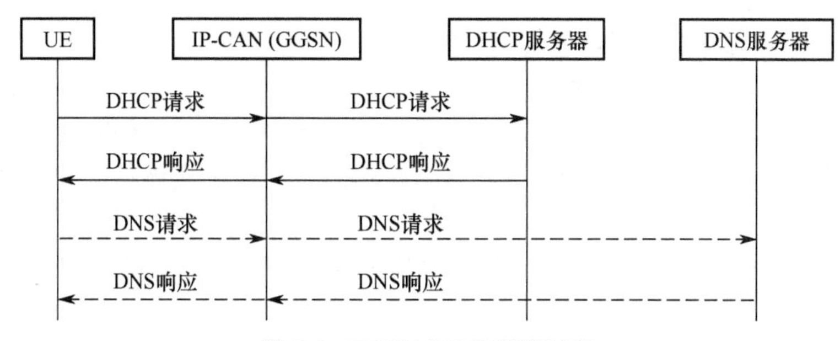

图 7.4　DHCP+DNS 查询过程

7.4.2　注册过程

IMS 注册包含两个阶段：第一阶段是网络如何质疑用户，第二阶段是 UE 如何响应这个质疑并完成注册。首先，UE 向找到的 P-CSCF 实体发送一个 SIP REGISTER 请求。这个请求会包含一个需要注册的用户标识符和所属地域名（I-CSCF 实体的地址）。P-CSCF 实体对这个 REGISTER 请求进行处理，并使用提供的所属地域名解析出 I-CSCF 实体的 IP 地址。接着，这个 I-CSCF 实体会联系 HSS，并获取进行 S-CSCF 实体选择所需的能力。在完成 S-CSCF 的选择之后，I-CSCF 实体把这个 REGISTER 请求转发给 S-CSCF 实体。另外，S-CSCF 实体还会发现用户没有被授权的情况，因此，它会从 HSS 中获取认证数据并用“401 未授权”应答来质疑用户。然后，UE 会计算出这个质疑的应答并给 P-CSCF 实体发送一个新的包含这个应答的 REGISTER。P-CSCF 实体会再次找到 I-CSCF 实体，I-CSCF 实体会再次找到 S-CSCF 实体。S-CSCF 实体最终会检查这个应答，如果正确，则从 HSS 下载 UE 描述，并发送一个 200 OK 响应，表示接受这个注册。一旦 UE 成功被授权，UE 就能够发起和接收会话了。在注册过程中，UE 和 P-CSCF 实体例都会知道网络中的哪个 S-CSCF 实体将会为 UE 提供服务。注册流程如图 7.5 所示。

具体流程如下。

（1）UE 发出注册请求。

（2）P-CSCF 实体通过 DNS 得到 UE 归属网的 I-CSCF 实体。

（3）P-CSCF 实体把注册信息转给 I-CSCF 实体。

（4）I-CSCF 实体查询 HSS，为 UE 选择一个 S-CSCF 实体。

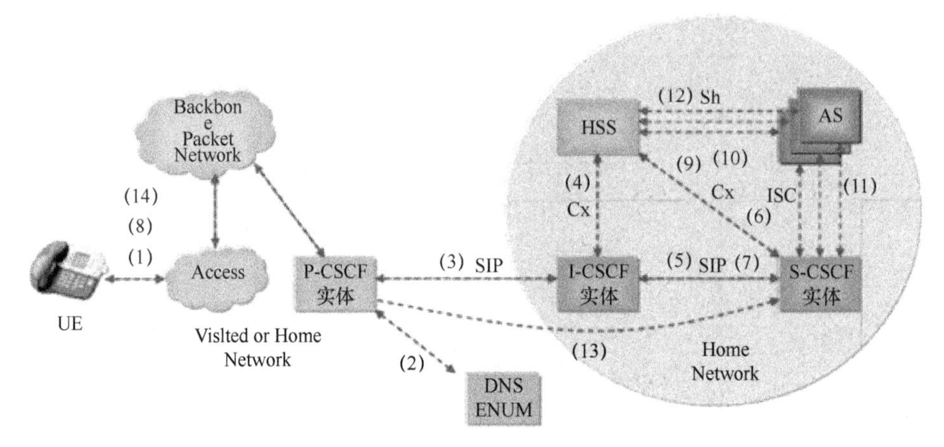

图 7.5 注册流程

（5）I-CSCF 实体将注册信息转给 S-CSCF 实体。

（6）S-CSCF 实体从 HSS 中得到 UE 的认证信息。

（7）S-CSCF 实体会发现 UE 没有授权，因此，它会从 HSS 中获取认证信息并用“401 Unauthorized”应答来质疑 UE，并通过 I-CSCF 实体和 P-CSCF 实体将“401 Unauthorized”消息转发给 UE。

（8）UE 会计算这个质疑的应答，给 P-CSCF 实体发一个新的包含这个应答的注册请求，并重复（2）～（5）步。

（9）S-CSCF 实体检查这个应答，如果正确，则认证通过，S-CSCF 实体通知 HSS 存储 UE 的注册信息。

（10）S-CSCF 实体从 HSS 中下载 UE 数据和业务信息。

（11）S-CSCF 实体通知 AS 进行第三方业务注册。

（12）AS 从 HSS 中得到 UE 数据。

（13）P-CSCF 实体向 S-CSCF 实体订阅注册事件通知。

（14）UE 向 S-CSCF 实体订阅注册事件通知。

7.4.3 会话的基本建立流程

会话是两个 UE 之间为建立、更改和释放媒体所需建立的连接。会话起始于 INVITE 请求，并终止于 BYE 请求的 200 OK 响应。

会话描述了两个用户之间的媒体连接。会话流程是指实现主叫 UE 和被叫 UE 之间的多媒体会话过程。会话流程中包括媒体的协商过程（包括媒体类型和编码方式的协商）和双方的资源预留过程。

假设用户 A 想和用户 B 建立会话，则此时 IMS 用户会话的基本建立流程如图 7.6 所示。

（1）用户 A 产生一个 SIP INVITE 请求，并通过 Gm 接口发送给 P-CSCF 实体。

（2）P-CSCF 实体对这个请求进行一定的处理。例如，解压这个请求并通过 Mw 接口转发给 S-CSCF 实体，在转发之前，要先验证主叫的用户标识符。S-CSCF 实体进一步处理这个请求和执行服务控制，这可能包含和 AS 的交互，但是最终会根据 SIP INVITE 消息中的被叫用户标识符决定被叫所属的网络。

（3）被叫网络中的 I-CSCF 实体会通过 Mw 接口接收这个请求。

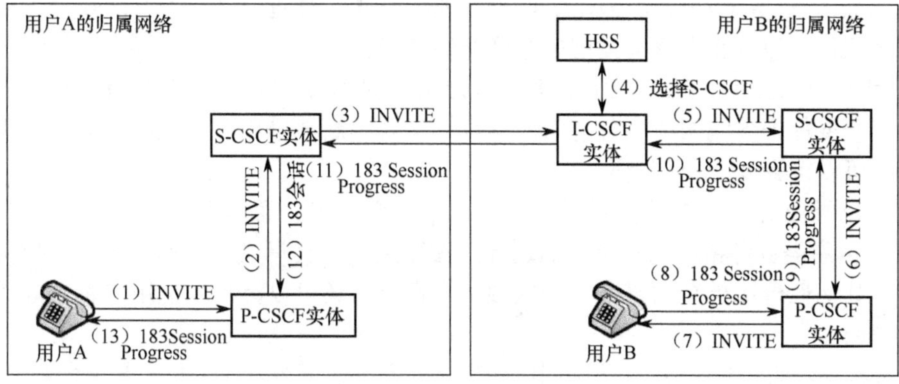

图 7.6　IMS 用户会话的基本建立流程

（4）I-CSCF 实体通过 Cx 接口联系 HSS，以获取为被叫提供服务的 S-CSCF 实体。

（5）INVITE 请求又通过 I-CSCF 实体的 Mw 接口发送给被叫的 S-CSCF 实体。

（6）这个 S-CSCF 实体负责处理收到的会话，这可能包含和 AS 的交互，并最终通过 Mw 接口发送给 P-CSCF 实体。

（7）在进一步处理之后（如压缩和私密检查），P- CSCF 实体通过 Gm 接口将 INVITE 请求转发给用户 B。

（8）～（13）用户 B 产生一个应答消息，即 183 Session Progress（183 会话进行中），这个应答消息沿着刚才建立好的路径（用户 B→P-CSCF 实体→S-CSCF 实体→I-CSCF 实体→S-CSCF 实体→P-CSCF 实体→用户 A）反方向发送给用户 A。在几次消息交互后，两个用户都完成了会话的建立，并可以开始真正的上层应用服务。在会话建立的过程中，运营商可能会控制用来传输媒体的承载通道。

7.5　IMS 的发展现状与应用

IMS 作为电信未来网络演进的方向，采用标准开放的 SIP 接口，提供基本的会话控制、路由、计费和媒体控制等功能，属于网络架构中的控制层，对上层应用层提供标准的框架和接口。因此，在 IMS 上开展业务，只需考虑特有的业务逻辑和实现，而不需要关心整个业务实现过程中如何呼叫、如何控制、如何计费和如何路由等。这种网络架构的开放性为网络的业务能力开放奠定了基础。

从网络架构上来看，IMS 能力的开放可以分为以下两种。

- 向上开放能力：IMS 提供标准的协议接口，面向一些大型应用网站，如淘宝、网易网站开发人员针对具体的业务应用进行逻辑开发，通过 IMS 网络接口实现业务功能，如点击拨号等业务。
- SDK 向下开放能力：面对未来 500 亿个用户物联网市场空间，运营商需要有所作为，但需要规避直接介入的途径，应该着眼于物联网市场所需的基本通信诉求。通过开放的模式将通信基础能力提供给物联网用户，供其提升终端能力，并提供专业的可运营、可管理的电信级服务，在双赢的前提下，使 500 亿个“物”自然地延伸为电信网络的新型用户。例如，机顶盒嵌入 RCS 以实现家庭视频通信，普通摄像头嵌入 RCS 音/视频能力以实现个人视频业务，普通门铃嵌入 Video 能力以实现小区安防，以及正在蓬勃发展的车联网通信等。

IMS 是一个在分组（PS）域上的多媒体控制/呼叫控制平台，使得分组域具有电路域的部分功能，既要保证传统网络业务能力的继承，又要不断地推出更新颖的业务。将不同的业务进行分组可以得到以下一些类型。

（1）信息类业务：这类业务对用户来讲已经非常熟悉，而且为运营商带来了良好的收益。IMS 的信息类业务带给用户更多的选择，在享用这些信息类业务的同时，用户可以随心所欲地选择其他性价比更高的媒介，如视频和声音等；还可以灵活地选用实时业务或非实时业务进行沟通。

（2）多媒体呼叫话音业务：可以给用户在原有的话音业务操作和应用上带来全新的体验。

（3）增强型呼叫管理：可以实现让用户自己控制业务，使用户的沟通更加灵活。

（4）群组业务：将不同的通信媒介聚合起来，为用户提供新的业务体验。另外，IMS 还可以对业务进行新的开发和组合，突破传统的一对一的通信方式限制，提供基于群组的通信方式。

（5）信息共享：常见的邮件携带附件的沟通模式可以完成部分信息共享功能，但是在许多情况下显得不够灵活，于是实时在线的信息共享通信应运而生，多个用户可以实时处理同一个数据文件。

（6）在线娱乐：移动终端可以直接和信息资源互联。IMS 方式可以更好地呈现信息的更新和沟通，并可以随着用户需求的增长对信息进行必要的过滤；对于用户的在线游戏，IMS 可以为用户提供从单机游戏到多用户在线参与的在线娱乐方式，同时，用户可以采用多种多媒体形式进行沟通交流。

随着 IMS 技术和产品的逐渐成熟，已经有一些运营商开始了 IMS 的商用，还有一些运营商在进行相关的测试。从测试情况看，移动运营商已经开始商用，而固网运营商还主要处于试验阶段。综合考虑，目前 IMS 的应用主要集中在以下几方面。

第一是在移动网络中的应用，这类应用是移动运营商为了丰富移动网络的业务而开展的，主要是在移动网络的基础上用 IMS 提供 PoC、即时消息、视频共享等多媒体增值业务，应用重点集中在给企业用户提供 IPCENTREX 业务和给公众用户提供 VoIP 第二线业务。

第二是固定运营商出于网络演进和业务的需要，通过 IMS 为企业用户提供融合的企业应用（IPCENTREX 业务），以及向固定宽带用户（如 ADSL 用户）提供 VoIP 应用。

第三种典型的应用是融合的应用。随着通信网络的发展与演进，融合是不可避免的主题，固定和移动的融合（FMC）更是迫切要解决的问题。ETSI 给 FMC 下的定义是“固定和移动的融合是一种能提供与接入技术无关的网络能力。但这并不意味着一定是物理上的网络融合，而只关心一个融合的网络体系结构和相应的标准规范。这些标准可以用来支持固定业务、移动业务及固定移动混合的业务。固定移动融合的一个重要特征是用户的业务签约和享用的业务将从不同的接入点与终端分离，以允许用户从任何固定或移动的终端上，通过任何兼容的接入点访问完全相同的业务，包括在漫游时也能获得相同的业务。”ETSI 在给 FMC 下定义的同时，对固定和移动网络的融合提出了相应的要求。

在 IMS 中，全部采用 SIP，虽然 SIP 也可以实现最基本的 VoIP，但是这种协议在多媒体应用中展现出来的优势表明它天生就是为多媒体业务而生的。由于 SIP 非常灵活，所以 IMS 还存在许多潜在的业务。

IMS 是 3GPP 在 R5 规范中提出来的，旨在建立一个与接入无关、基于开放的 SIP/IP 及支持多种多媒体业务类型的平台来提供丰富的业务。它将蜂窝移动通信网络技术、传统固定网络技术和互联网技术有机地结合起来，为未来的基于全 IP 网络多媒体应用提供了一个通用的业务智能平台，也为未来网络发展过程中的网络融合提供了技术基础。IMS 的诸多特点使得其一经提出就成为业界的研究热点，是业界普遍认同的解决未来网络融合问题的理想方案和发展方向，但对于 IMS 将来如何提供统一的业务平台实现全业务运营、IMS 的标准化及安全等问题，仍需要进一步研究和探讨。

传统的电信网络采用独立的信令网完成呼叫的建立、路由和控制等过程，信令网的安全能够保证网络的安全。同时，传输采用时分复用（TDM）的专线，用户之间采用面向连接的通道进行通信，避免了来自其他终端用户的各种窃听和攻击。

IMS 网络与互联网相连接，基于 IP 协议和开放的网络架构，可以将语音、数据、多媒体等多种不同业务，通过采用多种不同的接入方式来共享业务平台，提高了网络的灵活性和终端之间的互通性，不同的运营商可以有效、快速地开展和提供各种业务。由于 IMS 是建立在 IP 基础上的，使得 IMS 的安全性要求比传统运营商在独立网络上运营的安全性要求要高得多，因此，不管是由移动网接入还是由固定网接入，IMS 的安全问题都不容忽视。

IMS 的安全威胁主要来自以下几方面：未经授权地访问敏感数据以破坏机密性；未经授权地篡改敏感数据以破坏完整性；干扰或滥用网络业务，导致拒绝服务或降低系统可用性；用户或网络否认已完成的操作；未经授权地接入业务等。IMS 中存在的安全问题主要涉及 IMS 的接入安全（3GPP TS33.203），包括：用户和网络认证，以及保护 IMS 终端和网络间的业务；IMS 的网络安全（3GPP TS33.210），处理属于同一运营商或不同运营商网络节点之间的保护业务。除此之外，还有用户终端设备和通用集成电路卡/IP 多媒体业务身份识别模块（UICC/ISIM）的安全问题等。

习　题

7-1　IMS 经历了怎样的发展历程？

7-2　IMS 的特点是什么？

7-3　简述 IMS 体系结构，以及各层的主要功能实体。

7-4　IMS 与软交换有何联系和区别？

7-5　IMS 的主要接口及协议有哪些？

7-6　IMS 入口点的发现机制有哪两种？它们有何特点？

7-7　简述 IMS 的注册过程。

7-8　简述 IMS 会话的基本建立流程。

7-9　目前，IMS 的应用主要集中在哪些方面？

第 8 章　移动交换技术

移动通信是进行无线通信的现代化技术，是电子计算机与移动互联网发展的重要成果之一。早在 1897 年，马可尼在陆地和一艘拖船之间用无线电进行了消息传输，这就是移动通信的开端。20 世纪 20 年代，移动通信开始应用于军事和某些特殊领域；20 世纪 40 年代，在民用方面逐步有所应用；直到最近二三十年，移动通信才真正得到迅猛发展和广泛应用。从 20 世纪 80 年代到现在，移动通信已经历了第一代系统（模拟系统，现已停止运营）、第二代系统（窄带数字系统）、第三代系统（宽带数字系统）、第四代系统（高质量数字系统）的发展阶段，现今已发展到第五代系统（5G 移动通信技术）。

8.1　移动交换概述

8.1.1　移动通信的特点和分类

移动通信既可以是移动体与固定体之间的通信，又可以是移动体之间的通信，包括陆、海、空移动通信，移动体可以是人、汽车、轮船、火车、手机等移动中的物体。移动通信的特点如下。

（1）无线电波传播模式复杂。

由于移动通信采用无线传输方式，所以电波会随着传输距离的增加而扩散衰减；不同的地形、地物对信号也会有不同的影响；信号可能经过多点反射，会从多条路径到达接收点，产生多径效应（电平衰落和时延扩展）；当用户的通信终端快速移动时，会产生多普勒效应（附加调频），影响信号的接收。

（2）噪声和干扰比较严重。

在城市中，移动通信系统运行在汽车火花噪声和各种工业噪声等复杂的干扰环境中。另外，移动用户之间由于同时使用多频道进行信息通信，因而常受到来自其他用户（系统）的信号干扰，如互调干扰、邻道干扰、同频干扰、交调干扰、共道干扰、多址干扰和远近效应等。

（3）频谱资源有限。

考虑到无线覆盖、系统容错和用户设备的实现等问题，移动通信系统基本上选择在特高频 UHF（分米波段）上实现无线传输，而这个频段还有其他系统（如雷达、电视等），因此，移动通信可以利用的频谱资源非常有限。随着移动通信的发展，以及用户数量和业务量的增加，通信容量不断增大，因此，如何采取各种新措施提高频谱的利用率是移动通信系统必须要解决的重要问题。

（4）系统和网络结构复杂。

移动通信是一个多用户通信系统和网络，必须使用户之间互不干扰，能协调一致地工作且用户终端具有可移动性。为了确保与指定的用户进行通信，移动通信系统必须具备很强的管理和控制能力，如用户的位置登记和定位、呼叫链路的建立和拆除、信道的分配和管理、越区切换和漫游的控制、鉴权和保密措施、计费管理等。此外，移动通信系统还应与市话网、卫星通信网、数据网等互联，因此整个系统和网络结构是很复杂的。

（5）对用户终端设备（移动台）要求高。

用户终端设备除技术含量很高外，对于手持机（手机），还要求体积小、质量轻、防震动、省电、操作简单、携带方便；对于车载台，还应保证在高低温变化等恶劣环境下也能正常工作。

移动通信有不同的分类方式，如果按照多址方式划分，则可以分为频分多址、时分多址和码分多址；如果按照使用环境划分，则可以分为陆地通信、海上通信和空中通信；如果按照信号形式；则可以分为模拟移动网和数字移动网；如果按照不同的使用要求和工作场合划分，则可以分为集群移动通信、蜂窝移动通信、卫星移动通信等。

（1）集群移动通信。

集群移动通信是指为多个部门、单位等集团用户提供的利用信道共用和动态分配等技术提供移动通信业务的通信，代表着通信体制之一的专用移动通信网发展方向。

集群移动通信最大的优势就是设立一个基站，可供整个区域用户使用，用户从几十到上百个，覆盖的半径为 30km 左右，发射机的功率高达 200W，可以实现与其他移动平台或市话用户的通信。

（2）蜂窝移动通信。

从 20 世纪 70 年代贝尔实验室发明蜂窝概念以来，蜂窝技术就是移动通信的基础。有时候，人们就将移动通信称为蜂窝通信。

蜂窝网络的组成主要有 3 部分：移动站、基站子系统和网络子系统。移动站就是网络终端设备，如手机或一些蜂窝工控设备 。基站子系统包括日常见到的移动基站（铁塔）、无线收发设备、专用网络（一般是光纤）、数字设备等。蜂窝这个词就能体现出它的特点，即范围比较小，如果想扩大范围，就需要设立多个基站，使基站与基站之间相互连接，利用超短波电波的特点进行传输。

蜂窝的概念解决了移动通信中频率资源有限的问题，直接导致了 20 世纪 80 年代以后的移动通信大发展。

（3）卫星移动通信。

卫星通信就是利用人造卫星作为中转站转发无线电波，从而实现两个或多个地球站之间的通信。一般在静止轨道上放置 3 颗通信卫星，基本上可以覆盖除两极之外的全球范围的通信。

卫星移动通信的最大特点就是可以为移动用户提供通信服务，包括车辆、飞机、船舶甚至个人的通信，而且具有覆盖区域更广、不受地理障碍约束和用户运动限制等优势，因此受到越来越多的重视。

按照频段范围，移动通信可以分为甚低频、低频、中频、高频、甚高频、特高频和超高频等。

甚低频（VLF）：3～30kHz，对应电磁波的波长为甚长波 10～100km。

低频（LF）：30～300kHz，对应电磁波的波长为长波 10～10km。

中频（MF）：300～3000kHz，对应电磁波的波长为中波 100～1000m。

高频（HF）：3～30MHz，对应电磁波的波长为短波 10～100m。

甚高频（VHF）：30～300MHz，对应电磁波的波长为米波 1～10m。

特高频（UHF）：300～3000MHz，对应电磁波的波长为分米波 10～100cm。

超高频（SHF）：3～30GHz，对应电磁波的波长为厘米波 1～10cm。

极高频（EHF）：30～300GHz，对应电磁波的波长为毫米波 1～10mm。

至高频 300～3000GHz，对应电磁波的波长为丝米波 0.1～1mm。

8.1.2 移动通信技术的发展历程

移动通信技术的发展历程如图 8.1 所示，自 20 世纪七八十年代以来，移动通信技术的发展经历了 5 代，保持大约每 10 年更新一代的节奏。

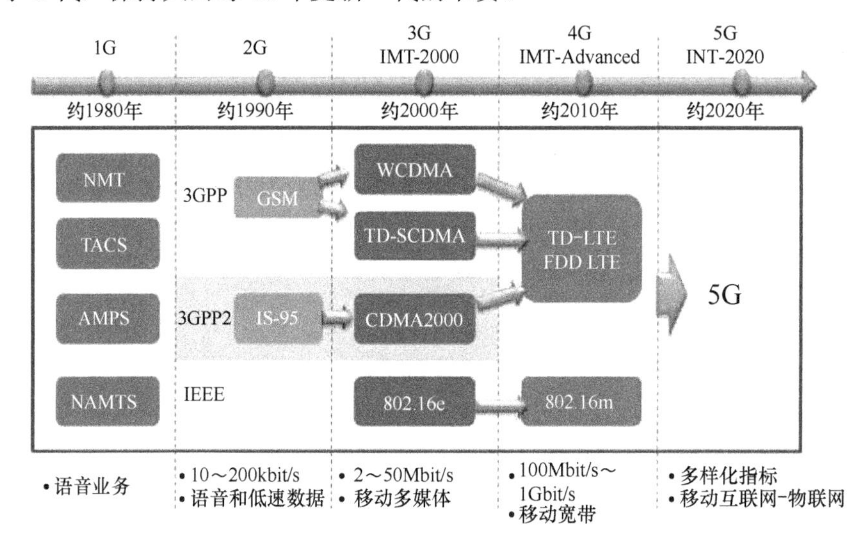

图 8.1 移动通信技术的发展历程

1. 第一代移动通信（1G）

第一代移动通信技术（1G）制定于 20 世纪 80 年代，是指最初的模拟、仅限语音的蜂窝电话标准。20 世纪八九十年代出现于我国的大哥大采用的就是这种技术，因为是大区制，所以覆盖能力并不好。另外，它还受限于传输带宽，容量十分有限，只提供语音通话服务，不支持移动互联网。它用于信息传输的模拟信号通常是一系列连续变化的电磁波，通信安全性、质量及频带利用率都较低，同时存在抗干扰能力差的问题，容易出现串号、掉线等情况。而且当时没有国际标准，出现了美国贝尔实验室于 1978 年年底研制成功的高级移动电话系统（Advanced Mobile Phone System，AMPS），英国的改进型系统 TACS（Total Access Communication System，全接入通信系统），瑞典等北欧 4 国于 1980 年研制成功的 NMT-450 移动通信网，联邦德国（1990 年，两德统一）于 1984 年完成的 C 网络（C-Netz）等。1G 系统的先天不足，使得它无法真正大规模普及和应用，价格更是非常昂贵，成为当时的一种奢侈品和财富的象征。

2. 第二代移动通信（2G）

2G 发展于 20 世纪 90 年代，相比于 1G 技术，2G 最重要的进展是将数字技术引入通信网络，传输的数字信号通常采用离散脉冲电压，又采用了蜂窝网络架构技术，覆盖性能有所增强，频谱利用率高、容量大，克服了 1G 技术的缺点。2G 网络下的通话质量和安全性都得到了提高，不仅可以完成语音通话业务，还可以进行短信收发、邮件传输等数据传输业务，如今最重要的聊天软件之一——QQ 就诞生于 2G 时代。除此之外，2G 技术逐渐开始标准化，形成了基于时分多址（Time Division Multiple Access，TDMA）的全球移动通信系统（Global Systems for Mobile Communications，GSM）和码分多址（Code Division Multiple Access，CDMA）两种标准。其中，GSM 起源于欧洲，发展迅速，使用人数最多，中国移动和中国联通就采用了基于 TDMA 的 GSM 网络，而中国电信则选择了后者。也是从这个时候开始，购买手机的人数渐渐增长。

为了解决中速数据传输问题，衔接 3G 技术，20 世纪末出现了 2.5 代（2.5G）移动通信系统，如通用分组无线系统（General Packet Radio Service，GPRS）。GPRS 让服务者能够依据数据传输量来收费，而不是单纯地以联机时间计费。相对于 GSM 的 9.6kbit/s 的访问速率而言，GPRS 拥有 171.2kbit/s 的访问速率。

3．第三代移动通信（3G）

随着电信业的快速发展，移动通信网络越来越受到人们的重视，也有了更丰富的需求。3G 采用 CDMA 技术，现已基本形成了三大主流技术：W-CDMA、CDMA-2000 和 TD-SCDMA。这 3 种技术都属于宽带 CDMA 技术，都能在静止状态下提供 2Mbit/s 的数据传输速率。但这 3 种技术在工作模式、区域切换等方面又有各自的特点。

W-CDMA（宽频码分多址）是基于 GSM 网发展出来的 3G 技术规范，是欧洲提出的宽带 CDMA 技术，与日本提出的宽带 CDMA 技术基本相同。W-CDMA 的支持者主要是以 GSM 为主的欧洲厂商，日本公司也或多或少参与其中，如爱立信、阿尔卡特、诺基亚、朗讯、北电网络，以及日本的 NTT、富士通、夏普等厂商。该标准提出了 GSM（2G）→GPRS→EDGE→W-CDMA（3G）的演进策略。这套系统能够架设在现有的 GSM 网络上，对系统提供商而言，可以较轻易地过渡。

CDMA-2000 是由窄带 CDMA（CDMA IS95）技术发展而来的宽带 CDMA 技术，也称为 CDMA Multi-Carrier，是由美国高通主导提出的，摩托罗拉、朗讯和后来加入的韩国三星都有参与，最终韩国成为该标准的主导者。这套系统是从窄频 CdmaOne 数字标准衍生而来的，可以从原有的 CdmaOne 结构直接升级到 3G，建设成本低廉。但使用 CDMA 的地区只有日本、韩国和北美，因此，CDMA-2000 的支持者不如 W-CDMA 的支持者多。该标准提出了从 CDMA-IS95（2G）→CDMA-2000 1X→CDMA-2000 3X（3G）的演进策略。CDMA-2000 1X 被称为 2.5 代移动通信技术。CDMA-2000 3X 与 CDMA-2000 1X 的主要区别在于应用了多路载波技术，通过采用三载波使带宽提高。

TD-SCDMA 全称为 Time Division-Synchronous CDMA（时分同步码分多址），是由我国独自制定的 3G 标准，1999 年，由我国原邮电部第一研究所（现为电信科学第一研究所）（大唐电信）向 ITU 提出，但技术发明始于西门子公司。TD-SCDMA 具有辐射低的特点，被誉为绿色 3G。该标准将智能无线、同步 CDMA 和软件无线电等当今国际领先技术融于其中，在频谱利用率、业务支持灵活性、频率灵活性及成本等方面具有独特优势。相对于另两个主要 3G 标准（CDMA-2000 和 W-CDMA），它的起步较晚，技术还不够成熟。

3G 技术中主要包含 4 个功能子系统，分别为核心网、无线接入网、移动台及用户识别模块。其中，无线接入网主要应用了 ITU 基础上的 5 种接入标准，而核心网则应用了将 2G

电路交换形式升级为高速电路交换与分组交换的基本形式。3G 核心网中涵盖了移动交换网与业务服务网两种网络形式，移动交换网主要负责进行无线网与固定网之间的连接、终端移动性能功能的管理；而业务服务网则主要为移动用户提供与固定用户相同的业务和服务，如用户可以享受电子商务、计费及呼叫等一系列服务。

4. 第四代移动通信（4G）

4G 是基于 3G 通信技术的不断创新和发展，是将 3G 与 WLAN 相结合的通信技术，旨在提供与固网一样的光纤级别的网速体验。另外，4G 还采用了 MIMO 天线技术、OFDM 频分复用技术、SA 天线技术等，可以显著提高信噪比和增大信道容量，大大提高了通信质量。通过 4G 网络，用户可以在手机上网游、开启高清视频会议等，理论上速率可达到 100Mbit/s，能够满足几乎所有用户对上网的需求。

4G 在标准上也实现了统一，全球都采用 3GPP 组织提出的 LTE/LTE-Advanced 标准。LTE 又定义了 TD-LTE 和 FDD-LTE 两种网络制式，二者在技术规范上存在较大的共通性和统一性，并且共享相同的二层和三层结构，关键技术也基本一致；二者的主要区别在于无线接入部分，空中接口标准不一致。

2G 网络、3G 网络及 PSTN 电话网络提供的语音业务都是一种基于电路交换的技术。但是从 3G 演进到 4G 时，只提供了数据传输业务，没有提供语音业务，且随着技术的进步，电路交换技术被分组交换技术取代。相比于电路交换，分组交换能够更加高效地利用资源。在 4G 时代，针对语音业务提出了两种解决方案，一种采用 FB 技术，即在通话时回落到 2G/3G 网络，这就导致通话过程中断网，使用十分不便；另一种采用 VoLTE 技术，基本思想是在原有网络中加入 IMS 核心网，从而在 LTE 网络覆盖范围内，通话仍会承载在 4G 网络下，不过因为 LTE 网络普及性不高，所以 VoLTE 的使用率较低。

5. 第五代移动通信（5G）

5G 的性能目标是提高数据传输速率、降低延迟、节省能源、降低成本、增大系统容量和大规模设备连接。虽然 4G 网络已经满足了绝大多数人的日常生活需要，但网络覆盖率和数据带宽仍不尽如人意。并且随着移动互联网的发展，越来越多的设备接入移动网络中，新的服务和应用层出不穷，预计到 2030 年，全球的移动终端数量将接近 180 亿个，移动数据流量增长将接近 2 万倍。5G 网络的主要优势在于数据传输速率远远高于以前的蜂窝网络，最高可达 10Gbit/s，比当前的有线互联网要快，是先前的 4G LTE 蜂窝网络传输速率的 100 倍。另外，它具有较低的网络延迟（更快的响应时间），低于 1ms，而 4G 的延迟为 30～70ms。不仅如此，5G 时代将会实现万物互联，主要目的是让终端用户保持联网状态，除手机外，智能手表、腕带、家庭设备等都会实现联网控制。

5G 系统中的关键技术包括超密集异构网络技术、自组织网络技术、内容分发技术、设备到设备（D2D）通信技术、M2M 通信技术和信息中心网络技术等。

贝尔实验室无线研究部副总裁西奥多·赛泽曾表示，5G 并不会完全替代 4G、Wi-Fi，而是将 4G、Wi-Fi 等网络融入其中，为用户带来更为丰富的体验。通过将 4G、Wi-Fi 等整合进 5G 里面，用户不用关心自己所处的网络，不必再手动连接 Wi-Fi 网络等，系统会自动根据现场网络质量情况连接到体验最佳的网络中，真正实现无缝切换。

8.2　移动通信的基本原理

无论是 GSM 还是 CDMA，也无论是 3G 还是 4G，尽管移动通信技术在不断地进步，但因为移动通信的基本特点是通信终端的位置经常在变动，所以移动通信的基本原理除无线传输的链路，即专业上常说的空中接口外，也基本上没有太大的差别。下面就以 GSM 为例，简明地说一说移动通信的基本原理。

8.2.1　移动通信网络结构

GSM 移动通信网络结构如图 8.2 所示，主要由移动台（Mobile Station，MS）、网络交换子系统（Network Switching Subsystem，NSS）、基站子系统（Base Station Subsystem，BSS）和操作支持系统（Operations and Support System，OSS）4 部分组成。

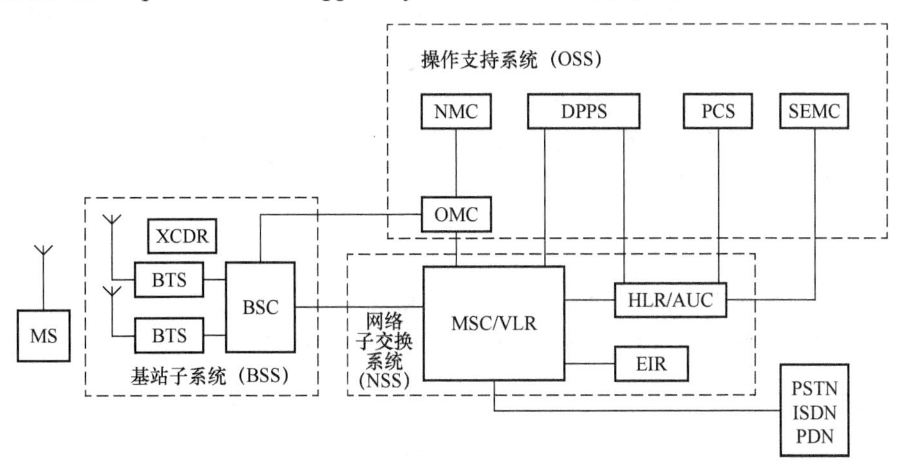

图 8.2　GSM 移动通信网络结构

1．移动台（MS）

MS 是公用 GSM 移动通信网中用户使用的终端设备，也是用户能够直接接触的整个 GSM 系统中的唯一设备。MS 的类型不仅包括手持台（手机），还包括车载台和便携式台。MS 由移动终端设备（Mobile Equipment，ME）和用户识别模块（Subscriber Identity Module，SIM）两部分组成。其中，ME 可以完成语音编码、信道编码、加密、调制/解调，以及发射和接收功能；而 SIM 卡则存有确认用户身份所需的信息，以及与网络和客户有关的管理数据。ME 只有插入 SIM 卡后才能入网，但 SIM 卡不能作为代金卡使用。MS 通过无线空中接口 Um 给用户提供接入网络业务的能力。

2．基站子系统（BSS）

BSS 是 GSM 系统中与无线蜂窝方面关系最直接的基本组成部分，提供 MS 与移动交换中心（MSC）之间的链路。一方面，BSS 通过无线接口设备终端控制器（TCU）直接与移动台相接，负责无线发送/接收和无线资源管理；另一方面，BSS 通过接口设备数字中继器（DTC）与 NSS 中的移动业务交换中心相连，实现移动用户之间或移动用户与固定网络用户之间的通信连接，传送系统信号和用户信息等。

BSS 由基站收发台（Base Transceiver Station，BTS）、基站控制器（Base Station Controller，BSC）、变码器（TransCoder，XCDR）组成，主要负责无线信号的发送、接收及无线资源管理等。

（1）基站收发台（BTS）。

BTS 可看作一个无线调制解调器，负责移动信号的收发处理。一般情况下，在某个区域内，多个子基站的收发台相互组成一个蜂窝状的网络，通过它们之间的信号相互发送和接收来达到移动通信信号的传送，而这个范围内的地区被称为网络覆盖面。如果没有 BTS，就不可能完成手机信号的发送和接收。BTS 不能覆盖的地区也就是手机信号的盲区，因此，BTS 发射和接收信号的范围直接关系到网络信号的好坏，以及手机是否能在这个区域内正常使用。

（2）基站控制器（BSC）。

一个 BSC 通常控制几个 BTS，负责所有的移动通信接口管理，包括无线信道的分配、释放和管理等。另外，当用户使用移动电话时，BSC 还负责为用户打开一个信号通道；当通话结束时，它又把这个信道关闭，留给其他用户使用。除此之外，BSC 还对本控制区内 MS 的越区切换进行控制。例如，当 MS 跨入另一个基站的信号收发范围时，它负责基站之间的相互切换，并保持始终与移动交换中心连接。因此，BSC 主要包括 4 个部件：小区控制器（CSC）、话音信道控制器（VCC）、信令信道控制器（SCC）和用于扩充的多路端接口（EMPI）。

（3）变码器（XCDR）。

XCDR 进行码型变换。例如，XCDR 将来自 MSC 的语音或数据信号（PCM）压缩变换（或反变换）成 GSM 规定的格式（RPE-LTP），以便通过空中接口在 BSS 和 MS 之间传输。

3．网络交换子系统（NSS）

NSS 主要包含 GSM 的交换功能和用于用户数据与移动性管理、安全性管理所需的数据库功能。它对 GSM 移动用户之间的通信和 GSM 移动用户与其他通信网用户之间的通信起着管理作用。NSS 由一系列功能实体构成，包括移动业务交换中心（Mobile Switch Center，MSC）、访问位置寄存器（Visit Location Registor，VLR）、归属位置寄存器（Home Location Registor，HLR）、鉴权中心（Authentication Center，AUC）、移动设备识别寄存器（Equipment Identity Registor，EIR）、互通功能部件（InterWorking Function，IWF）和回声消除器（Echo Canceller，EC）等。在整个 GSM 内部，即 NSS 的各功能实体之间，以及 NSS 与 BSS 之间，都通过符合 CCITT 信令系统 No.7 协议和 GSM 规范的 No.7 信令网络互相通信。

（1）移动业务交换中心（MSC）。

MSC 提供交换功能及面向系统的其他功能实体。MSC 可以从 3 种数据库（HLR、VLR、AUC）中获取处理用户位置登记和呼叫请求所需的全部数据。反之，MSC 也根据其最新获取的信息请求更新数据库的部分数据。MSC 具有号码储存译码、呼叫处理、路由选择、回波抵消、超负荷控制等功能。MSC 作为网络核心，应能支持位置登记、越区切换和自动漫游等移动管理功能；还应支持信道管理、数据传输、鉴权、信息加密、移动台设备识别等安全保密功能。

（2）访问位置寄存器（VLR）。

访问位置寄存器（VLR）是一种用于存储来访用户位置信息的数据库。一个 VLR 通常为一个 MSC 控制区服务，也可为几个相邻的 MSC 控制区服务。当移动用户漫游到新的 MSC 控制区时，必须向该地区的 VLR 申请登记，VLR 要从该用户的 HLR 中查询有关的参数，要给该用户分配一个新的漫游号码（MSRN），并通知其 HLR 修改该用户的位置信息，准备为其他用户呼叫此移动用户时提供路由信息。当移动用户由一个 VLR 服务区移动到另一个 VLR 服务区时，HLR 在修改该用户的位置信息后，还要通知原来的 VLR，删除此移动用户的位置信息。

（3）归属位置寄存器（HLR）。

归属位置寄存器（HLR）是一种用来存储本地用户位置信息的数据库。一个 HLR 能够控制多个移动交换区域。在 GSM 中，通常设置若干 HLR，每个用户都必须在某个 HLR（相当于该用户的原籍）中登记。登记的内容分为两类：一类是永久性的参数，如用户号码、移动设备号码、接入的优先等级、预定的业务类型及保密参数等；另一类是暂时性的且需要随时更新的参数，即用户当前所处位置的有关参数，即使用户漫游到 HLR 所服务的区域外，HLR 也要登记由该区传送来的位置信息。这样做的目的是保证当呼叫任意一个不知处于哪一个地区的移动用户时，均可由该移动用户的 HLR 获知移动台当时处于哪一个地区，进而建立通信链路。

（4）鉴权中心（AUC）。

鉴权中心（AUC）的作用是可靠地识别用户的身份，只允许有权用户接入网络并获得服务。在鉴权过程的帮助下，运营商可以防止网络中的伪 SIM 卡的使用。鉴权过程仅基于一个识别密钥 Ki，它被签发给一个已在 HLR 中建立用户数据的每一个用户。鉴权过程证实用户方的 Ki 和网络方的 Ki 是否完全相同，在建立呼叫、位置更新和终接呼叫（被呼叫方）初期，由 VLR 实施确认。为了执行鉴权，VLR 需要基本的鉴权信息。如果移动站广播 Ki，那么识别数据将在空中传送，这会违背鉴权原理。鉴权的方法是不通过空中发送 Ki，而比较存放在 SM 中的 Ki 是否和存放在网络中的 Ki 相同。当需要鉴权时，SM 会发送一个随机数给用户，通过单向算法，得到一个输出结果，如果用户方和网络方的 Ki 相同，则输出相同的结果，这样就证实了用户的身份。在算法中，通过 Ki 和随机数很容易得到结果。但是不可能将运算结果和此随机数再化为原来的 Ki，因此命名为单向算法。

GSM 使用 3 种算法用于鉴权和加密，这些算法是 A3、A5 和 A8。A3 用于鉴权、A8 用于产生加密密钥、A5 用于加密。A3 和 A8 位于 SIM 卡模块和鉴权中心中，A5 位于 SM 和 BTS 中。

运营者在开始使用安全功能前，移动用户已经在鉴权中心被创建。以下是创建用户所需的信息。

- 用户的 IMSI。
- 用户的 Ki。
- 使用的算法版本。

同样的信息也存储在移动用户的 SIM 卡中。GSM 安全功能的基本原理是比较存储在网络中的数据和存储在用户 SIM 卡中的数据。IMSI 号码是移动用户的唯一识别码，Ki 是一个长度为 32 位的鉴权密钥，A3 和 A8 算法使用这些数字作为鉴权的基本参数。鉴权中心产生一个能用于事务处理期间的、以安全性为目的的信息，这个信息称为鉴权数据组。

鉴权数据组由 3 个数字组成。

- RAND。
- SRES。
- KC。

RAND 是一个随机数，SRES（签字应答）是 A3 算法在一定源信息基础上产生的结果，KC 是 A8 在一定源信息的基础上产生的加密密钥。

鉴权数据组中的 3 个值彼此相互联系，即某个 RAND 和 KC 通过某种算法总是产生某个 SRES 和 KC。

当 VLR 拥有这类 3 个值的组合时，就可以启动移动用户的鉴权过程，VLR 通过 BSS 发送随机数 RAND 至 MS 的 SIM 卡中。由于 SIM 卡拥有和网络方产生数组使用的完全相同的算法，故 SIM 卡收到的随机数通过算法产生的值应该与网络方产生的 SRES 值完全相同，鉴权过程就成功了。

（5）移动设备识别寄存器（EIR）。

EIR 是存储 MS 设备参数的数据库，用于对 MS 设备进行鉴别和监视，并拒绝非法 MS 入网。

EIR 数据库由以下几个国际移动设备识别码（IMEI）表组成：白名单，保存已知分配给合法设备的 IMEI；黑名单，保存已挂失或由于某种原因而被拒绝提供业务的 MS 的 IMEI；灰名单，保存出现问题（如软件故障）的 MS 的 IMEI，这些问题还没有严重到使这些 IMEI 进入黑名单的程度。

（6）互通功能部件（IWF）。

IWF 的作用是使 GSM 与当前可用的各种形式的公众和专用数据网络连接。IWF 的基本功能是完成数据传输过程的速率匹配，以及进行协议的匹配。

（7）回声消除器（EC）。

EC 用于消除移动网和固定网（PSTN）通话时移动网的回声。对全部语音链路来说，在 MSC 中，与 PSTN 互通部分使用一个 EC。即使在 PSTN 连接距离很短时，GSM 固有的系统延迟也会造成不可接收的回声，因此，NSS 需要对回声进行控制。

4．操作支持系统（OSS）

OSS 需要完成许多任务，包括移动用户管理、移动设备管理，以及网络操作和维护。OSS 由网络管理中心（NMC）和操作维护中心（OMC）两部分组成。

NMC 总揽整个网络，处于体系结构的最高层，从整体上管理网络，提供全局性的网络管理，用于长期性规划。

OMC 负责对全网中的每个设备实体进行监控和操作，实现对系统内各种部件的功能监视、状态报告、故障诊断、话务量统计和计费数据的记录与传递、性能管理、配置管理、安全管理等功能。

8.2.2 GSM 的区域与编号计划

1．GSM 的区域

从地理位置范围来看，GSM 分为 GSM 服务区、公用陆地移动网（PLMN）业务区、移动交换控制区（MSC 区）、位置区（LA）、基站区和小区，如图 8.3 所示。

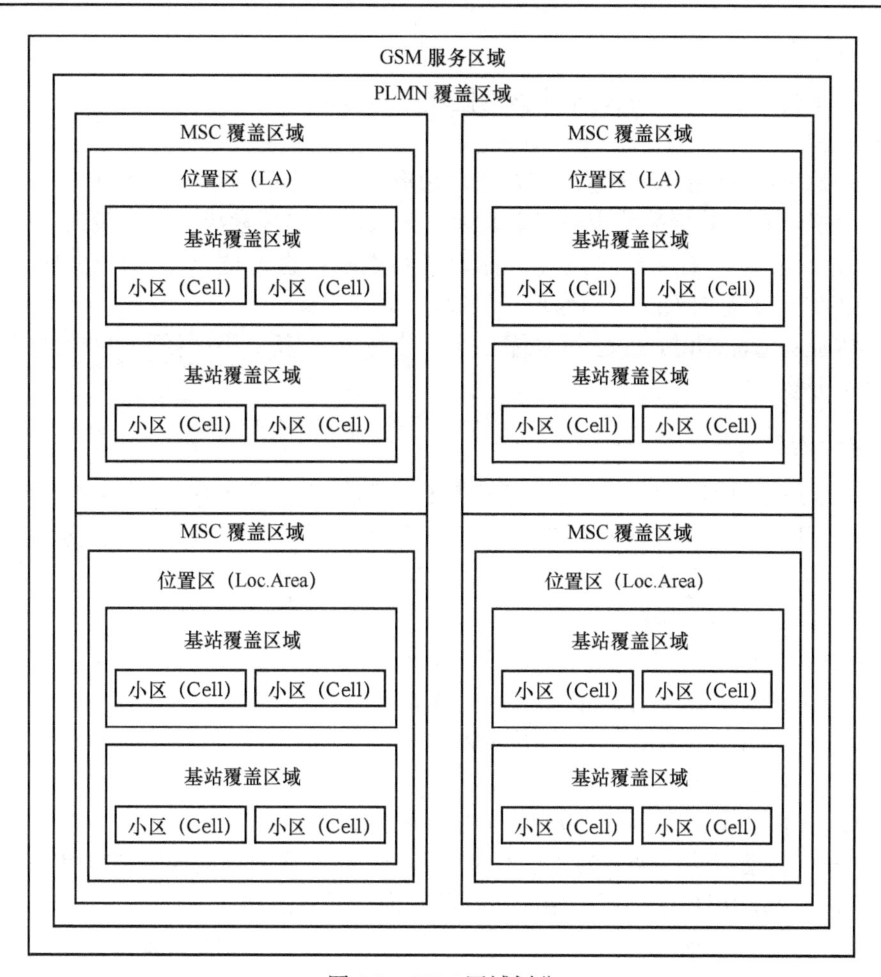

图 8.3　GSM 区域划分

（1）GSM 服务区。

GSM 服务区由联网的 GSM 全部成员组成，移动用户只要在服务区内，就能享受系统的各种服务，包括完成国际漫游。

（2）PLMN 业务区。

PLMN 业务区在由 GSM 构成的 PLMN 中处于国际或国内汇接交换机的级别，可以与 PSTN、ISDN 和公用数据网（PDNN）互联，在该区域内，有共同的编号方法及路由规划。一个 PLMN 业务区包括多个 MSC 区，甚至可扩展至全国。

（3）MSC 区。

在 MSC 区内，有共同的编号方法及路由规划。由一个移动交换中心控制的区域称为 MSC 区。一个 MSC 区可以由一个或多个位置区组成。

（4）位置区。

每个 MSC 区分成若干位置区（LA），位置区由若干基站区组成，与一个或若干基站控制器（BSC）有关。在位置区内，当 MS 移动时，不需要做位置更新。当寻呼移动用户时，位置区内的全部基站可以同时发出寻呼信号。在系统中，以位置区识别码（LAI）来区分 MSC 区的不同位置区。

（5）基站区。

一般将一个基站控制器控制若干小区的区域称为基站区。

（6）小区。

小区也叫蜂窝区（Cell），理想形状是正六边形。一个小区包含一个基站，每个基站包含若干套收发信机，其有效覆盖范围由发射功率、天线高度等因素决定，一般为几千米。基站可位于正六边形中心，采用全向天线，称为中心激励；也可位于正六边形顶点（相隔设置），采用120°或60°定向天线，称为顶点激励。

当小区内业务量激增时，小区可以缩小（一分为 4），新的小区俗称“小小区”，在蜂窝网中称为小区分裂。

2．编号计划

GSM 网络是十分复杂的，主要包括移动台、网络交换子系统、基站子系统和操作支持系统。移动用户可以与市话网用户、综合业务数字网用户和其他移动用户进行接续呼叫，因此必须具有多种识别号码。

（1）国际移动用户识别码（IMSI）。

国际移动用户识别码用于识别 GSM/PLMN 网中用户，简称用户识别码。根据 GSM 建议，IMSI 的最大长度为 15 位十进制数字，格式如下：

MCC	MNC	MSIN/NMSI
3 位数字	1 或 2 位数字	10～11 位数字

- MCC——移动国家码，3 位数字，如中国的 MCC 为 460。
- MNC——移动网号，最多为 2 位数字，用于识别归属的移动通信网（PLMN）。
- MSIN——移动用户识别码，用于识别移动通信网中的移动用户。
- NMSI——国内移动用户识别码，由移动网号和移动用户识别码组成。

（2）临时用户识别码（TMSI）。

为安全起见，在空中传送用户识别码时，用临时用户识别码（Temporary Mobile Subscriber Identity，TMSI）代替 IMSI。因为 TMSI 只在本地有效（在该 MSC/VLR 区域内），所以其组成结构由管理部门选择，但总长不超过 4 字节。

（3）国际移动设备识别码（IMEI）。

IMEI 是唯一的，是用于识别移动设备的号码，用于监控被窃或无效的移动设备，其编码结构如下：

TAC	FAC	SNR	SP
6 位数字	2 位数字	6 位数字	1 位数字

TAC（Type Approval Code，型号批准码）由欧洲型号批准中心分配，共 6 位，其中前 2 位为国家码，后面为批准码。

FAC（Final Assembly Code，最后装配码）表示生产厂或最后装配地，由厂家编码。

SNR（Serial Number，序号码）独立地、唯一地识别每台 TAC 和 FAC 移动设备，因此，同一个牌子的同一型号的 SNR 不可能一样。

SP（Spare，备用码）保留不用，通常是 0。

（4）移动台 PSTN/ISDN 号码（MSISDN）。

MSISDN 用于 PSTN 或 ISDN 拨向 GSM 的号码，总长不超过 15 位数字，其构成如下：

CC　　　　　　　　　　NDC　　　　　　　　SN

国家码（如我国为 86）国内地区码　　　　用户号码

若在以上号码中将国家码 CC 去除，就成了移动台的国内身份号码，即我们日常所说的手机号码。目前，我国 GSM 的国内身份号码为 11 位。

每个 GSM 的网络均分配一个国内地区码（NDC），即网络接入号（手机号的前 3 位），如中国移动 GSM 的接入号为 134～139、150～152、157～159 等，中国联通 GSM 网的接入号为 130～132、155～156 等。

如果一个用户的 MSISDN 为 8615637843074，则 86 是我国的 CC，156 是联通的 NDC，37843074 是 SN，378 是 HLR 标识码。

（5）移动台漫游号码。

当移动台漫游到另一个移动交换中心业务区时，该移动交换中心将给移动台分配一个移动台漫游号码（Mobile Station Roaming Number，MSRN），用于路由选择。漫游号码格式与被访问地的 MSISDN 格式相同。当移动台离开该区后，访问位置寄存器（VLR）和归属位置寄存器（HLR）都要删除该漫游号码，以便再分配给其他移动台使用。

MSRN 的分配过程如下。

① 市话用户通过公用交换电信网发送 MSISDN 至 GSMC、HLR。

② HLR 请求被访问 MSC/VLR 分配一个临时性漫游号码，分配后将该号码送至 HLR 中。

③ HLR 一方面向 MSC 发送该移动台有关参数，如国际移动用户识别码（IMSI）；另一方面向网关 MSC（Gateway MSC，GMSC）告知该移动台的漫游号码，GMSC 即可选择路由，完成市话用户→GMSC→MSC→移动台的接续任务。

（6）位置区识别码（LAI）。

LAI 用于移动用户的位置更新。LAI=MCC+MNC+LAC 。其中，MCC 是移动国家码，用于识别国家，与 IMSI 中的 3 位数字相同。MNC 是移动网号，识别不同的 GSM PLMN，与 IMSI 中的 MNC 相同。LAC 是位置区号码，识别一个 GSM PLMN 中的位置区，最大长度为 16 位，因此，一个 GSM PLMN 中可以定义 65536（2^{16}）个不同的位置区。

（7）小区全球识别码（CGI）。

CGI 用来识别一个位置区内的小区。它是在位置区识别码（LAI）后加上一个小区识别码（CI），即 CGC=MCC+MNC+LAC+CI。其中，CI 用于识别一个位置区内的小区，最多为 16 位。

（8）基站识别码（BSIC）。

BSIC 用于移动台识别不同的相邻基站，采用 6 位编码。

8.2.3　移动呼叫的一般过程

1．MS 开机初始化

MS（移动台）开机初始化可以分为以下两种情况。

（1）MS 是第一次开机的情况。

MS 在 SIM 卡中没有位置区识别码（LAI），MS 向 MSC 发送位置更新请求消息，通知 GSM 这是一个此位置区的新用户。MSC 根据该用户发送的 IMSI，向 HLR 发送位置更新请求，HLR 记录发送请求的 MSC 号及相应的 VLR 号，并向 MSC 回送位置更新接收消息。至此，MSC 认为 MS 已被激活，在 VLR 中对该用户对应的 IMSI 上做“附着”标记，再向 MS

发送位置更新证实消息，MS 的 SIM 卡记录此位置区的 LAI。

（2）MS 不是第一次开机，而是关机后开机的情况。

MS 每次开机都会收到来自其所在位置区中的广播控制信道（BCCH）发出的 LAI，它自动将该 LAI 与自身存储器中的 LAI（上次开机所处位置区的编码）相比较，若相同，则说明该 MS 的位置未发生改变，无须进行位置更新；否则，认为 MS 已由原来位置区移动到了一个新的位置区，必须进行位置更新。

此外，MS 还需要获得接入信道、寻呼信道等公共控制信道的标识，并在获得标识后，监视寻呼信道，处于监听状态。

2. 位置更新

位置更新指的是 MS 向网络登记其新的位置区，以保证在有此 MS 的呼叫时，网络能够正常接续到该 MS。MS 的位置更新主要由另一种位置寄存器——VLR 进行管理。

MS 移动到一个新的位置区，进行初始位置登记的情况可以分为两种：一种是 MS 始终在同一个 MSC/VLR 服务区的不同位置区进行位置区登记，另一种是在不同的 MSC/VLR 服务区进行位置区登记。在不同情况下，进行位置登记的具体过程会有所不同，但基本方法都是一样的。

（1）同 MSC/VLR 中（局内）不同位置区的位置更新。

如图 8.4 所示，MS 由 Cell 3 移动到 Cell 4 的情况就属于同 MSC/VLR（MSC_A/VLR_A）中不同位置区的位置更新。该位置更新的实质是 Cell 4 中的 BTS 通过 BSC 把位置信息传到 MSC_A/VLR_A 中。

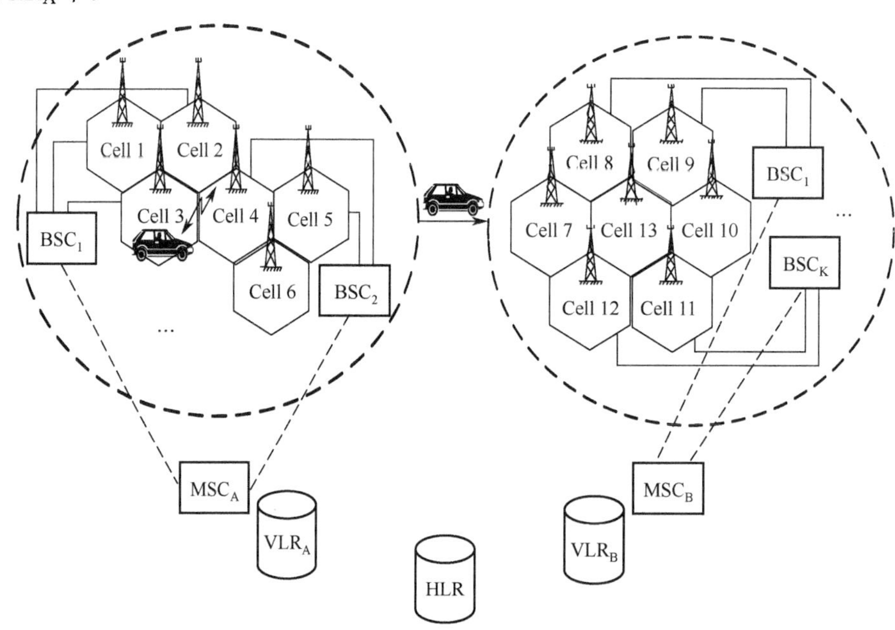

图 8.4 位置更新举例

基本流程如下。

① MS 从 Cell 3 移动到 Cell 4，通过检测由 BTS（Cell 4 的 BTS）持续发送的广播信息，MS 发现新收到的 LAI 与目前 SIM 卡中存储并使用的 LAI 不同。

② MS 通过 BTS 和 BSC 向 MSC_A 发送“我在这里”的位置更新请求信息。

③ MSC_A 分析出新的位置区也属本业务区内的位置区，即通知 VLR 修改 MS 位置信息，VLR 向 MSC 发出反馈信息，通知位置信息已修改成功。

④ MSC_A 通过 BTS 把有关位置更新响应的信息传送给 MS，MS 将自己 SIM 卡中存储的 LAI 修改为当前的位置区号码，位置更新过程结束。

（2）不同 MSC/VLR 之间不同位置区的位置更新。

如图 8.4 所示，移动台由 Cell 5 移动到 Cell 7 的情况就属于不同 MSC/VLR（MSC_A/VLR_A 和 MSC_B/VLR_B）之间不同位置区的位置更新。该位置更新的实质是 Cell 7 中的 BTS 通过 BSC 把位置信息传到 MSC_B/VLR_B 中。

基本流程如下。

① MS 从 Cell 5（属于 MSC_A 的覆盖区）移动到 Cell 7（属于 MSC_B 的覆盖区），通过检测由 BTS 持续发送的广播信息，MS 发现新收到的 LAI 与目前 SIM 卡中存储并使用的 LAI 不同。

② MS 通过 BTS 和 BSC 向 MSC_B 发送“我在这里”的位置更新请求信息。

③ MSC_B 把含有 MSC 标识和 MS 识别码的位置更新信息传送给 HLR（鉴权或加密计算过程从此时开始）。

④ HLR 返回响应信息，其中包含全部相关的 MS 数据，在 VLR_B 中进行 MS 数据登记。

⑤ 通过 BTS 把有关位置更新响应信息传送给 MS（如果重新分配 TMSI，则此时一起送给 MS）。

⑥ 通知 MSC_A/VLR_A 删除有关此 MS 的数据。

3．位置删除

如前所述，当 MS 移动到一个新的位置区并在该位置区的 VLR 中进行登记后，还要由其 HLR 通知原位置区中的 VLR 删除该 MS 的相关信息，这称为位置删除。

4．IMSI 分离/附着

MS 的 IMSI（国际移动用户识别码）在系统的某个 HLR 和 VLR 及该 MS 的 SIM 卡中都有存储。MS 可处于激活（开机）和非激活（关机）两种状态。当 MS 由激活状态转换为非激活状态时，应启动 IMSI 分离进程，在相关的 HLR 和 VLR 中设置标志。这就使得网络拒绝对该 MS 的呼叫，不再浪费无线信道发送呼叫信息。当 MS 由非激活状态转换为激活状态时，应启动 IMSI 附着进程，以取消相应 HLR 和 VLR 中的标志，恢复正常。

5．周期性位置登记

周期性位置登记是指为了防止某些意外情况的发生，进一步保证网络对 MS 所处位置及状态的确知性而强制 MS 以固定的时间间隔周期性地向网络进行的位置登记，可能发生一些意外情况。例如，当 MS 向网络发送“IMSI 分离”信息时，由于无线信道中的信号衰减或受噪声干扰等原因，可能导致 GSM 不能正确译码，这就意味着系统仍认为该 MS 处于附着状态。再如，当 MS 处于开机状态移动到系统覆盖区以外的地方时，即盲区，GSM 认为它仍处于附着状态。

如果系统没有采用周期性位置登记，那么在发生以上两种情况之后，若该 MS 被寻呼，则由于系统认为它仍处于附着状态而不断地发出呼叫信息，无效地占用无线资源。

针对以上问题，GSM 要求 MS 必须进行周期性位置登记，登记时间是通过 BCCH 通知所有 MS 的。若系统没有收到某 MS 的周期性位置登记信息，就会在 MS 所处的 VLR 处以“隐分离”状态给它做标记，若再有对该 MS 的寻呼，则系统不会再呼叫它。只有当系统再次收到正确的周期性位置登记信息后，才将 MS 改为附着状态。

6. 呼叫流程

（1）呼叫信令。

① 主叫过程。

MS 作为起始呼叫者，在与网络端接触前拨被叫号码，然后发送，网络端会向主叫用户做出应答，表明呼叫的结果。主叫过程分为 4 个阶段：接入阶段、鉴权加密阶段、TCH（Traffic Channel，用于传送编码后的语音或用户数据的业务信道）分配阶段和取被叫用户路由信息阶段。

在接入阶段，MS 与 BTS（BSC）建立暂时固定的关系，过程包括信道请求、信道激活、信道激活响应、立即指配、业务请求。

鉴权加密阶段的目的是确认主叫用户的身份，使得网络认为主叫用户是一个合法用户，主要包括鉴权请求、鉴权响应、加密模式命令、加密模式完成、呼叫建立。

TCH 分配阶段表示主叫用户的语音信道已经确定，如果在后面被叫接续的过程中不能接通，则主叫用户可以通过语音信道听到 MSC 的语音提示。该阶段主要包括指配命令和指配完成。

取被叫用户路由信息阶段是指 MSC 接到路由信息后，对被叫用户的路由信息进行分析，得到被叫用户的局向，进行话路接续。该阶段包括向 HLR 请求路由信息、HLR 向 VLR 请求漫游号码、VLR 回送被叫用户的漫游号码、HLR 向 MSC 回送被叫用户的路由信息。

② 被叫过程。

当 MS 作为被叫时，其 MSC 首先通过与外界的接口收到初始化地址消息（IAI），从这条消息的内容及 MSC 已经存在 VLR 中的记录，MSC 可以取到诸如 IMSI、请求业务类别等完成接续所需的全部数据；然后，MSC 对 MS 发起寻呼，MS 接收呼叫并返回呼叫核准消息，此时 MS 振铃；最后，MSC 在收到被叫 MS 的呼叫核准消息后，会向主叫网方向发出地址完成消息。

被叫过程也分为 4 个阶段：接入阶段、鉴权加密阶段、TCH 分配阶段、通话及拆线阶段。

此处的接入阶段和鉴权加密阶段与主叫过程完全一样。

TCH 分配阶段主要包括指配命令和指配完成。经过这个阶段，被叫用户的语音信道已经确定，主叫听回铃音，被叫振铃。如果被叫用户摘机，则进入通话状态。

通话是指用户摘机通话；而拆线则可能由主叫发起，也可能由被叫发起，两者流程基本类似，即拆线，释放，释放完成。没有发起拆线的用户会听到忙音。释放完成后，用户进入空闲状态。

（2）呼叫流程举例。

假设 MS1 服务于 MSC1/VLR1、MS2 服务于 MSC2/VLR2，其中 MS2 归属于 HLR/AUC，呼叫流程如图 8.5 所示。

① 主叫用户 MS1 拨叫 MS2 的电话号码，经过基站系统通知 MSC1。

② MSC1 分析被叫用户 MS2 的电话号码，找到 MS2 所属的 HLR，向 HLR 发送路由申请。

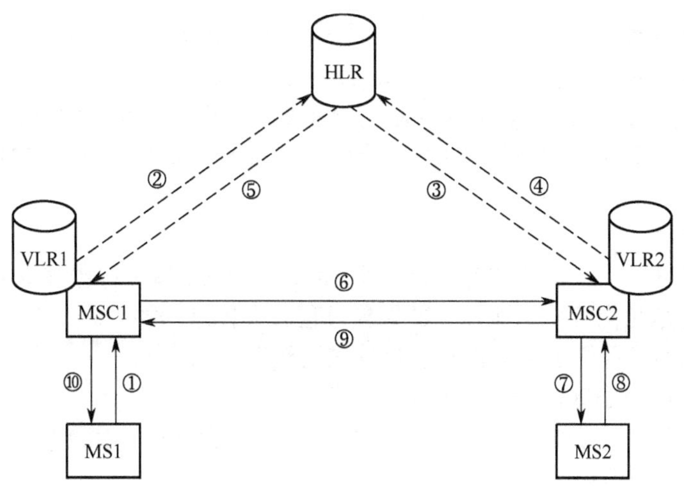

图 8.5　呼叫流程举例

③ HLR 查询 MS2 的当前位置信息，获知 MS2 服务于 MSC2/VLR2，HLR 向 MSC2/VLR2 请求路由信息。

④ MSC2/VLR2 分配路由信息，即漫游号码 MSRN，并将 MSRN 提交给 HLR。

⑤ HLR 将 MSRN 送给主叫 MSC1。

⑥ MSC1 根据 MSRN 与 MSC2 进行呼叫建立。

⑦ MSC2/VLR2 向被叫用户 MS2 发送寻呼消息。

⑧ MSC2/VLR2 收到 MS2 用户可以接入的消息。

⑨ MSC2 与 MSC1 进行呼叫建立。

⑩ MSC1 向主叫 MS1 发送信号接通信号，MS1 与 MS2 可以通话。

8.2.4　越区切换与漫游

1．越区切换

当 MS 从一个小区（指基站或基站的覆盖范围）移动到另一个小区时，为了保持移动用户的不中断通信而进行的信道切换称为越区切换。越区切换也是为了在 MS 与网络之间保持可以接收的通信质量，防止通信中断，这是适应移动衰落信道特性的必不可少的措施。

越区切换的决定主要由 BSS 做出，当 BSS 对当前其与移动用户的无线连接质量不满意时，BSS 会根据现场情况发起不同的切换要求，也可由 NSS 根据话务信息要求 MS 开始切换流程。NSS 发起切换的目的是平衡服务区内各小区的业务量，降低多用户小区的呼损率。切换可以优化无线资源（频率、时隙、码）的使用；还可以及时降低 MS 的功率消耗和减小对全局的干扰电平的限制。

越区切换可以分为 BSS 内部切换、BSS 间的切换和 MSS 间的切换。其中，BSS 间的切换和 MSS 间的切换都需要由 MSC 控制完成，而 BSS 内部切换由 BSC 控制完成。

由 MSC 控制完成的切换又可以划分为 MSC 内部切换、基本切换和后续切换 3 种。

（1）MSC 内部切换。

MSC 内部切换是指移动用户无线信道由当前 BSS 切换到同一个 MSC 下的另一个 BSS 的过程。

整个切换进程由一个 MSC 控制完成，MSC 需要向新的 BSS 发起切换请求，使新的

BSS 为 MS 接入做好准备；新的 BSS 响应切换请求后，MSC 通过原先的 BSS 通知 MS 进行切换；当 MS 在新的 BSS 中接入成功时，MSC 负责建立新的连接。

MSC 在整个切换完成之前需要保持原先的连接，这样可以在 MS 切换失败时继续在原有连接上进行通信。只有在切换已完成时，MSC 才能释放原先的连接并在新连接上为 MS 提供通信功能。

（2）基本切换。

基本切换是指移动用户在通信时，从一个 MSC 的 BSS 覆盖范围移动到另一个 MSC 的 BSS 覆盖范围内，是为保持通信而发生的切换过程。具体过程如下。

① 旧 BSC 把切换目标小区标识和切换请求发至旧 MSC 中。

② 旧 MSC 判断出小区由另一个 MSC 管辖。

③ 新 MSC 分配一个切换号（用于路由呼叫），并向新 BSC 发送切换请求。

④ 新 BSC 激活新 BTS 的一个 TCH。

⑤ 新 MSC 收到新 BSC 的回送信息并与切换号一起转至旧 MSC 中。

⑥ 一个连接在 MSC 间被建立（也许会通过 PSTN）。

⑦ 旧 MSC 通过旧 BSC 向 MS 发送切换命令，其中包含频率、时隙和发射功率。

⑧ MS 在新频率上发送一个接入突发脉冲（通过 FACCH 发送）。

⑨ 新 BTS 收到后，回送时间提前量信息（通过 FACCH 发送）。

⑩ MS 通过新 BSC 和新 MSC 向旧 MSC 发送切换成功信息，旧 TCH 被释放，而控制权仍由旧 MSC 掌握。

（3）后续切换。

后续切换意味着移动用户基本切换完成后，在继续通信过程中又发生了 MSC 间的切换。后续切换根据切换的目的地不同，可以分为两种情形：后续切换回主控 MSC 和后续切换到第三方 MSC。

2. 漫游

移动用户在移动的情况下要求改变与小区和网络联系的特点称为漫游。而在漫游期间改变位置区及位置区的确认过程称为位置更新。相同位置区中的移动不需要通知 MSC，而在不同位置区的小区间移动则需要通知 MSC，位置更新主要由以下几种情况组成。

（1）常规位置更新。MS 由 BCCH 传送的 LAI 确定要更新后，首先通过 SDCCH 与 MSC/ VLR 建立连接，然后发送请求，更新 VLR 中数据，若此时 LAI 属于不同的 MSC/VLR，则 HLR 也要更新，系统确认更新后，MS 和 BTS 释放信道。

（2）IMSI 分离。MS 关机后发送最后一次消息，要求进行分离操作，MSC/VLR 收到后，在 VLR 中的 IMSI 上做分离标记。

（3）IMSI 附着。当 MS 开机后，若此时 MS 处于与分离前相同的位置区，则将 MSC/VLR 中 VLR 的 IMSI 做附着标记；若位置区已变，则要进行新的常规位置更新。

（4）强迫登记。系统确认发生位置更新的 MS 未申请直接更新 VLR 中的数据。

（5）在 IMSI 要求分离时（MS 关机），若信令链路质量不好，则系统会认为 MS 仍在原来的位置，因此，每隔 30 min 要求 MS 重发位置区信息，直到系统确认。

（6）隐式分离。若在规定时间内未收到系统强迫登记后 MS 的回应信号，则对 VLR 中的 IMSI 做分离标记。

8.3　移动交换接口及协议

GSM 是一个复杂的网络系统，在多业务方面，它与 ISDN 有很多共同点，同时增加了来自蜂窝网独有的功能。为了支持全球漫游和多厂商环境，GSM 定义了完备的接口和信令，这些接口和信令协议结构对后续移动通信标准的制定具有重要的影响。

8.3.1　主要接口

GSM 的主要接口是指 A 接口、A-bis 接口和 Um 接口等。其中，A 接口和 Um 接口在图 8.6 中有体现，A-bits 接口如图 8.7 所示。

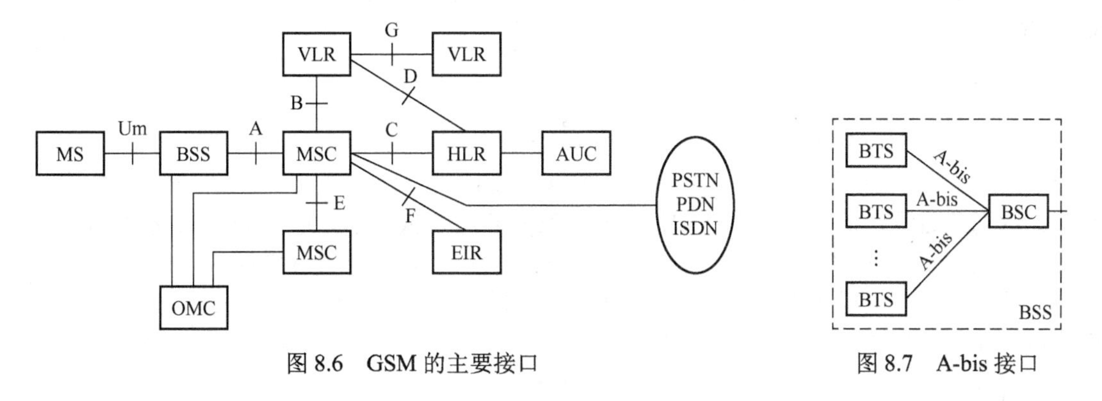

图 8.6　GSM 的主要接口　　图 8.7　A-bis 接口

1. BSS 与 MSC 之间的接口（A 接口）

A 接口定义为 NSS（网络交换子系统）与 BSS（基站子系统）之间的通信接口，从系统的功能实体来说，就是 MSC（移动业务交换中心）与 BSC（基站控制器）之间的接口，其物理连接通过采用标准的 2.048Mbit//s 的 PCM 数字传输链路来实现。此接口传递的信息包括 MS 管理、基站管理、无线资源管理等信息，并采用 No.7 信令作为控制协议与 Um 接口互通。

2. BSC 与 BTS 之间的接口（A-bis 接口）

A-bis 接口定义为 BSS 的两个功能实体——BSC 和 BTS 之间的通信接口。用于 BTS（不与 BSC 并置）与 BSC 之间的远端互联，物理连接通过采用标准的 2.048Mbit//s 或 64kbit//s 的 PCM 数字传输链路来实现。此接口支持所有向用户提供的服务，并支持对 BTS 无线设备的控制和无线频率的分配。当 BSC 与 BTS 之间的距离小于 10m 时，BSC 与 BTS 可以在物理层上采用直接互连的方式，此时，它们之间使用 A-bis 接口的特例——BS 接口。

3. Um 接口（空中接口）

Um 接口又称为空中接口，是移动通信网的主要接口之一。该接口采用的技术决定了移动通信系统的制式。Um 接口定义为 MS 与 BSS 之间的通信接口，用于 MS 与 GSM 的固定部分的互通，其物理连接通过无线链路实现。

4. D接口

D接口定义为HLR与VLR之间的接口，用于交换有关MS位置和用户管理的信息，为移动用户提供的主要服务是保证MS在整个服务区内能建立和接收呼叫。D接口的物理连接是通过MSC与HLR之间的标准2.048Mbit/s的PCM数字传输链路实现的。

5. B接口

B接口定义为VLR与MSC之间的内部接口（VLR经常和MSC合设于同一物理设备中），用于MSC向VLR询问有关MS的当前位置信息或通知VLR有关MS的位置更新信息等。该接口采用No.7信令的移动应用部分（MAP）协议规程。

6. C接口

C接口定义为HLR与MSC之间的接口，用于传递路由选择和管理信息。该接口采用MAP规程。

7. E接口

E接口定义为控制相邻区域的不同MSC之间的接口。当MS在一个呼叫进行过程中从一个MSC控制的区域移动到相邻的另一个MSC控制的区域时，为了不中断通信，需要完成越区信道切换过程，此接口用于在切换过程中交换有关切换信息，以启动和完成切换。E接口的物理连接是通过MSC之间的标准2.048Mbit/s的PCM数字传输链路实现的。对于局间话路接续，该接口采用ISDN用户部分（ISUP）或电话用户部分（TUP）信令规程；对于越区信道切换的信息传送，采用MAP规程。

8. F接口

F接口定义为MSC与EIR之间的接口，用于交换相关的国际移动设备识别码管理信息。F接口的物理连接方式是通过MSC与EIR之间的标准2.048Mbit/s的PCM数字传输链路实现的。

9. G接口

G接口定义为VLR之间的接口。当采用临时移动用户识别码（TMSI）时，此接口用于向分配临时移动用户识别码的VLR询问此移动用户的国际移动用户识别码（IMSI）的信息。

在以上GSM的主要接口中，MS和BSS之间的接口，即Um接口，称为GSM的空中接口，是系统最重要的接口。以下将着重讨论该GSM空中接口及其特征。

8.3.2 空中接口

前面提到，Um接口定义为MS与BSS之间的接口，也可称为无线接口，其重要性体现在以下几方面。

首先，Um接口实现了各种制造商的MS与不同运营商的网络间的兼容，从而实现了MS的漫游。其次，它的制定解决了蜂窝系统的频谱效率问题，采用了一些抗干扰技术和减小干扰的措施。很明显，Um接口实现了从MS到GSM固定部分的物理连接，即无线链路，同时，它负责传递无线资源管理、移动性管理和接续管理等信息。

GSM的Um接口继承了ISDN用户/网络接口的概念，其控制平面包括3个层次：物理层、数据链路层和信令层。

1．物理层 L1

物理层为无线接口最低层，提供无线链路的传输通道，为高层提供不同功能的逻辑信道，包括业务信道 TCH 和控制信道（Control Channel，CCH）。业务信道承载话音编码或用户数据。控制信道用于承载信令或同步数据，GSM 包括 3 种控制信道：广播信道、公共控制信道和专用控制信道。

（1）广播信道（BCH）。

广播信道是一种一点对多点的单方向控制信道，用于基站向 MS 广播公用的信息，传输的内容主要是 MS 入网和呼叫建立所需的有关信息。广播信道又分为：频率校正信道（FCCH），传输供 MS 校正其工作频率的信息；同步信道（SCH），传输供 MS 进行同步和对基站进行识别的信息，这是因为基站识别码是在同步信道上传输的；广播控制信道（BCCH），传输系统公用控制信息，如公共控制信道（CCCH）号码及是否与独立专用控制信道（SDCCH）相组合等信息。

（2）公用控制信道（CCCH）。

公用控制信道是一种双向控制信道，用于呼叫接续阶段传输链路连接所需的控制信令，又分为：寻呼信道（PCH），传输基站寻呼 MS 的信息；随机接入信道（RACH），这是一个上行信道，用于 MS 随机提出入网申请，即请求分配一个独立专用控制信道（SDCCH）；准许接入信道（AGCH），这是一个下行信道，用于基站对 MS 的入网申请做出应答，即分配一个独立专用控制信道。

（3）专用控制信道（DCCH）。

专用控制信道是一种点对点的取向控制信道，用途是在呼叫接续阶段及在通信进行当中，在 MS 和基站之间传输必需的控制信息。它又分为以下几种。

① 独立专用控制信道（SDCCH）：用于在分配业务信道前传送有关信令。例如，登记、鉴权等信令均在此信道上传输，经鉴权确认后分配业务信道（TCH）。

② 慢速辅助控制信道（SACCH）：在 MS 和基站之间周期性地传输一些信息。例如，MS 要不断地报告正在服务的基站和邻近基站的信号强度，以实现 MS 辅助切换功能。此外，基站对 MS 的功率调整、时间调整命令也在此信道上传输，因此，慢速辅助控制信道是双向的点对点控制信道，可与一个业务信道或一个独立专用控制信道联用。当将慢速辅助控制信道安排在业务信道中时，以 SACCH/T 表示；安排在控制信道中时，以 SACCH/C 表示。

③ 快速辅助控制信道（FACCH）：传送与慢速辅助控制信道相同的信息，只有在没有分配慢速辅助控制信道的情况下，才使用这种控制信道，使用时要中断业务信息，把它插入业务信道中，每次占用的时间很短，约 18.5ms。

由上可见，GSM 为了传输所需的各种信令，设置了多种控制信道，以增强系统的控制功能，也为了保证语音的通信质量。

2．数据链路层 L2

数据链路层为 MS 和 BTS 提供了可靠的专用数据链路，采用基于 ISDN 的 D 信道链路接入协议（LAPD），但加入了一些移动应用方面的 GSM 特有的协议，以应用于 Um 接口，因此称为 LAPDm（Link Access Protocol on the Dm Channel）。

LAPDm 支持两种操作：一是无确认操作，其信息采用无编号信息（UI）帧传输，无流量控制和差错控制功能；二是确认操作，使用多种帧传输第三层信息，可确保传送帧的顺序，具有流量控制和差错控制功能。

3. 信令层 L3

信令层是主要负责控制和管理的协议层，把用户和系统控制过程的信息按一定的协议分组安排到指定的逻辑信道上。它包括 CM、MM、RR 3 个子层，分别可完成呼叫控制（CC）、补充业务管理（SS）和短消息业务管理（SMS）功能。

（1）无线资源管理（RR）子层：对无线信道进行分配、释放、切换、性能监视和控制。对于 RR，GSM 共定义了 8 个信令过程。

（2）移动性管理（MM）子层：定义了位置更新、鉴权、周期更新、开机接入、关机退出、TMSI 重新分配和设备识别 7 个信令过程。

（3）连接管理（CM）子层：或称呼叫管理，负责呼叫控制，包括对补充业务和短消息业务的控制。

除以上 Um 接口控制平面的 3 层分层结构外，在 GSM 中，还有许多很重要的协议，其协议栈的层次结构如图 8.8 所示。

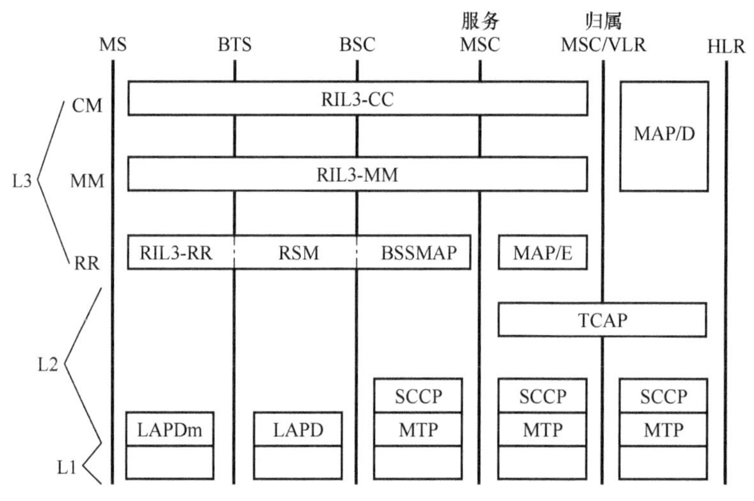

图 8.8 GSM 协议栈的层次结构

RSM：信道释放确认。

SCCP：信令连接控制部分。

MTP：信息传递部分。

BSSMAP：基站子系统移动应用部分。

LAPDm：ISDN 的 Dm 数据链路协议。

TCAP：转移能力应用部分。

MAP：移动应用部分。

LAPD：D 信道链路接入协议。

GSM 高层应用协议为 MAP。MAP 的主要功能是支持 MS 的移动性管理、漫游、切换和网络安全。为了实现网络互联，GSM 需要在 MSC 和 HLR/AUC、VLR 和 EIR 等网络部件之间频繁地交换数据与指令，这些信息大都与电路无关，因此最适合采用 No.7 信令传送，而

MSC 与 MSC 之间及 MSC 与 PSTN/ISDN 之间关于电路接续的信令则采用 TUP/ISUP。

MAP 消息是由包含在 TCAP 消息中的成分协议数据单元传送的。

按照 GSM 的要求，MAP 定义了移动性管理、操作维护、呼叫处理、补充业务、短消息业务和 GPRS 业务等几类信令程序。

移动性管理程序包括位置管理、切换、故障后复位程序。操作维护程序包括跟踪、用户数据管理、用户识别程序。呼叫处理程序包括查询路由程序。补充业务程序包括基本补充业务处理、登记、删除、会话、询问、调用、口令登录、移动发起非结构化补充数据业务（Unstructured Supplementary Service Data，USSD）和网络发起 USSD 程序。短消息程序包括移动发起、移动终结、短信提醒、短信转发状态等程序。

8.4　VoLTE 技术

2G 网络、3G 网络及 PSTN 电话网络提供的语音业务都是一种基于电路交换的技术。但是，在从 3G 演进到 4G 时，只提供了数据传输业务，没有提供语音业务，并且随着技术的进步，电路交换技术被分组交换技术取代，相比于电路交换，分组交换能够更加高效地利用资源。前面提到，在 4G 时代，针对语音业务提出了两种解决方案，一种是采用 FB 技术，即在通话时回落到 2G/3G 网络，这就会导致通话过程中断网，十分不便；另一种是采用 VoLTE 技术。

VoLTE 的全称为 Voice over Long-Term Evolution（长期演进语音承载），意思是一个面向手机和数据终端的高速无线通信标准。它基于 IP IMS 网络，在 LTE 上使用为控制层面（Control plane）和语音服务的媒体层面（Media plane）特制的配置文件（由 GSM 协会在 PRD IR.92 中定义），这使语音服务（控制层面和媒体层面）作为数据流在 LTE 数据承载网络中传输，而不再需要维护和依赖传统的电路交换语音网络。VoLTE 的语音和数据容量是 3G UMTS 的 3 倍以上，是 2G GSM 的 6 倍以上。

8.4.1　VoLTE 网络架构

VoLTE 网络架构具有扁平化的特点，这样可以减少用户感知的等待时间，并显著改善用户的移动通信体验。通过叠加基于 EPC 核心网络的流量控制层 IMS 获得 VoLTE 网络。其中主要包含移动终端、无线接入网、核心网、承载网、业务平台等。VoLTE 网络架构如图 8.9 所示。

下面简要介绍主要部分的功能。

（1）移动终端：任何智能化终端，无论是否支持 VoLTE。

（2）无线接入网：VoLTE 网络的无线接入网仍是 TD-LTE 的 eNodeB，相比于 3G 网络，eNodeB 将 RNC 和 NodeB 融合为一体，具备整个 NodeB 和部分 RNC 的功能，包括物理层功能（HARQ 等）、MAC、RRC、调度、无线接入控制、移动性管理等。为了防止有些地区没有覆盖 LTE 网络或移动终端不支持 VoLTE 网络，除 TD-LTE 外，仍会包含 2G/3G 网络的无线接入部分。

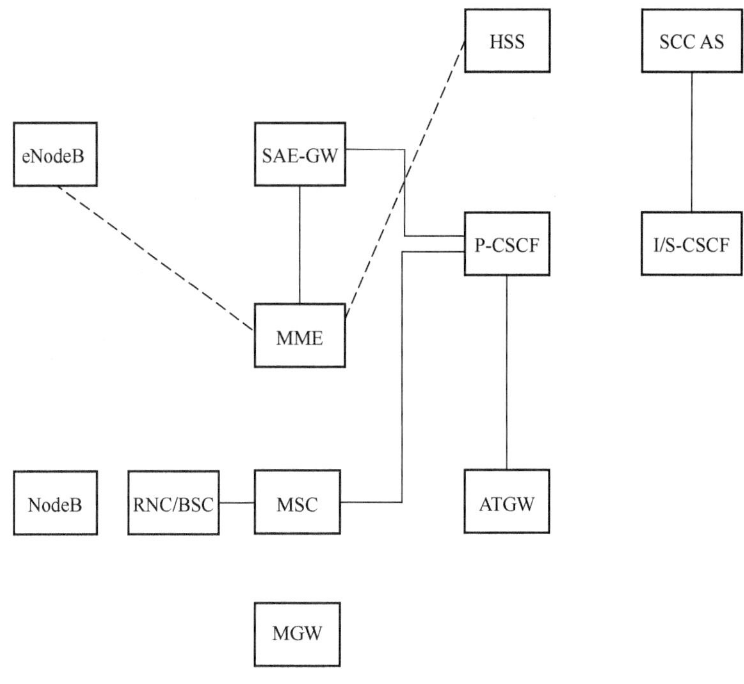

图 8.9 VoLTE 网络架构

（3）核心网：由 EPC（Evolved Packet Core，演进的分组核心）网和 IMS 组成，可缩写为 EPS。EPC 网络由 HSS（归属用户服务器）、移动性管理设备（MME）、服务网关（S-GW）、分组数据网关（P-GW）等组成，实现终端及运营商资源的分配、连接管理。IMS 负责业务逻辑和核心会话控制，主要完成 LTE 用户注册、鉴权、业务触发、路由选择、接入资源控制等。因现在未完全覆盖 VoLTE，IMS 集成了 CS 域，具有可支持 eSRVCC 的 eMSC，所以当移动终端从 LTE 网络离开后，切换到 2G/3G 网络，可以避免通话无法进行的情况，继续为用户提供语音业务，确保通话的连续性。

（4）信令网：DRA（Diameter Routing Agent）网络用于在 VoLTE 结构中的网元之间进行 Diameter 信令的传输，其重要功能之一是实现跨运营商的互联。通过采用 DRA 网络，未来可以真正实现逐步扩展核心网络，简化网络，实现快速高效维护，增强网络安全性的目的。

（5）业务平台：提供 VoLTE 基本语音业务、增值类业务和补充业务等。

8.4.2 VoLTE 关键技术

1. 无线承载网络标识 QoS

QoS 是网络的一种安全机制，VoLTE 作为语音业务，对延迟和抖动要求比较高，因此网络必须确保这两个特性。在 EPS 网络（EPC 网络与 IMS 网络的统称）中，EPS 承载将作为 QoS 控制的基本粒度，不同类型的 EPS 承载将提供不同的 QoS 保障，但基于同一 EPS 承载上的所有数据流都可以得到相同的 QoS 保障。在无线接入网中，eNodeB 负责控制承载在空中接口 Um 上的 QoS，用 QCI 表示服务质量，每个承载都对应于一定 QoS 参数的 QCI。

根据 QoS 的不同，EPS bear 可划分为 GBR（Guaranteed Bit Rate）和 Non-GBR 两大类。其中，GBR 是指网络永远恒定分配给承载所需的比特率，即使网络资源紧张，也能维持相应的比特率；相反，Non-GBR（非保证比特率）是指在网络过载的情况下，系统承诺分配给承载的比特率达不到要求，最终结果是承载接受降低速率。可以看出，GBR 需要占用网络资源，因此只在需要时建立，而 Non-GBR 则可以永久建立。

2. AMR-WB 语音编码

AMR（Adaptive Multi-Rate，自适应多速率编码）主要用于移动终端的音频编码，相较于其他编码方式，其压缩比大，质量也比较差，主要针对人声进行编码。基于 AMR 语音编码器的自适应性，可以根据无线信道情况和传输条件自动选择全速率或半速率的最佳信道与特定比特率的源编码方案。2G/3G 网络使用 AMR-NB 的编码格式，语音带宽是 300～3400Hz，编码采样速率为 8kHz，VoLTE 采用的 AMR-WB 编码方式，可对 50～7000Hz 的语音进行速率达 16kHz 的采样，增大采样范围和提高采样速率可使用户听到的语音更清楚、自然。

3. SIP

网络上的很多应用都需要建立一个基于使用者之间的数据的交换，称为会话，但是这种会话的建立和管理是非常复杂的，需要考虑实际情况，可能使用者之间基于不同的媒介。鉴于此，人们创立了许多应用于传输实时的多媒体会话数据的通信协议，VoLTE 选择了 SIP。SIP（Session Initiation Protocol）由 IETF 组织提出，是控制应用层信令的协议。SIP 是一个简单而通用的工具，可以灵活地创建、更改和退出会话，不依赖于建立的会话类型。SIP 采用文本格式编码，消息格式简单。

VoLTE 的核心业务控制网络是 IMS 网络，MME 只负责承载业务，IMS 通过 SIP 消息完成对业务的控制。SIP 消息有请求和响应两种类型，请求由客户机发送给服务器，响应由服务器发送给客户机。

4. ROHC（报头压缩协议）

在相邻节点之间的同一数据流的分组报文头中，IP 报头长度远远大于实际传输的数据长度，存在一些固定的冗余信息报头和一些具有变化规则的动态信息报头，如果这些冗余信息每次都要在网络上传输，则会造成大量资源浪费。为了避免这种浪费，可以选择只在数据流开始传送时发送完整的头部信息，后续数据报头仅发送修正报文头部的部分和基于同一个数据流的关联标识符，减少数据头的字节数，从而提高带宽资源的使用效率。

VoLTE 网络采用 ROHC 对报头进行压缩，支持 IPv4 和 IPv6，压缩后的报头仅有 4～6 字节，提高了传输效率，可以增加一个基站承载的 VoLTE 用户数，从而提升 VoLTE 网络覆盖率，且 ROHC 压缩率高、压缩方法简单，适用于网络延迟较高和高错误率的传输环境。

5. SPS（半静态调度）

LTE 网络可以共享资源，当 UE 需要发送数据时，需要向 eNodeB（简称 eNB）申请资源，只有申请成功，才可以发送数据。LTE 动态调度流程如图 8.10 所示。

当 UE 需要发送上行数据时，UE 需要向 eNB 发送 SR 请求（调度请求），向网络通知本 UE 需要发送逻辑信道的数据；eNB 收到 SR 的请求后，根据网络的资源情况，向 UE 发送上行调度授权（Buffer Occupation，BO），UE 获得相应的 UL Grant，将 BSR（缓冲区状态报告）发给 eNB，告诉 eNB 现在有这么多数据需要发送出去；eNB 根据 BSR，并结合整个网络的状况分给 UE 资源，通过 PDCCH 的 UL Grant 告诉 UE；UE 自己进行相应的调度（包括信道优先级、复用等），将相应的资源发送出去。

显然，这种动态调度有优点也有缺点。其中，优点是比较明显的，对于以前的 2G/3G

网络，每个 UE 都是专用的，当 UE 没有太多业务的时候，这个物理资源就浪费了。而 SPS 则可以有效地将这些资源利用起来，并分配给其他的 UE。这样，整个系统的资源利用率就会得到很大的提升。但是它的缺点也是显然的，就是底层的信令交互很多，这样也会占用一部分资源。

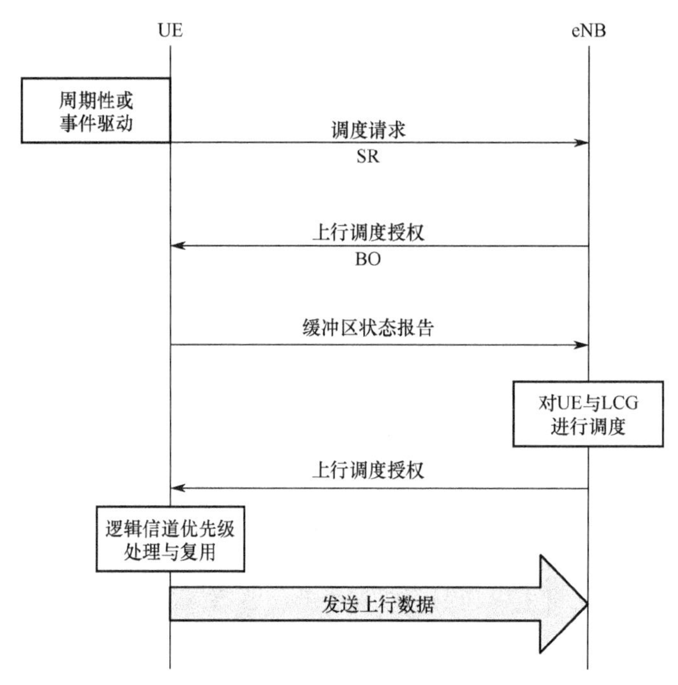

图 8.10 LTE 动态调度流程

SPS（Semi-Persistent Scheduling，半静态调度）是指在 UE 本身具备周期性的前提下申请一次资源后，PDCCH 也会在一段时间内将相应资源周期性地分配给 UE。在通信的众多业务中，语音业务具有固定的发送频率，一般是每 20ms 发送一个数据报文，这样就不需要每次都进行底层信令交互，节省了 PDCCH CCE 资源开销，提升了系统效率，而且对传输时延和丢包率等指标没有影响。但是 SPS 给 UE 分配了固定的 PDSCH，导致 PDSCH 的开销增大，对 SPS 的使用仍需要权衡。

6．eSRVCC

当终端在 LTE 网络和 2G/3G 网络之间移动时，会出现通话中断的情况，为了解决这一问题，3GPP 在 LTE 的 R8 阶段提出了 SRVCC 方案。SRVCC 可以保证终端在 IMS 网络中从分组交换域到 CS（电路交换）域的平滑切换，但切换网络后，会在 IMS 网络中创建新的承载，这极大地影响了切换时长。

eSRVCC 是 SRVCC 的增强版，其切换点更接近终端设备，从而缩短了切换时长（小于 300ms），可以带给用户更舒适的通话体验。

8.4.3 VoLTE 业务流程

成功拨打 VoLTE 电话的第一个条件是终端可以附着在 EPC 上并注册 IMS。首先，终端必须连接到 EPC 核心网络，以获得 IMS 注册所需的 SBC/P-CSCF 实体地址；然后产生 IMS

注册所需的存储资源并注册 IMS。只有在注册成功后，双方才可以通话，本节简要介绍注册流程和通话流程。

1. 注册流程

IMS 网络能向终端用户提供可用服务的前提是要确定用户的身份和位置，用户请求 IMS 注册后，发送给 IMS 网络关于自己的具体信息，同时，IMS 需要对用户进行网络认证。注册流程如下。

（1）用户请求注册，通过已建立的默认承载向 P-CSCF 实体发送 REGISTER 请求，这个请求包含用户的标识符和所属地域名。

（2）P-CSCF 实体通过域名查询到 DNS 服务器，获得用户归属地入口 I-CSCF 实体位置后，将 REGISTER 请求转发给 I-CSCF 实体；I-CSCF 实体再根据 IHSS 表（通过 ADD IHSS 命令配置）查询到 HSS 的 IP 地址，向 HSS 发送消息，请求获得为该用户服务的 S-CSCF 实体地址。

（3）I-CSCF 实体根据返回的 S-CSCF 实体地址，向 S-CSCF 实体转发 REGISTER 请求。

（4）S-CSCF 实体在 HSS 中寻找用户的开户信息，确定用户已开户后，S-CSCF 实体向 HSS 发送消息，通知当前 S-CSCF 实体将向用户提供服务，并返给终端 401 鉴权挑战信息。

（5）HSS 收到 S-CSCF 实体的消息后，向 S-CSCF 实体返回 MAA 响应。

（6）鉴权通过后，S-CSCF 实体按照原路径返回，向 UE 发送 200 OK 响应，并向 HSS 获取用户身份数据、签约数据等；ATS 将用户数据存储后，完成 IMS 核心网的注册。

如果注册失败，那么终端需要重新向 IMS 发起注册请求。

2. 通话流程

（1）主叫 UE 发起会话请求，发送 INVITE 消息至 IMS，消息中包含呼叫类型、主/被叫号码、媒体类型等；同时触发 RRC，开启安全模式。

（2）IMS 收到消息后，开始传呼，并发送 INVITE 100 至主叫，作为 INVITE 消息的响应。

（3）确定被叫处于空闲状态，核心网采用侧触发方式向其发送 INVITE 消息，被叫收到后，触发 RRC，开启安全模式，建立 SRB2 信令无线承载。

（4）被叫收到消息后，向核心网发送 INVITE 183 消息，通知其正在处理呼叫，P-CSCF 实体向 PCRF 申请资源预留后，被叫告诉主叫自己的情况，建立承载。

（5）IMS 收到 INVITE 183 消息后，开启主叫的 Precondition（预留资源）过程，主叫的 SM 层开启 QCI=1 的承载，随后发送 INVITE 183 消息至主叫 UE。

（6）主叫发送 PRACK 消息至被叫，被叫收到后，发送 PRACK 200 至主叫，这个过程称为“预确认”，作用是防止会话过程超时和拥堵。

（7）通话双方需要确定会话采用的媒体格式，主叫发送 UPDATE 消息至被叫，被叫收到后返回 UPDATE 200 消息。

（8）振铃接听过程由被叫先发送 INVITE 180 至主叫，主叫收到振铃提示，被叫摘机后发送 INVITE 200 至主叫，主叫收到后返回 ACK 消息确认，此时通话已经建立，双方开始通话。

（9）挂机过程发生在通话结束后，主叫发送 BYE 请求结束，IMS 传送 BYE 至被叫，发送结束请求；被叫挂机后，发送 BYE 200，经由 IMS 传递给主叫。至此，一个完整的会话结束。

习 题

8-1 简述移动通信的特点。

8-2 移动通信有哪些分类？

8-3 什么是集群移动通信、蜂窝移动通信和卫星移动通信？

8-4 试说明 VLR 和 HLR 的功能差别。为什么有了 HLR 还要设立 VLR？

8-5 试说明 EIR 和 AUC 的功能差别。

8-6 为什么在移动通信系统中要对移动台（MS）赋予 4 种号码？

8-7 Um 接口的功能是什么？

8-8 简述 GSM 中移动台主叫的一般呼叫过程。

参考文献

[1] 刘振霞，马志强，李瑞欣，等．程控数字交换技术[M]．3 版．西安：西安电子科技大学出版社，2019.
[2] 崔鸿雁，陈建亚，金惠文．现代交换原理[M]．5 版．北京：电子工业出版社，2018.
[3] 叶敏．程控数字交换与交换网[M]．2 版．北京：北京邮电大学出版社，2003.
[4] 张毅，韦世红，唐宏，等．现代交换原理[M]．北京：科学出版社，2012.
[5] 罗国明，沈庆国，张曙光，等．现代交换原理与技术[M]．3 版．北京：电子工业出版社，2014.
[6] 桂海源，张碧玲．软交换与 NGN[M]．北京：人民邮电出版社，2009.
[7] 金惠文．现代交换原理[M]．3 版．北京：电子工业出版社，2011.
[8] 张轶，王助娟，来婷，等．现代交换原理与技术[M]．北京：人民邮电出版社，2017.
[9] 张文冬．程控数字交换技术原理[M]．北京：北京邮电大学出版社，1995.
[10] 张中荃．现代交换技术[M]．3 版．北京：人民邮电出版社，2013.
[11] 糜正琨，杨国民．交换技术[M]．北京：清华大学出版社，2006.
[12] 陈庆华，乔庐峰，罗国明．现代交换技术[M]．北京：机械工业出版社，2020.
[13] 师向群，孟庆元．现代交换原理与技术[M]．西安：西安电子科技大学出版社，2013.
[14] 穆维新．现代通信交换[M]．2 版．北京：电子工业出版社，2015.
[15] 桂海源，张碧玲．现代交换原理 [M]．4 版．北京：人民邮电出版社，2013.
[16] 刘丽，吴华怡，李新宇，等．现代交换技术[M]．北京：机械工业出版社，2016.
[17] 马忠贵，李新宇，王丽娜．现代交换原理与技术[M]．北京：机械工业出版社，2017.